国家"十二五"重点规划图书

"机械基础件、基础制造工艺和基础材料"系列丛书

机械基础件标准汇编

筛网筛分及颗粒

（中）

机 械 科 学 研 究 总 院
全国颗粒表征与分检及筛网标准化技术委员会 编
中 国 标 准 出 版 社

中国标准出版社

北 京

图书在版编目（CIP）数据

机械基础件标准汇编. 筛网筛分及颗粒. 中/机械科学研究总院，全国颗粒表征与分检及筛网标准化技术委员会，中国标准出版社编. —北京：中国标准出版社，2016.1
ISBN 978-7-5066-8075-2

Ⅰ. ①机⋯　Ⅱ. ①机⋯②全⋯③中⋯　Ⅲ. ①机械元件—标准—汇编—中国②筛网—筛分—标准—汇编—中国③颗粒—筛分—标准—汇编—中国　Ⅳ. ①TH13-65

中国版本图书馆 CIP 数据核字（2015）第 237274 号

中国标准出版社出版发行
北京市朝阳区和平里西街甲 2 号（100029）
北京市西城区三里河北街 16 号（100045）
网址 www.spc.net.cn
总编室：(010)68533533　发行中心：(010)51780238
读者服务部：(010)68523946
中国标准出版社秦皇岛印刷厂印刷
各地新华书店经销

*

开本 880×1230 1/16　印张 40.75　字数 1 262 千字
2016 年 1 月第一版　2016 年 1 月第一次印刷

*

定价 245.00 元

出 版 说 明

机械基础件、基础制造工艺及基础材料(以下简称"三基")是装备制造业赖以生存和发展的基础,其水平直接决定着重大装备和主机产品的性能、质量和可靠性。而标准是共同使用和重复使用的一种规范性文件,是制造产品的依据,是产品质量的保障,因此标准的贯彻实施,对提高"三基"产品质量至关重要。

为配合《国民经济和社会发展第十二个五年规划纲要》关于"装备制造行业要提高基础工艺、基础材料、基础元器件研发和系统集成水平"的贯彻落实,并为满足广大读者对标准文本的需求,中国标准出版社与机械科学研究总院、全国颗粒表征与分检及筛网标准化技术委员会共同合作,拟出版"机械基础件、基础制造工艺和基础材料"系列丛书中的《机械基础件标准汇编 筛网筛分及颗粒》。

本汇编为《机械基础件标准汇编》系列中的一部分,收集了截至2015年6月底以前批准发布的现行筛网筛分及颗粒标准近130项,分三册出版:

——上册内容包括:基础通用、试验筛、工业筛;

——中册内容包括:编织网、冲孔网、焊接网、隔离栅、过滤元器件;

——下册内容包括:颗粒检测。

鉴于本汇编收集的标准发布年代不尽相同,汇编时对标准中所用计量单位、符号未做改动。本汇编收集的标准的属性已在目录上标明(GB 或 GB/T、JB 或 JB/T),年号用四位数字表示。鉴于部分标准是在清理整顿前出版的,故正文部分仍保留原样;读者在使用这些标准时,其属性以目录上标明的为准(标准正文"引用标准"中标准的属性请读者注意查对)。

我们相信,本汇编的出版对我国筛网筛分产品质量的提高和行业的发展将起到积极的促进作用。

编 者

2015 年 9 月

目　录

编 织 网

冲 孔 网

焊 接 网

注：本汇编收集的国家标准的属性已在本目录上标明(GB或GB/T)，年号用四位数字表示。鉴于部分国家标准是在国家清理整顿前出版的，现尚未修订，故正义部分仍保留原样；读者在使用这些国家标准时，其属性以本目录上标明的为准(标准正文"引用标准"中标准的属性请读者注意查对)。行业标准的属性和年号类同。

编　　织　　网

ICS 73.120
A 28

中华人民共和国国家标准

GB/T 5330—2003
代替 GB/T 5330—1985

工业用金属丝编织方孔筛网

Industrial woven metal wire cloth（square opening series）

2003-11-10 发布

2004-06-01 实施

中 华 人 民 共 和 国
国家质量监督检验检疫总局 发 布

前　言

本标准是对 GB/T 5330—1985《工业用金属丝编织方孔筛网》的修订。

本标准与 GB/T 5330—1985 相比主要变化如下：

——统一精度等级；

——调整了网孔基本尺寸、网孔算术平均尺寸偏差、大网孔尺寸偏差范围和金属丝直径搭配的数值（见表1和表2）；

——调整金属丝直径及偏差的数值（见表3）；

——调整大网孔允许数量（见4.4）、编织缺陷（见4.6.3和表4）和网段长度（见表5）；

——增加了金属网卷曲（见4.6.4）、网斜（见4.6.5）等的要求。

本标准的附录 A、附录 B 和附录 C 都是资料性附录。

本标准由中国机械工业联合会提出。

本标准由全国筛网筛分和颗粒分检方法标准化技术委员会（CSBTS/TC168）归口。

本标准由机械科学研究院负责起草，国营第五四零厂、国营九六九厂、西安西缆铜网厂、安平县安华五金网类制品有限公司参加起草。

本标准起草人：余方、拜国强、郝庆学、贺永利、宋如轩、张勋、吴国川。

本标准由全国筛网筛分和颗粒分检方法标准化技术委员会秘书处负责解释。

本标准所代替标准的历次版本发布情况为：

——GB/T 5330—1985。

工业用金属丝编织方孔筛网

1 范围

本标准规定了用于筛分和过滤的工业金属丝编织网的编织型式、型号、规格、标记、技术条件、试验方法、检验规则和标志。

本标准适用于固体颗粒的筛分，液体、气体物质的过滤及其他工业用途的金属丝编织筛方孔网。

本标准适用于网孔基本尺寸为 0.02 mm～16.0 mm 的工业用金属丝编织方孔网。

2 规范性引用文件

下列文件中的条款通过本标准的引用而成为本标准的条款。凡是注日期的引用文件，其随后所有的修改单(不包括勘误的内容)或修订版均不适用于本标准，然而，鼓励根据本标准达成协议的各方研究是否可使用这些文件的最新版本。凡是不注日期的引用文件，其最新版本适用于本标准。

GB/T 699 优质碳素结构钢

GB/T 4239 不锈钢和耐热钢冷轧钢带

GB/T 5231 加工铜及铜合金化学成分和产品形状

GB/T 10611 工业用筛网 筛孔 尺寸系列(GB/T 10611—2003,ISO 2194:1991 Industrial screens—Woven wire cloth,perforated plate and electroformed sheet—Designation and nominal sizes of openings,MOD)

3 编织型式、型号和规格

3.1 编织型式

工业用金属丝编织方孔网分为平纹编织(见图 1)和斜纹编织(见图 2)。

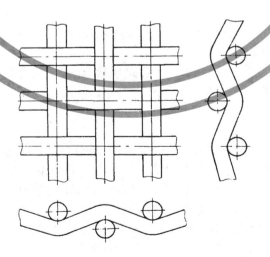

图 1 平纹编织

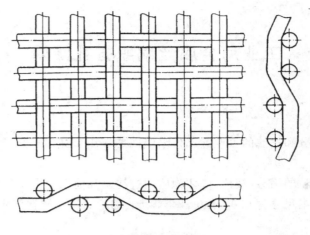

图2 斜纹编织

3.2 型号

型号示意：G F W
- W — 筛网（网）
- F — 方孔（方）
- G — 工业用（工）

3.3 规格

用网孔基本尺寸和金属丝直径表示（见表1）。

3.4 标记

用型号、规格、编织型式和本标准编号表示。

示例：

网孔基本尺寸为 1.00 mm，金属丝直径为 0.355 mm 的工业用金属丝平纹编织方孔筛网标记为：

    GFW 1.00/0.355（平纹） GB/T 5330—2003

网孔基本尺寸为 0.063 mm，金属丝直径为 0.045 mm，工业用金属丝斜纹编织筛网标记为：

    GFW 0.063/0.045（斜纹） GB/T 5330—2003

4 技术要求

4.1 网孔基本尺寸 W、网孔算术平均尺寸偏差、大网孔尺寸偏差范围、金属丝直径 d 的搭配，应按 GB/T 10611 选取，并符合表1规定。

4.2 根据自然物料（如粮食、油料等）颗粒尺寸的特殊需要，允许选用表2的规格。

4.3 金属丝直径基本尺寸及极限偏差应符合表3的规定。

4.4 大网孔允许数量：不多于5%。

4.5 金属丝

4.5.1 金属丝材料采用热处理后的软态黄铜、锡青铜、不锈钢和碳素结构钢。

    a) 黄铜的化学成分应符合 GB/T 5231 中的 H62、H65、H68 和 H80。

    b) 锡青铜的化学成分应符合 GB/T 5231 中的 QSn6.5-0.1，QSn6.5-0.4。

    c) 不锈钢化学成分应采用 GB/T 4239 中的奥氏体型。

    d) 碳素结构钢的化学成分应符合 GB/T 699 中的 10、08F 和 10F。

    根据不同用途，亦可采用其他金属材料。

4.5.2 金属丝表面应光滑，不得有裂纹、起皮和氧化皮，较重的氧化色。

4.6 金属丝筛网

4.6.1 金属丝筛网应为平纹编织（见图1），根据不同需要，亦可采用斜纹编织（见图2）。

4.6.2 网面应平整、清洁，编织紧密，不得有机械损伤、锈斑。允许有经丝接头，但应编结良好。

表 1　网孔基本尺寸、网孔算术平均尺寸偏差、大网孔尺寸偏差范围和金属丝直径的搭配

网孔基本尺寸 w			金属丝直径 基本尺寸 d	网孔算术平均 尺寸偏差	大网孔尺寸 偏差范围
主要尺寸	补充尺寸				
R10 系列	R20 系列	R40/3 系列			
mm				± %	+ %
	16.0	16.0	3.15 2.24 2.00 1.80 1.60		9～12
	14.0		2.80 2.24 1.80 1.40		
		13.2	2.80		
12.5	12.5		2.80 2.24 2.00 1.80 1.60 1.25		9～13
11.2	11.2	11.2	2.50 2.24 2.00 1.80 1.60 1.12	4.5	
10.0	10.0		2.50 2.24 2.00 1.80 1.60 1.40 1.12		9～14
		9.50	2.24 2.00 1.80 1.60 1.40 1.00		

表 1（续）

网孔基本尺寸 w			金属丝直径基本尺寸 d	网孔算术平均尺寸偏差	大网孔尺寸偏差范围
主要尺寸	补充尺寸				
R10 系列	R20 系列	R40/3 系列			
mm				± %	+ %
	9.00		2.24 2.00 1.80 1.60 1.40 1.00		9～14
8.00	8.00	8.00	2.24 2.00 1.80 1.60 1.40 1.25 1.00		10～15
	7.10		1.80 1.60 1.40 1.25 1.12		10～16
		6.70	1.80 1.60 1.40 1.25 1.12	4.5	
6.30	6.30		1.80 1.40 1.12 1.00 0.800		11～17
	5.60	5.60	1.60 1.40 1.25 1.12 0.900 0.800		

表 1（续）

网孔基本尺寸 w			金属丝直径基本尺寸 d	网孔算术平均尺寸偏差	大网孔尺寸偏差范围
主要尺寸	补充尺寸				
R10 系列	R20 系列	R40/3 系列			
mm				±%	+%
5.00	5.00		1.60 1.40 1.25 1.00 0.900		11～17
		4.75	1.60 1.40 1.25 0.900		
	4.50		1.60 1.40 1.12 1.00 0.900 0.800 0.630		12～18
4.00	4.00	4.00	1.40 1.25 1.12 0.900 0.710	4.5	
	3.55		1.25 1.00 0.900 0.800 0.630 0.560		12～19
		3.35	1.25 0.900 0.560		
3.15	3.15		1.25 1.12 0.900 0.800 0.710 0.630 0.560 0.500		12～20

表 1（续）

网孔基本尺寸 w			金属丝直径 基本尺寸 d	网孔算术平均 尺寸偏差	大网孔尺寸 偏差范围
主要尺寸	补充尺寸				
R10 系列	R20 系列	R40/3 系列			
mm				±%	+%
	2.8	2.8	1.12 0.900 0.800 0.710 0.630 0.560 0.500	4.5	12～20
2.50	2.50		1.00 0.800 0.710 0.630 0.560 0.500 0.450		13～21
		2.36	1.80 1.00 0.800 0.710 0.630 0.560 0.500	5	
	2.24		0.900 0.710 0.630 0.560 0.500 0.450 0.400		14～22
2.00	2.00	2.00	0.900 0.710 0.630 0.560 0.500 0.450 0.400 0.315		14～23

表 1（续）

网孔基本尺寸 w			金属丝直径 基本尺寸 d	网孔算术平均 尺寸偏差	大网孔尺寸 偏差范围
主要尺寸	补充尺寸				
R10 系列	R20 系列	R40/3 系列			
mm				±％	＋％
	1.80		0.800 0.630 0.560 0.500 0.400		14～23
		1.70	0.800 0.630 0.500 0.450 0.400		15～24
1.60	1.60		0.800 0.630 0.560 0.500 0.450 0.400 0.355	5	15～24
	1.40	1.40	0.710 0.560 0.450 0.400 0.355 0.315		16～26
1.25	1.25		0.630 0.560 0.500 0.400 0.315 0.280		
		1.18	0.630 0.560 0.500 0.450 0.400 0.355 0.315		17～28

表 1（续）

网孔基本尺寸 w			金属丝直径 基本尺寸 d	网孔算术平均 尺寸偏差	大网孔尺寸 偏差范围
主要尺寸	补充尺寸				
R10 系列	R20 系列	R40/3 系列			
mm				±%	+%
	1.12		0.560 0.500 0.450 0.400 0.355 0.315 0.250		17～28
1.00	1.00	1.00	0.560 0.500 0.450 0.400 0.355 0.315 0.280 0.250	5	
	0.900		0.500 0.450 0.400 0.355 0.315 0.250 0.224		17～29
		0.850	0.500 0.450 0.400 0.355 0.315 0.280 0.250 0.224		
0.800	0.800		0.450 0.355 0.315 0.280 0.250 0.224 0.200		18～30

表 1（续）

网孔基本尺寸 w			金属丝直径 基本尺寸 d	网孔算术平均 尺寸偏差	大网孔尺寸 偏差范围
主要尺寸	补充尺寸				
R10 系列	R20 系列	R40/3 系列			
mm				± %	+ %
	0.710	0.710	0.450 0.355 0.315 0.280 0.250 0.224 0.200		18～30
0.630	0.630		0.400 0.355 0.315 0.280 0.250 0.224 0.200 0.180		19～33
		0.600	0.400 0.355 0.315 0.280 0.224 0.250 0.200	5	
	0.560		0.355 0.315 0.280 0.250 0.224 0.200 0.180 0.160		20～35
0.500	0.500	0.500	0.315 0.280 0.250 0.224 0.200 0.180 0.160		21～36

13

表 1（续）

网孔基本尺寸 w			金属丝直径 基本尺寸 d	网孔算术平均 尺寸偏差	大网孔尺寸 偏差范围
主要尺寸	补充尺寸				
R10 系列	R20 系列	R40/3 系列			
mm				±%	+%
	0.450		0.280 0.250 0.224 0.200 0.180 0.160 0.140		21～36
		0.425	0.280 0.224 0.200 0.180 0.160 0.140	5	22～38
0.400	0.400		0.250 0.224 0.200 0.180 0.160 0.140 0.125		22～39
	0.355	0.355	0.224 0.200 0.180 0.140 0.125		23～40
0.315	0.315	0.315	0.200 0.180 0.160 0.140 0.125	6	24～42
		0.300	0.200 0.180 0.160 0.140 0.125 0.112		25～45

表 1（续）

网孔基本尺寸 w			金属丝直径 基本尺寸 d	网孔算术平均 尺寸偏差	大网孔尺寸 偏差范围
主要尺寸	补充尺寸				
R10 系列	R20 系列	R40/3 系列			
mm				± %	+ %
	0.280		0.180 0.160 0.140 0.125 0.112		25～45
0.250	0.250	0.250	0.180 0.160 0.140 0.125 0.112 0.100		26～46
	0.224		0.160 0.140 0.125 0.112 0.100 0.090		27～48
		0.212	0.140 0.125 0.112 0.100 0.090	6	
0.200	0.200		0.140 0.125 0.112 0.100 0.090 0.080		28～50
0.180	0.180		0.125 0.112 0.100 0.090 0.080 0.071		
	0.160		0.112 0.100 0.090 0.080		

表 1（续）

网孔基本尺寸 w			金属丝直径基本尺寸 d	网孔算术平均尺寸偏差	大网孔尺寸偏差范围
主要尺寸	补充尺寸				
R10 系列	R20 系列	R40/3 系列			
mm				±%	+%
	0.160		0.071 0.063	6	28～50
		0.150	0.100 0.090 0.080 0.071 0.063		
	0.140		0.100 0.090 0.071 0.063 0.056		
0.125	0.125	0.125	0.090 0.080 0.071 0.063 0.056 0.050		
	0.112		0.080 0.071 0.063 0.056 0.050	7	30～55
		0.106	0.080 0.071 0.063 0.056 0.050		
0.100	0.100		0.080 0.071 0.063 0.056 0.050		
	0.090	0.090	0.071 0.063 0.056 0.050 0.045		

表 1（续）

网孔基本尺寸 w			金属丝直径 基本尺寸 d	网孔算术平均 尺寸偏差	大网孔尺寸 偏差范围
主要尺寸	补充尺寸				
R10 系列	R20 系列	R40/3 系列			
mm				±%	+%
0.080	0.080		0.063 0.056 0.050 0.045 0.040		
		0.075	0.056 0.050 0.045 0.040 0.036	8	30～55
	0.071		0.056 0.050 0.045 0.040 0.036		
0.063	0.063	0.063	0.050 0.045 0.040 0.036		
	0.056		0.045 0.040 0.036 0.032		40～70
		0.053	0.040 0.036 0.032 0.030	9	
0.050	0.050		0.040 0.036 0.032 0.030 0.028		
	0.045	0.045	0.036 0.032 0.030 0.028		

表 1（续）

网孔基本尺寸 w			金属丝直径基本尺寸 d	网孔算术平均尺寸偏差	大网孔尺寸偏差范围
主要尺寸	补充尺寸				
R10 系列	R20 系列	R40/3 系列			
mm				± %	+ %
0.040	0.040		0.036 0.032 0.030 0.028 0.025	9	40～70
		0.038	0.032 0.030 0.028 0.025		50～80
	0.036		0.030 0.028 0.025	10	
0.032	0.032	0.032	0.028 0.025 0.022		
	0.028		0.025 0.022		55～90
0.025	0.025		0.025 0.022		
0.020	0.020		0.020		60～100

表 2 网孔基本尺寸补充尺寸、网孔算术平均尺寸偏差、
大网孔尺寸偏差范围和金属丝直径的搭配

网孔基本尺寸 w 补充尺寸	金属丝直径基本尺寸 d	网孔算术平均尺寸偏差	大网孔尺寸偏差范围
mm		± %	+ %
7.50	1.400 1.250 1.120	4.5	10～15
6.00	1.120 1.000 0.900		11～16
5.30	1.120 1.000 0.900		11～17

表 2（续）

网孔基本尺寸 w 补充尺寸	金属丝直径 基本尺寸 d	网孔算术平均 尺寸偏差	大网孔尺寸 偏差范围
mm		±%	+%
4.25	0.900 0.800 0.710		12~18
3.75	0.710 0.630 0.560		12~19
3.00	0.710 0.630 0.560		12~20
2.65	0.630 0.560 0.500		13~21
2.12	0.560 0.500 0.450		14~23
1.90	0.500 0.450 0.400		15~24
1.50	0.450 0.400 0.355	5	16~24
1.32	0.450 0.400 0.355		16~25
1.06	0.355 0.315 0.280		17~28
0.950	0.315 0.280 0.250		
0.750	0.280 0.250 0.200		18~30
0.670	0.280 0.250 0.200		19~32

表 2（续）

网孔基本尺寸 w 补充尺寸	金属丝直径 基本尺寸 d	网孔算术平均 尺寸偏差	大网孔尺寸 偏差范围
mm		± %	+ %
0.530	0.250		20～36
	0.200		
	0.160		
0.475	0.200		23～38
	0.180		
	0.160	5	
0.375	0.200		
	0.160		
	0.125		23～40
0.355	0.200		
	0.160		
	0.125		

注：表中补充尺寸选自 R40 系列。

表 3　金属丝直径及偏差　　　　　　　　单位为毫米

金属丝直径基本尺寸	极限偏差	金属丝直径基本尺寸	极限偏差	金属丝直径基本尺寸	极限偏差
3.15		0.45		0.090	
2.80	±0.05	0.40		0.080	
2.50		0.355		(0.075)	
2.24		(0.350)		0.071	±0.006
2.00		0.315		(0.070)	
1.80		0.28	±0.015	0.065	
1.60		0.25		(0.063)	
(1.50)	±0.04	(0.23)			
1.40		0.224		0.056	
(1.30)		(0.220)		(0.055)	
		0.200		0.050	±0.004
1.25				0.045	
1.12	±0.03			0.040	
1.00		0.180			
0.90		0.160		0.036	
		(0.150)	±0.010	0.032	
0.80		0.140		0.028	±0.003
0.71				0.025	
(0.70)		(0.130)			
0.63	±0.02	0.125			
(0.60)		(0.120)		0.022	
0.56		0.112	±0.008	0.020	±0.002
0.50		(0.110)		0.018	
		0.100			

4.6.3 编织缺陷:金属丝筛网不允许存在严重的编织缺陷,如破洞、半截纬、严重稀密道、较大裂口、网面严重打卷,网斜超差、严重机械损伤、经纬交织牢固度不符合要求等。但允许存在一般编织缺陷,如单根断丝、窝纬、回鼻、小松线、小跳线、错绞、网面轻度不平、轻微打卷,点状油污、小杂物织入网内和轻度波浪边等。一般编织缺陷的限量要求应符合表4的规定。

表 4 编织缺陷的尺寸和数量

网孔基本尺寸 w/mm	断丝、回鼻、小跳丝、小松线(长度不超过 30 mm) 的点状缺陷数量不多于 个/10 m²
16.0≥w≥1	5
1>w≥0.25	10
0.25>w≥0.125	12
0.125>w≥0.063	18
w≤0.063	20

4.6.4 金属网卷曲:金属丝筛网可能会出现部分网面打卷现象。对于网孔尺寸大于或等于 0.18 mm 的筛网,1 m 长度网面的自然卷曲直径应大于 80 mm;网孔尺寸小于 0.18 mm 的筛网,1 m 长度网面的自然卷曲直径应大于 60 mm。

4.6.5 网斜要求:织幅宽度上筛网经纬丝不垂直度不应大于 4°。

4.6.6 金属丝筛网经纬丝交织点应紧密牢固,不允许有明显松动移位现象。对于具体规格,筛网牢固度的要求应按供需双方的协议规定执行。

4.7 网幅宽度为 800 mm、1 000 mm、1 250 mm、1 600 mm 和 2 000 mm,其偏差为 $^{+20}_{0}$ mm。根据需要亦可制造其他网幅宽度的金属丝筛网。

4.8 金属丝筛网应成卷供应,每卷网可由一段或最多三段组成,同一卷内必须是同一规格、同一材料、同一编织型式的筛网。

金属丝筛网的标准网卷长度为 25 m 和 30.5 m,公差为 $^{+0.5}_{0}$ m。每卷网中的最小网段最小长度应符合表5规定,亦可按用户要求的网段长度供应。

表 5 网段长度

网孔基本尺寸/mm	网段长度(min)/m
16.0～8.50	2.0
8.00～0.630	2.5
0.600～0.100	2.5
0.095～0.040	2.5
0.038～0.025	1

5 试验方法

5.1 金属丝筛网在下面有均匀光源的毛玻璃检验台上进行检验。网孔尺寸大于 1.00 mm 者允许在无光源背景的检验台上检验。

5.2 检验大网孔尺寸时,应精确地进行测量。测量装置的精密度至少为 2.5 μm 或为该网孔尺寸中间偏差的 $\frac{1}{10}$,两者之中选用数值较大者。

$$中间偏差 = \frac{网孔算术平均尺寸上偏差 + 大网孔极限偏差}{2}$$

5.3 编织质量的检验:用目测或以 5～25 倍放大镜观察,缺陷处及报废部位应做出明显标志。

5.4 大网孔尺寸的检验:应先以目测找出大孔,再用相应的仪器或量具测量尺寸,但距网边不得小于 20 mm,测量网孔尺寸应测网孔对边中点的距离(见图3)。测量时推荐选用下列各相应的测量仪器或

GB/T 5330—2003

量具。

a) 网孔尺寸 16.0 mm～4.00 mm,用分度值为 0.5 mm 的钢板尺或分度值为 0.1 mm 的游标卡尺测量。

b) 网孔尺寸 3.75 mm～2.80 mm,用分度值为 0.05 mm 的游标卡尺或用分度值为 0.05 mm 放大 20 倍～40 倍的显微镜测量或投影仪测量。

c) 网孔尺寸 2.65 mm～0.071 mm,用分度值为 0.01 mm～0.05 mm 放大 20 倍～40 倍的显微镜测量或投影仪测量。

d) 网孔尺寸 0.063 mm～0.02 mm,用分度值为 0.001 mm～0.005 mm 放大 35 倍～100 倍的显微镜测量或投影仪测量。

5.5 网孔尺寸小于 1 mm 的筛网的大网孔的数量在 100 mm×100 mm 网面上测定;网孔尺寸大于或等于 1 mm 的筛网的大网孔的数量在 200 mm×200 mm 网面上测定。

5.6 网孔算术平均尺寸的检验:应在网孔尺寸偏差最大处,按经、纬向分别测定三处,各处间的连线均不得与经、纬向平行。测量部位任意选择,但距网边不小于 20 mm。

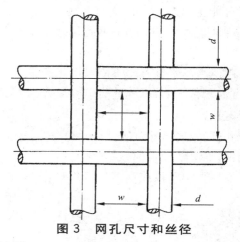

图 3 网孔尺寸和丝径

网孔算术平均尺寸按下式计算:

$$\overline{w} = \frac{l}{n} - d$$

式中:

$\overline{w}$——网孔算术平均尺寸,单位为毫米(mm);

l——连续分布的网孔间距所占的长度,单位为毫米(mm);

n——l 长度上的网孔数量,个;

d——金属丝直径,单位为毫米(mm)。

l 与 n 的取值按表 6 规定。

表 6 测量长度和网孔数量

网孔基本尺寸/mm	测量长度 l/mm	测量网孔数 n/个
16.0～0.40	连续分布 10 个网孔间距所占长度	
0.375～0.15		测 5 mm 长度上的网孔数
0.14～0.071		测 3 mm 长度上的网孔数
0.067～0.02		测 2 mm 长度上的网孔数

测量长度 l 上的网孔数 n,可用分度值为 0.5 mm 的钢板尺或 25 倍读数显微镜测量。网孔尺寸小于 0.5 mm 者,可用光学经纬密度仪或放大 5 倍～25 倍放大镜测量定长上网孔数。

5.7　金属丝的表面质量的检验：用目观测。

5.8　金属丝直径的检验：应分别测量不少于 5 根经丝和 5 根纬丝的平均值。用分度值为 0.01 mm 千分尺或分度值为 0.01 mm～0.05 mm 放大 20 倍～40 倍的投影仪测量。丝径小于 0.140 mm 者，用分度值为 0.001 mm～0.005 mm 千分尺或分度值为 0.001 mm～0.005 mm 放大 35 倍～100 倍的投影仪测量。

5.9　网宽和网长：用分度值为 1 mm 的量尺测量。

6　检验规则

6.1　金属丝筛网由制造厂技术检验部门按本标准第 4 章和第 5 章进行检验。

6.2　金属丝筛网应成卷提交检验，一卷内含有数段者，每个网段都必须进行检验。

6.3　检验项目应包括：

 a)　金属丝筛网编织质量；

 b)　网孔算术平均尺寸；

 c)　大网孔尺寸及数量；

 d)　金属丝直径及材料；

 e)　网宽、网长及数量。

7　标志、包装、运输、贮存

7.1　标志

7.1.1　金属丝筛网应附有产品合格证，其上应标明：

 a)　产品名称；

 b)　金属丝筛网标记；

 c)　编织型式；

 d)　金属丝材料；

 e)　网宽、网长及数量、质量；

 f)　检验结果；

 g)　检验日期及检验人员盖章；

 h)　制造厂名称。

7.1.2　外包装上应标明：

 a)　产品名称；

 b)　金属丝筛网标记；

 c)　总质量,kg；

 d)　制造厂名称；

 e)　"小心轻放"、"严防潮湿"等字样或标志。

7.2　包装

7.2.1　金属丝筛网应卷绕在平直干燥的芯轴上，内外用防潮纸或其他包装材料包裹，根据不同需要亦可采用无芯轴卷绕。

7.2.2　金属丝筛网外包装可用干燥的箱、盒或其他包装材料（每件质量一般不应超过 80 kg），当用户有要求时，亦可由供需双方协商。

7.3　运输、贮存

7.3.1　运输应有防雨防潮措施。

7.3.2　应贮存于干燥及无腐蚀的场所，不得在内包装受到破坏的情况下贮存。

附 录 A

（资料性附录）

工业用金属丝编织方孔筛网结构参数及目数

A.1 工业用金属丝编织方孔筛网结构参数及目数见表 A.1。

表 A.1 工业用金属丝编织方孔筛网结构参数及目数对照表

网孔基本尺寸/mm			金属丝直径/ mm	筛分面积百分率 A_0/%	单位面积网质量[a]/(kg/m²)				相当英制目数 （目/25.4 mm）
R10 系列	R20 系列	R40/3 系列			低碳钢	黄铜	锡青铜	不锈钢	
16.0	16.0	16.0	3.15	69.8	6.58	7.29	7.40	6.67	1.33
			2.24	76.9	3.49	3.87	3.93	3.54	1.39
			2.00	79.0	2.82	3.13	3.18	2.86	1.41
			1.80	80.8	2.31	2.56	2.60	2.34	1.43
			1.60	82.6	1.85	2.05	2.08	1.87	1.44
	14.0		2.80	69.4	5.93	6.57	6.67	6.00	1.51
			2.24	74.3	3.92	4.35	4.41	3.97	1.56
			1.80	78.5	2.60	2.89	2.93	2.64	1.61
			1.40	82.6	1.62	1.79	1.82	1.64	1.65
		13.2	2.80	68.1	6.22	6.90	7.00	6.30	1.59
12.5	12.5		2.50	69.4	5.29	5.87	5.95	5.36	1.69
			2.24	71.9	4.32	4.79	4.86	4.38	1.72
			2.00	74.3	3.50	3.88	3.94	3.55	1.75
			1.80	76.4	2.88	3.19	3.24	2.91	1.78
			1.60	78.6	2.31	2.56	2.59	2.34	1.80
			1.25	82.6	1.44	1.60	1.62	1.46	1.85
	11.2	11.2	2.50	66.8	5.79	6.42	6.52	5.87	1.85
			2.24	69.4	4.74	5.26	5.33	4.80	1.89
			2.00	72.0	3.85	4.27	4.33	3.90	1.92
			1.80	74.2	3.17	3.51	3.56	3.21	1.95
			1.60	76.6	2.54	2.82	2.86	2.57	1.98
			1.12	82.6	1.29	1.43	1.45	1.31	2.06
10.0	10.0		2.50	64.0	6.35	7.04	7.14	6.43	2.03
			2.24	66.7	5.21	5.77	5.86	5.27	2.08
			2.00	69.4	4.23	4.69	4.76	4.29	2.12
			1.80	71.8	3.49	3.87	3.92	3.53	2.15
			1.60	74.3	2.80	3.11	3.15	2.84	2.19
			1.40	76.9	2.18	2.42	2.46	2.21	2.23
			1.12	80.9	1.43	1.59	1.61	1.45	2.28

表 A.1（续）

网孔基本尺寸/mm			金属丝直径/	筛分面积百分率	单位面积网质量[a]/（kg/m²）				相当英制目数
R10 系列	R20 系列	R40/3 系列	mm	A_0/%	低碳钢	黄铜	锡青铜	不锈钢	（目/25.4 mm）
			2.24	65.5	5.43	6.02	6.11	5.50	2.16
			2.00	68.2	4.42	4.90	4.97	4.47	2.21
		9.50	1.80	70.7	3.64	4.04	4.10	3.69	2.25
			1.60	73.2	2.93	3.25	3.30	2.97	2.29
			1.40	76.0	2.28	2.53	2.57	2.31	2.33
			1.00	81.9	1.21	1.34	1.36	1.23	2.42
			2.24	64.1	5.67	6.28	6.38	5.74	2.26
			2.00	66.9	4.62	5.12	5.20	4.68	2.31
	9.00		1.80	69.4	3.81	4.22	4.29	3.86	2.35
			1.60	72.1	3.07	3.40	3.45	3.11	2.40
			1.40	74.9	2.39	2.65	2.69	2.42	2.44
			1.00	81.0	1.27	1.41	1.43	1.29	2.54
			2.24	61.0	6.22	6.90	7.00	6.30	2.48
			2.00	64.0	5.08	5.63	5.72	5.15	2.54
			1.80	66.6	4.20	4.65	4.72	4.25	2.59
8.00	8.00	8.00	1.60	69.4	3.39	3.75	3.81	3.43	2.65
			1.40	72.4	2.65	2.94	2.98	2.68	2.70
			1.25	74.8	2.15	2.38	2.41	2.17	2.75
			1.00	79.0	1.41	1.56	1.59	1.43	2.82
			1.80	63.6	4.62	5.12	5.20	4.68	2.85
			1.60	66.6	3.74	4.14	4.20	3.79	2.92
	7.10		1.40	69.8	2.93	3.25	3.29	2.97	2.99
			1.25	72.3	2.38	2.63	2.67	2.41	3.04
			1.12	74.6	1.94	2.15	2.18	1.96	3.09
			1.80	62.1	4.84	5.37	5.45	4.90	2.99
			1.60	65.2	3.92	4.34	4.41	3.97	3.06
		6.70	1.40	68.4	3.07	3.41	3.46	3.11	3.14
			1.25	71.0	2.50	2.77	2.81	2.53	3.19
			1.12	73.4	2.04	2.26	2.29	2.06	3.25
			1.80	60.5	5.08	5.63	5.72	5.15	3.14
			1.40	66.9	3.23	3.58	3.64	3.27	3.30
6.30	6.30		1.12	72.1	2.15	2.38	2.42	2.17	3.42
			1.00	74.5	1.74	1.93	1.96	1.76	3.48
			0.800	78.7	1.14	1.27	1.29	1.16	3.58

表 A.1（续）

网孔基本尺寸/mm			金属丝直径/ mm	筛分面积百分率 A_0/%	单位面积网质量[a]/(kg/m²)				相当英制目数 （目/25.4 mm）
R10 系列	R20 系列	R40/3 系列			低碳钢	黄铜	锡青铜	不锈钢	
			1.60	60.5	4.52	5.01	5.08	4.57	3.53
			1.40	64.0	3.56	3.94	4.00	3.60	3.63
	5.60	5.60	1.25	66.8	2.90	3.21	3.26	2.93	3.71
			1.12	69.4	2.37	2.63	2.67	2.40	3.78
			0.900	74.2	1.58	1.75	1.78	1.60	3.91
			0.800	76.6	1.27	1.41	1.43	1.29	3.97
			1.60	57.4	4.93	5.46	5.54	4.99	3.85
			1.40	61.0	3.89	4.31	4.38	3.94	3.97
5.00	5.00		1.25	64.0	3.18	3.52	3.57	3.22	4.06
			1.00	69.4	2.12	2.35	2.38	2.14	4.23
			0.900	71.8	1.74	1.93	1.96	1.77	4.31
			1.60	56.0	5.12	5.68	5.76	5.19	4.00
		4.75	1.40	59.7	4.05	4.49	4.55	4.10	4.13
			1.25	62.7	3.31	3.67	3.72	3.35	4.23
			0.900	70.7	1.82	2.02	2.05	1.84	4.50
			1.60	54.4	5.33	5.91	6.00	5.40	4.16
			1.40	58.2	4.22	4.68	4.75	4.27	4.31
			1.12	64.1	2.84	3.14	3.19	2.87	4.52
	4.50		1.00	66.9	2.31	2.56	2.60	2.34	4.62
			0.900	69.4	1.91	2.11	2.14	1.93	4.70
			0.800	72.1	1.53	1.70	1.73	1.55	4.79
			0.630	76.9	0.98	1.09	1.11	1.00	4.95
			1.40	54.9	4.61	5.11	5.19	4.67	4.70
			1.25	58.0	3.78	4.19	4.25	3.83	4.84
4.00	4.00	4.00	1.12	61.0	3.11	3.45	3.50	3.15	4.96
			0.900	66.6	2.10	2.33	2.36	2.13	5.18
			0.710	72.1	1.36	1.51	1.53	1.38	5.39
			1.25	54.7	4.13	4.58	4.65	4.19	5.29
			1.00	60.9	2.79	3.09	3.14	2.83	5.58
			0.900	63.6	2.31	2.56	2.60	2.34	5.71
	3.55		0.800	66.6	1.87	2.07	2.10	1.89	5.84
			0.630	72.1	1.21	1.34	1.36	1.22	6.08
			0.560	74.6	0.97	1.07	1.09	0.98	6.18

表 A.1（续）

网孔基本尺寸/mm			金属丝直径/ mm	筛分面积百分率 A_0/%	单位面积网质量[a]/（kg/m²）				相当英制目数 （目/25.4 mm）
R10 系列	R20 系列	R40/3 系列			低碳钢	黄铜	锡青铜	不锈钢	
		3.35	1.250	53.0	4.31	4.78	4.85	4.37	5.52
			0.900	62.1	2.42	2.68	2.72	2.45	5.98
			0.560	73.4	1.02	1.13	1.15	1.03	6.50
3.15	3.15		1.25	51.3	4.51	5.00	5.07	4.57	5.77
			1.12	54.4	3.73	4.14	4.20	3.78	5.95
			0.900	60.5	2.54	2.82	2.86	2.57	6.27
			0.800	63.6	2.06	2.28	2.32	2.08	6.43
			0.710	66.6	1.66	1.84	1.87	1.68	6.58
			0.630	69.4	1.33	1.48	1.50	1.35	6.72
			0.560	72.1	1.07	1.19	1.21	1.09	6.85
			0.500	74.5	0.87	0.96	0.98	0.88	6.96
	2.80	2.80	1.12	51.0	4.06	4.50	4.57	4.12	6.48
			0.900	57.3	2.78	3.08	3.13	2.82	6.86
			0.800	60.5	2.26	2.50	2.54	2.29	7.06
			0.710	63.6	1.82	2.02	2.05	1.85	7.24
			0.630	66.6	1.47	1.63	1.65	1.49	7.41
			0.560	69.4	1.19	1.31	1.33	1.20	7.56
			0.500	72.0	0.96	1.07	1.08	0.97	7.70
2.50	2.50		1.00	51.0	3.63	4.02	4.08	3.68	7.26
			0.800	57.4	2.46	2.73	2.77	2.49	7.70
			0.710	60.7	1.99	2.21	2.24	2.02	7.91
			0.630	63.8	1.61	1.79	1.81	1.63	8.12
			0.560	66.7	1.30	1.44	1.46	1.32	8.30
			0.500	69.4	1.06	1.17	1.19	1.07	8.47
			0.450	71.8	0.87	0.97	0.98	0.88	8.61
		2.36	1.80	32.2	9.89	10.96	11.13	10.02	6.11
			1.00	49.3	3.78	4.19	4.25	3.83	7.56
			0.800	55.8	2.57	2.85	2.89	2.61	8.04
			0.710	59.1	2.09	2.31	2.35	2.11	8.27
			0.630	62.3	1.69	1.87	1.90	1.71	8.49
			0.560	65.3	1.36	1.51	1.53	1.38	8.70
			0.500	68.1	1.11	1.23	1.25	1.12	8.88

表 A.1（续）

网孔基本尺寸/mm			金属丝直径/ mm	筛分面积百分率 A_0/%	单位面积网质量[a]/(kg/m²)				相当英制目数 （目/25.4 mm）
R10 系列	R20 系列	R40/3 系列			低碳钢	黄铜	锡青铜	不锈钢	
			0.900	50.9	3.28	3.63	3.69	3.32	8.09
			0.710	57.7	2.17	2.41	2.44	2.20	8.61
			0.630	60.9	1.76	1.95	1.98	1.78	8.85
	2.24		0.560	64.0	1.42	1.58	1.60	1.44	9.07
			0.500	66.8	1.16	1.28	1.30	1.17	9.27
			0.450	69.3	0.96	1.06	1.08	0.97	9.44
			0.400	72.0	0.77	0.85	0.87	0.78	9.62
			0.900	47.6	3.55	3.93	3.99	3.59	8.76
			0.710	54.5	2.36	2.62	2.66	2.39	9.37
			0.630	57.8	1.92	2.12	2.16	1.94	9.66
2.00	2.00	2.00	0.560	61.0	1.56	1.72	1.75	1.58	9.92
			0.500	64.0	1.27	1.41	1.43	1.29	10.16
			0.450	66.6	1.05	1.16	1.18	1.06	10.37
			0.315	74.6	0.54	0.60	0.61	0.55	10.97
			0.800	47.9	3.13	3.47	3.52	3.17	9.77
			0.630	54.9	2.07	2.30	2.33	2.10	10.45
	1.80		0.560	58.2	1.69	1.87	1.90	1.71	10.76
			0.500	61.2	1.38	1.53	1.55	1.40	11.04
			0.450	64.0	1.14	1.27	1.29	1.16	11.29
			0.400	66.9	0.92	1.02	1.04	0.94	11.55
			0.800	46.2	3.25	3.60	3.66	3.29	10.16
			0.630	53.2	2.16	2.40	2.43	2.19	10.90
		1.70	0.500	59.7	1.44	1.60	1.62	1.46	11.55
			0.450	62.5	1.20	1.33	1.35	1.21	11.81
			0.400	65.5	0.97	1.07	1.09	0.98	12.10
			0.800	44.4	3.39	3.75	3.81	3.43	10.58
			0.630	51.5	2.26	2.51	2.54	2.29	11.39
			0.560	54.9	1.84	2.04	2.07	1.87	11.76
1.60	1.60		0.500	58.0	1.51	1.68	1.70	1.53	12.10
			0.450	60.9	1.25	1.39	1.41	1.27	12.39
			0.400	64.0	1.02	1.13	1.14	1.03	12.70
			0.355	67.0	0.82	0.91	0.92	0.83	12.99

表 A.1（续）

网孔基本尺寸/mm			金属丝直径/mm	筛分面积百分率 A_0/%	单位面积网质量[a]/(kg/m²)				相当英制目数
R10 系列	R20 系列	R40/3 系列			低碳钢	黄铜	锡青铜	不锈钢	（目/25.4 mm）
			0.710	44.0	3.03	3.36	3.41	3.07	12.04
			0.560	51.0	2.03	2.25	2.29	2.06	12.96
			0.500	54.3	1.67	1.85	1.88	1.69	13.37
	1.40	1.40	0.450	57.3	1.39	1.54	1.56	1.41	13.73
			0.400	60.5	1.13	1.25	1.27	1.14	14.11
			0.355	63.6	0.91	1.01	1.03	0.92	14.47
			0.315	66.6	0.73	0.81	0.83	0.74	14.81
			0.630	44.2	2.68	2.97	3.02	2.72	13.51
			0.560	47.7	2.20	2.44	2.48	2.23	14.03
			0.500	51.0	1.81	2.01	2.04	1.84	14.51
1.25	1.25		0.450	54.1	1.51	1.68	1.70	1.53	14.94
			0.400	57.4	1.23	1.37	1.39	1.25	15.39
			0.355	60.7	1.00	1.11	1.12	1.01	15.83
			0.315	63.8	0.81	0.89	0.91	0.82	16.23
			0.280	66.7	0.65	0.72	0.73	0.66	16.60
			0.630	42.5	2.79	3.09	3.13	2.82	14.03
			0.560	46.0	2.29	2.54	2.58	2.32	14.60
			0.500	49.3	1.89	2.09	2.13	1.91	15.12
		1.18	0.450	52.4	1.58	1.75	1.78	1.60	15.58
			0.400	55.8	1.29	1.43	1.45	1.30	16.08
			0.355	59.1	1.04	1.16	1.17	1.06	16.55
			0.315	62.3	0.84	0.93	0.95	0.85	16.99
			0.560	44.4	2.37	2.63	2.67	2.40	15.12
			0.500	47.8	1.96	2.17	2.20	1.99	15.68
			0.450	50.9	1.64	1.82	1.84	1.66	16.18
	1.12		0.400	54.3	1.34	1.48	1.50	1.35	16.71
			0.355	57.7	1.09	1.20	1.22	1.10	17.22
			0.315	60.9	0.88	0.97	0.99	0.89	17.70
			0.250	66.8	0.58	0.64	0.65	0.59	18.54
			0.560	41.1	2.55	2.83	2.87	2.59	16.28
			0.500	44.4	2.12	2.35	2.38	2.14	16.93
			0.450	47.6	1.77	1.97	2.00	1.80	17.52
1.00	1.00	1.00	0.400	51.0	1.45	1.61	1.63	1.47	18.14
			0.355	54.5	1.18	1.31	1.33	1.20	18.75
			0.315	57.8	0.96	1.06	1.08	0.97	19.32
			0.280	61.0	0.78	0.86	0.88	0.79	19.84
			0.250	64.0	0.64	0.70	0.71	0.64	20.32

表 A.1（续）

网孔基本尺寸/mm			金属丝直径/	筛分面积百分率	单位面积网质量[a]/(kg/m²)				相当英制目数
R10 系列	R20 系列	R40/3 系列	mm	A_0/%	低碳钢	黄铜	锡青铜	不锈钢	(目/25.4 mm)
			0.500	41.3	2.27	2.51	2.55	2.30	18.14
			0.450	44.4	1.91	2.11	2.14	1.93	18.81
			0.400	47.9	1.56	1.73	1.76	1.58	19.54
	0.900		0.355	51.4	1.28	1.41	1.43	1.29	20.24
			0.315	54.9	1.04	1.15	1.17	1.05	20.91
			0.250	61.2	0.69	0.77	0.78	0.70	22.09
			0.224	64.1	0.57	0.63	0.64	0.57	22.60
			0.500	39.6	2.35	2.61	2.65	2.38	18.81
			0.450	42.8	1.98	2.19	2.23	2.00	19.54
			0.400	46.2	1.63	1.80	1.83	1.65	20.32
		0.850	0.355	49.8	1.33	1.47	1.49	1.35	21.08
			0.315	53.2	1.08	1.20	1.22	1.10	21.80
			0.280	56.6	0.88	0.98	0.99	0.89	22.48
			0.250	59.7	0.72	0.80	0.81	0.73	23.09
			0.224	62.6	0.59	0.66	0.67	0.60	23.65
			0.450	41.0	2.06	2.28	2.31	2.08	20.32
			0.355	48.0	1.39	1.54	1.56	1.40	21.99
			0.315	51.5	1.13	1.25	1.27	1.14	22.78
0.800	0.800		0.280	54.9	0.92	1.02	1.04	0.93	23.52
			0.250	58.0	0.76	0.84	0.85	0.77	24.19
			0.224	61.0	0.62	0.69	0.70	0.63	24.80
			0.200	64.0	0.51	0.56	0.57	0.51	25.40
			0.450	37.5	2.22	2.46	2.49	2.25	21.90
			0.355	44.4	1.50	1.67	1.69	1.52	23.85
			0.315	48.0	1.23	1.36	1.38	1.25	24.78
	0.710	0.710	0.280	51.4	1.01	1.11	1.13	1.02	25.66
			0.250	54.7	0.83	0.92	0.93	0.84	26.46
			0.224	57.8	0.68	0.76	0.77	0.69	27.19
			0.200	60.9	0.56	0.62	0.63	0.57	27.91
			0.400	37.4	1.97	2.19	2.22	2.00	24.66
			0.355	40.9	1.63	1.80	1.83	1.65	25.79
			0.315	44.4	1.33	1.48	1.50	1.35	26.88
0.630	0.630		0.280	47.9	1.09	1.21	1.23	1.11	27.91
			0.250	51.3	0.90	1.00	1.01	0.91	28.86
			0.224	54.4	0.75	0.83	0.84	0.76	29.74
			0.200	57.6	0.61	0.68	0.69	0.62	30.60
			0.180	60.5	0.51	0.56	0.57	0.51	31.36

表 A.1（续）

网孔基本尺寸/mm			金属丝直径/ mm	筛分面积百分率 A_0/%	单位面积网质量 a/(kg/m²)				相当英制目数 （目/25.4 mm）
R10 系列	R20 系列	R40/3 系列			低碳钢	黄铜	锡青铜	不锈钢	
		0.600	0.400	36.0	2.03	2.25	2.29	2.06	25.40
			0.355	39.5	1.68	1.86	1.89	1.70	26.60
			0.315	43.0	1.38	1.53	1.55	1.40	27.76
			0.280	46.5	1.13	1.25	1.27	1.15	28.86
			0.250	49.8	0.93	1.04	1.05	0.95	29.88
			0.224	53.0	0.77	0.86	0.87	0.78	30.83
			0.200	56.3	0.64	0.70	0.71	0.64	31.75
	0.560		0.355	37.5	1.75	1.94	1.97	1.77	27.76
			0.315	41.0	1.44	1.60	1.62	1.46	29.03
			0.280	44.4	1.19	1.31	1.33	1.20	30.24
			0.250	47.8	0.98	1.09	1.10	0.99	31.36
			0.224	51.0	0.81	0.90	0.91	0.82	32.40
			0.200	54.3	0.67	0.74	0.75	0.68	33.42
			0.180	57.3	0.56	0.62	0.63	0.56	34.32
			0.160	60.5	0.45	0.50	0.51	0.46	35.28
0.500	0.500	0.500	0.315	37.6	1.55	1.71	1.74	1.57	31.17
			0.280	41.1	1.28	1.41	1.44	1.29	32.56
			0.250	44.4	1.06	1.17	1.19	1.07	33.87
			0.224	47.7	0.88	0.98	0.99	0.89	35.08
			0.200	51.0	0.73	0.80	0.82	0.74	36.29
			0.180	54.1	0.61	0.67	0.68	0.61	37.35
			0.160	57.4	0.49	0.55	0.55	0.50	38.48
		0.450	0.280	38.0	1.36	1.51	1.53	1.38	34.79
			0.250	41.3	1.13	1.26	1.28	1.15	36.29
			0.224	44.6	0.95	1.05	1.06	0.96	37.69
			0.200	47.9	0.78	0.87	0.88	0.79	39.08
			0.180	51.0	0.65	0.72	0.73	0.66	40.32
			0.160	54.4	0.53	0.59	0.60	0.54	41.64
			0.140	58.2	0.42	0.47	0.47	0.43	43.05
	0.425		0.280	36.3	1.41	1.57	1.59	1.43	36.03
			0.224	42.9	0.98	1.09	1.10	0.99	39.14
			0.200	46.2	0.81	0.90	0.91	0.82	40.64
			0.180	49.3	0.68	0.75	0.77	0.69	41.98
			0.160	52.8	0.56	0.62	0.63	0.56	43.42
			0.140	56.6	0.44	0.49	0.50	0.45	44.96

表 A.1（续）

| 网孔基本尺寸/mm | | | 金属丝直径/mm | 筛分面积百分率 A_0/% | 单位面积网质量ᵃ/(kg/m²) | | | | 相当英制目数 |
R10 系列	R20 系列	R40/3 系列			低碳钢	黄铜	锡青铜	不锈钢	（目/25.4 mm）
0.400	0.400		0.250	37.9	1.22	1.35	1.37	1.24	39.08
			0.224	41.1	1.02	1.13	1.15	1.03	40.71
			0.200	44.4	0.85	0.94	0.95	0.86	42.33
			0.180	47.6	0.71	0.79	0.80	0.72	43.79
			0.160	51.0	0.58	0.64	0.65	0.59	45.36
			0.140	54.9	0.46	0.51	0.52	0.47	47.04
			0.125	58.0	0.38	0.42	0.43	0.38	48.38
0.355	0.355	0.355	0.224	37.6	1.10	1.22	1.24	1.11	43.87
			0.200	40.9	0.92	1.01	1.03	0.93	45.77
			0.180	44.0	0.77	0.85	0.87	0.78	47.48
			0.140	51.4	0.50	0.56	0.57	0.51	51.31
			0.125	54.7	0.41	0.46	0.47	0.42	52.92
0.315	0.315		0.200	37.4	0.99	1.09	1.11	1.00	49.32
			0.180	40.5	0.83	0.92	0.94	0.84	51.31
			0.160	44.0	0.68	0.76	0.77	0.69	53.47
			0.140	47.9	0.55	0.61	0.62	0.55	55.82
			0.125	51.3	0.45	0.50	0.51	0.46	57.73
		0.300	0.200	36.0	1.02	1.13	1.14	1.03	50.80
			0.180	39.1	0.86	0.95	0.96	0.87	52.92
			0.160	42.5	0.71	0.78	0.80	0.72	55.22
			0.140	46.5	0.57	0.63	0.64	0.57	57.73
			0.125	49.8	0.47	0.52	0.53	0.47	59.76
			0.112	53.0	0.39	0.43	0.44	0.39	61.65
	0.280		0.180	37.1	0.89	0.99	1.01	0.91	55.22
			0.160	40.5	0.74	0.82	0.83	0.75	57.73
			0.140	44.4	0.59	0.66	0.67	0.60	60.48
			0.125	47.8	0.49	0.54	0.55	0.50	62.72
			0.112	51.0	0.41	0.45	0.46	0.41	64.80
0.250	0.250	0.250	0.180	33.8	0.96	1.06	1.08	0.97	59.07
			0.160	37.2	0.79	0.88	0.89	0.80	61.95
			0.140	41.1	0.64	0.71	0.72	0.65	65.13
			0.125	44.4	0.53	0.59	0.60	0.54	67.73
			0.112	47.7	0.44	0.49	0.50	0.45	70.17
			0.100	51.0	0.36	0.40	0.41	0.37	72.57

表 A. 1（续）

网孔基本尺寸/mm			金属丝直径/ mm	筛分面积百分率 A_0/%	单位面积网质量ª/（kg/m²）				相当英制目数 （目/25.4 mm）
R10 系列	R20 系列	R40/3 系列			低碳钢	黄铜	锡青铜	不锈钢	
		0.224	0.160	34.0	0.94	0.95	0.86		66.15
			0.140	37.9	0.76	0.77	0.69		69.78
			0.125	41.2	0.63	0.64	0.58		72.78
			0.112	44.4	0.53	0.53	0.48		75.60
			0.100	47.8	0.43	0.44	0.40		78.40
			0.090	50.9	0.36	0.37	0.33		80.89
		0.212	0.140	36.3	0.78	0.80	0.72		72.16
			0.125	39.6	0.65	0.66	0.60		75.37
			0.112	42.8	0.55	0.55	0.50		78.40
			0.100	46.2	0.45	0.46	0.41		81.41
			0.090	49.3	0.38	0.38	0.35		84.11
0.200	0.200		0.140	34.6	0.81	0.82	0.74		74.71
			0.125	37.9	0.68	0.69	0.62		78.15
			0.112	41.1	0.57	0.57	0.52		81.41
			0.090	47.6	0.39	0.40	0.36		87.59
			0.080	51.0	0.32	0.33	0.29		90.71
0.180	0.180	0.180	0.125	34.8	0.72	0.73	0.66		83.28
			0.112	38.0	0.60	0.61	0.55		86.99
			0.100	41.3	0.50	0.51	0.46		90.71
			0.090	44.4	0.42	0.43	0.39		94.07
			0.080	47.9	0.35	0.35	0.32		97.69
			0.071	51.4	0.28	0.29	0.26		101.20
0.160	0.160		0.112	34.6	0.65	0.66	0.59		93.38
			0.100	37.9	0.54	0.55	0.49		97.69
			0.090	41.0	0.46	0.46	0.42		101.60
			0.080	44.4	0.38	0.38	0.34		105.83
			0.071	48.0	0.31	0.31	0.28		109.96
			0.063	51.5	0.25	0.25	0.23		113.90
		0.150	0.100	36.0	0.56	0.57	0.51		101.60
			0.090	39.1	0.48	0.48	0.43		105.83
			0.080	42.5	0.39	0.40	0.36		110.43
			0.071	46.1	0.32	0.33	0.29		114.93
			0.063	49.6	0.26	0.27	0.24		119.25

表 A.1（续）

网孔基本尺寸/mm			金属丝直径/	筛分面积百分率	单位面积网质量[a]/(kg/m²)				相当英制目数
R10 系列	R20 系列	R40/3 系列	mm	A_0/%	低碳钢	黄铜	锡青铜	不锈钢	（目/25.4 mm）
			0.100	34.0		0.59	0.60	0.54	105.83
		0.140	0.090	37.1		0.50	0.50	0.45	110.43
			0.071	44.0		0.34	0.34	0.31	120.38
			0.063	47.6		0.28	0.28	0.25	125.12
			0.056	51.0		0.23	0.23	0.21	129.59
			0.090	33.8		0.53	0.54	0.48	118.14
			0.080	37.2		0.44	0.45	0.40	123.90
0.125	0.125	0.125	0.071	40.7		0.36	0.37	0.33	129.59
			0.063	44.2		0.30	0.30	0.27	135.11
			0.056	47.7		0.24	0.25	0.22	140.33
			0.050	51.0			0.20	0.18	145.14
			0.080	34.0		0.47	0.48	0.43	132.29
			0.071	37.5		0.39	0.39	0.35	138.80
		0.112	0.063	41.0		0.32	0.32	0.29	145.14
			0.056	44.4		0.26	0.27	0.24	151.19
			0.050	47.8			0.22	0.20	156.79
			0.080	32.5		0.48	0.49	0.44	136.56
			0.071	35.9		0.40	0.41	0.37	143.50
		0.106	0.063	39.3		0.33	0.34	0.30	150.30
			0.056	42.8		0.27	0.28	0.25	156.79
			0.050	46.2			0.23	0.21	162.82
			0.080	30.9		0.50	0.51	0.46	141.11
			0.071	34.2		0.42	0.42	0.38	148.54
0.100	0.100		0.063	37.6		0.34	0.35	0.31	155.83
			0.056	41.1		0.28	0.29	0.26	162.82
			0.050	44.4			0.24	0.21	169.33
			0.071	31.2		0.44	0.45	0.40	157.76
			0.063	34.6		0.37	0.37	0.33	166.01
	0.090	0.090	0.056	38.0		0.30	0.31	0.28	173.97
			0.500	2.3			6.05	5.45	43.05
			0.045	44.4			0.21	0.19	188.15
			0.063	31.3		0.39	0.40	0.36	177.62
			0.056	34.6		0.32	0.33	0.30	186.76
0.080	0.080		0.050	37.9			0.27	0.25	195.38
			0.045	41.0			0.23	0.21	203.20
			0.040	44.4			0.19	0.17	211.67

表 A.1（续）

网孔基本尺寸/mm			金属丝直径/ mm	筛分面积百分率 A_0/%	单位面积网质量[a]/(kg/m²)				相当英制目数（目/25.4 mm）
R10 系列	R20 系列	R40/3 系列			低碳钢	黄铜	锡青铜	不锈钢	
		0.075	0.056	32.8		0.34	0.34	0.31	193.89
			0.050	36.0			0.29	0.26	203.20
			0.045	39.1			0.24	0.22	211.67
			0.040	42.5			0.20	0.18	220.87
			0.036	45.7			0.17	0.15	228.83
	0.071		0.056	31.3		0.35	0.35	0.32	200.00
			0.050	34.4			0.30	0.27	209.92
			0.045	37.5			0.25	0.22	218.97
			0.040	40.9			0.21	0.19	228.83
			0.036	44.0			0.17	0.16	237.38
0.063	0.063	0.063	0.050	31.1			0.32	0.28	224.78
			0.045	34.0			0.27	0.24	235.19
			0.040	37.4			0.22	0.20	246.60
			0.036	40.5			0.19	0.17	256.57
	0.056		0.045	30.7			0.29	0.26	251.49
			0.040	34.0			0.24	0.21	264.58
			0.036	37.1			0.20	0.18	276.09
			0.032	40.5			0.17	0.15	288.64
			0.030	42.4			0.15	0.13	295.35
		0.053	0.040	32.5			0.25	0.22	273.12
			0.036	35.5			0.21	0.19	285.39
			0.032	38.9			0.17	0.15	298.82
0.050	0.050		0.040	30.9			0.25	0.23	282.22
			0.036	33.8			0.22	0.19	295.35
			0.032	37.2			0.18	0.16	309.76
			0.030	39.1			0.16	0.14	317.50
			0.028	41.1			0.14	0.13	325.64
	0.045	0.045	0.036	30.9			0.23	0.21	313.58
			0.032	34.2			0.19	0.17	329.87
			0.030	36.0			0.17	0.15	338.67
			0.028	38.0			0.15	0.14	347.95
0.040	0.040		0.036	27.7			0.24	0.22	334.21
			0.032	30.9			0.20	0.18	352.78
			0.030	32.7			0.18	0.17	362.86
			0.028	34.6			0.16	0.15	373.53
			0.025	37.9			0.14	0.12	390.77

35

表 A.1（续）

网孔基本尺寸/mm			金属丝直径/mm	筛分面积百分率 $A_0/\%$	单位面积网质量[a]/(kg/m²)				相当英制目数（目/25.4 mm）
R10 系列	R20 系列	R40/3 系列			低碳钢	黄铜	锡青铜	不锈钢	
		0.038	0.032	29.5			0.21	0.19	362.86
			0.030	31.2			0.19	0.17	373.53
			0.028	33.1			0.17	0.15	384.85
			0.025	36.4			0.14	0.13	403.17
	0.036		0.030	29.8			0.19	0.18	384.85
			0.028	31.6			0.18	0.16	396.88
			0.025	34.8			0.15	0.13	416.39
0.032	0.032	0.032	0.028	28.4			0.19	0.17	423.33
			0.025	31.5			0.16	0.14	445.61
			0.022	35.1			0.13	0.12	470.37
	0.028		0.025	27.9			0.17	0.15	479.25
			0.022	31.4			0.14	0.12	508.00
	0.025		0.025	25.0			0.18	0.16	508.00
			0.022	28.3			0.15	0.13	540.43
0.020	0.020		0.020	25.0			0.14	0.13	635.00

[a] 网质量即网重。

附　录　B

（资料性附录）

工业用金属丝编织方孔筛网（补充尺寸）结构参数及目数

B.1　工业用金属丝编织方孔筛网（补充尺寸）结构参数及目数见表 B.1。

表 B.1　工业用金属丝编织方孔筛网（补充尺寸）结构参数及目数对照表

网孔基本尺寸/ mm	金属丝直径/ mm	筛分面积百分率 A_0/%	单位面积网质量[a]/(kg/m²)				相当英制目数 （目/25.4 mm）
			低碳钢	黄铜	锡青铜	不锈钢	
7.50	1.40	71.0	2.80	3.10	3.15	2.83	2.85
7.50	1.25	73.5	2.27	2.51	2.55	2.30	2.90
7.50	1.12	75.7	1.85	2.05	2.08	1.87	2.95
6.00	1.12	71.0	2.24	2.48	2.52	2.27	3.57
6.00	1.00	73.5	1.81	2.01	2.04	1.84	3.63
6.00	0.900	75.6	1.49	1.65	1.68	1.51	3.68
5.30	1.12	68.2	2.48	2.75	2.79	2.51	3.96
5.30	1.00	70.8	2.02	2.23	2.27	2.04	4.03
5.30	0.900	73.1	1.66	1.84	1.87	1.68	4.10
4.25	0.900	68.1	2.00	2.21	2.25	2.02	4.93
4.25	0.800	70.8	1.61	1.78	1.81	1.63	5.03
4.25	0.710	73.4	1.29	1.43	1.45	1.31	5.12
3.75	0.710	70.7	1.44	1.59	1.61	1.45	5.70
3.75	0.630	73.3	1.15	1.28	1.29	1.17	5.80
3.75	0.560	75.7	0.92	1.02	1.04	0.94	5.89
3.00	0.710	65.4	1.73	1.91	1.94	1.75	6.85
3.00	0.630	68.3	1.39	1.54	1.56	1.41	7.00
3.00	0.560	71.0	1.12	1.24	1.26	1.13	7.13
2.65	0.630	65.3	1.54	1.70	1.73	1.56	7.74
2.65	0.560	68.2	1.24	1.38	1.40	1.26	7.91
2.65	0.500	70.8	1.01	1.12	1.13	1.02	8.06
2.12	0.560	62.6	1.49	1.65	1.67	1.51	9.48
2.12	0.500	65.5	1.21	1.34	1.36	1.23	9.69
2.12	0.450	68.0	1.00	1.11	1.13	1.01	9.88
1.90	0.500	62.7	1.32	1.47	1.49	1.34	10.58
1.90	0.450	65.4	1.09	1.21	1.23	1.11	10.81
1.90	0.400	68.2	0.88	0.98	0.99	0.89	11.04

表 B.1（续）

网孔基本尺寸/mm	金属丝直径/mm	筛分面积百分率 A_0/%	单位面积网质量[a]/(kg/m²)				相当英制目数（目/25.4 mm）
			低碳钢	黄铜	锡青铜	不锈钢	
1.50	0.450	59.2	1.32	1.46	1.48	1.34	13.03
1.50	0.400	62.3	1.07	1.19	1.20	1.08	13.37
1.50	0.355	65.4	0.86	0.96	0.97	0.87	13.69
1.32	0.450	55.6	1.45	1.61	1.63	1.47	14.35
1.32	0.400	58.9	1.18	1.31	1.33	1.20	14.77
1.32	0.355	62.1	0.96	1.06	1.08	0.97	15.16
1.06	0.355	56.1	1.13	1.25	1.27	1.15	17.95
1.06	0.315	59.4	0.92	1.02	1.03	0.93	18.47
1.06	0.280	62.6	0.74	0.82	0.84	0.75	18.96
0.950	0.315	56.4	1.00	1.10	1.12	1.01	20.08
0.950	0.280	59.7	0.81	0.90	0.91	0.82	20.65
0.950	0.250	62.7	0.66	0.73	0.74	0.67	21.17
0.750	0.280	53.0	0.97	1.07	1.09	0.98	24.66
0.750	0.250	56.3	0.79	0.88	0.89	0.80	25.40
0.750	0.200	62.3	0.53	0.59	0.60	0.54	26.74
0.670	0.280	49.7	1.05	1.16	1.18	1.06	26.74
0.670	0.250	53.0	0.86	0.96	0.97	0.87	27.61
0.670	0.200	59.3	0.58	0.65	0.66	0.59	29.20
0.530	0.250	46.2	1.02	1.13	1.14	1.03	32.56
0.530	0.200	52.7	0.70	0.77	0.78	0.70	34.79
0.530	0.160	59.0	0.47	0.52	0.53	0.48	36.81
0.475	0.200	49.5	0.75	0.83	0.85	0.76	37.63
0.475	0.180	52.6	0.63	0.70	0.71	0.64	38.78
0.475	0.160	56.0	0.51	0.57	0.58	0.52	40.00
0.375	0.200	42.5	0.88	0.98	0.99	0.89	44.17
0.375	0.160	49.1	0.61	0.67	0.68	0.62	47.48
0.375	0.125	56.3	0.40	0.44	0.45	0.40	50.80
0.335	0.200	39.2	0.95	1.05	1.07	0.96	47.48
0.335	0.160	45.8	0.66	0.73	0.74	0.67	51.31
0.335	0.125	53.0	0.43	0.48	0.49	0.44	55.22

[a] 网质量即网重。

附　录　C
（资料性附录）
金属丝编织筛网网面缺陷和编织缺陷术语和定义

C.1　折痕：网面上局部折叠，形成不可恢复的印痕。

C.2　破洞：网面上有集中性经丝或纬丝多根断丝（见图 C.1）。

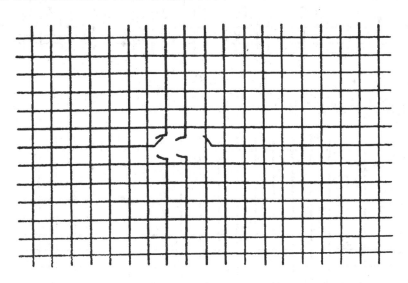

图 C.1

C.3　锈蚀：网面上腐蚀变色（见图 C.2）。

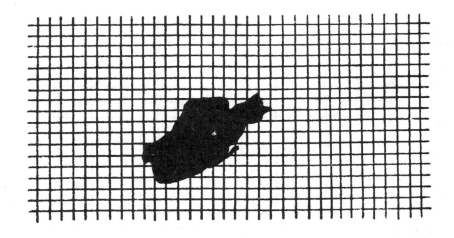

图 C.2

C.4　锈斑:网面上呈现绿色、褐色或异色小斑点(见图 C.3)。

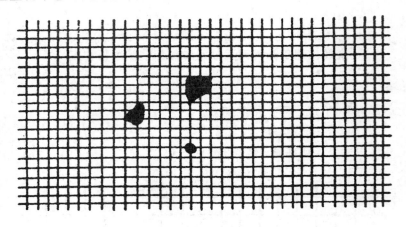

图 C.3

C.5　断丝:网面上经丝或纬丝单根断开(见图 C.4)。

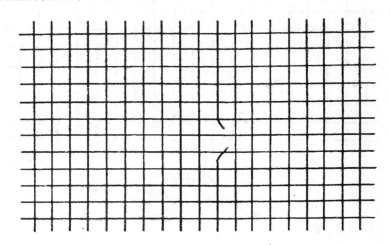

图 C.4

C.6　回鼻:金属丝打圈、扭结,突出网面(见图 C.5)。

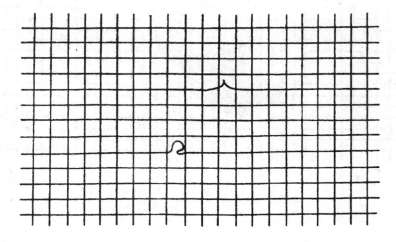

图 C.5

C.7 顶扣:经丝接头不良,顶出网面(见图C.6)。

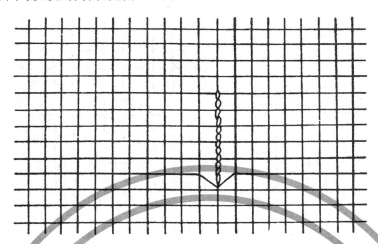

图 C.6

C.8 缩纬:纬丝局部弯曲,网孔变形(见图C.7)。

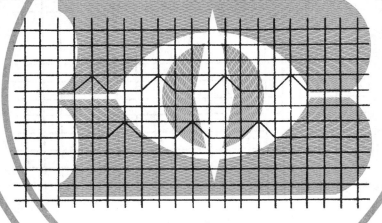

图 C.7

C.9 并丝:两根及两根以上金属丝并列编织在一起(见图C.8)。

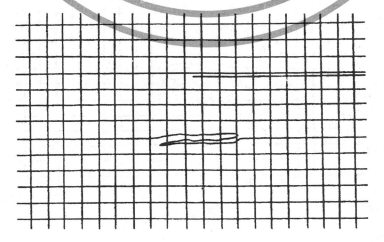

图 C.8

C.10　跳丝:经丝或纬丝局部交织错误(见图C.9)。

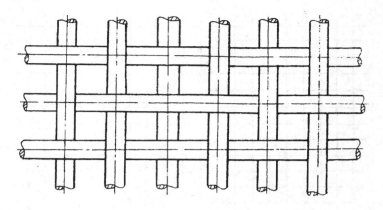

图 C.9

C.11　松丝:个别经丝或纬丝松动移位(见图C.10)。

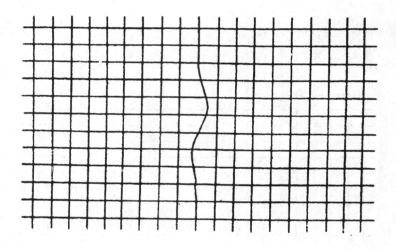

图 C.10

C.12　杂物织入:异物编织在网内(见图C.11)。

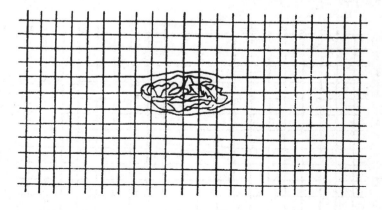

图 C.11

ICS 19.120
A 28

中华人民共和国国家标准

GB/T 13307—2012
代替 GB/T 13307—1991

预弯成型金属丝编织方孔网

Industrial pre-crimped wire square opening screens

2012-09-03 发布

2013-03-01 实施

中华人民共和国国家质量监督检验检疫总局
中国国家标准化管理委员会   发 布

前　言

本标准按照 GB/T 1.1—2009 给出的规则起草。

本标准代替 GB/T 13307—1991《预弯成型金属丝编织方孔网》。

本标准与 GB/T 13307—1991 相比，主要技术内容变化如下：

——增加了单位面积的质量公式（见 3.1）；

——增加了网重换算系数（见 4.2）。

本标准由全国颗粒表征与分检及筛网标准化技术委员会（SAC/TC 168）提出并归口。

本标准起草单位：中机生产力促进中心、巴山精密滤材有限公司、合肥安联贸易有限公司。

本标准主要起草人：余方、宋如轩、刘鹤青、唐东。

本标准所代替标准的历次版本发布情况为：

——GB/T 13307—1991。

预弯成型金属丝编织方孔网

1 范围

本标准规定了工业用预弯成型金属丝编织方孔网的结构型式、型号与尺寸、技术要求、检验方法、验收规则及标志、包装、运输与贮存。

本标准适用于网孔基本尺寸 125 mm～2 mm 预弯成型金属丝编织方孔网(以下简称预弯成型网)，特殊规格可由供需双方协商。

2 规范性引用文件

下列文件对于本文件的应用是必不可少的。凡是注日期的引用文件，仅注日期的版本适用于本文件。凡是不注日期的引用文件，其最新版本(包括所有的修改单)适用于本文件。

GB/T 2828.1 计数抽样检验程序 第1部分:按接收质量限(AQL)检索的逐批检验抽样计划

GB/T 15602 工业用筛和筛分 术语

JB/T 7860—2000 工业网用金属丝

ISO 4783-3:1981 工业金属丝筛网和金属丝编织网——网孔尺寸和金属丝直径组合选择指南——第3部分:预弯或压力焊金属丝网优先组合(Industrial wire screens and woven wire cloth;Guide to the choice of aperture size and wire diameter combinations;Part 3:Preferred combinations for pre-crimped or pressure-welded wire screens)

3 术语和定义

GB/T 15602 界定的以及下列术语和定义适用于本文件。

3.1

单位面积的质量 mess per unit area

按式(1)计算:

$$\rho_A = (d^2 \rho f)/618.1 \cdot (w+d) \quad\quad\quad\quad\quad\quad (1)$$

式中:

ρ_A ——单位面积的质量,单位为千克每平方米(kg/m^2);

d ——丝径,单位为毫米(mm);

w ——网孔尺寸,单位为毫米(mm);

f ——网重换算系数(由表1选取);

ρ ——材料密度,单位为千克每立方米(kg/m^3)。

注1:各种材料的 ρ 的典型值可在有关的材料手册中查出,见 ISO 4783-3:1981 中表2。

注2:式(1)给出了单位面积算出的质量,而实际值允许低3%。

4 结构型式、型号与尺寸

4.1 结构型式

预弯成型网结构型式分为五种,见表1。

4.2 尺寸

预弯成型网的规格、网孔基本尺寸和金属丝直径应符合表 2 的规定。

表 1

结构型式代码	图示	名称	网重换算系数[a]
A	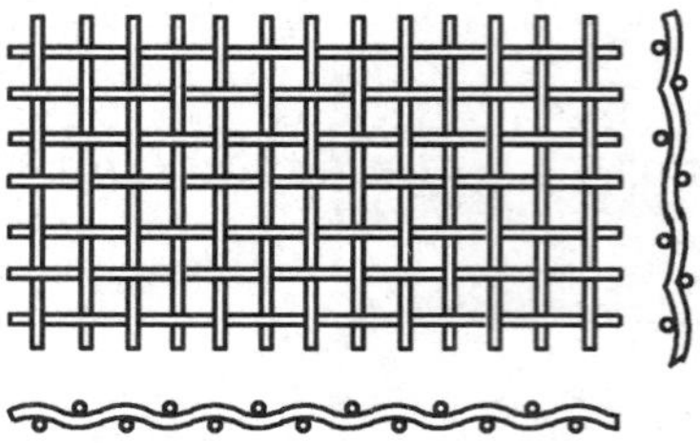	双向弯曲 金属丝编织网	1.00
B	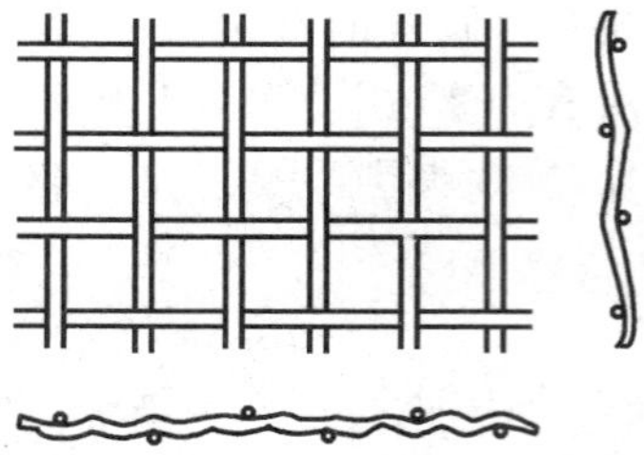	单向隔波弯曲 金属丝编织网	1.03
C	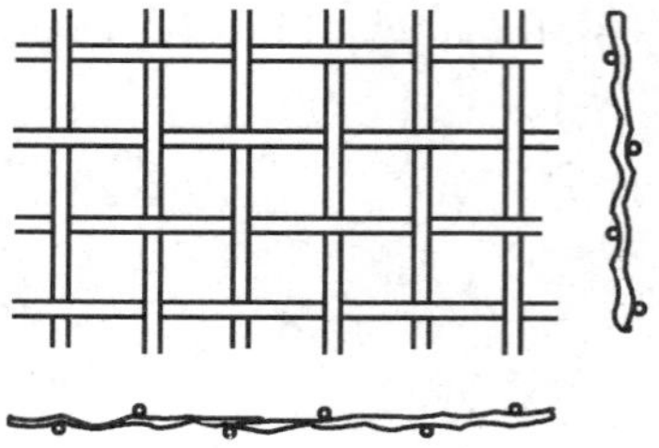	双向隔波弯曲 金属丝编织网	1.06
D	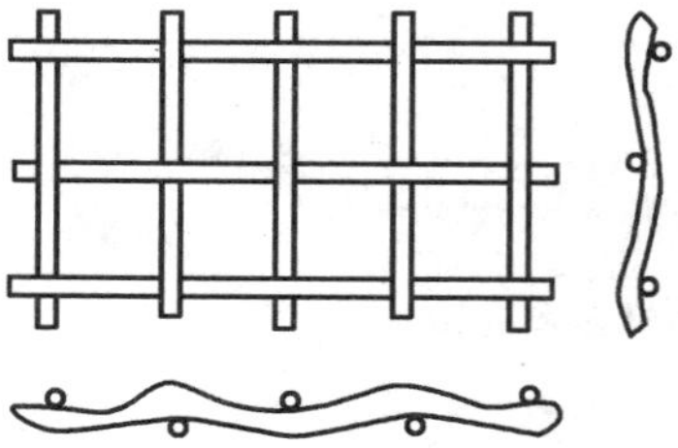	锁紧(定位)弯曲 金属丝编织网	1.03
E	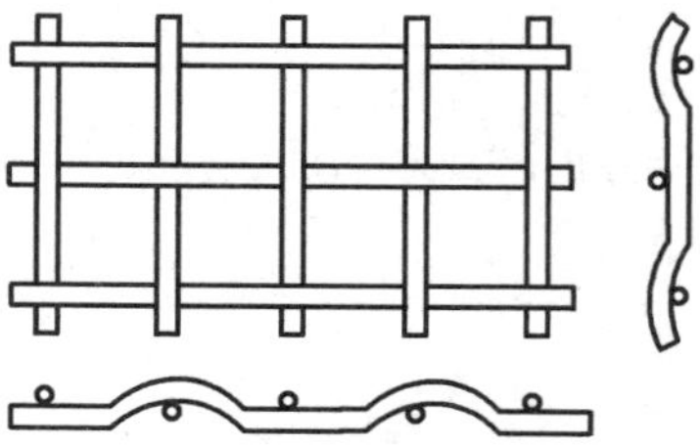	平顶弯曲 金属丝编织网	1.00
[a] 网重换算系数仅供参考,实际数值受张力、编织方法影响。			

表 2

网孔基本尺寸 w/mm			网孔算术平均尺寸偏差 %	大网孔尺寸偏差范围 %	金属丝直径基本尺寸 d/mm	筛分面积百分率 Ac %
主要尺寸	补充尺寸					
R10 系列	R20 系列	R40/3 系列				
125	125	125	±4.5	+8～+15	10.0	86
					12.5	83
					16.0	79
					20.0	74
					25.0	69
	112				10.0	84
					12.5	81
					16.0	77
					20.0	72
		106			10.0	84
					12.5	80
					16.0	75
					20.0	71
					25.0	65
100	100				10.0	83
					12.5	79
					16.0	74
					20.0	69
					25.0	64
	90	90			10.0	81
					12.5	77
					16.0	72
					20.0	67
80	80				10.0	79
					12.5	75
					16.0	69
					20.0	64
		75			10.0	78
					12.5	73
					16.0	69
					20.0	62
	71				10.0	77
					12.5	72
					16.0	67
					20.0	61
63	63	63			8.00	79
					10.0	74
					12.5	70
					16.0	64

表 2（续）

网孔基本尺寸 w/mm			网孔算术平均尺寸偏差 %	大网孔尺寸偏差范围 %	金属丝直径基本尺寸 d/mm	筛分面积百分率 Ac %
主要尺寸	补充尺寸					
R10 系列	R20 系列	R40/3 系列				
	56				8.00	77
					10.0	72
					12.5	67
					16.0	61
		53			8.00	75
					10.0	71
					12.5	65
					16.0	59
50	50				6.30	79
					8.00	74
					10.0	69
					12.5	64
					16.0	57
	45	45	±5	+10～+20	6.30	77
					8.00	72
					10.0	67
					12.5	61
					16.0	54
40	40				6.30	75
					8.00	69
					10.0	64
					12.5	58
		37.5			6.30	74
					8.00	68
					10.0	63
					12.5	56
	35.5				5.00	77
					6.30	72
					8.00	67
					10.0	61
31.5	31.5	31.5			5.00	74
					6.30	69
					8.00	64
					10.0	58
	28				5.00	72
					6.30	67
					8.00	60
					10.0	54

表 2（续）

网孔基本尺寸 w/mm			网孔算术平均尺寸偏差 %	大网孔尺寸偏差范围 %	金属丝直径基本尺寸 d/mm	筛分面积百分率 Ac %
主要尺寸	补充尺寸					
R10 系列	R20 系列	R40/3 系列				
		26.5			5.00	71
					6.30	65
					8.00	59
					10.0	53
25	25				4.00	74
					5.00	69
					6.30	64
					8.00	57
					10.0	51
	22.4	22.4			4.00	72
					5.00	67
					6.30	61
					8.00	54
20	20		±5	+10～+20	3.15	75
					4.00	69
					5.00	64
					6.30	58
					8.00	51
		19			4.00	68
					5.00	63
					6.30	56
					8.00	50
	18				3.15	72
					4.00	67
					5.00	61
					6.30	55
					8.00	48
16	16	16			2.50	75
					3.15	70
					4.00	64
					5.00	58
					6.30	51
		14	±5.6	+15～+25	2.50	72
					3.15	67
					4.00	60
					5.00	54
					6.30	48

表 2（续）

网孔基本尺寸 w/mm			网孔算术平均尺寸偏差 %	大网孔尺寸偏差范围 %	金属丝直径基本尺寸 d/mm	筛分面积百分率 Ac %
主要尺寸	补充尺寸					
R10 系列	R20 系列	R40/3 系列				
		13.2	±5.6	+15～+25	3.15	65
					4.00	59
					5.00	53
					6.30	46
12.5	12.5		±5.6	+10～+25	2.50	69
					3.15	64
					4.00	57
					5.00	51
					6.30	44
	11.2	11.2			2.50	67
					3.15	61
					3.55	58
					4.00	54
					5.00	48
10	10				2.00	69
					2.50	64
					3.15	58
					4.00	51
					5.00	44
		9.5			2.24	65
					3.15	56
					4.00	50
					5.00	43
	9		±6.3	+21～+35	1.80	69
					2.24	64
					2.50	61
					3.15	55
					4.00	48
8	8	8			2.00	64
					2.50	58
					3.15	51
					3.55	48
					4.00	44
	7.1				1.80	64
					2.00	61
					2.50	55
					3.15	48

表 2（续）

网孔基本尺寸 w/mm			网孔算术平均尺寸偏差 %	大网孔尺寸偏差范围 %	金属丝直径基本尺寸 d/mm	筛分面积百分率 Ac %
主要尺寸	补充尺寸					
R10 系列	R20 系列	R40/3 系列				
		6.7	±6.3		1.80	62
					2.50	53
					3.15	46
					4.00	39
6.3	6.3				1.60	64
					2.00	58
					2.50	51
					3.15	44
	5.6	5.6			1.60	60
					2.00	54
					2.50	48
					3.15	41
5	5				1.60	57
					2.00	51
					2.50	44
					3.15	38
		4.75		+21～+35	1.60	56
					1.80	53
					2.24	47
					3.15	36
	4.5				1.40	58
					1.80	51
					2.24	45
					2.50	41
4	4	4	±7		1.25	58
					1.60	51
					2.00	45
					2.24	41
					2.50	38
	3.55				1.25	55
					1.40	51
					1.60	48
					1.80	44
					2.00	41
		3.35			1.00	59
					1.25	53
					1.80	42
					2.24	36

表 2（续）

网孔基本尺寸 w/mm			网孔算术平均尺寸偏差 %	大网孔尺寸偏差范围 %	金属丝直径基本尺寸 d/mm	筛分面积百分率 Ac %
主要尺寸	补充尺寸					
R10系列	R20系列	R40/3系列				
3.15	3.15				1.12	54
					1.40	48
					1.60	44
					1.80	41
					2.00	37
	2.8	2.8			0.90	57
					1.12	51
					1.40	45
					1.80	37
2.5	2.5		±7	+21～+35	1.00	51
					1.12	48
					1.25	44
					1.40	41
					1.60	37
		2.36			0.80	56
					1.00	49
					1.40	39
					1.80	32
	2.24				0.71	58
					0.90	51
					1.12	44
					1.40	38
2	2	2			0.71	54
					0.80	51
					0.90	48
					1.12	41
					1.25	38
注：网孔基本尺寸优先选用 R10 系列，其次选用 R20 系列。如果需要，也可选用 R40/3 系列。						

4.3 产品标记

4.3.1 产品系列代号

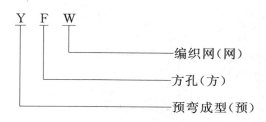

4.3.2 产品型号

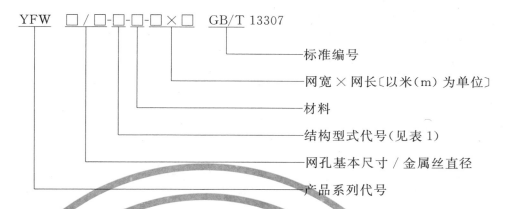

YFW □/□-□-□-□×□　GB/T 13307

- 标准编号
- 网宽×网长〔以米（m）为单位〕
- 材料
- 结构型式代号（见表1）
- 网孔基本尺寸/金属丝直径
- 产品系列代号

4.3.3 产品标记示例

示例1：网孔基本尺寸为10 mm，金属丝直径为2.50 mm，网宽1 200 mm，网长5 000 mm，B2F材料，A型编织预弯成型网标记：

YFW 10/2.50-A-B2F-1.2×5　GB/T 13307

示例2：网孔基本尺寸为2.5 mm，金属丝直径为1.25 mm，网宽1 000 mm，网长25 000 mm，1Cr18Ni9材料，B型编织预弯成型网标记：

YFW 2.5/1.25-B-1Cr18Ni9-1×2.5　GB/T 13307

5 技术要求

5.1 材料

金属丝材料应符合JB/T 7860—2000中表2的规定。按不同用途，其他金属材料由供需双方协商。

5.2 表面质量

5.2.1 预弯成型网表面应平整、清洁，不应有机械损伤、锈斑等缺陷。网面缺陷种类见附录A。

5.2.2 网面经丝与纬丝应相互垂直，其允许角度为90°±2°。

5.2.3 网面边缘金属丝外伸长度应整齐一致，网面边缘固定连接型式见附录B。

5.2.4 网面内不允许有破断金属丝。

5.3 网孔尺寸及公差

5.3.1 网孔算术平均尺寸偏差、大网孔尺寸偏差范围应符合表2的规定。

5.3.2 大网孔数量不应多于测量区域内网孔数量的10%。

5.4 金属丝直径及公差

5.4.1 金属丝直径偏差应符合JB/T 7860的规定。

5.4.2 金属丝的公差不应超过金属丝直径偏差的一半。

5.5 编织缺陷的允许数量

网面编织缺陷数量每10 m² 应符合表3的规定。大于或小于10 m² 的网段缺陷数量应按表3规定的数量比例折算。

表 3

网孔基本尺寸 w mm	跳线、断纬和不超过 500 mm 长度 倒条总量不多于 个/10 m²	搭头尺寸不超过 3~5 个网孔 基本尺寸的数量不多于 个/10 m²
>25	3	0
>16~25	5	1
>8.5~16	6	1
>2.65~8.5	7	2
2.00~2.65	8	2

5.6 网宽

网幅宽度为 900 mm、1 000 mm、1 250 mm、1 600 mm 和 2 000 mm。根据双方协商也可制造其他幅宽的网,其偏差应符合表 4 的规定。

表 4

单位为毫米

网孔基本尺寸	网幅宽度极限偏差
≤40	±20
>40	±30

5.7 网块的截取

预弯成型网以成块或成卷的方式供应,其方式由供需双方协商。

6 试验方法

6.1 表面质量

6.1.1 网面质量用目视观察,缺陷处及报废部位应做出明显标识。

6.1.2 网面经丝与纬丝垂直度用角度仪检验。

6.2 网孔尺寸

6.2.1 网孔尺寸应在下列条件下测量:
 a) 在网孔对边的中点,见图 1。

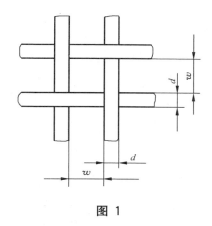

图 1

b) 测量部位到网边的距离规定如下：

网孔基本尺寸 $w \leq 16$ mm 时,不小于 20 mm;

网孔基本尺寸 $w > 16$ mm 时,不小于 $3(w+d)$。

c) 选用量具时,网孔基本尺寸 $w \leq 16$ mm 的选用分度值不低于 0.05 mm 的量具;网孔基本尺寸 $w > 16$ mm 的选用分度值不低于 0.5 mm 的量具或读数值不低于 0.1 mm 的游标卡尺。

6.2.2 测量网孔时,首先用目测找出大网孔,再用相应的仪器或量具测量。大网孔数量的计算,对于网孔基本尺寸 $w \leq 16$ mm 应在 200 mm×200 mm 网面上测定;对于网孔基本尺寸 $w > 16$ mm 应保证每边能连续测 5 个网孔基本尺寸网面上测定。

6.2.3 网孔算术平均尺寸的检验应在网孔尺寸偏差最大处,按经、纬向分别测量三处,各处间的连线均不得与经、纬向平行。网孔算术平均尺寸按式(2)计算:

$$\overline{w} = l/n - d \qquad\qquad\qquad\qquad\cdots\cdots\cdots\cdots\cdots\cdots\cdots\cdots (2)$$

式中:

$\overline{w}$ ——网孔算术平均尺寸,单位为毫米(mm);

l ——测量长度,单位为毫米(mm);

n ——测量长度上网孔数量,单位为个;

d ——金属丝直径,单位为毫米(mm)。

测量长度:对于网孔基本尺寸 $w \leq 16$ mm,取连续 10 个网孔所占的长度;对于网孔基本尺寸 $w > 16$ mm,取连续 5 个网孔所占的长度。

6.3 网宽

网宽用分度值不低于 0.5 mm 的量具测量。

6.4 金属丝直径及偏差

金属丝直径偏差采用分度值为 0.01 mm 的量具测量,测量应不少于 5 处,并将其平均值作为测量值。

7 验收规则

7.1 总则

预弯成型网由制造商检验部门检验合格后,附产品合格证方能出厂。用户有权对交付产品按标准要求进行复检。

7.2 抽样规则

预弯成型网采用 GB/T 2828.1 规定的一般检查水平 Ⅱ，一次抽样和二次抽样方案进行验收检查。

7.3 检验项目及检验方案

各检验项目的批量范围和相应的抽样方案见表 5。

表 5

检验项目	批量范围 m²	抽样方案			接收质量限 AQL
		第一样本 n_1 第二样本 n_2	判定数 Ac_1 Ac_2	Re_1 Re_2	
网孔算术平均尺寸偏差 大网孔数量 网宽偏差 经纬丝垂直度 金属丝直径偏差	≤150	13 13	1 4	3 5	6.5
	151～280	20 20	2 6	5 7	
	281～500	32 32	3 9	6 10	
	501～1 200	50 50	5 12	9 13	
	1 201～3 200	80 80	7 18	11 19	
倒条数量 跳线数量 搭头数量 断纬数量	≤150	13 13	2 6	5 7	10
	151～280	20 20	3 9	6 10	
	281～500	32 32	5 12	9 13	
	501～1 200	50 50	7 18	11 19	
	1 201～3 200	80 80	11 26	16 27	
网面断丝	不分批量	5	0	1	2.5
注 1：批量范围是按单位产品为 1 m² 折算。对于批量范围大于 3 200 m² 另行确定。					
注 2：网孔算术平均尺寸偏差和大网孔数量应按方案规定的样本大小，分别在经向和纬向进行。					

7.4 判定规则

预弯成型网按表 5 规定的各项指标有一项不合格，该批即为不合格批。

8 标志、包装、运输、贮存

8.1 标志

8.1.1 预弯成型网应附有产品合格证,其内容包括:

    a) 产品名称;

    b) 产品标记;

    c) 数量;

    d) 生产日期;

    e) 质量检验部门印记;

    f) 制造厂名和商标。

8.1.2 每个外包装表面应标明:

    a) 产品名称;

    b) 网产品标记;

    c) 制造厂名;

    d) 净重和毛重;

    e) 出厂日期;

    f) 包装贮运图示标志。

8.2 包装

8.2.1 预弯成型网的内包装应采用防潮纸及其他不影响网产品表面质量的材料,亦可由供需双方协商确定。

8.2.2 预弯成型网的外包装可用木箱或其他包装材料。

8.2.3 每个预弯成型网外包装应附有产品合格证等随带文件。

8.3 运输与贮存

8.3.1 预弯成型网运输过程应有防雨、防潮措施。

8.3.2 预弯成型网应贮存于干燥及无腐蚀的场所。

附　录　A

（资料性附录）

网面缺陷种类

A.1　倒条

金属丝偏转与网垂直面夹角大于 45°,见图 A.1。

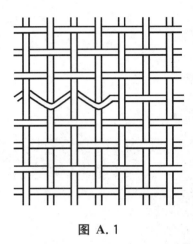

图 A.1

A.2　跳线

经线或纬线局部交织错误,见图 A.2。

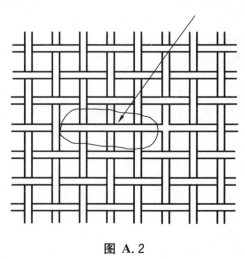

图 A.2

A.3　搭头

在编织过程中经线接头部分,见图 A.3。

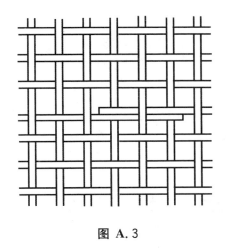

图 A.3

A.4 断纬

网面最边经线上无纬部分而形成缺目,见图 A.4。

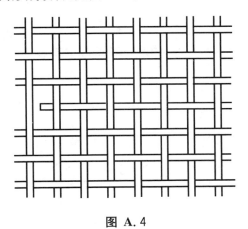

图 A.4

附 录 B
（资料性附录）
网面边缘固定连接型式

B. 1 在工业用预弯成型金属丝编织网与工作面固定连接时,推荐采用以下网面边缘。

　　a)　钩型:适用于金属丝直径大于或等于 5 mm 的预弯成型网,见图 B.1。

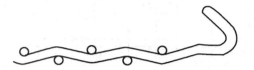

图 B.1

　　b)　撑板钩型:撑板为 1 mm～2 mm 厚的板料,见图 B.2。

图 B.2

　　c)　铰合型:适用于金属丝直径大于或等于 6.3 mm 的预弯成型网,见图 B.3。

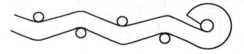

图 B.3

　　d)　焊接型:适用于金属丝直径大于或等于 6.3 mm 的预弯成型网,见图 B.4。

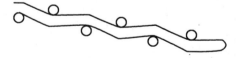

图 B.4

ICS 59.080.30
W 43

中华人民共和国国家标准

GB/T 14014—2008
代替 GB/T 14014—1992

合 成 纤 维 筛 网

Synthetic fiber bolting cloths

2008-12-31 发布

2009-08-01 实施

中华人民共和国国家质量监督检验检疫总局
中国国家标准化管理委员会　发布

前 言

本标准代替 GB/T 14014—1992《蚕丝、合成纤维筛网》。

本标准与 GB/T 14014—1992 相比,主要变化如下:

——将标准名称由《蚕丝、合成纤维筛网》改为《合成纤维筛网》;

——增加了前言;

——在附录 A 中增加了 JPP 、DFP 、DPP 筛网的 62 个产品型号、规格;

——在附录 B 中增加了 JMP、JMG、DMP 面粉筛网的型号、规格;

——在附录 A、附录 B、附录 E 中,增加了丝径的项目。

本标准的附录 A、附录 B、附录 E 为规范性附录。附录 C、附录 D 为资料性附录。

本标准由中国纺织工业协会提出。

本标准由全国纺织品标准化技术委员会丝绸分会归口。

本标准起草单位:上海新铁链筛网制造有限公司、上海丝绸(集团)有限公司。

本标准主要起草人:陆金发、王吉康、钱志明、陈伟良、李健民。

本标准所代替标准的历次版本发布情况为:

——GBn 90~93—1980 、GB 2014—1980、GB/T 14014—1992。

合 成 纤 维 筛 网

1 范围

本标准规定了合成纤维筛网型号、规格的表示方法、要求、试验方法、检验规则、标志、包装与贮存。
本标准适用于评定合成纤维筛网的品质。

2 规范性引用文件

下列文件中的条款通过本标准的引用而成为本标准的条款。凡是注日期的引用文件,其随后所有的修改单(不包括勘误的内容)或修订版均不适用于本标准,然而,鼓励根据本标准达成协议的各方研究是否可使用这些文件的最新版本。凡是不注日期的引用文件,其最新版本适用于本标准。

GB/T 251 纺织品 色牢度试验 评定沾色用灰色样卡(GB/T 251—2008,ISO 105-A03:1993,IDT)

GB/T 2828.1—2003 计数抽样检验程序 第1部分:按接收质量限(AQL)检索的逐批检验抽样计划(ISO 2859-1:1999,IDT)

GB/T 3923.1 纺织品 织物拉伸性能 第1部分:断裂强力和断裂伸长率的测定 条样法
GB/T 4666 机织物长度的测定
GB/T 4667 机织物幅宽的测定
GB/T 4668 机织物密度的测定
GB/T 8170 数值修约规则

3 筛网型号、规格的表示方法

3.1 筛网型号的表示方法
3.1.1 合成纤维筛网型号由原料代号加上织物组织(或用途)代号表示。
3.1.2 筛网型号表示方法见表1。

表 1 筛网型号表示方法

原料类别及代号	织物组织或用途及代号					
	方平组织 F		平纹组织 P		面粉网 M	
	有梭织机	片梭织机	有梭织机	片梭织机	P 系列	G 系列
锦纶丝 J	JF	JFP	JP	JPP	JMP	JMG
涤纶丝 D	DF	DFP	DP	DPP	DMP	—

3.2 筛网规格的表示方法
3.2.1 方平组织、平纹组织筛网的规格由附录A中的各种筛网型号加经向或纬向密度表示。例:型号为 JF,经密为 30 根/cm,其规格表示为 JF30。
3.2.2 面粉网规格由附录B中的型号加序号表示。例:型号 JMP,序号 6,其规格表示为 JMP6。

63

3.2.3 各种筛网规格的孔宽参考值和有效筛滤面积参考值见附录C。

4 要求

4.1 要求

4.1.1 合成纤维筛网的要求包括织物的幅宽、密度、外观疵点、断裂强力、断裂伸长率等五个项目。

4.1.2 幅宽、密度、外观疵点为外观品质,断裂强力、断裂伸长率为内在品质。

4.2 分等规定

4.2.1 合成纤维筛网的等级分为一等品、二等品,低于二等品的为不合格品。

4.2.2 合成纤维筛网的评等以匹为单位。断裂强力、断裂伸长率按批评等,密度、幅宽、外观疵点按匹评等,筛网的等级以内在品质和外观品质中最低一项评定。

4.2.3 合成纤维筛网内在品质的规定见表2。

表 2 内在品质的规定

产品型号	产品等级	幅宽偏差/cm	密度偏差/% 经向	密度偏差/% 纬向	断裂强力/N	断裂伸长率/% 不大于 经向	断裂伸长率/% 不大于 纬向
JF JFP							
JP JPP						52.0	50.0
JMP JMG							
DMP	一等品	±2.5	±2.0	±5.0	见附录A		
DF DFP						42.0	40.0
DP DPP							
JF JFP							
JP JPP						65.0	62.5
JMP JMG							
DMP	二等品	±4.0	±3.0	±8.0	附录A的80%		
DF DFP						52.5	50.0
DP DPP							

4.2.4 合成纤维筛网的幅宽偏差、密度偏差、断裂强力、断裂伸长率其中一项不符合表2的规定,依次降等。

4.2.5 合成纤维筛网一等品、二等品外观疵点的评定规定见表3。

表 3 外观疵点的评定规定

序号	疵点名称	一等品允许范围	二等品允许范围
1	缺经	40孔及以下,距边1 cm以内,长3 cm及以内。	40孔及以下 1) 距边1 cm及以内,长3.1 cm～20 cm。 2) 距边1 cm外,长0.1 cm～10 m。
		40孔以上 1) 距边1 cm外,长0.5 cm及以内。 2) 距边1 cm及以内,长3 cm及以内。	40孔以上 1) 距边1 cm外,长0.6 cm～10 cm。 2) 距边1 cm及以内,长3.1 cm～20 cm。

表 3（续）

序号	疵点名称	一等品允许范围	二等品允许范围
2	筘路	标准孔宽(1±30%)mm，长 10 m 以内 1 条。	标准孔宽(1±60%)mm，每匹 1 条。
3	宽急经	1) 轻微的长 2 m 及以内。 2) 明显的长 1 m 及以内。	1) 轻微的长 2.1 m～20 m。 2) 明显的长 1.1 m～10 m。
4	纬密档	规格纬密(1±10%)根/cm。	11 孔～40 孔，规格纬密(1±18%)根/cm。 4 孔～10 孔，41 孔及以上，规格纬密(1±20%)根/cm
5	断纬	距边 2 cm 内(条距为 3 m 及以上)，每匹允许 2 条。 距边 2.1 cm～5 cm，每匹允许 1 条。	距边 2.1 cm～5 cm 内(条距为 3 m 及以上)，每匹允许 2 条。
6	跳梭	距边 2.1 cm～5 cm，每匹允许 1 条。	距边 2.1 cm～5 cm，每匹允许 2 条。
7	叠纬(重梭)	每匹允许 1 梭。	梭距 3 m 及以上，每匹允许 3 梭
8	带纬	距边 5 cm。	距边 5.1 cm～10 cm。
9	纬线糙块、塌纬(塌纤)	1) 纬线粗达 3 倍，长 3 cm 及以内，每 10 米 2 只。 2) 纬线粗达 4 倍～5 倍，长 1 cm 及以内，每 10 米 2 只。	1) 纬线粗达 3 倍，长 3 cm 及以内，每 10 米 3 只～6 只。 2) 纬线粗达 4 倍～5 倍，长 1 cm 及以内，每 10 米 3 只～5 只。
10	糙	18 孔及以下：5 孔 19 孔～30 孔：10 孔 31 孔～40 孔：15 孔 41 孔～80 孔：20 孔 81 孔及以上：25 孔	18 孔及以下：6 孔～10 孔 19 孔～30 孔：11 孔～20 孔 31 孔～40 孔：16 孔～30 孔 41 孔～80 孔：21 孔～40 孔 81 孔及以上：26 孔～50 孔
11	错经	不允许。	每匹 1 处～2 处。
12	错纬	每匹 1 处，长 5 cm 及以内。	每匹 2 处～3 处，每处长在 5 cm～10 cm 及以内。
13	经纬缺股	1) 二股及以上经线缺二分之一，长 10 cm 之内。 2) 二股及以上纬线缺二分之一，每匹允许 1 梭。	1) 二股及以上经线缺二分之一，长 10.1 cm～30 cm。 2) 二股及以上纬线缺二分之一，每匹允许 2 梭～3 梭。
14	缩纬	1) 20 cm 以内轻微的 5 梭及以内。 2) 20 cm 内明显的 1 梭。	1) 20 cm 以内轻微的 6 梭～10 梭 2) 20 cm 内明显的 2 梭～5 梭
15	破边	1) 未破到内幅，长 5 cm 及以内。 2) 破到内幅不允许。	1) 未破到内幅，长 5.1 cm～10 cm。 2) 破到内幅 2 cm，长 5 cm 及以内。
16	污渍	深浅程度按 GB/T 251 中 3 级。	深浅程度按 GB/T 251 中 3 级以下。
17	伤痕	不允许。	每匹允许 2 处。
18	破洞	不允许。	不允许。

注 1：距边均指距内边。

注 2：序号 10"糙"指凡破坏一个组织点作 1 孔。

注 3：凡表 3 按序号每一疵点均按 1 处疵点算。

注 4：外观疵点说明见附录 D。

4.2.6 外观疵点的评等规定

4.2.6.1 每匹产品按表 3 中外观疵点允许八处评为一等品、二等品,超过八处,依次降等。

4.2.6.2 对于每匹疵点处数超过定等限度规定,则顺降一等。

4.2.7 表 3 中二等品允许范围的疵点可以标疵,每一标疵,放尺 10 cm。

5 试验方法

5.1 长度试验方法

可按经向检验台计数表记录实际长度。仲裁检验按 GB/T 4666 的规定进行。

5.2 幅宽试验方法

可在每匹样品的中间和距两端至少 3 m 处以距离相等测量五处的幅宽,求其算术平均值。按 GB/T 8170 修约至整数。仲裁检验按 GB/T 4667 的规定进行。

5.3 密度试验方法

按 GB/T 4668 中的规定进行。

5.4 断裂强力试验方法

按 GB/T 3923.1 的规定进行。

5.5 断裂伸长率试验方法

按 GB/T 3923.1 的规定进行。

5.6 外观疵点检验方法

5.6.1 外观疵点检验条件

5.6.1.1 外观疵点检验在经向检验台上进行,检验台台面应黑色、光滑。

5.6.1.2 光源采用天然北光,或采用 2 支 40 W 加罩的日光灯,照度为 320 lx～500 lx。光源距离检验台面 70 cm。应避免阳光。

5.6.2 外观疵点检验方法

5.6.2.1 检验员位于检验台前面,检验视距为 40 cm～50 cm。

5.6.2.2 幅宽 165 cm 及以下一人检验,幅宽 165 cm 以上两人检验。

5.6.2.3 检验速度:40 孔及以下 7 m/min,40 孔～100 孔 6 m/min,100 孔以上 5 m/min。

6 检验规则

6.1 检验分类

检验分为型式检验和出厂检验。型式检验的时机根据生产厂实际情况或合同协议规定,一般在转产、停产后复产、原料或工艺有重大改变时进行。出厂检验在产品生产完毕交货前进行。

6.2 检验项目

出厂检验和型式检验的检验项目为标准的全部项目。

6.3 组批

出厂检验和型式检验均以同一任务单或同一合同号为同一检验批。

6.4 抽样

6.4.1 幅宽、密度、外观疵点的抽样采用 GB/T 2828.1—2003 中一般检验水平 Ⅱ,接收质量限(AQL)为 4.0 的一次抽样方案,断裂强力、断裂伸长率的抽样采用 GB/T 2828.1—2003 中特殊检验水平 S-2,接收质量限(AQL)为 4.0 的一次抽样方案,抽样方案见附录 E。

6.4.2 样本应从检验合格批中随机抽取。用于测试断裂强力和断裂伸长率的试样应无影响试验结果的外观疵点,试样可以在每匹筛网的任意部位剪取。

6.5 检验结果的判定

6.5.1 幅宽、密度、外观疵点按匹评定等级,其他项目按批评定等级,以所有试验结果中最低评等评定样品的最终等级。

6.5.2 试样内在品质检验结果所有项目符合标准要求时,判定该试样所代表的检验批内在品质合格。幅宽、密度和外观品质的判定按 GB/T 2828.1—2003 中一般检验水平Ⅱ,接收质量限(AQL)为4.0的规定。批内在品质和外观品质均合格时判定为合格批;否则判定为不合格批。

6.6 复验

6.6.1 交收双方对检验结果有疑义时,可申请复验,复验以一次为准。

6.6.2 复验按本标准要求和试验方法进行。

6.6.3 复验具体项目,全检或抽样由交收双方议定。

6.6.4 复验的组批与抽样、检验结果的判定按本标准的 6.3、6.4、6.5 执行。

7 标志、包装与贮存

7.1 标志

7.1.1 标志要求明确、清晰,便于识别。

7.1.2 筛网成品出厂每匹应附有品质合格证,内容包括品名、型号、规格、幅宽、匹长、等级、标准编号、生产厂名、厂址、检验员代号。

7.2 包装

7.2.1 筛网成品外套塑料袋,包装应保证成品品质不受损伤,便于贮存和运输。

7.2.2 筛网成品包装有卷装和折叠两种形式,以匹为单位。幅宽在 218 cm 及以下以圆管卷装,幅宽在 218 cm 以上根据用户要求进行包装。

7.2.3 筛网匹长规定:各种规格 10 m～50 m 为整匹,标准匹长 30 m。3 m 以下作零料处理。

7.3 贮存

7.3.1 筛网不宜受潮,也不宜在强烈阳光下暴晒,贮存筛网的仓库应保持干燥,通风良好。

7.3.2 筛网应平放,堆放在垫仓板上面,不能贴墙,以免受潮变质。

8 其他

对标准中要求另有协议或合同者,可按协议或合同执行。

附 录 A

（规范性附录）

方平组织、平纹组织筛网型号、规格及有关物理性能

表 A.1 方平组织、平纹组织筛网型号、规格及有关物理性能

型号	规格/（孔/cm）	丝径/mm	密度/（根/cm）		断裂强力/N 不小于		备 注
			经向	纬向	经向	纬向	
JF JFP	30	0.06×2	30	30	310	330	常用幅宽：102 cm，127 cm，145 cm，218 cm，276 cm。
	33	0.06×2	33	33	340	360	
	36	0.06×2	36	36	270	400	
	39	0.06×2	39	39	410	430	
	42	0.06×2	42	42	440	470	
	46	0.05×2	46	46	320	340	
	50	0.05×2	50	50	350	370	
	54	0.043×2	54	54	280	290	
	58	0.043×2	58	58	300	320	
	62	0.043×2	62	62	320	340	
JP JPP	4	0.55	4	4	1 720	1 830	常用幅宽：115 cm，127 cm，158 cm，165 cm，182 cm，218 cm，254 cm，316 cm。
	5	0.50	5	5	1 780	1 900	
	6	0.40	6	6	1 370	1 460	
	7	0.35	7	7	1 220	1 300	
	8	0.35	8	8	1 400	1 480	
	9	0.25	9	9	840	900	
	10	0.30	10	10	1 260	1 340	
	12	0.25	12	12	1 120	1 190	
		0.30			1 530	1 630	
	14	0.25	14	14	1 770	1 880	
	16	0.20	16	16	960	1 020	
		0.25			1 430	1 510	
	20	0.15	20	20	670	720	
		0.20			1 130	1 210	
	24	0.15	24	24	760	810	
	28	0.12	28	28	900	950	
	30	0.12	30	30	680	730	
	32	0.10	32	32	450	480	

表 A.1（续）

型号	规格/(孔/cm)	丝径/mm	密度/(根/cm)		断裂强力/N 不小于		备　注
			经向	纬向	经向	纬向	
JP JPP	36	0.10	36	36	500	530	常用幅宽:115 cm,127 cm,158 cm,165 cm,182 cm,218 cm,254 cm,316 cm。
	40	0.10	40	40	560	600	
	43	0.08	43	43	440	460	
	48	0.08	48	48	430	460	
	56	0.06	56	56	290	310	
	59	0.06	59	59	300	320	
	64	0.06	64	64	330	350	
	72	0.05	72	72	240	260	
	80	0.05	80	80	270	290	
	88	0.043	88	88	220	240	
	96	0.043	96	96	240	260	
	100	0.043	100	100	220	240	
	104	0.043	104	104	270	280	
	120	0.043	120	120	310	330	
	130	0.043	130	130	290	310	
	140	0.038	140	140	260	290	
DF DFP	30	0.055×2	30	30	280	290	常用幅宽:127 cm,145 cm,165 cm,218 cm,254 cm,276 cm,316 cm。
	33	0.055×2	33	33	310	320	
	36	0.055×2	36	36	330	350	
	39	0.055×2	39	39	360	320	
	42	0.045×2	42	42	260	280	
	46	0.045×2	46	46	280	300	
	54	0.045×2	54	54	330	360	
	58	0.039×2	58	58	270	290	
DP DPP	4	0.55	4	4	1 840	1 960	常用幅宽:115 cm,127 cm,158 cm,165 cm,182 cm,218 cm,254 cm,316 cm。
	5	0.50	5	5	1 900	2 020	
	6	0.40	6	6	1 460	1 550	
	7	0.35	7	7	1 300	1 390	
	8	0.35	8	8	1 490	1 580	
	9	0.35	9	9	1 670	1 780	
	10	0.25	10	10	1 010	1 080	
		0.30			1 360	1 240	

表 A.1（续）

型号	规格/(孔/cm)	丝径/mm	密度/(根/cm)		断裂强力/N 不小于		备 注
			经向	纬向	经向	纬向	
DP DPP	12	0.15	12	12	430	460	
		0.25			1 210	1 290	
		0.30			1 640	1 750	
	14	0.20	14	14	900	960	
	15	0.20	15	15	960	1 030	
		0.25			1 510	1 620	
	16	0.20	16	16	1 520	1 620	
	18	0.15	18	18	650	700	
		0.18			920	990	
	19	0.15	19	19	690	740	
	20	0.08	20	20	220	230	
		0.10			340	360	
		0.15			730	780	
	21	0.15	21	21	760	820	
	24	0.12	24	24	590	630	常用幅宽:115 cm,127 cm, 158 cm,165 cm,182 cm, 218 cm,254 cm,316 cm。
		0.15			820	810	
	27	0.12	27	27	660	710	
	28	0.08	28	28	300	330	
		0.12			610	650	
	29	0.12	29	29	710	760	
	30	0.12	30	30	730	790	
	32	0.08	32	32	350	370	
		0.10			480	500	
	34	0.08	34	34	370	400	
		0.10			510	540	
	36	0.10	36	36	540	580	
	39	0.055	39	39	180	190	
		0.064			240	250	
	40	0.08	40	40	380	410	
	43	0.08	43	43	390	420	
	47	0.055	47	47	220	230	
		0.064			290	300	

表 A.1（续）

型号	规格/（孔/cm）	丝径/mm	密度/（根/cm）		断裂强力/N 不小于		备注
			经向	纬向	经向	纬向	
DP DPP	47	0.071	47	47	360	380	常用幅宽：115 cm，127 cm，158 cm，165 cm，182 cm，218 cm，254 cm，316 cm。
	48	0.08	48	48	470	490	
	49	0.064	49	49	300	310	
	49	0.071			380	390	
	53	0.055	53	53	250	260	
	53	0.064			330	340	
	59	0.055	59	59	270	280	
	59	0.064			360	380	
	64	0.055	64	64	300	310	
	64	0.064			400	410	
	72	0.045	72	72	170	240	
	72	0.055			330	360	
	77	0.055	77	77	360	380	
	80	0.045	80	80	180	260	
	88	0.045	88	88	276	293	
	90	0.039	90	90	210	220	
	90	0.045			280	300	
	100	0.039	100	100	230	250	
	110	0.035	110	110	160	170	
	110	0.039			250	270	
	120	0.035	120	120	180	200	
	120	0.039			280	300	
	130	0.035	130	130	200	210	
	140	0.035	140	140	220	230	
	150	0.035	150	150	230	250	
	165	0.031	165	165	250	260	

附 录 B

（规范性附录）

面粉网型号、序号及有关物理性能

表 B.1 面粉网型号、序号及有关物理性能

型号	序号	丝径/mm		密度/（根/cm）		断裂强力/N 不小于		备 注
		经向	纬向	经向	纬向	经向	纬向	
JMP	6	0.06+0.05×2	0.06	35	37	216	206	常用幅宽：103 cm,127 cm。
	7	0.06+0.05×2	0.06	37	40	226	226	
	8	0.06+0.05×2	0.06	40	42	245	235	
	9	0.06+0.05×2	0.06	42	48	255	275	
	10	0.06+0.05×2	0.06	47	52	284	294	
	11	0.06+0.05×2	0.06	50	56	314	314	
	12	0.06+0.05×2	0.06	54	58	284	390	
	13	0.06+0.043×2	0.06	57	61	304	305	
	14	0.06+0.043×2	0.05	62	68	275	255	
JMG	12	0.40		4.5	4.5	1 031	1 095	常用幅宽：102 cm,127 cm。
	14	0.40		5	5	1 146	1 217	
	15	0.40		5.5	5.5	1 260	1 339	
	16	0.35		6	6	1 053	1 119	
	18	0.35		6.5	6.5	1 141	1 212	
	19	0.35		7	7	1 228	1 305	
	20	0.30		7.5	7.5	967	1 028	
	22	0.30		8	8	1 031	1 095	
	24	0.30		8.5	8.5	1 095	1 164	
	26	0.30		9	9	1 160	1 232	
	27	0.25		10	10	895	951	
	28	0.25		10.5	10.5	940	998	
	30	0.25		11	11	984	1 046	
	31	0.25		11.5	11.5	1 029	1 093	
	34	0.25		12	12	1 074	1 141	
	36	0.25		12.5	12.5	1 119	1 189	
	38	0.20		14	14	802	852	
	40	0.20		14.5	14.5	831	882	
	42	0.20		15	15	859	913	

表 B.1（续）

型号	序号	丝径/mm		密度/（根/cm）		断裂强力/N 不小于		备 注
		经向	纬向	经向	纬向	经向	纬向	
JMG	44	0.20		16	16	916	974	常用幅宽：102 cm,127 cm。
	45	0.20		16.5	16.5	945	1004	
	46	0.20		17	17	974	1035	
	47	0.20		17.5	17.5	1 002	1 065	
	50	0.20		18	18	1 031	1 095	
	52	0.15		20.5	20.5	660	702	
	54	0.15		21.5	21.5	693	736	
	58	0.15		22	22	709	753	
	60	0.15		23	23	741	787	
	62	0.15		23.5	23.5	757	804	
	64	0.15		24	24	773	822	
	66	0.10		28.5	28.5	408	434	
	68	0.10		29	29	415	441	
	70	0.10		29.5	29.5	422	449	
	72	0.10		30.5	30.5	437	464	
	74	0.10		32	32	458	487	
DMP	6	0.08+0.064×2	0.08	30	34	338	336	常用幅宽：103 cm,127 cm,145 cm,160 cm。
	7	0.08+0.064×2	0.08	33	36	426	356	
	8	0.08+0.064×2	0.07	36	40	466	328	
	9	0.07+0.048×2	0.064	43	48	382	316	
	10	0.064+0.04×2	0.064	49	52	326	342	
	11	0.064+0.04×2	0.048	53	60	352	227	
	12	0.064+0.04×2	0.048	55	63	370	238	
	13	0.064+0.04×2	0.048	58	68	386	257	
	14	0.048+0.04×2	0.048	62	69	315	261	
	15	0.048+0.04×2	0.048	65	74	331	280	

附　录　C

（资料性附录）

筛网孔宽和有效筛滤面积参考值

.本附录提供了筛网各种规格的孔宽参考值和有效筛滤面积参考值,为用户在选择筛网规格时参考。方平组织、平纹组织筛网孔宽和有效筛滤面积参考值见表 C.1。面粉网孔宽和有效筛滤面积参考值见表 C.2。

表 C.1　筛网孔宽和有效筛滤面积参考值

型号	规格/ (孔/cm)	丝径/ mm	孔宽（参考值）/ mm	有效筛滤面积（参考值）/%
JF JFP	30	0.06×2	0.212	40.32
	33	0.06×2	0.181	35.82
	36	0.06×2	0.156	31.56
	39	0.06×2	0.135	27.62
	42	0.06×2	0.116	23.89
	46	0.05×2	0.118	29.43
	50	0.05×2	0.101	25.25
	54	0.043×2	0.099	28.53
	58	0.043×2	0.086	25.08
	62	0.043×2	0.075	21.74
JP JPP	4	0.55	0.190	60.84
	5	0.50	1.500	56.25
	6	0.40	1.267	57.76
	7	0.35	1.079	57.00
	8	0.35	0.900	51.84
	9	0.25	0.860	60.00
	10	0.30	0.700	49.00
	12	0.25	0.583	49.00
		0.30	0.533	40.96
	14	030	0.414	34.00
	16	0.20	0.425	46.00
		0.25	0.375	36.00
	20	0.15	0.350	49.00
		0.20	0.300	36.00
	24	0.15	0.267	40.96
	28	0.12	0.237	33.64
	30	0.12	0.213	41.00

表 C.1（续）

型号	规格/ (孔/cm)	丝径/ mm	孔宽（参考值）/ mm	有效筛滤面积（参考值）/%
JP JPP	32	0.10	0.213	46.24
	36	0.10	0.178	40.96
	40	0.10	0.150	36.00
	43	0.08	0.152	43.00
	48	0.08	0.130	37.95
	56	0.06	0.120	43.48
	59	0.06	0.110	42.00
	64	0.06	0.100	37.30
	72	0.05	0.090	41.24
	80	0.05	0.075	36.35
	88	0.043	0.071	38.76
	96	0.043	0.061	33.95
	100	0.043	0.060	36.00
	104	0.043	0.053	30.71
	120	0.043	0.040	23.75
	130	0.043	0.037	23.00
	140	0.038	0.033	21.61
DF DFP	30	0.055×2	0.223	45.00
	33	0.055×2	0.192	40.00
	36	0.055×2	0.167	36.00
	39	0.055×2	0.146	32.00
	42	0.045×2	0.148	39.00
	46	0.045×2	0.127	33.93
	54	0.045×2	0.094	25.66
	58	0.039×2	0.094	29.63
DP DPP	4	0.55	1.950	61.00
	5	0.50	1.550	60.00
	6	0.40	1.270	58.00
	7	0.35	1.080	57.00
	8	0.35	0.900	52.00
	9	0.35	0.760	47.00
	10	0.25	0.750	56.00
		0.30	0.700	49.00
	12	0.15	0.680	67.00

表 C.1（续）

型号	规格/ (孔/cm)	丝径/ mm	孔宽(参考值)/ mm	有效筛滤面积(参考值)/%
DP DPP	12	0.25	0.580	48.00
		0.30	0.530	40.00
	14	0.20	0.515	52.00
	15	0.20	0.470	50.00
		0.25	0.420	40.00
	16	0.20	0.425	46.00
	18	0.15	0.405	53.00
		0.18	0.375	46.00
	19	0.15	0.375	51.00
	20	0.08	0.420	71.00
		0.10	0.400	64.00
		0.15	0.350	49.00
	21	0.15	0.325	47.00
	24	0.12	0.340	67.00
		0.15	0.270	42.00
	27	0.12	0.250	46.00
	28	0.08	0.280	62.00
		0.12	0.240	45.00
	29	0.12	0.225	43.00
	30	0.12	0.215	42.00
	32	0.08	0.230	54.00
		0.10	0.210	45.00
	34	0.08	0.215	53.00
		0.10	0.195	44.00
	36	0.10	0.180	42.00
	39	0.055	0.200	61.00
		0.064	0.190	55.00
	40	0.08	0.150	36.00
	43	0.08	0.150	42.00
	47	0.055	0.160	57.00
		0.064	0.150	50.00
		0.071	0.140	43.00
	48	0.08	0.128	38.00
	49	0.064	0.140	47.00

表 C.1（续）

型号	规格/ (孔/cm)	丝径/ mm	孔宽（参考值）/ mm	有效筛滤面积（参考值）/%
DP DPP	49	0.071	0.135	44.00
	53	0.055	0.135	51.00
		0.064	0.125	44.00
	59	0.055	0.115	46.00
		0.064	0.105	38.00
	64	0.055	0.100	41.00
		0.064	0.090	33.00
	72	0.045	0.095	47.00
		0.055	0.085	38.00
	77	0.055	0.075	33.00
	80	0.045	0.080	41.00
	88	0.045	0.075	44.00
	90	0.039	0.070	40.00
		0.045	0.065	34.00
	100	0.039	0.060	36.00
	110	0.035	0.056	38.00
		0.039	0.052	33.00
	120	0.035	0.048	33.00
		0.039	0.044	28.00
	130	0.035	0.042	30.00
	140	0.035	0.036	25.00
	150	0.035	0.032	23.00
	165	0.031	0.029	23.00

表 C.2　面粉网孔宽和有效筛滤面积参考值

型号	序号	丝径/mm		孔宽（参考值）/mm	有效筛滤面积（参考值）/%
		经向	纬向		
JMP	6	0.06＋0.05×2	0.06	0.207	55.63
	7	0.06＋0.05×2	0.06	0.189	53.03
	8	0.06＋0.05×2	0.06	0.173	50.34
	9	0.06＋0.05×2	0.06	0.152	46.59
	10	0.06＋0.05×2	0.06	0.132	42.44
	11	0.06＋0.05×2	0.06	0.119	39.39
	12	0.06＋0.05×2	0.06	0.112	38.28
	13	0.06＋0.043×2	0.06	0.102	36.56
	14	0.06＋0.043×2	0.05	0.095	38.24

表 C.2（续）

型号	序号	丝径/ mm	孔宽（参考值）/ mm	有效筛滤面积（参考值）/ %
JMG	12	0.40	1.822	67.00
	14	0.40	1.600	64.00
	15	0.40	1.418	61.00
	16	0.35	1.317	62.00
	18	0.35	1.180	59.00
	19	0.35	1.079	57.00
	20	0.30	1.023	60.00
	22	0.30	0.950	58.00
	24	0.30	0.876	56.00
	26	0.30	0.811	54.00
	27	0.25	0.750	56.00
	28	0.25	0.702	54.00
	30	0.25	0.659	53.00
	31	0.25	0.619	51.00
	34	0.25	0.583	49.00
	36	0.25	0.550	47.00
	38	0.20	0.514	51.90
	40	0.20	0.489	50.40
	42	0.20	0.466	49.00
	44	0.20	0.425	46.20
	45	0.20	0.406	44.90
	46	0.20	0.388	43.60
	47	0.20	0.371	42.30
	50	0.20	0.355	41.00
	52	0.15	0.338	47.90
	54	0.15	0.315	45.90
	58	0.15	0.304	44.90
	60	0.15	0.285	42.90
	62	0.15	0.275	41.90
	64	0.15	0.267	41.00
	66	0.10	0.251	51.20
	68	0.10	0.245	50.40
	70	0.10	0.239	49.70
	72	0.10	0.227	48.30
	74	0.10	0.213	46.20

表 C.2（续）

型号	序号	丝径/mm		孔宽（参考值）/mm	有效筛滤面积（参考值）/%
		经向	纬向		
DMP	6	0.08+0.064×2	0.08	0.209	49.00
	7	0.08+0.064×2	0.08	0.199	47.00
	8	0.08+0.064×2	0.07	0.174	45.00
	9	0.07+0.048×2	0.064	0.150	45.00
	10	0.064+0.04×2	0.064	0.132	43.00
	11	0.064+0.04×2	0.048	0.117	44.00
	12	0.064+0.04×2	0.048	0.110	42.00
	13	0.064+0.04×2	0.048	0.100	39.00
	14	0.048+0.04×2	0.048	0.097	40.00
	15	0.048+0.04×2	0.048	0.090	38.00

附　录　D

（资料性附录）

外观疵点说明

D.1　缺经：经丝因外力或某种因素的影响而断裂或缺股，在织物上表现为缺少经丝。

D.2　筘路：沿网面经向呈现一条或几条位置不变，经丝不缺，但向两边挤压的稀密不匀的直条。

D.3　宽急经：网面上显出浮宽状的经丝称宽经，显出陷入或收紧的经丝称急经。

D.4　纬密档：纬丝密度突然减少或增加所造成的横档。

D.5　断纬：网面全幅内缺少一段纬丝。

D.6　跳梭：网面局部出现纬丝脱离组织，不规则地浮在表面的疵点。

D.7　叠纬（重梭）：在同一梭口内，织入两根以上纬线。

D.8　带纬（带纡）：织造中将多余纬丝织入网面造成的疵点。

D.9　纬丝糙块、塌纬（塌纡）：织入的纬丝上有长结、毛丝、扭纬、糙类，称纬丝糙；由于纡子脱圈织入网面，呈现两根以上片断的重叠纬丝。

D.10　糙：织物经丝和纬丝组织点被破坏，网面显示并列经浮点和纬浮点现象。

D.11　错经：经丝原料搞错或条份不符合工艺规定织入成品，造成网面显出经向直条。

D.12　错纬：纬丝原料搞错或条份不符合工艺规定织入成品，造成网面显出纬向横档。

D.13　经纬缺股：多根并捻的经纬丝，在准备工序或在织造时，断了其中一根或一根以上造成网面显出一条较细的经、纬丝。

D.14　缩纬：在织造时，因纡子退卷张力不匀，在网面上纬丝呈卷曲状。

D.15　破边：筛网边幅破裂。

D.16　污渍：网面受到污染而形成的油渍、筘渍、棕丝渍、渍经等。

D.17　伤痕：受到外物摩擦或轧损，使网面起毛或有擦伤的痕迹。

D.18　破洞：经、纬向丝线共断两根及以上。

附　录　E

（规范性附录）
检验抽样方案

E.1　根据 GB/T 2828.1—2003，采用一般检验水平Ⅱ，AQL 为 4.0 的正常一次抽样方案如表 E.1
所示。

表 E.1　AQL 为 4.0 的正常一次抽样方案

样本量字码	批　量	样本量	接收质量限（AQL）为 4.0	
			Ac	Re
A	2～8	2	⇩	
B	9～15	3	0	1
C	16～25	5	⇧	
D	26～50	8	⇩	
E	51～90	13	1	2
F	91～150	20	2	3
G	151～280	32	3	4
H	281～500	50	5	6
J	501～1 200	80	7	8
K	1 201～3 200	125	10	11
L	3 201～10 000	200	14	15
M	10 001～35 000	315	21	22
N	35 001～150 000	500	⇧	
P	150 001～500 000	800		
Q	500 001 及其以上	1 250		

⇩——使用箭头下面的第一个抽样方案。如果样本量等于或超过批量，则执行100%检验。

⇧——使用箭头上面的第一个抽样方案。

Ac——接收数。

Re——拒收数。

E.2 AQL 为 4.0 的特殊检验水平 S-2 一次抽样方案如表 E.2 所示。

表 E.2 AQL 为 4.0 的特殊检验水平 S-2 一次抽样方案

样本量字码	批 量	样本量	接收质量限（AQL）为 4.0	
			Ac	Re
A	2～8	2	⇓	
A	9～15	2		
A	16～25	2		
D	26～50	3	0 1	
E	51～90	3	⇑	
F	91～150	3		
G	151～280	5		
H	281～500	5		
J	501～1 200	5		
K	1 201～3 200	8	⇓	
L	3 201～10 000	8		
M	10 001～35 000	8		
N	35 001～150 000	13	1 2	
P	150 001～500 000	13	⇑	
Q	500 001 及其以上	13		

⇓ ——使用箭头下面的第一个抽样方案。如果样本量等于或超过批量，则执行 100% 检验。

⇑ ——使用箭头上面的第一个抽样方案。

Ac——接收数。

Re——拒收数。

ICS 73.120
A 28

中华人民共和国国家标准

GB/T 17492—2012
代替 GB/T 17492—1998

工业用金属丝编织网
技术要求和检验

Industrial woven wire cloth—
Technical requirements and testing

(ISO 9044:1999,MOD)

2012-12-31 发布

2013-10-01 实施

中华人民共和国国家质量监督检验检疫总局
中国国家标准化管理委员会
发 布

前　言

本标准按照 GB/T 1.1—2009 给出的规则起草。

本标准代替 GB/T 17492—1998《工业用金属丝编织网技术要求和检验》。与 GB/T 17492—1998 相比,主要技术内容变化如下:

——删除了原标准中的表3;

——删除图 3 X_i,Y_i 和 Z_i 排列的图解;

——增加了质量文件的规定(见第 6 章);

——增加了订货信息(见第 7 章);

——修改了术语和定义,将主要缺陷的术语和定义移到附录 A;

——修改了长度公差的规定(见 4.4);

——修改了材料的规定(见 4.7);

——修改了标准中的图示;

——修改了试验方法的顺序(见第 5 章);

——修改了发货的信息(见第 8 章);

——增加了附录 A。

本标准使用重新起草法修改采用 ISO 9044:1999《工业用金属丝编织网　技术要求和检验》(英文版)。

本标准与 ISO 9044:1999 存在技术性差异,这些差异涉及的条款已通过在其外侧页边空白位置的垂直单线(|)进行了标示。技术性差异及其原因如下:

——关于规范性引用文件,本标准做了具有技术性差异的调整,以适应我国的技术条件,调整的情况集中反映在第 2 章"规范性引用文件"中,具体调整如下:

- GB/T 10611—2003　工业用网　标记方法与网孔尺寸系列(ISO 2194:1991,MOD);

- GB/T 5330.1—2012　工业用金属丝筛网和金属丝编织网　网孔尺寸与金属丝直径组合选择指南　第 1 部分:通则(ISO 4783-1:1989,MOD);

- GB/T 19628.2—2005　工业用金属丝网和金属丝编织网　网孔尺寸与金属丝直径组合选择指南　金属丝编织网的优先组合选择(ISO 4783-2:1989,MOD);

——增加了我国标准 JB/T 7860—2000(见第 2 章);

——修改术语和定义(见第 3 章);

——修改了长度公差的规定(见 4.4);

——修改了金属丝径公差的规定(见 4.7.2);

——增加 5.1 总则和 5.2 试验装置的表述。

本标准还做了如下编辑性修改:

——删除了参考文献。

本标准由全国颗粒表征与分检及筛网标准化技术委员会(SAC/TC 168)提出并归口。

本标准起草单位:中机生产力促进中心、新乡市巴山精密滤材有限公司、安平县安华五金网类制品有限公司。

本标准主要起草人:余方、刘鹤青、徐兰会。

本标准所代替标准的历次版本发布情况为:

——GB/T 17492—1998。

工业用金属丝编织网
技术要求和检验

1 范围

本标准规定了用于筛分和过滤的工业金属丝编织网的术语和定义、技术要求、试验方法、质量文件、订货信息和发货等内容。

本标准适用于其材料为钢、不锈钢或有色金属的工业金属丝编织方孔网。不适用于织后镀覆的金属丝编织网、预弯成型金属丝编织网和金属丝焊接筛网。

对筛分以外用途的金属丝编织网,订货时由供需双方达成协议才可使用。

2 规范性引用文件

下列文件对于本文件的应用是必不可少的。凡是注日期的引用文件,仅注日期的版本适用于本文件。凡是不注日期的引用文件,其最新版本(包括所有的修改单)适用于本文件。

GB/T 10611 工业用网 标记方法与网孔尺寸系列(GB/T 10611—2003,ISO 2194:1991,MOD)

GB/T 5330.1 工业用金属丝筛网和金属丝编织网 网孔尺寸与金属丝直径组合选择指南 第1部分:通则(GB/T 5330.1—2012,ISO 4783-1:1989,MOD)

GB/T 19628.2—2005 工业用金属丝网和金属丝编织网 网孔尺寸与金属丝直径组合选择指南 金属丝编织网的优先组合选择(ISO 4783-2:1989,MOD)

JB/T 7860 工业网用金属丝

3 术语和定义

下列术语和定义适用于本文件。

3.1

网孔尺寸 aperture size

w

在投影平面中间位置测量的两个相邻经丝或纬丝之间的距离,见图1。

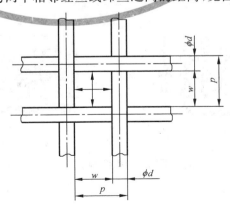

图1 网孔尺寸,丝径和孔距

3.2

丝径 wire diameter

d

金属丝筛网上金属丝的直径,见图1。

注:在编织过程中丝径可能稍有变化。

3.3

孔距 pitch

p

金属丝编织网上两相邻丝中心线之间的距离。

注:孔距是网孔尺寸w和丝径d之和,见图1。

3.4

经丝 warp

编织后,网上所有的纵向金属丝。

3.5

纬丝 weft

编织后,网上所有的横向金属丝。

3.6

单位长度上网孔的数目 number of apertures per unit length

n

在给定的单位长度上一行连续数出的网孔数目。

3.7

开孔面积百分率 open screening area

A_0

a) 在整个筛分表面上,所有网孔面积占筛分面积的百分比;

b) 网孔基本尺寸w的平方与基本孔距$p=(w+d)$的平方之比,圆整到整数的百分比值:

$$A_0 = \frac{w^2}{(w+d)^2} \times 100\% \qquad \cdots\cdots\cdots\cdots\cdots\cdots\cdots\cdots (1)$$

3.8

编织型式 type of weave

经丝和纬丝彼此交织的方式。

注:工业用金属丝编织网用平纹或斜纹编织成方孔,见图2。

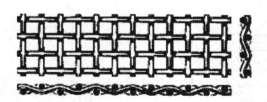　　　　　　　　　　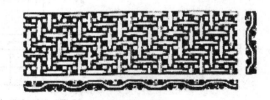

　　　　a) 平纹编织　　　　　　　　　　　　　　　　　b) 斜纹编织

图 2　编织型式

3.9

金属丝编织网的稳固性 firmness of woven wire cloth

丝网经纬丝相互交织着的稳固性取决于经丝和纬丝之间的交织拉力和联结强度,它受w对d的比值和编织型式的影响。

3.10

单位面积的质量 mess per unit area

ρ_A

用下列公式计算：

$$\rho_A = \frac{d^2 \rho}{618.1(w+d)}\quad\text{……………………(2)}$$

式中：

ρ_A——单位面积的质量，单位为千克每平方米（kg/m²）；

d ——丝径，单位为毫米（mm）；

w ——网孔尺寸，单位为毫米（mm）；

ρ ——材料密度，单位为千克每立方米（kg/m³）。

式(2)给出了单位面积算出的质量，而实际值允许低3%。

注：各种材料的ρ的典型值可在有关的材料手册中查出，见 GB/T 19628.2—2005 中表 A.1。

示例：密度为 7 850 kg/m³ 的碳素钢的单位面积质量可以用式(2)计算，如下：

$$\rho_A = \frac{7\ 850d^2}{618.1(w+d)} = \frac{12.7d^2}{w+d}$$

当孔距 p 和单位面积质量 ρ_A 为已知时，用式(2)也可计算丝径 d，以碳素钢丝网为例（$\rho = 7\ 850\ \text{kg/m}^3$），见式(3)：

$$d = \sqrt{\frac{\rho_A p}{12.7}}\quad\text{……………………(3)}$$

3.11

网块 block of woven wire cloth

从一卷网上按规定的边长、角度或半径切下的丝网。

3.12

网条 belt of woven wire cloth

从加工好的标准网卷的长度和宽度上按规定的宽度截取的丝网。

3.13

主要缺陷 major blemishes

对网孔尺寸或丝网表面质量有较大的影响的制造缺陷，参见附录 A。

4 技术要求

4.1 网孔尺寸和丝径的组合

工业用金属丝编织网网孔尺寸、金属丝、网孔尺寸与金属丝径组合的技术要求应按照 GB/T 10611、GB/T 5330.1、JB/T 7860 和 GB/T 19628.2 的规定选择。

4.2 网孔尺寸的公差

4.2.1 网孔尺寸的公差值见表1。表1和式(4)～式(6)中，X_i，Y_i，Z_i 和 w 的单位为mm，下标符号"i"代表各种"工业用金属丝网"。

表 1 网孔尺寸的公差

%

网孔基本尺寸 w mm	由下列材料制成的金属丝编织网的网孔尺寸 w 的公差					
	不锈钢或有色金属（铜和铝除外）			钢、铜或铝		
	$+X_i$	$\pm Y_i$	$+Z_i$	$+X_i$	$\pm Y_i$	$+Z_i$
16	12	5	9	14	6	10
12.5	13	5	9	15	6	10
10	14	5	9	16	6	11
8	15	5	10	18	6	12
6.3	16	5	10	19	6	12
5	17	5	11	20	6	13
4	18	5	12	22	6	14
3.15	20	5	12	23	6	14
2.5	21	5	13	25	6	15
2	23	5	14	27	6	16
1.6	24	5	15	29	6	17
1.25	26	5	16	31	6	18
1	28	5	17	33	6	19
0.8	30	5	18	36	6	21
0.63	33	5	19	39	6	22
0.5	36	5	21	42	7	24
0.4	39	6	22	46	7	26
0.315	42	6	24	50	7	28
0.25	46	6	26	55	7	31
0.2	50	6	28	60	8	34
0.16	55	7	31	66	8	37
0.125	61	7	34	73	9	41
0.1	67	7	37	80	9	45
0.08	74	8	41	89	9	49
0.063	83	9	46	99	10	55
0.05	93	10	51	—	—	—
0.04	100	11	56	—	—	—
0.032	100	13	56	—	—	—
0.025	100	15	57	—	—	—
0.02	100	17	59	—	—	—

4.2.2 网孔尺寸偏离基本尺寸的偏差应不超过 X_i 值。X_i 是在一个方向（经线或纬线）上测量单一网孔的最大允许偏差，由式（4）计算：

$$X_i = \left(\frac{2w^{0.75}}{3} + 4w^{0.25} \right) \times 2 \qquad \cdots\cdots\cdots\cdots\cdots\cdots\cdots (4)$$

其中: $X_i = w$ 时为最大值。

一排网孔超出 X_i 值则被认作是主要缺陷,见附录 A 中 A.8 和 A.9。

4.2.3　Y_i 是在经线和纬线方向上分别测量所得尺寸值的算术平均值的极限偏差。实际网孔尺寸的算术平均值偏离基本尺寸应不超出 $\pm Y_i$。

$$Y_i = \left(\frac{w^{0.98}}{27} + 1.6 \right) \times 1.5 \qquad \cdots\cdots\cdots\cdots\cdots\cdots\cdots (5)$$

4.2.4　Z_i 是 X_i 和 Y_i 的算术平均值。

$$Z_i = \frac{X_i + Y_i}{2} \qquad \cdots\cdots\cdots\cdots\cdots\cdots\cdots (6)$$

4.2.5　网孔尺寸在"$w+X_i$"和"$w+Z_i$"之间的网孔数不应超过网孔总数的 6%。由于单一网孔尺寸的负偏差不影响筛分过程,因此 Z_i 和 X_i 值仅有正偏差。

4.3　主要缺陷的允许数目

4.3.1　金属丝编织网存在编织缺陷时,供需双方应在金属丝筛网单位面积上允许的主要缺陷的性质和数目上达成协议。金属丝网成品率的百分比应得到采购者的同意,并且应按金属丝编织网成块的尺寸以及网孔尺寸而改变。

4.3.2　除非供需双方另有协议,主要编织缺陷的最大允许数目应不超过表 2 中给出的数值。

表 2　主要缺陷的最大允许数目

网孔基本尺寸 w mm	每 10 m² 主要缺陷的最大数目
$1 \leqslant w \leqslant 16$	5
$0.25 \leqslant w < 1$	10
$0.125 \leqslant w < 0.25$	12
$0.063 \leqslant w < 0.125$	18
$w < 0.063$	20

4.3.3　除非另有规定,对没有产生过大网孔或明显影响金属丝筛网表面质量的次要制造缺陷,应判为合格。

4.4　总长度的公差

按 5.6 中的规定测量时,网块的截取尺寸应符合下列要求:

a)　被修整过的金属丝网卷宽度公差和卷的长度的公差,应当为基本尺寸的 0%～2%。

b)　除非另有协议,方形和矩形的网块的长度和宽度的公差,应允许有 $\pm0.5\%$ 的截取公差,至少应允许一个孔距($p = w + d$)长度的偏差。

4.5　金属丝编织网的平整度

金属丝网和成块应处理平整,平整度的检验由供需双方协商。采购者有特殊要求时,成卷的金属丝网和成块的丝网可卷曲提供。

4.6　表面状态

4.6.1　金属丝网在编织中可能覆盖一层油膜。

4.6.2 金属丝在拉丝过程中所用辅助材料产生的痕迹：

    a) 按线材情况,可能有腐蚀的痕迹。

    b) 表面可能有拉丝和(或)编织加工产生的痕迹。

注：一般来说,经丝和纬丝的弯曲度是有差异的。

4.7 材料

4.7.1 采购者应按下列条件选定丝网的材料：

    a) 该金属丝编织网的最终用途,例如：防环境腐蚀、食品行业等；

    b) 进一步加工,例如：成型加工、焊接和表面处理等。

4.7.2 材料应按 JB/T 7860 的规定标记。特殊材料,应有供需双方协商规定。

4.7.3 在编织前,金属丝直径公差应按 GB/T 19628.2—2005 中表1的规定,金属丝直径的测量按5.3的规定。编制过程中金属丝会产生变形,编织后丝径公差不规定。

5 试验方法

5.1 一般要求

应按下述程序和步骤进行金属丝编织网检验：

    a) 编织缺陷和损坏；

    b) 网孔尺寸的最大偏差；

    c) 网孔尺寸的平均值；

    d) 金属丝直径。

5.2 试验装置

测量网孔尺寸和金属丝直径的检验装置应与被测的公差相适应。

5.3 金属丝直径 d

5.3.1 在编织前,金属丝直径由在同一横截面中任意两个相互垂直的方向上测得,计算出平均值而得到。其直径公差值按 GB/T 19628.2—2005 中表1的规定。

5.3.2 编织后金属丝直径的测定可以在下列程序中任选一种：

    a) 测量从金属丝编织网上拆开的丝的直径(见图3)；

    b) 如果有足够的空间使用测量器具,在网上直接测量金属丝的直径；

    c) 通过式(3)的单位面积质量和密度来计算；

    d) 用光学投影法。

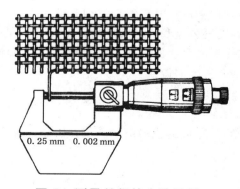

图 3 测量丝径的方法示例

5.4 网孔尺寸 w

5.4.1 平均网孔尺寸公差，Y_i（见4.2.2）

5.4.1.1 4.0 mm 以上的网孔尺寸

将刻度为毫米的钢板尺分别沿着丝网经线和纬线方向放置，测量10个孔距的长度并且精确到毫米。将测量结果除以10，得出平均孔距，再从平均孔距中扣除基本丝径，得出平均网孔尺寸（见图4）。

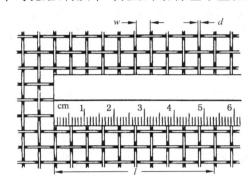

图4 10个孔距的被测孔列即52.5 mm长度

5.4.1.2 从1 mm至4 mm的网孔尺寸

将刻度为毫米的钢板尺分别沿着丝网经线和纬线方向放置，测量20个孔距的长度并且精确到毫米。将测量结果除以20，得出平均孔距，再从平均孔距中扣除基本丝径，得出平均网孔尺寸。

5.4.1.3 小于1 mm的网孔尺寸

网孔尺寸测定可以用以下程序中任一个：
a) 金属丝的数目可在低倍数放大镜下由一个已知距离（读数显微镜）数出（见图5）。平均网孔尺寸应由平均孔距扣除金属丝直径后计算得出。

图5 测量小于1 mm网孔尺寸的读数显微镜

b) 借助显微镜数出在经线或纬线方向单位长度的金属丝数目。
c) 用光学干涉方法确定单位长度上网孔的数目。
d) 可以使用投影仪，图像分析仪或光学扫描仪器。使用这些仪器时，在经线和纬线方向上建议用五倍的10个孔距的长度。

5.4.2 最大网孔尺寸公差，X_i（见 4.2.1）

在评估检测结果时，每卷的两边各为 10 mm 的网边和对于网孔尺寸超出 5 mm 每边相当于两个网孔的网边应不予以考虑。

一行网孔尺寸测量值超出了公差 X_i，应被视为是主要缺陷，参见附录 A。

5.5 材料成分

若有需要，应结合拉丝机或加工同一批线材或熔号进行线材的化学分析。化学分析时，应根据有关国家标准的要求来执行。

5.6 总长度

总长度应使用合适的金属卷尺或刻度尺来测量，见 4.4 的规定。

5.7 编织缺陷

通过肉眼检查金属丝编织网的缺陷。

6 质量文件

6.1 检验报告

检验报告将证实产品符合本标准要求，并通过了供方确认和同意的质量保证体系标准中的要求。

6.2 检验证书

按采购者的特殊要求，证书应分别说明在丝网经线和纬线的方向上平均网孔尺寸和金属丝直径的测试结果。

6.3 化学分析

如果供应商能够证明其产品经过检定，且有质量保证体系程序的可跟踪能力，从加工过程初期进行鉴定分析中得到的结果，可被用来作为证明材料。

6.4 其他检验

除非与采购者另有协议，应按供方的检测程序进行尺寸或其他检验。

在订货时，采购者可以索要检验证书，其内容包括下列信息或其中的一部分：

a) 编织用丝的化学分析，即材料的化学分析，最好有拉丝厂家或线材加工批或熔号的分析；

b) 金属丝编织网的网孔基本尺寸 w 和编织所用金属丝直径 d；

c) 如有其他附加的检验要求，由供需双方协商。

7 订货信息

7.1 基本信息

采购者应在询价或订货时提供下列信息提供给供方，以协助供方选择正确材料。

a) 质量要求；

b) 网孔尺寸 w；

c) 丝径 d ；

d) 所需的金属材料；

e) 如果不是平纹编织，应说明编织类型；

f) 总长度，如果有在 4.4 中没有规定的公差，应注明。

7.2 附加信息

当询价或订货时，采购者应该清楚地说明具体要求：

a) 是否需要检验证书，检验证书的类型，见第 6 章；

b) 是否有在本标准中未规定的额外要求。

8 发货

8.1 成卷网

8.1.1 标准网卷应为 25 m 或 30 m 长，卷的长度可以有 +10% 的公差，发货长度应与发货单所开的长度一致。

8.1.2 一卷金属丝编织网最多可以由三卷零散的网组成，每卷的最小长度不得小于 2.5 m。

8.1.3 对于成卷的网和零散的网，丝网的宽度不应小于基本宽度，但可以超出 2%。应对总宽度进行测量。

8.2 包装

金属丝编织网的包装将由供方规定，有特殊要求是可按供需双方协议。

8.3 标记

金属丝编织网应标有如下信息：

a) 生产商的名称和(或)商标；

b) 网孔尺寸 w (基本)；

c) 丝径 d (基本)；

d) 材料标记；

e) 如果不是平纹编织，应说明编织类型；

f) 网卷总长度或网块的尺寸和质量。

注：如果所发网卷由几个网块组成，应标出每块的长度和网块质量。金属丝编织网由供方提供时可以有或没有织边。一般发货时没有织边。

GBT 17492—2012

附 录 A
（资料性附录）
主 要 缺 陷

工业用金属丝编织网的主要缺陷如下：

A.1 破洞

在编织过程中由机械损伤造成的编织型式的综合破坏所构成的缺陷。

A.2 半截纬(纬线)

一根或多根不够幅宽的纬丝织入网内所构成的缺陷。

A.3 稀密道

金属丝编织网一段长度上不均匀纬丝所构成的缺陷。

A.4 跳丝

丝网一段长度上没有交织的纬丝构成的缺陷。

A.5 经丝松线

比相邻经丝长的经丝所构成的缺陷。

A.6 纬丝松线

比相邻纬丝长的纬丝所构成的缺陷。

A.7 裂口

在丝网上由长度不等的撕裂所构成的缺陷。
注：裂口一般发生在边缘附近。

A.8 经线稀道

在经线方向上，单条过宽网孔所构成的缺陷。

A.9 纬线稀道

沿纬线方向上分布的若干排过宽网孔所构成的缺陷。

A. 10 筘路

在经(纬)丝方向过宽网孔上的单根丝所构成的缺陷。

前　　言

本标准等同采用 ISO 14315:1997《工业用金属丝筛网　技术要求和检验》。

本标准附录 A 是提示的附录。

本标准由中国机械工业联合会提出。

本标准由全国筛网筛分和颗粒分检方法标准化技术委员会归口。

本标准起草单位:机械科学研究院、国营 540 厂。

本标准主要起草人:余方、宋如轩、吴国川。

ISO 前言

　　ISO(国际标准化组织)是世界范围内的各个国家的标准团体(ISO 成员国)的联合组织。起草国际标准的工作通常是由 ISO 技术委员会承担。每个 ISO 协作的国际组织,政府及民间也参与标准的起草工作。在电工技术标准化方面,ISO 与国际电工委员会(IEC)也密切合作。

　　技术委员会通过的国际标准草案还要经成员国投票表决。作为正式标准出版要求至少有 75% 的成员国投票表决通过。

　　国际标准 ISO 14315 是由 ISO/TC 24/SC 3 筛网、筛分和其他颗粒分检方法技术委员会中的工业用金属丝筛网分委员会制定的。

中 华 人 民 共 和 国 国 家 标 准

工业用金属丝筛网
技术要求和检验

GB/T 18850—2002
idt ISO 14315:1997

Industrial wire screens—Technical requirements and testing

1 范围

本标准规定了用于筛分和过滤的工业金属丝筛网的术语和一般用途、公差、技术要求和检验方法。

本标准适用于符合 ISO 4783-3 预弯或压力焊接的金属丝筛网,其材料为高强度钢、不锈钢或其他材料的金属丝。

本标准不适用于符合 ISO 4783-2《工业金属丝筛网和金属丝编织网　网孔尺寸和金属丝直径组合选择指南　第 2 部分　金属丝编织网优选组合》(见 GB/T 5330 工业用金属丝编织方孔筛网》。

2 引用标准

下列标准所包含的条文,通过在本标准中引用而构成为本标准的条文。本标准出版时,所示版本均为有效。所有标准都会被修订,使用本标准的各方应探讨使用下列标准最新版本的可能性。

　　GB/T 10611—1989　工业用网　网孔　尺寸系列(eqv ISO 2194:1972)

　　GB/T 5330.1—2000　工业用金属筛网和金属丝编织网　网孔尺寸与金属丝直径组合选择指南
　　　　　　　　　　　通则(eqv ISO 4783-1:1989)

　　JB/T 7860—1995　工业用金属丝

　　ISO 4783-2:1989　工业用金属丝筛网和金属丝编织网　网孔尺寸和金属丝直径组合选择指南
　　　　　　　　　第 2 部分:金属丝编织网优选组合

　　ISO 4783-3:1981　工业用金属丝筛网和金属丝编织网　网孔尺寸和金属丝直径组合选择指南
　　　　　　　　　第 3 部分:预弯或压力焊接金属丝网的优选组合

3 定义

本标准使用下列定义。

3.1 网孔尺寸 w

在投影平面中间位置测量的两相邻经丝或纬丝之间的距离(见图 1)。

3.2 丝径 d

金属丝筛网上金属丝的直径(见图 1)。

注:在金属丝筛网生产过程中丝径可能稍有变化。

3.3 孔距 P

　　a)相邻金属丝中心之间的距离。

　　b)名义上网孔尺寸 w 和丝径 d 之和(见图 1)。

GBT 18850-2002

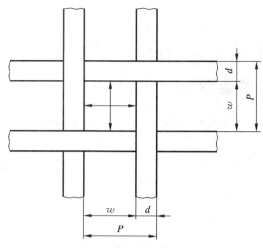

图 1　网孔尺寸、丝径和孔距

3.4　经丝

制造中,筛网上所有纵向分布、排列的金属丝。

3.5　纬丝

制造中,筛网上所有横向分布、排列的金属丝。

3.6　单位长度网孔目数　n

在给定的单位长度上一行连续数出的网孔数目。

3.7　筛分面积率　A_0

a）在整个筛分表面上,所有网孔面积占筛分面积的百分比。

b）基本网孔尺寸 w 的平方与基本孔距 $P=(w+d)$ 的平方之比,圆整到整数的百分比:

$$A_0 = \frac{w^2}{(w+d)^2} \times 100\% \quad\cdots\cdots(1)$$

3.8　筛网型式

经丝和纬丝被预弯成型或框彼此相连形成筛网的方式[见附录 A（提示的附录）中的表 A1]。

3.9　工业用金属丝筛网的稳固性

金属丝筛网的稳固性取决于经丝和纬丝之间的交织和互锁形成的张力。

注:它受材料的抗拉强度、w 对 d 的比值和型式与成型深度的影响。

3.10　单位面积的质量　ρ_A

用下列公式计算:

$$\rho_A = \frac{d^2 \rho f}{618.1 \times (w+d)} \quad\cdots\cdots(2)$$

式中:d——丝径,mm;

　　　w——网孔尺寸,mm;

　　　f——筛网型式变化系数（见附录 A 中的表 A1）;

　　　ρ——材料密度,kg/m³（见附录 A 中的表 A2）。

注:式(2)给出了单位面积计算出的质量(kg/m²),而实际值可能小,其偏差在 3% 以内。

3.11　主要缺陷

严重影响网孔尺寸或筛网表面质量的产品缺陷。

4　技术要求

关于金属丝筛网的网孔尺寸、金属丝和网孔尺寸与金属丝径组合的技术要求见 GB/T 10611、GB/T 5330.1、JB/T 7860 和 ISO 4783-3 的规定。

100

4.1 丝径公差

在编织前,丝径的尺寸公差应按 JB/T 7860 中的规定。编织过程中通常会使金属丝变形,从而影响它的丝径。在编织后,丝径公差没有规定,丝径应按 5.1 的规定测量。

4.2 网孔尺寸公差

网孔尺寸公差在表 1 中给出。

注:下述下标字母"s"用以表示工业用金属丝筛网。

4.2.1 公差 Y_s:网孔算术平均尺寸

Y_s 是在经丝和纬丝方向上测量并计算的网孔尺寸的算术平均值的公差。实际网孔尺寸的算术平均值偏差应不超出基本尺寸 $\pm Y_s$。

4.2.2 公差 X_s:网孔尺寸的最大值

X_s 值是所有网孔尺寸偏离基本尺寸的公差。X_s 值是分别从经丝和纬丝方向上测量的单个网孔实际尺寸与基本尺寸允许的最大偏差值($+X_s$)。

根据经验,由于单一网孔尺寸的负 X_s 值并不影响筛分过程,X_s 值只取正值。

表 1 网孔尺寸的公差

网孔基本尺寸 mm	网孔尺寸公差	
	$\pm Y_s$ %	$+X_s$ %
63<w≤125	2.5	5
31.5<w≤63	3	7
16<w≤31.5	3.5	8
8<w≤16	4	10
4<w≤8	5	13
2<w≤4	5	16
1<w≤2	5	20

4.3 主要缺陷允许数目

4.3.1 商业化生产的金属丝筛网不可能不存在制造缺陷,制造者和用户一定要在金属丝筛网单位面积上允许的主要缺陷的性质和数目上达成协议。金属丝筛网成品率的百分比应得到用户的同意,并且应根据金属丝筛网成片的尺寸而改变。

4.3.2 除非供需双方另有协议,允许的主要缺陷的数目按表 2 的规定。

4.3.3 按尺寸切成的网片,其主要缺陷的允许数目及其位置应得到用户的同意。否则其主要缺陷的允许数目应符合表 2 的规定。

表 2 主要缺陷允许数目

网孔基本尺寸 w mm	每 10 m² 主要缺陷的最大数目
63<w≤125	2
31.5<w≤63	3
16<w≤31.5	4
8<w≤16	5
4<w≤8	6
2<w≤4	8
1<w≤2	10

4.3.4 如无特殊规定,对没有产生过大尺寸网孔或明显影响金属丝筛网表面质量的较小制造缺陷,应判为合格品。

4.4 金属丝筛网的平整度

金属丝筛网可能在经线和(或)纬线方向上产生卷曲,无法保证筛网绝对平整。

4.5 表面状态

金属丝筛网可能覆盖一层由制造过程原因涂覆的油膜。

金属丝可能有在拉丝过程中所用辅助材料的痕迹;有的线材可能有腐蚀的痕迹。

表面可能有拉丝或制造过程产生的痕迹。

注:经丝和纬丝之间的扭曲一般来说是有差异的。

4.6 金属丝筛网制成的矩形筛分表面

4.6.1 概述

矩形筛分表面由金属丝筛网构成。在按尺寸切成的带或不带条状钩的网片上施加张紧力,并将其固定在筛框上。

筛分表面的全部尺寸标明如下:

a) 在平行于被筛分物料的流动方向;

b) 在交叉于被筛分物料的流动方向(见图2)。

4.6.2 不带条状钩的筛分表面的公差

不带条状钩的筛分表面的基本长度和宽度的公差应符合表3的规定。

表 3 不带条状钩的筛分表面的公差

尺寸 a 或 b mm	公差[1] mm
$2\ 000 < a, b \leqslant 4\ 000$	$\pm(6+d)$
$1\ 000 < a, b \leqslant 2\ 000$	$\pm(3+d)$
$300 < a, b \leqslant 1\ 000$	$\pm(2+d)$
$a, b \leqslant 300$	$\pm(1.5+d)$
1) $d =$ 丝径。	

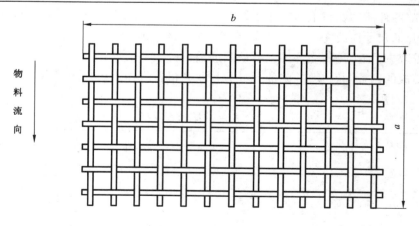

图 2 筛分表面尺寸

4.6.3 带条状钩的筛分表面的公差

筛分表面可以被条状钩张紧:

——横向(侧面张紧),见图3或;

——纵向(端部张紧),见图4。

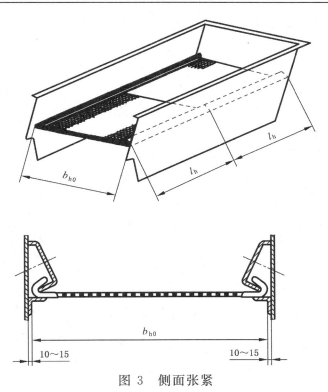

图 3 侧面张紧

注：在条状钩的外侧和金属板内侧之间必须留出 10～15 mm 的间隙。

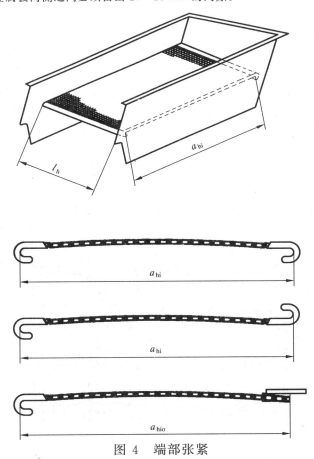

图 4 端部张紧

注：在条状钩的外侧和金属板内侧之间必须留出 10～15 mm 的间隙。

GBT 18850-2002

被筛分物料的流动方向,在带条状钩之间的筛分表面的尺寸应表示为:

a)b_{ho}侧面张紧带有向上弯曲的条状钩;

b)a_{hi}端部张紧带有向下弯曲的条状钩或一端向下而另一端向上弯曲的条状钩;

c)a_{hio}端部张紧一端为向下弯曲的条状钩而另一端为一平直的拉紧棒,见图4。

条状钩的长度应根据筛分表面的其他尺寸确定,标记为L_h。

条状钩的平行度的偏差为Δ_p。

带条状钩的筛分表面的尺寸公差和测量见表4。

表4 带条状钩的筛分表面的公差和测量

尺寸符号	公差[1]/mm	测量
b_{ho}	0 −(8+d)	条状钩外侧之间(侧面张紧)
a_{hi}	+(8+d) 0	条状钩内侧之间(端部张紧)
a_{hio}	+(8+d) 0	向下弯曲的条状钩内侧和平直张紧棒外侧之间 (端部张紧)
L_h	0 −(5+2d)	条状钩总长
Δ_p	±4 mm/1 000 mm	条状钩的平行度
1)d=丝径		

4.7 材料

金属丝筛网的金属丝应由下列材料之一制造:

a)含碳量为0.37%～0.85%的高强度钢冷拔而成,与金属丝径有关的抗拉强度为:900～2 000 N/mm²;

b)不锈钢、合金类型由用户规定;

c)其他被认可的可用于编织的金属材料。

材料应根据相应的标准来标记,如果没有,可按商品目录标记。

5 检验方法

5.1 金属丝径 d

如果有足够空间使用的测量仪器,金属丝径可以在筛网上测量,或者也可以将网丝从筛网上拆下测量,见图5和图6。

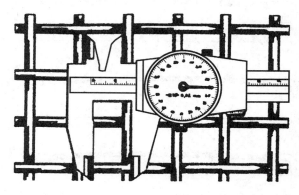

图5 带刻度盘的卡尺

104

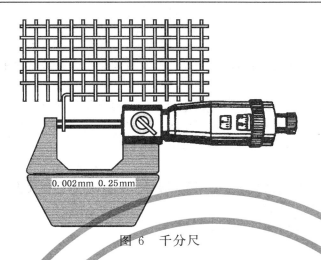

图 6　千分尺

5.2　网孔尺寸　w

5.2.1　平均网孔尺寸

网孔尺寸应沿经向和纬向上分别测量。

对于 30 m 长的整卷筛网,所测量的网孔数应按 a)、b)和 c)的规定。对于一卷网的一部分或按尺寸切成的网片也应测量相同数量的网孔数。

a）16 mm＜w≤125 mm,测量 5 个单独的网孔,见图 5;

b）4 mm＜w≤16 mm,刻度为 mm 的钢尺应沿经丝和纬丝的方向平放,测量 10 个孔距的长并近似到毫米读数,将测量结果除以 10,得到平均孔距,减去网丝的基本尺寸后得出平均网孔尺寸,见图 7。

c）1 mm＜w≤4 mm,测量步骤同 b),但应测量 20 个孔距的长,并将结果除以 20,得出平均孔距,减去网丝的基本尺寸后得出平均网孔尺寸。

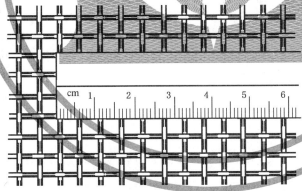

图 7　10 个孔距的被测孔列即 52.5 mm 长度

5.2.2　网孔尺寸的最大值　X_s（见 4.2.2）

在计算检验结果时,两边 10 mm 的边宽不考虑在内,对于大于 5 mm 的网孔,每边相当于两个网孔的边宽不考虑在内。

6　检验文件

6.1　订单要求的说明

要求的说明应确认产品符合本标准的要求。

6.2　试验报告

试验报告应确认产品符合本标准的要求,由制造商单独地通过确认和认可的质量体系认证。

6.3　检验证书

对于用户特殊的需求,证书应单独给出检测结果的说明,此检测结果应给出从编织的经向和纬向测量的平均网孔尺寸和丝径。

6.4 化学分析

金属丝的材料化学分析应提供报告,或有拉丝厂家或丝材加工批或熔号的分析。

6.5 其他试验

除非用户有其他要求,尺寸或其他检测应按制造商的检测规程进行。

7 订货资料

7.1 基本资料

顾客一定在询价或订货时提供下列基本资料给制造商,以便制造商提供正确的材料。

a）需要的数量,网片或卷网的尺寸;

b）网孔尺寸 w;

c）丝径 d;

d）除高强度钢(见 4.7)以外的材料;

e）如不是 A 型(见 ISO 4783-3 表 1),应说明编织类型;

f）如不是表 3 和表 4 中规定的网片的公差,应说明网片的公差。

7.2 附加资料

如果需要,顾客在询价或订货时应明确:

a）是否需要检验证书,以及检验证书的类型。如果没有此需要,可以给一个合格的说明。

b）是否有本标准中规定以外的附加要求。

8 发货

8.1 网卷

8.1.1 网卷的长度取决于丝径,并应由供需双方认可。卷网长度公差应为 $^{+10}_{-5}\%$。发货的长度应是发货票据中注明的长度。

8.1.2 一卷网最多可以三段零散的网组成,每段网的最小长度不得小于 5 m。

8.1.3 卷网和零散网的宽度公差应为 $^{+2}_{0}\%$。

8.2 网片

见图 2 和图 3。

8.3 包装

除非供需双方之间另有协议,工业用金属筛网的包装应由制造商确定。

8.4 标签

标签内容应包括如下信息:

a）生产厂的名称或商标;

b）网孔尺寸(基本尺寸);

c）金属丝直径(基本尺寸);

d）材料牌号;

e）编织型式;

f）尺寸和数量。

附　录　A
（提示的附录）
筛网型式变化系数和材料密度

A1　筛网型式和筛网型式变化系数按表 A1 的规定。

表 A1　型式和筛网变化系数

型式	图	名称	筛网变化系数
A	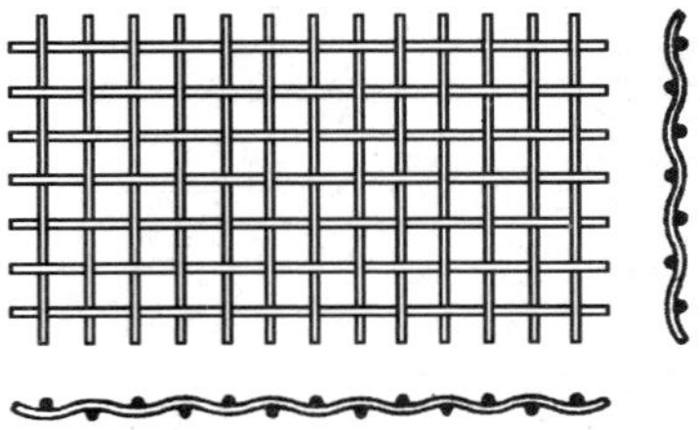	双向弯曲筛网	1.00
B	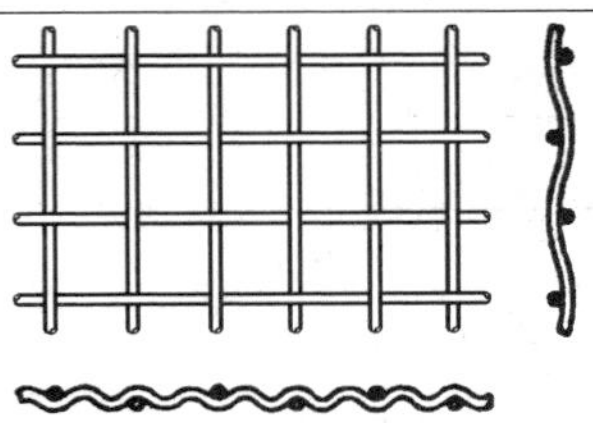	单向隔波弯曲筛网	1.03
C	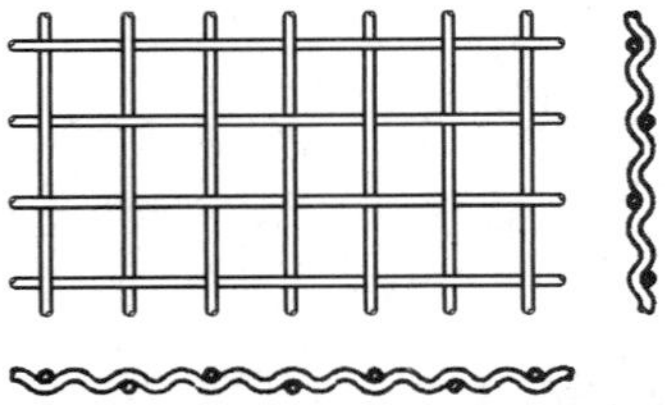	双向隔波弯曲筛网	1.06
D	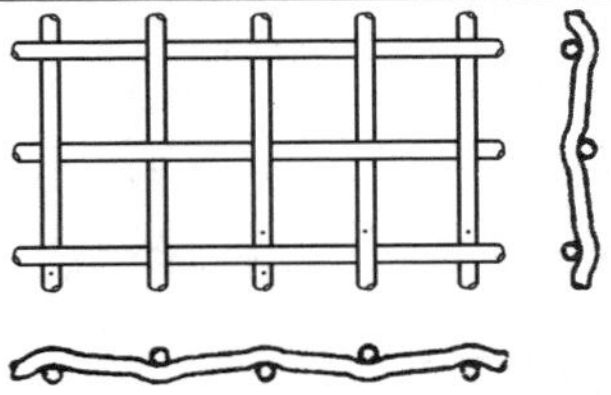	锁定（定位）弯曲筛网	1.03
E	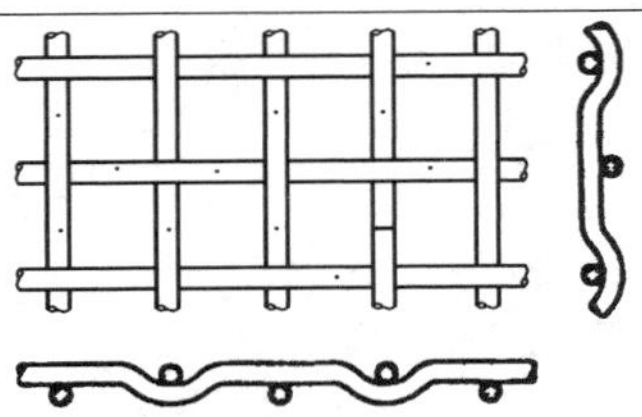	平顶弯曲	1.00
F	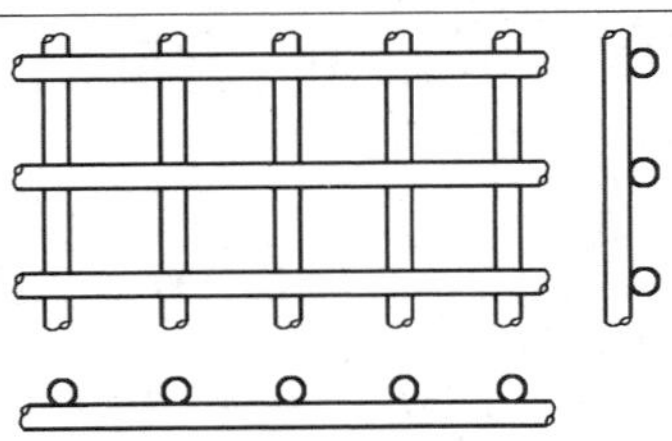	压力焊筛网	0.98

注：本表内容与 ISO 4783-3:1981 中表 1 相同。

注：这些系数作为参考性指标给出，实际数值可能因加工过程不同而变化。

A2 材料密度按表 A2 的规定。

表 A2 材料密度

材料	密度 kg/m³
普通碳素钢	7 850
不锈钢(C:17%～19% Ni:8%～10%)	7 900
铝(5A05)	2 700
铜	8 900
黄铜(CuZn37)	8 450
黄铜(CuZn20)	8 650
黄铜(CuZn10)	8 800
镍	8 900
镍铜(NiCu30Fe)	8 830
锡铜(CuSn6)锡青铜	8 800
注:本表内容与 ISO 4783-1:1989 中表 2 相同。	

ICS 73.120
A 28

中华人民共和国国家标准

GB/T 21648—2008

金属丝编织密纹网

Industrial dense woven wire cloth

2008-04-16 发布

2008-10-01 实施

中华人民共和国国家质量监督检验检疫总局
中国国家标准化管理委员会 发布

前　言

本标准的附录 A 为资料性的附录。

本标准由全国筛网筛分和颗粒分检方法标准化技术委员会(SAC/TC 168)提出并归口。

本标准起草单位:机械科学研究总院中机生产力促进中心,巴山精密滤材有限公司、安泰科技股份有限公司、杭州恒益筛网有限公司。

本标准主要起草人:宋如轩、余方、顾临、陈堂华、王凡、陈卫东、刘鹤青。

金 属 丝 编 织 密 纹 网

1 范围

本标准规定了工业用金属丝编织密纹网的型式、型号、规格、技术要求、检验方法、检验规则、标志及包装。

本标准适用于气体、液体过滤及其他介质分离用金属丝正向编织密纹网。

本标准适用于名义孔径从 0.003 mm～0.347 mm 的金属丝正向编织密纹网（以下简称密纹网）。

2 规范性引用文件

下列文件中的条款通过本标准的引用而成为本标准的条款。凡是注日期的引用文件,其随后所有的修改单(不包括勘误的内容)或修订版均不适用于本标准,然而,鼓励根据本标准达成协议的各方研究是否可使用这些文件的最新版本。凡是不注日期的引用文件,其最新版本适用于本标准。

GB/T 15602　工业用筛和筛分术语

GB/T 17492　工业用金属丝编织网技术要求和检验(GB/T 17492—1998,eqv ISO 14315:1989)

JB/T 7860　工业网用金属丝

ISO 4782　工业用金属丝筛网和编织网用金属丝

3 术语和定义

GB/T 15602 确定的以及下列术语和定义适用于本标准。

3.1

网孔尺寸　aperture size

w

两相邻经丝或纬丝之间的距离(见图1)。

3.2

孔距　pitch

p

a)　两相邻金属丝中心线之间的距离;

b)　名义网孔尺寸 w 和金属丝直径(d 或 D)之和。

3.3

经丝　warp

在制造中,密纹网上所有纵向分布排列的金属丝。

3.4

纬丝　weft shoot

在制造中,密纹网上所有横向分布排列的金属丝。

3.5

名义孔径　nominal opening

d_0

密纹网的横剖面,在投影平面上,经纬丝相互交织组成的类似三角形孔的内切圆直径尺寸(见图1)。

a)　当 $d_0 \leqslant$ 纬丝直径 d 时,密纹网名义孔径＝d_0;

b)　当 $d_0 >$ 纬丝直径 d 时,密纹网名义孔径＝d。

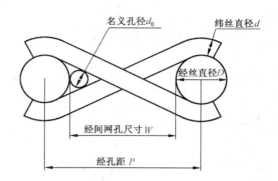

图 1 密纹网的名义孔径、经间网孔尺寸、经孔距

3.6

绝对孔径（又称不通过粒径） absolute opening

D_0

a) 密纹网的横剖面,经纬丝相互交织组成的类似三角形孔的倾斜面上的最大内切圆直径尺寸。

b) 不通过密纹网的最小颗粒直径。

3.7

有效截面率 efficient section rate

B_0

密纹网所有横剖面上类似三角形孔的总面积占密纹网表面积的百分数,用%表示。

3.8

网厚 dense woven wire cloth thickness

H

密纹网的网厚 H 按下式计算:

$$H \approx D + 2d$$

式中:

D——经丝直径,单位为毫米(mm);

d——纬丝直径,单位为毫米(mm)。

注: 在实际制造中,网厚可能会稍有变化。

3.9

单位面积的网重 mass per unit area

ρ_A

不锈钢密纹网单位面积的重量。

ρ_A 按下式计算,以 kg/m² 为单位,材料密度值 $\rho = 7.9$ g/cm³:

a) 平纹密纹网网重 ρ_A 按下式计算:

$$\rho_A = \frac{6.283 \cdot D^2}{w + D} + 7.392\, d$$

式中:

D——经丝直径,单位为毫米(mm);

d——纬丝直径,单位为毫米(mm);

w——网孔基本尺寸,单位为毫米(mm)。

b) 经全包斜纹密纹网网重 ρ_A 按下式计算:

$$\rho_A = \frac{6.283 \cdot D^2}{w + D} + 14.14\, d$$

式中：

D——经丝直径，单位为毫米（mm）；

d——纬丝直径，单位为毫米（mm）；

w——网孔基本尺寸，单位为毫米（mm）。

c) 经不全包斜纹密纹网网重 ρ_A 按下式计算：

$$\rho_A = \frac{6.283 \cdot D^2}{w + D} + 7.07\, d \cdot n$$

式中：

D——经丝直径，单位为毫米（mm）；

d——纬丝直径，单位为毫米（mm）；

w——网孔基本尺寸，单位为毫米（mm）；

n——纬丝在网内的排列层数（$1 \leqslant n \leqslant 2$）：

$$n = \frac{纬丝在网内每\ mm\ 长度上的排列根数}{1/d}$$

注1：平纹密纹网纬丝在网内的变形量大于15%时，计算值比实际值略小；

注2：斜纹密纹网纬丝在网内的变形量大于10%时，计算值比实际值略小；

注3：在实际制造中，因金属丝在网内变形量的不同，网重允许上下偏差5%。

3.10

主要缺陷 most deficiency

3.10.1

亮点 light point

指密纹网上经丝断裂点和纬丝断裂点缺陷。

3.10.2

亮道 light bar

a) 经丝间大网孔尺寸超差所造成的纵向透光亮条。

b) 纬丝之间排列不紧密，有一定间隙所造成的横向亮条。

c) 纬丝编织失误所造成的横向亮条。

4 结构型式、型号与规格

4.1 结构型式

金属丝编织密纹网的结构型式分为平纹编织、斜纹编织两种。斜纹编织又分为经全包斜纹编织和经不全包斜纹编织。其结构如图2、图3、图4所示。

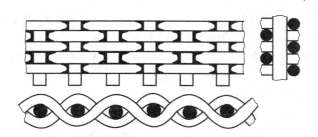

图 2 平纹编织

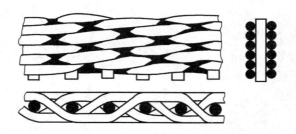

图 3　经全包斜纹编织

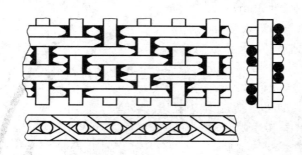

图 4　经不全包斜纹编织

4.2　型号与规格

金属丝编织密纹网型号用"代号和名义孔径尺寸"表示。

a)　平纹编织的代号为"MPW",型号、规格见表1。

b)　经全包斜纹编织的代号为"MXW",型号、规格见表2。

c)　经不全包斜纹编织的代号为"MBW",型号、规格见表3。

金属丝编织密纹网的规格用"经向基本目数×纬向基本目数/经丝基本直径×纬丝基本直径"表示。

4.3　标记

4.3.1　标记办法

金属丝编织密纹网的标记由型号、规格和标准号组成。

4.3.2　标记示例

示例1:名义孔径尺寸为 55 μm,规格为 50×280/0.16×0.09 的平纹编织密纹网,其标记为:

MPW200/55　50×280/0.16×0.09　GB/T 21648—2008

示例2:名义孔径尺寸为 15 μm,规格为 150×1 400/0.063×0.04 的经全包斜纹编织密纹网,其标记为:

MXW630/15　150×1 400/0.063×0.04　GB/T 21648—2008

示例3:名义孔径尺寸为 25 μm,规格为 165×600/0.071×0.05 的经不全包斜纹编织密纹网,其标记为:

MBW650/25　165×600/0.071×0.05　GB/T 21648—2008

5　技术要求

5.1　金属丝材料及表面质量,金属丝直径偏差应符合 JB/T 7860 的规定。

5.2　金属丝力学性能、单件最小重量应符合供需双方协议要求。

5.3 金属丝编织密纹网的规格,经丝间网孔尺寸及偏差、纬丝密度应符合表1～表3的规定。经供需双方协议,亦可以提供表中未有的规格。

5.4 经丝间大网孔允许数量不超过经丝总数的3%。

5.5 金属丝编织密纹网的网宽为800 mm,1 000 mm,1 250 mm,其网宽偏差$^{+20}_{0}$ mm,亦可按供需双方协议执行。

表 1

型 号	规 格	经丝间网孔尺寸			纬丝密度		平均亮点数不多于/(个/m²)	每卷亮道数不多于/(条/30.5 m)
		基本尺寸/mm	平均尺寸偏差/%	大网孔尺寸偏差范围/%	基本根数/(根/10 mm)	偏差/%		
MPW465/23	118×740/0.063×0.036	0.152	±6.3	28～50	291		16	
MPW395/23	100×1 200/0.063×0.023	0.191		25～45	472		22	
MPW315/32	80×400/0.125×0.063	0.192			157		10	
MPW275/35	70×340/0.125×0.08	0.238		23～40	134		9	
MPW255/36	65×770/0.10×0.036	0.291			303		16	
MPW275/37	70×390/0.112×0.071	0.251			154		10	
MPW315/37	80×620/0.10×0.045	0.218		25～45	244		14	
MPW305/38	77×560/0.14×0.05	0.190			220		12	
MPW240/39	60×270/0.14×0.10	0.283	±5.4	23～40	106	+15 -5	7	2
MPW315/40	80×700/0.125×0.04	0.192		25～45	276		15	
MPW240/41	60×300/0.14×0.09	0.283			118		7	
MPW255/42	65×400/0.125×0.071	0.266		23～40	157		10	
MPW275/30	70×930/0.10×0.03	0.263			366		20	
MPW200/50	50×270/0.14×0.10	0.368		22～38	106		7	
MPW240/51	60×500/0.14×0.056	0.283		23～40	197		13	
MPW200/55	50×280/0.16×0.09	0.348		22～38	110		7	
MPW180/56	45×250/0.16×0.112	0.404			98.4		6	
MPW160/63	40×200/0.18×0.125	0.455			78.7		5	
MPW140/69	35×170/0.224×0.16	0.502		20～35	66.9		4	
MPW140/74	35×190/0.224×0.14	0.502			74.8		5	
MPW120/77	30×140/0.315×0.20	0.532			55.1		3.5	
MPW120/82	30×150/0.25×0.18	0.597			59		4	
MPW110/92	28×150/0.28×0.18	0.627	±5		59		4	
MPW95/97	24×110/0.355×0.25	0.703		18～32	43.3		4	
MPW100/100	25×140/0.28×0.20	0.736			55.1		4	1
MPW90/115	22×120/0.315×0.224	0.840		17～30	47.2		3.5	
MPW80/126	20×110/0.355×0.25	0.915			43.3		3.5	
MPW80/130	20×160/0.25×0.16	1.020		17～28	63		4	

表 1（续）

型　号	规　格	经丝间网孔尺寸			纬丝密度		平均亮点数不多于/（个/m²）	每卷亮道数不多于/（条/30.5 m）
		基本尺寸/mm	平均尺寸偏差/%	大网孔尺寸偏差范围/%	基本根数/（根/10 mm）	偏差/%		
MPW80/133	20×140/0.315×0.20	0.955		17～28	55.1		3.5	
MPW65/145	16×120/0.28×0.224	1.308			47.2		3.5	
MPW70/155	17.2×120/0.355×0.224	1.120			47.2		3.5	
MPW65/160	16×100/0.40×0.28	1.188			39.4		3.5	
MPW55/173	14×76/0.45×0.355	1.364		16～26	29.9		3	
MPW55/177	14×110/0.355×0.25	1.459			43.3		3.5	
MPW55/182	14×100/0.40×0.28	1.414			39.4		3.5	
MPW50/192	12.7×76/0.45×0.355	1.550	±5		29.9	+15 −5	3	1
MPW48/211 Ⅰ	12×64/0.56×0.40	1.556			25.2		3	
MPW48/211 Ⅱ	12×86/0.45×0.315	1.667			33.9		3	
MPW40/248	10×76/0.50×0.355	2.040		14～23	29.9		3	
MPW40/249	10×90/0.45×0.28	2.090			35.4		3.5	
MPW32/275	8×85/0.45×0.315	2.730			33.5		3	
MPW34/296	8.5×60/0.63×0.45	2.360			23.6		2	
MPW32/310	8×45/0.80×0.60	2.370		13～21	17.7		2	
MPW29/319	7.2×44/0.71×0.63	2.800			17.3		2	
MPW28/347	7×40/0.90×0.71	2.730			15.7		2	

注：断经亮点不超过表 1 中规定的亮点总数的 1/10。

表 2

型　号	规　格	经丝间网孔尺寸			纬丝密度		平均亮点数不多于/（个/m²）	每卷亮道数不多于/（条/30.5 m）
		基本尺寸/mm	平均尺寸偏差/%	大网孔尺寸偏差范围/%	基本根数/（根/10 mm）	偏差/%		
MXW1970/3	500×3 500/0.025×0.015	0.0258			1 378		63	
MXW1575/4	400×2 700/0.028×0.02	0.0355			1 063		49	
MXW1430/4	363×2 300/0.028×0.022	0.038			906		41	
MXW1280/4 Ⅰ	325×2 100/0.036×0.025	0.042	±10	50～80	827		38	
MXW1280/4 Ⅱ	325×2 300/0.036×0.025	0.042			906	+10 −5	41	3
MXW1250/5	317×2 100/0.036×0.025	0.044						
MXW1180/6	300×2 100/0.036×0.025	0.049			827		38	
MXW1120/7	285×2 100/0.036×0.025	0.053						
MXW985/5	250×1 600/0.05×0.032	0.052	±8	40～70	630		29	
MXW985/8	250×1 900/0.04×0.028	0.062			748		34	

表 2（续）

型 号	规 格	经丝间网孔尺寸			纬丝密度		平均亮点数不多于/（个/m²）	每卷亮道数不多于/（条/30.5 m）
		基本尺寸/mm	平均尺寸偏差/%	大网孔尺寸偏差范围/%	基本根数/（根/10 mm）	偏差/%		
MXW800/9	203×1 500/0.056×0.036	0.069			591		27	
MXW850/10	216×1 800/0.045×0.03	0.073	±8	40~70	709		32	3
MXW800/10	203×1 600/0.05×0.032	0.075			630		29	
MXW685/11	174×1 400/0.063×0.04	0.083			551		25	
MXW650/13	165×1 400/0.063×0.04	0.091	±7.2	35~60	551		25	
MXW685/13	174×1 700/0.063×0.032	0.083			669		31	
MXW650/14	165×1 500/0.063×0.036	0.091			591		27	
MXW630/15	160×1 500/0.063×0.036	0.096			591		27	
MXW590/15	150×1 400/0.063×0.04	0.106			551		25	
MXW515/17	130×1 100/0.071×0.05	0.124			433		20	
MXW515/18	130×1 200/0.071×0.045	0.124			472		22	
MXW395/20	100×760/0.10×0.071	0.154	±6.3	30~50	299		16	
MXW515/21	130×1 600/0.063×0.036	0.132			630		29	
MXW395/22	100×850/0.10×0.063	0.154			335		18	
MXW360/24	90.7×760/0.10×0.071	0.180			299		16	
MXW360/26	90.7×850/0.10×0.063	0.180			335	+10 -5	18	2
MXW315/28	80×700/0.112×0.08	0.206			276		15	
MXW310/29	78×700/0.112×0.08	0.214			276		15	
MXW310/31	78×760/0.112×0.071	0.214			299		16	
MXW275/31	70×600/0.14×0.09	0.223		24~40	236		13	
MXW255/36	65×600/0.14×0.09	0.251	±5.4		236		13	
MXW200/47	50×500/0.14×0.112	0.368			197		13	
MXW200/51	50×600/0.125×0.09	0.383			236		13	
MXW160/63	40×430/0.18×0.125	0.455		22~36	169		11	
MXW160/70	40×560/0.18×0.10	0.455			220		12	
MXW120/77	30×250/0.28×0.20	0.567		20~35	98		6	
MXW120/89	30×340/0.28×0.16	0.567			134		9	
MXW80/101	20×150/0.45×0.355	0.820	±5	17~30	59		4	
MXW95/110	24×300/0.28×0.18	0.778			118		8	
MXW80/118	20×200/0.355×0.28	0.915		17~28	79		5	
MXW80/119	20×260/0.25×0.20	1.02			102		6	

表3

型 号	规 格	经丝间网孔尺寸			纬丝密度		平均亮点数不多于/(个/m²)	每卷亮道数不多于/(条/30.5 m)
		基本尺寸/mm	平均尺寸偏差/%	大网孔尺寸偏差范围/%	基本根数/(根/10 mm)	偏差/%		
MBW1280/8	325×1 900/0.036×0.025	0.042	±10	50～80	748		34	3
MBW1280/10	325×1 600/0.036×0.025				630		29	
MBW985/10	250×1 250/0.056×0.036	0.046			492		23	
MBW790/13	200×1 200/0.063×0.04	0.064	±8	40～70	472		22	
MBW790/14	200×900/0.063×0.045				354		20	
MBW650/19	165×800/0.071×0.05	0.083	±7.2	35～60	315		18	
MBW650/19-T	165×800/0.071×0.05							
MBW650/20	165×1 000/0.071×0.04				394		22	
MBW790/20	200×540/0.063×0.05	0.064	±8	40～70	213		12	
MBW790/20-T	200×540/0.063×0.05							
MBW650/21	165×800/0.071×0.045	0.083	±7.2	35～60	315	+10 -5	18	
MBW650/21-T	165×800/0.071×0.045							2
MBW790/22	200×600/0.063×0.045	0.064	±8	40～70	236		14	
MBW790/22-T	200×600/0.063×0.045							
MBW650/25 Ⅰ	165×600/0.071×0.05	0.083	±7.2	35～60	236		14	
MBW650/25Ⅰ-T	165×600/0.071×0.05							
MBW650/25 Ⅱ	165×800/0.071×0.04				315		18	
MBW650/25Ⅱ-T	165×800/0.071×0.04							
MBW475/29	120×600/0.10×0.063	0.112	±6.3	30～50	236		14	
MBW475/29-T	120×600/0.10×0.063							
MBW475/35	120×400/0.10×0.071				157		10	
MBW475/35-T	120×400/0.10×0.071							

注：型号上加字母"T"的经不全包斜纹编织密纹网，为提高纬密均匀度，可提供特殊型式的斜纹编织。

5.6 金属丝编织密纹网应成卷供应，每卷网的网长可定长供货，也可以不定长供货。定长供货时，每卷网的长度按 15 m，25 m，30.5 m，亦可按供需双方协议执行。定长供货时偏差为 $^{+0.3}_{0}$ m。不定长供货时，每卷网可由一段或数段组成，同一卷网内必须是同一规格、同一材料牌号的网段组成，其最小网段长度必须符合如下规定：

——名义孔径≤10 μm，最小网段长度 1 m；

——名义孔径 11 μm～40 μm，最小网段长度 2 m；

——名义孔径＞40 μm，最小网段长度 2.5 m。

5.7 金属丝编织密纹网应平整、清洁，纬丝应紧密排列，没有间隙，不应有任何机械损伤、折痕和锈斑。

5.8 密纹网的编织缺陷在整段网内的平均数不超过表1、表2、表3的规定，但在网宽范围内沿经向长度上测量的任何 1 m² 的网面上，编织缺陷的最大数可以允许多于表1～表3规定的30%。如有特殊要求，应在订货时协商。

6 检验方法

6.1 密纹网应在下面有均匀光源的毛玻璃检验台上进行检验。名义孔径小于 $30~\mu m$ 的密纹网应在暗室中检验。

6.2 编织质量的检验,用目测或借助 5～25 倍放大镜观察,缺陷处及报废部位作出明显标记。见图5。

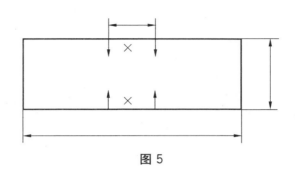

图 5

对于断经和断纬形成的亮点和亮条按下列情况处理:

单根断经按单个亮点计数,但不得超过允许亮点总数的 1/10;等于或超过 3 根的集中性断经,视作不允许的破洞处理。网面上发现单根缺经长度超过 5 mm 者,也视作不允许的破洞处理。

纬丝断裂形成的单个亮点和纬丝窝纬、回鼻形成的单个亮点按单个亮点计数;纬丝断裂、窝纬、回鼻形成的连续性亮点,按长度折算亮点个数:经丝间孔距小于 1 mm 者,按每 mm 长度折算 1 个亮点,经丝间孔距大于或等于 1 mm 者,按每 2 mm 长度折算 1 个亮点。

由半截纬、乱丝织入、错绞形成的亮道,长度大于 50 mm 的,可按通条亮道计数;小于或等于 50 mm 长的亮道可折算成亮点数,经丝间孔距长小于 1 mm 者,按每 mm 长度折算 1 个亮点,经丝间孔距大于或等于 1 mm 者,按每 2 mm 长度折算 1 个亮点。

6.3 经丝间网孔尺寸和经丝密度的检验,使用分度值为 1 mm 的钢板尺或分度值为 0.05 mm,放大倍数为 25 倍的读数显微镜测量。测点至少 3 处,各处间的连线不得与经、纬平行,测量点位置任意选择,但距网边不得小于 30 mm。经丝间网孔尺寸及偏差的测量方法按 GB/T 17492 标准中规定。

6.4 纬丝密度的检验,使用分度值为 0.05 mm、放大倍数为 25 倍的读数显微镜测量,测量点位置任意选择,测量点的测量长度规定如下:

——纬丝直径≥0.20 mm 时,测量点长度为 5 mm;

——纬丝直径 0.18 mm～0.10 mm 时,测量点长度为 3 mm;

——纬丝直径 0.09 mm～0.056 mm 时,测量点长度为 2 mm;

——纬丝直径 0.05 mm～0.015 mm 时,测量点长度为 1 mm。

6.5 检验网宽、网长时,使用分度值为 1 mm 的钢卷尺测量。

6.6 金属丝直径的检验:

——当金属丝直径≥ϕ0.28 mm 时,用分度值为 0.01 mm 的千分尺测量。

——当金属丝直径 ϕ0.25 mm～ϕ0.10 mm 时,用分度值为 0.002 mm 的千分尺测量。

——当金属丝直径≤ϕ0.09 mm 时,用分度值为 0.001 mm 的千分尺测量。

——金属丝直径的检验,应测量网边未编织的纬丝直径和网头上的经丝直径,以均匀的间隔测量 3点,取平均值。织入网内已经弯曲的变形的纬丝直径比未织入网内纬丝直径有明显的减细。纬丝织入网内直径减细程度与纬丝在网内的变形量有关。

6.7 在一段密纹网中,允许少量废品网不剪下,以便能提供较长网段。如有特殊要求,按供需双方协议执行。

7 检验规则

7.1 密纹网经制造商质检部门检验合格后方能出厂。

7.2 密纹网应成卷提交检验,当一卷内含有数段网者,每个网段都必须进行检验。

7.3 需方可按下列内容验收密纹网是否符合本标准规定的各项指标。

    a) 编织类型;

    b) 编织质量;

    c) 经丝密度和纬丝密度;

    d) 网宽、网长及数量;

    e) 金属丝直径;

    f) 化学成分。

8 标志、包装、运输和贮存

8.1 标志

8.1.1 密纹网应附有产品合格证,其上应标明:

    a) 产品名称及密纹网的标记;

    b) 金属丝材料牌号;

    c) 网宽、网长及数量;

    d) 检验人员盖章及检验日期;

    e) 制造商名称。

8.1.2 **每个外包装箱上应注明:**

    a) 产品名称及标记;

    b) 净重与毛重;

    c) 制造商名称及出厂日期;

    d) 标有"小心轻放"、"防潮"等字样或标记。

8.2 包装

8.2.1 当用户无特殊要求时,包装由供方提供。密纹网卷绕在平直、干燥的芯轴上,将其中部和两端扎紧后稳固地装进包装箱内。

8.2.2 每个包装要附有产品合格证等产品质量文件。

8.3 运输、贮存

8.3.1 产品运输时,应有防雨防潮措施。

8.3.2 产品应贮存在干燥无腐蚀的场所,不得在内包装受到破坏的情况下贮存。

附 录 A
（资料性附录）
金属丝编织密纹网结构参数

A.1 金属丝编织密纹网结构参数

A.1.1 平纹编织密纹网结构参数（见表 A.1）

表 A.1

型号	规格		名义孔径尺寸/μm	绝对孔径/μm	有效截面率/%	网重/(kg/m²)	网厚/mm	抗拉力经/纬/(N/10 mm)
	英制	公制						
MPW465/23	118×740/0.063×0.036	465×2 913/0.063×0.036	23	28～32	21.5	0.38	0.135	111/525
MPW395/23	100×1 200/0.063×0.023	394×4 724/0.063×0.023		22～23	37.6	0.27	0.109	94/395
MPW315/32	80×400/0.125×0.063	315×1 575/0.125×0.063	32	36～42	16.6	0.77	0.251	283/304
MPW275/35	70×340/0.125×0.08	276×1 338/0.125×0.08	35	41～47	13.2	0.86	0.285	248/397
MPW255/36	65×770/0.10×0.036	256×3 031/0.10×0.036	36	36	37.1	0.43	0.172	153/227
MPW275/37	70×390/0.112×0.071	276×1 535/0.112×0.071		44～50	16.3	0.74	0.254	206/384
MPW315/37	80×620/0.10×0.045	315×2 441/0.10×0.045	37	44～45	29.8	0.53	0.190	188/260
MPW305/38	77×560/0.14×0.05	303×2 205/0.14×0.05	38	42～47	27.5	0.74	0.240	333/270
MPW240/39	60×270/0.14×0.10	236×1 063/0.14×0.10	39	46～53	11.2	1.03	0.340	259/524
MPW315/40	80×700/0.125×0.04	315×2 756/0.125×0.04	40	40	38.1	0.60	0.205	283/235
MPW240/41	60×300/0.14×0.09	236×1 181/0.14×0.09	41	49～56	14.1	0.96	0.320	259/495
MPW255/42	65×400/0.125×0.071	256×1 575/0.125×0.071	42	49～55	19.1	0.78	0.267	230/408
MPW275/30	70×930/0.10×0.03	276×3 543/0.10×0.03	30	30	36.2	0.39	0.16	165/205
MPW200/50	50×270/0.14×0.10	197×1 063/0.14×0.10	50	61～69	15.2	0.98	0.34	216/562
MPW240/51	60×500/0.14×0.056	236×1 969/0.14×0.056	51	56	34.1	0.70	0.252	259/331
MPW200/55	50×280/0.16×0.09	197×1 102/0.16×0.09	55	64～72	20.0	0.98	0.340	283/479
MPW180/56	45×250/0.16×0.112	177×984/0.16×0.112	56	68～76	15.2	1.11	0.384	265/646
MPW160/63	40×200/0.18×0.125	157×787/0.18×0.125	63	77～85	15.4	1.24	0.430	283/621
MPW140/69	35×170/0.224×0.16	138×669/0.224×0.16	69	84～93	12.8	1.62	0.544	372/852
MPW140/74	35×190/0.224×0.14	138×748/0.224×0.14	74	89～99	16.8	1.47	0.504	372/711
MPW120/77	30×140/0.315×0.20	118×551/0.315×0.20	77	92～103	11.4	2.21	0.715	614/1 007
MPW120/82	30×150/0.25×0.18	118×591/0.25×0.18	82	100～110	13.5	1.79	0.610	425/915
MPW110/92	28×150/0.28×0.18	110×591/0.28×0.18	92	110～122	15.9	1.87	0.640	485/915
MPW95/97	24×110/0.355×0.25	94×433/0.355×0.25	97	117～131	11.3	2.60	0.855	670/1 278
MPW100/100	25×140/0.28×0.20	98×551/0.28×0.20	100	124～136	15.2	1.96	0.680	433/1 118
MPW90/115	22×120/0.315×0.224	87×472/0.315×0.224	115	141～156	15.5	2.20	0.763	476/1 128
MPW80/126	20×110/0.355×0.25	79×433/0.355×0.25	126	155～170	15.3	2.47	0.855	551/1 371

表 A.1（续）

型号	规 格		名义孔径尺寸/μm	绝对孔径/μm	有效截面率/%	网重/(kg/m²)	网厚/mm	抗拉力经/纬/(N/10 mm)
	英 制	公 制						
MPW80/130	20×160/0.25×0.16	79×630/0.25×0.16	130	150～160	26.0	1.56	0.570	283/930
MPW80/133	20×140/0.315×0.20	79×551/0.315×0.20	133	167～183	21.5	1.97	0.715	433/1 159
MPW65/145	16×120/0.28×0.224	63×472/0.28×0.224	145	199～216	19.2		0.728	277/1 209
MPW70/155	17.2×120/0.355×0.224	68×472/0.355×0.224	155	196～214	22.4	2.19	0.803	480/1 173
MPW65/160	16×100/0.40×0.28	63×394/0.40×0.28	160	200～220	17.7	2.70	0.960	566/1 564
MPW55/173	14×76/0.45×0.355	55×299/0.45×0.355	173	218～240	14.3	3.33	1.16	633/1 877
MPW55/177	14×110/0.355×0.25	55×433/0.355×0.25	177	237～250	22.2	2.28	0.855	385/1 551
MPW55/182	14×100/0.40×0.28	55×394/0.40×0.28	182	235～256	20.3	2.62	0.960	496/1 715
MPW50/192	12.7×76/0.45×0.355	50×299/0.45×0.355	192	246～269	15.9	3.26	1.16	575/2 100
MPW48/211 Ⅰ	12×64/0.56×0.40	47×252/0.56×0.40	211	261～287	16.0	3.89	1.36	803/2 020
MPW48/211 Ⅱ	12×86/0.45×0.315	47×339/0.45×0.315		275～300	20.9	2.93	1.08	543/1 767
MPW40/248	10×76/0.50×0.355	39×394/0.50×0.355	248	331～355	21.8	3.24	1.21	551/2 140
MPW40/249	10×90/0.45×0.28	39×354/0.45×0.28	249	280	29.2	2.57	1.01	452/1 595
MPW32/275	8×85/0.45×0.315	31×334/0.45×0.315	275	315	27.3	2.73	1.08	362/1 818
MPW34/296	8.5×60/0.63×0.45	33×236/0.63×0.45	296	386～421	20.3	4.16	1.53	736/2 422
MPW32/310	8×45/0.80×0.60	31×177/0.80×0.60	310	388～426	15.5	5.70	2.00	1 133/3 180
MPW29/319	7.2×44/0.71×0.63	28×173/0.71×0.63	319	418～457	14.2	5.55	1.97	765/3 686
MPW28/347	7×40/0.90×0.71	28×157/0.90×0.71	347	437～480	14.3	6.65	2.32	1 240/4 094

A.1.2 经全包斜纹编织密纹网结构参数（见表 A.2）

表 A.2

型号	规 格		名义孔径尺寸/μm	绝对孔径/μm	有效截面率/%	网重/(kg/m²)	网厚/mm	抗拉力经/纬/(N/10 mm)
	英 制	公 制						
MXW1970/3	500×3 500/0.025×0.015	1 969×13 780/0.025×0.015	3	4～5	4.9	0.30	0.055	78/136
MXW1575/4	400×2 700/0.028×0.02	1 575×10 630/0.028×0.02	4	5～6	4.7	0.36	0.068	78/173
MXW1430/4	363×2 300/0.032×0.022	1 429×9 055/0.032×0.022		5～7	4.5	0.40	0.076	92/172
MXW1280/4 Ⅰ	325×2 100/0.036×0.025	1 280×8 268/0.036×0.025		6～8	4.2	0.46	0.086	102/225
MXW1280/4 Ⅱ	325×2 300/0.036×0.025	1 280×9 055/0.036×0.025					0.084	102/206
MXW1250/5	317×2 100/0.036×0.025	1 248×8 268/0.036×0.025	5		4.7			100/214
MXW1180/6	300×2 100/0.036×0.025	1 181×8 268/0.036×0.025	6	7～9	6.0	0.45	0.086	94/230
MXW1120/7	285×2 100/0.036×0.025	1 122×8 268/0.036×0.025	7	8～10	7.2	0.44		90/240
MXW985/5	250×1 600/0.05×0.032	984×6 299/0.05×0.032	5	9～11	3.8	0.63	0.114	147/240
MXW985/8	250×1 900/0.04×0.028	984×7 480/0.04×0.028	8	10～12	7.8	0.51	0.096	98/278
MXW800/9	203×1 500/0.056×0.036	799×5 906/0.056×0.036	9	10～13	6.2	0.67	0.128	151/320

表 A.2（续）

型号	规　格		名义孔径尺寸/μm	绝对孔径/μm	有效截面率/%	网重/（kg/m²）	网厚/mm	抗拉力经/纬/（N/10 mm）
	英　制	公　制						
MXW850/10	216×1 800/0.045×0.03	850×7 087/0.045×0.03	10	12～14	9.4	0.53	0.105	104/306
MXW800/10	203×1 600/0.05×0.032	799×6 300/0.05×0.032		12～15	9.3	0.58	0.114	120/304
MXW685/11	174×1 400/0.063×0.04	685×5 512/0.063×0.04	11	13～16	7.4	0.74	0.143	164/390
MXW650/13	165×1 400/0.063×0.04	650×5 512/0.063×0.04	13	15～18	8.8	0.73		155/409
MXW685/13	174×1 700/0.063×0.032	685×6 693/0.063×0.032			12.9	0.62	0.127	164/325
MXW650/14	165×1 500/0.063×0.036	650×5 906/0.063×0.036	14	16～19	11.4	0.67	0.135	155/361
MXW630/15	160×1 500/0.063×0.036	630×5 906/0.063×0.036	15	17～20	12.4			151/369
MXW590/15	150×1 400/0.063×0.04	591×5 512/0.063×0.04		18～21	11.4	0.71	0.143	141/436
MXW515/17	130×1 100/0.071×0.05	512×4 330/0.071×0.05	17	20～23	9.4	0.87	0.171	153/509
MXW515/18	130×1 200/0.071×0.045	512×4 724/0.071×0.045	18	25～27	12.0	0.80	0.161	153/467
MXW395/20	100×760/0.10×0.071	394×2 992/0.10×0.071	20	24～28	7.4	1.25	0.242	244/663
MXW515/21	130×1 600/0.063×0.036	512×6 299/0.063×0.036	21	25～27	18.6	0.64	0.135	122/434
MXW395/22	100×850/0.10×0.063	394×3 346/0.10×0.063	22	26～30	10.0	1.14	0.226	244/616
MXW360/24	90.7×760/0.10×0.071	357×2 992/0.10×0.071	24	29～34	9.6	1.23	0.242	221/711
MXW360/26	90.7×850/0.10×0.063	357×3 346/0.10×0.063	26	31～36	12.7	1.12	0.226	221/653
MXW315/28	80×700/0.112×0.08	315×2 756/0.112×0.08	28	33～38	9.8	1.38	0.272	242/901
MXW310/29	78×700/0.112×0.08	307×2 756/0.112×0.08	29	35～40	10.3	1.37		236/914
MXW310/31	78×760/0.112×0.071	307×2 992/0.112×0.071	31	37～42	13.5	1.25	0.254	236/743
MXW275/31	70×600/0.14×0.09	276×2 362/0.14×0.09		47～50	10.1	1.61	0.32	330/913
MXW255/36	65×600/0.14×0.09	255×2 362/0.14×0.09	36	51～55	12.0	1.59		307/955
MXW200/47	50×500/0.14×0.112	197×1 969/0.14×0.112	47	58～65		1.83	0.364	236/1 316
MXW200/51	50×600/0.125×0.09	197×2 362/0.125×0.09	51	63～70	17.2	1.47	0.305	187/1 070
MXW160/63	40×430/0.18×0.125	157×1 693/0.18×0.125	63	77～86	15.4	2.09	0.430	300/1 410
MXW160/70	40×560/0.18×0.10	157×2 205/0.18×0.10	70	84～94	23.5	1.73	0.38	300/1 226
MXW120/77	30×250/0.28×0.20	118×984/0.28×0.20	77	94～104	11.2	3.41	0.68	566/1 946
MXW120/89	30×340/0.28×0.16	118×1 339/0.28×0.16	89	105～116	17.9	2.84	0.60	566/1 715
MXW80/101	20×150/0.45×0.355	79×591/0.45×0.355	101	127～143	7.5	6.02	1.16	968/3 427
MXW95/110	24×300/0.28×0.18	94×1 181/0.28×0.18	110	136～150	19.6	3.01	0.64	453/2 020
MXW80/118	20×200/0.355×0.28	79×787/0.355×0.28	118	147～162	12.1	4.58	0.915	590/3 273
MXW80/119	20×260/0.25×0.20	79×1 024/0.25×0.20	119	158～172	17.6	3.14	0.65	300/2 296

注 1：网重是按不锈钢材料（材料密度 ρ＝7 900 kg/m³）给出的。

注 2：密纹网抗拉力是按不锈钢材料（抗拉强度＝850 N/mm²～700 N/mm²）给出的。

A.1.3 经不全包斜纹编织密纹网结构参数(见表 A.3)

表 A.3

| 型号 | 规格 | | 名义孔径尺寸/μm | 绝对孔径/μm | 有效截面率/% | 网重/(kg/m²) | 网厚/mm | 抗拉力经/纬/(N/10 mm) |
	英制	公制						
MBW1280/8	325×1 900/0.036×0.025	1 280×7 480/0.036×0.025	8	12～14	8.5	0.43	0.086	102/186
MBW1280/10	325×1 600/0.036×0.025	1 280×6 299/0.036×0.025	10	14～15	10.0	0.38		102/157
MBW985/10	250×1 250/0.05×0.036	984×4 921/0.05×0.036		17～19	6.9	0.64	0.112	187/170
MBW790/13	200×1 200/0.063×0.04	787×4 724/0.063×0.04	13	20～22	8.9	0.73	0.142	189/276
MBW790/14	200×900/0.063×0.045	787×3 543/0.063×0.045	14	22～25	8.0	0.70	0.153	189/232
MBW650/19	165×800/0.071×0.05	650×3 150/0.071×0.05	19	27～30	9.8	0.76	0.171	195/292
MBW650/19-T	165×800/0.071×0.05	650×3 150/0.071×0.05						
MBW650/20	165×1 000/0.071×0.04	650×3 937/0.071×0.04	20	25～28	19.4	0.65	0.151	195/273
MBW790/20	200×540/0.063×0.05	787×2 126/0.063×0.05		27～30	9.0	0.57	0.163	188/145
MBW790/20-T	200×540/0.063×0.05	787×2 126/0.063×0.05						
MBW650/21	165×800/0.071×0.045	650×3 150/0.071×0.045	21	28～30	13.5	0.658	0.161	195/258
MBW650/21-T	165×800/0.071×0.045	650×3 150/0.071×0.045						
MBW790/22	200×600/0.063×0.045	787×2 362/0.063×0.045	22	28～32	12.0	0.53	0.153	188/155
MBW790/22-T	200×600/0.063×0.045	787×2 362/0.063×0.045						
MBW650/25 I	165×600/0.071×0.05	650×2 362/0.071×0.05	25	32～35	13.0	0.62	0.171	195/219
MBW650/25 I-T	165×600/0.071×0.05	650×2 362/0.071×0.05						
MBW650/25 II	165×800/0.071×0.04	650×3 150/0.071×0.04	25	30～33	24.1	0.562	0.151	195/218
MBW650/25 II-T	165×800/0.071×0.04	650×3 150/0.071×0.04						
MBW475/29	120×600/0.10×0.063	472×2 362/0.10×0.063	29	38～42	12.5	0.96	0.226	292/362
MBW475/29-T	120×600/0.10×0.063	472×2 362/0.10×0.063						
MBW475/35	120×400/0.10×0.071	472×1 575/0.10×0.071	35	45～50	12.9	0.86	0.242	292/334
MBW475/35-T	120×400/0.10×0.071	472×1 575/0.10×0.071						

注 1：网重是按不锈钢材料(材料密度 $\rho=7\,900$ kg/m³)给出的。

注 2：密纹网抗拉力是按不锈钢材料(抗拉强度=850 N/mm²～700 N/mm²)给出的。

ICS 85.100
Y 91

中华人民共和国国家标准

GB/T 26454—2011

造纸用单层成形网

Paper machine single layer forming fabric

2011-05-12 发布

2011-09-15 实施

中华人民共和国国家质量监督检验检疫总局
中国国家标准化管理委员会 发布

前　言

本标准按照 GB/T 1.1—2009《标准化工作导则　第 1 部分：标准的结构和编写》给出的规则起草。

请注意本文件的某些内容可能涉及专利。本文件的发布机构不承担识别这些专利的责任。

本标准由中国轻工业联合会提出。

本标准由全国造纸工业标准化技术委员会(SAC/TC 141)归口。

本标准起草单位：中国造纸学会脱水器材专业委员会、江苏金呢工程织物股份有限公司、上海金熊造纸网毯有限公司、安徽华辰造纸网股份有限公司、河北鹤煌网业股份有限公司、广东新会中新网业有限公司、中国制浆造纸研究院。

本标准主要起草人：胡博能、韩静芬、周积学、盛长新、王海明、丁家祥、郭纪宗、王群兴。

造纸用单层成形网

1 范围

本标准规定了造纸用单层成形网的术语和定义、产品型号与分类、要求、试验方法、检验规则、标志、包装、运输和贮存。

本标准适用于造纸工业及其他工业部门用的单层成形网。

2 规范性引用文件

下列文件对于本文件的应用是必不可少的。凡是注日期的引用文件,仅注日期的版本适用于本文件。凡是不注日期的引用文件,其最新版本(包括所有的修改单)适用于本文件。

GB/T 24290 造纸用成形网、干燥网测量方法

3 术语和定义

下列术语和定义适用于本文件。

3.1

造纸用单层成形网 paper machine single layer forming fabric

采用特殊的编织纹理及相应单丝,使用专用设备和工艺织成单层网,然后经热定型、裁剪、插接和其他特殊的整理工序加工而制成的使纸张成形所用网。

4 产品型号与分类

4.1 产品型号

造纸用单层成形网型号表示方法具体如下:

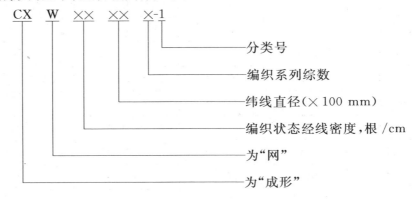

示例1：

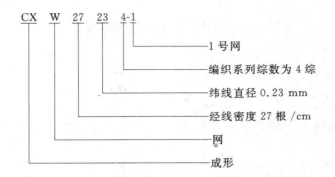

4.2 产品分类

4.2.1 造纸用单层成形网按编织系列分为3综、4综、5综、7综、8综。

4.2.2 造纸用单层成形网按接口形式分为无端网和有端网。

4.2.3 造纸用单层成形网按质量分为优等品和合格品。

4.3 规格

4.3.1 造纸用单层成形网的品种规格应符合表1规定。

表1 造纸用单层成形网品种规格表

型号	线径 mm		密度 根/cm		网孔尺寸ª mm²	开孔率ª %
	经线	纬线	经线范围	纬线范围		
cxw07803	0.70	0.80	7.5～8.5	7～8	0.550×0.533	17.6
cxw08603	0.50	0.60	8.5～9.5	7.5～9.5	0.611×0.650	28.6
cxw09703	0.60	0.70	9.5～10.5	7.5～8.5	0.400×0.550	17.6
cxw09603	0.50	0.60	9.5～10.5	8～9	0.500×0.576	24.5
cxw22304-1	0.25	0.30	24～25	16.5～17.5	0.158×0.288	19
cxw22304-2	0.25	0.30	24～25	17.5～18.5	0.158×0.256	17.8
cxw22304-3	0.25	0.30	24～25	18.5～19.5	0.158×0.226	16.7
cxw25254	0.22	0.25	27～28	22～23	0.144×0.194	17.3
cxw25274-1	0.22	0.27	27～28	18～19	0.144×0.271	19.8
cxw25274-2	0.22	0.27	27～28	18.5～19.5	0.144×0.256	19.4
cxw25274-3	0.22	0.27	27～28	19.5～20.5	0.144×0.230	18.2
cxw25304-1	0.22	0.30	27～28	18～19	0.144×0.240	17.6
cxw25304-2	0.22	0.30	27～28	18.5～19.5	0.144×0.226	17.0
cxw25304-3	0.22	0.30	27～28	19.5～20.5	0.144×0.200	15.8
cxw26254-1	0.20	0.25	28.5～29.5	18.5～19.5	0.145×0.276	22.1
cxw26254-2	0.20	0.25	28.5～29.5	21.5～22.5	0.145×0.250	18.9

表 1（续）

型号	线径 mm		密度 根/cm		网孔尺寸[a] mm²	开孔率[a] %
	经线	纬线	经线范围	纬线范围		
cxw26274-1	0.20	0.27	28.5～29.5	17.5～18.5	0.145×0.285	21.6
cxw26274-2	0.20	0.27	28～29	19～20	0.151×0.243	20.4
cxw26274-3	0.20	0.27	28～29	20.5～21.5	0.151×0.206	18.6
cxw27234-1	0.20	0.23	29.5～30.5	23.5～24.5	0.133×0.187	17.9
cxw27234-2	0.20	0.23	30～31	23.5～24.5	0.128×0.187	17.5
cxw27254	0.20	0.25	29.5～30.5	21.5～22.5	0.133×0.204	18
cxw27274	0.20	0.27	29.5～30.5	21～22	0.133×0.195	16.8
cxw28224-1	0.20	0.22	30.5～31.5	19～20	0.123×0.293	21.7
cxw28224-2	0.20	0.22	30.5～31.5	23～24	0.123×0.206	18.4
cxw29234	0.20	0.23	31～32	21～22	0.117×0.235	18.7
cxw29254	0.20	0.25	31～32	20.5～21.5	0.117×0.226	17.6
cxw31204-1	0.17	0.20	34～35	29～30	0.120×0.139	17.0
cxw31204-2	0.18	0.20	34.5～35.5	27.5～28.5	0.106×0.157	16.3
cxw28205-1	0.17	0.20	29.5～30.5	26～27	0.163×0.177	23
cxw28205-2	0.20	0.20	29.5～30.5	27～28	0.133×0.164	18
cxw28225-1	0.17	0.22	29.5～30.5	26～27	0.163×0.157	20.4
cxw28225-2	0.20	0.22	29.5～30.5	27～28	0.133×0.144	15.8
cxw30205	0.17	0.20	31.5～32.5	28～29	0.143×0.151	19.6
cxw30175	0.17	0.17	31.5～32.5	29～30	0.143×0.169	22.7
cxw25358	0.22	0.35	27.5～28.5	18.5～19.5	0.137×0.176	12.9
cxw26328-1	0.20	0.32	28.5～29.5	19.5～20.5	0.145×0.180	15.1
cxw26328-2	0.20	0.32	28.5～29.5	21.5～22.5	0.145×0.135	12.4
cxw26358-1	0.20	0.35	28.5～29.5	18～19	0.145×0.191	14.8
cxw26358-2	0.20	0.35	28.5～29.5	20～21	0.145×0.138	11.9
cxw27358	0.20	0.35	29.5～30.5	19～20	0.133×0.163	12.7

[a] 造纸用单层成形网的网孔尺寸及开孔率指标为参考值,不作为考核指标。

4.3.2 经双方协议,可提供其他规格的产品。

5 要求

5.1 造纸用单层成形网的品种规格及经纬密度实际标称值及透气量应符合表1规定的范围。
5.2 造纸用单层成形网的尺寸允差应符合表2规定范围。

表 2 造纸用单层成形网尺寸允差 单位为毫米

项 目	订货尺寸	允 差
长度	≥30 000	+40 −50
	<30 000	+30 −40
宽度	1 000~7 000	+10 −5

5.3 造纸用单层成形网两个边周长尺寸允差应不大于 10 mm。

5.4 在订货时应在合同中注明网的长度、宽度、规格型号及接口形式等。

5.5 造纸用单层成形网主要技术参数及产品优等品、合格品级的评定应符合表3规定。

表 3 造纸用单层成形网主要技术指标

指 标 名 称		单 位	规 定	
			优 等 品	合 格 品
经密允差		根/cm	±0.3	±0.5
纬密允差		根/cm	±0.8	±1
抗张强度	3 综	N/cm	≥1 300	≥1 000
	4 综		≥475	≥430
	5 综		≥475	≥430
	8 综		≥525	≥470
接口强度	3 综	N/cm	≥780	≥700
	4 综		≥285	≥260
	5 综		≥215	≥190
	8 综		≥200	≥180
张力在 50 N/cm 时,定力伸长率	3 综	%	≤0.85	≤0.9
	4 综		≤0.70	≤0.80
	5 综		≤0.70	≤0.80
	8 综		≤0.70	≤0.80
注:表中网密允差是指对实际标称值网密的允差。				

5.6 产品要进行熔边或胶边处理,横向作两道醒目标志线,印刷运行方向及标志等。

5.7 产品外观质量等级评定应符合表4的规定,不应有纹理错误、错线、老化痕迹、杂物的表面缺陷。

表 4 造纸用单层成形网产品外观质量等级评定表

序号	缺陷种类	规 定	
		优等品	合格品
1	折印	有轻微折印,不影响抄纸	
2	沟痕	有轻微沟痕,不影响抄纸	

表 4（续）

序号	缺陷种类	规定	
		优等品	合格品
3	硬伤	不应有	修整后网面平整光滑,网孔不变形
4	个别大小孔	(1) 经向不超过标准网孔的二分之一; (2) 经向两个大网孔的距离不少于500 mm	(1) 不超过标准网孔的三分之二; (2) 经向两个大网孔的距离不少于500 mm
5	断经	(1) 缺经不应有; (2) 允许按原编织纹理补,但补后保持网面平整	
6	断纬	(1) 允许修补但不高出网面,保持网面平整; (2) 距网边50 mm内允许有小于20 mm的断纬	(1) 允许修补但不高出网面,保持网面平整; (2) 距网边100 mm内允许有小于80 mm的断纬
7	双线	(1) 多根双线不应有,单根双线不得上下重叠,长度不超过100 mm; (2) 网长小于等于20 m的不超过2处,网长大于20 m的不超过3处; (3) 允许切断、拆除,但不超过标准网孔的二分之一,并不高出网面	(1) 多根双线不应有,单根双线不得上下重叠,长度不超过150 mm; (2) 网长小于等于20 m的不超过4处,网长大于20 m的不超过6处; (3) 允许切断、拆除,但不超过标准网孔的三分之二,并不高出网面
8	回鼻	(1) 不高于网面或出套高出网面削除; (2) 同一根纬线上不超过2个; (3) 任意每平方米内不超过5个	(1) 不高于网面或出套高出网面削除; (2) 同一根纬线上不超过2个; (3) 任意平方米内不超过10个
9	松线	(1) 不准并排松两根或隔一根松一根合计不超过三根; (2) 长度不超过60 mm	(1) 不准并排松两根或隔一根松一根合计不超过三根; (2) 长度不超过80 mm
10	杂物	拆除后网孔不变形且网面平整	拆除后网孔不超过允许偏差且网面平整
11	插接口	(1) 每张网只应有1个插接口; (2) 插接口应平整	(1) 每张网可有2个接插口; (2) 插接口应平整
12	清洁度	(1) 网面清洁,不应有油污、脏物; (2) 允许有清洁痕迹	
13	孔洞	不应有	(1) 对小于等于10 mm² 孔洞应按原纹理织补,但不得高出网面; (2) 每条网只应一处
14	缺陷总项数	(1) 40 m² 以下的网不超过4项;40 m² 以上的网不超过5项; (2) 两边100 mm之内除外	(1) 40 m² 以下的网不超过5项;40 m² 以上的网不超过6项; (2) 两边100 mm之内除外

5.8 用户如有特殊要求,可按双方合同约定执行。

6 试验方法

6.1 造纸用单层成形网长度和宽度尺寸的测定:采用最小刻度为1 mm的钢卷尺,在无张力状态下,在网幅两端距离网边100 mm处测定网的长度,在网的任何部位,均可采用钢卷尺测定网的宽度。

6.2 造纸用单层成形网经纬密度、抗张强度、接口强度、定力伸长率、开孔率的测量按 GB/T 24290 进行。

6.3 造纸用单层成形网外观质量检验时,发现缺陷,用10倍～40倍放大镜观察,根据缺陷的程度和数量按表4进行评定。

7 检验规则

7.1 造纸用单层成形网由制造厂技术检验部门按本标准技术要求进行检验,合格后方可出厂。

7.2 造纸用单层成形网每条进行检验,检验项目应包括:

  a) 产品的长度及宽度;

  b) 产品的经纬密度、抗张强度、接口强度、定力伸长率、开孔率;

  c) 产品的外观质量、网面缺陷;

  d) 产品的内外包装质量。

7.3 产品出厂前应附合格证书,注明产品名称、型号、规格、生产日期、用网位置和出厂包装号等,并加盖检验人员的检验专用章。

7.4 用户可按本标准或订货合同规定的技术要求进行验收。如发现不符合本标准或订货合同的规定,在产品出厂6个月内(产品尚未使用),有权提出复验。经供需双方共同复验,其结果确属生产质量问题,由生产方负责。如为运输、贮存和使用不当造成的质量问题由相关责任方负责。

8 标志、包装、运输和贮存

8.1 标志

8.1.1 造纸用单层成形网应标志运行方向、3 m线、企业名称、型号、产品号。

8.1.2 在包装箱的两端贴上标签,应标注:

  a) 企业名称、地址;

  b) 产品名称;

  c) 产品标准编号;

  d) 包装号;

  e) 规格;

  f) 型号;

  g) 用网位置;

  h) 到达站名;

  i) 收货单位;

  j) 生产日期。

8.2 包装

8.2.1 无端网应卷在三根网杆上,有端网用单杆卷网,每端留余量150 mm～250 mm,三根网杆直径、长度应一致。

8.2.2 网杆表面应光滑、平直、无突出的尖角或节子,卷网前擦净尘土脏物,并卷上一层牛皮纸。

8.2.3 卷网应紧且网边重合整齐,网边外凸应不超过10 mm,根据网长配用合适垫码。

8.2.4 卷好的网应使接口与运行标志置于最外几层,三根杆呈三角形,并用绳子捆扎牢固。

8.2.5 卷好的网外面应包牛皮纸或塑料薄膜。同时将产品合格证书、产品小样100 mm×100 mm、使用说明书等技术文件等放入资料袋中并置于包装箱内。

8.2.6 包装箱内应衬垫合适的填充物,以保证网不受损坏。

8.2.7 包装箱应与网尺寸相适应,并设置固定网杆的装置,使其在运输过程中不窜、不滚、不跳。

8.2.8 网箱制造应精细、拼合严紧、箱盖用铁腰固定、钉尖不得外露,长度 2.5 m 以上网箱四周应包以铁角。

8.2.9 在网箱两侧应标明"小心轻放"、"防火防蚀"、"请勿倒放"、"防止潮湿"等字样或标志,最后应涂刷吊装位置指示。

8.3 运输

8.3.1 在搬运中应轻抬轻放,严禁抛掷或翻滚,不应倒置或立放。

8.3.2 网箱在运输过程中应与强酸、强碱及有机溶剂相隔离。

8.4 贮存

8.4.1 产品应存放在干燥通风的库房内,存放中应与强酸、强碱、有机溶剂隔离。不应阳光曝晒,库内不应明火作业。

8.4.2 造纸用单层成形网贮存期不应超过六个月,库存的成形网应贯彻先进先出的原则。

ICS 85.100
Y 91

中华人民共和国国家标准

GB/T 26455—2011

造纸用多层成形网

Paper machine multi-layer forming fabric

2011-05-12 发布

2011-09-15 实施

中华人民共和国国家质量监督检验检疫总局
中国国家标准化管理委员会 发布

前　言

本标准按照 GB/T 1.1—2009《标准化工作导则　第 1 部分:标准的结构和编写》给出的规则起草。

请注意本文件的某些内容可能涉及专利。本文件的发布机构不承担识别这些专利的责任。

本标准由中国轻工业联合会提出。

本标准由全国造纸工业标准化技术委员会(SAC/TC 141)归口。

本标准起草单位:中国造纸学会脱水器材专业委员会、江苏金呢工程织物股份有限公司、上海金熊造纸网毯有限公司、安徽华辰造纸网股份有限公司、河北鹤煌网业股份有限公司、广东新会中新网业有限公司、中国制浆造纸研究院。

本标准主要起草人:胡博能、韩静芬、周积学、盛长新、王海明、丁家祥、郭纪宗、王群兴。

造纸用多层成形网

1 范围

本标准规定了造纸用多层成形网的术语和定义、产品型号与分类、要求、试验方法、检验规则、标志、包装、运输和贮存。

本标准适用于造纸工业及其他工业部门的多层成形网。

2 规范性引用文件

下列文件对于本文件的应用是必不可少的。凡是注日期的引用文件,仅注日期的版本适用于本文件。凡是不注日期的引用文件,其最新版本(包括所有的修改单)适用于本文件。

GB/T 24290 造纸用成形网、干燥网测量方法

3 术语和定义

下列术语和定义适用于本文件。

3.1

造纸用多层成形网 paper machine multi-layer forming fabric

采用特殊的编织纹理及相应单丝,使用专用设备和工艺织成二层及二层以上网,然后经热定型、裁剪、插接和其他特殊的整理工序加工而制成的使纸张成形所用网。

4 产品型号与分类

4.1 产品型号

4.1.1 二层、二层半造纸用成形网型号表示方法具体如下:

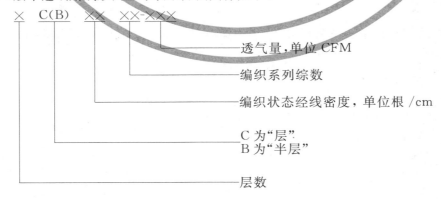

示例1：

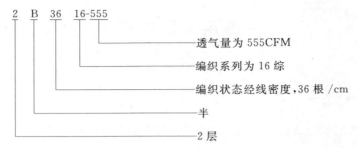

2 B 36 16-555
- 透气量为555CFM
- 编织系列为16综
- 编织状态经线密度,36根/cm
- 半
- 2层

4.1.2 三层造纸用成形网型号表示方法具体如下：

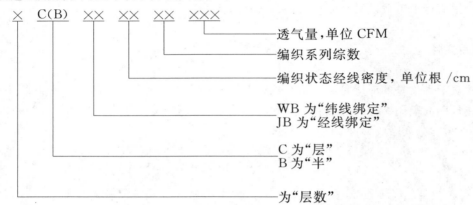

X C(B) XX XX XX XXX
- 透气量,单位CFM
- 编织系列综数
- 编织状态经线密度,单位根/cm
- WB 为"纬线绑定"
  JB 为"经线绑定"
- C 为"层"
  B 为"半"
- 为"层数"

示例2：

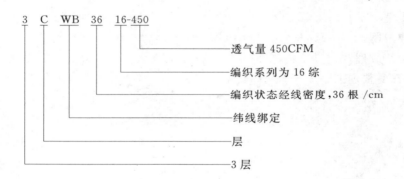

3 C WB 36 16-450
- 透气量450CFM
- 编织系列为16综
- 编织状态经线密度,36根/cm
- 纬线绑定
- 层
- 3层

4.2 分类

造纸用多层成形网按编织系列可分为7综、8综、10综、12综、14综、16综、20综、24综、32综、48综、54综等。

造纸用多层成形网按编织纹理层数可分为二层、二层半及三层。

4.3 规格

4.3.1 造纸用多层成形网的品种规格应符合表1、表2和表3的规定。

4.3.2 经双方协议,可提供其他规格的产品。

5 要求

5.1 造纸用二层成形网的品种规格及经纬密度实际标称值应符合表1规定。

表 1 造纸用二层成形网系列

系列	网 型	透气量 m³/(m²·h)	线材直径 mm		密度 根/cm	
			经线	纬线(上纬/下纬)	经线	纬线
36	2C3616-555	8 800	0.25	0.30/0.50,0.50	39~40	23~24
52	2C5208-390	6 200	0.17	0.20/0.22,0.22	56.5~57.5	48.5~49.5
	2C5208-410	6 500	0.17	0.20/0.22,0.22	56.5~57.5	47.5~48.5
	2C5208-430	6 800	0.17	0.20/0.25,0.25	56.5~57.5	42.5~43.5
54	2C5408-335	5 300	0.17	0.18/0.22,0.22	59.5~60.5	51.5~52.5
	2C5408-340	5 380	0.17	0.20/0.25,0.25	59.5~60.5	48.5~49.5
	2C5408-350	5 500	0.17	0.25/0.32,0.32	60~61	36~37
	2C5408-355	5 600	0.17	0.17/0.22,0.22	59.5~60.5	51.5~52.5
56	2C5608-265	4 200	0.17	0.20/0.25,0.25	61~62	47~48
	2C5608-310	4 890	0.17	0.20/0.25,0.25	61~62	45~46
	2C5608-305	4 860	0.17	0.18/0.20,0.20	62~63	49~50
	2C5608-315	5 000	0.17	0.17/0.20,0.20	62~63	50~51
	2C5608-330	5 200	0.18	0.18/0.21,0.22	61~62	46.5~47.5
	2C5608-350	5 500	0.18	0.18/0.21,0.22	61~62	44.5~45.5
	2C5608-360	5 700	0.17	0.18/0.22,0.22	62~63	47~48
	2C5608-365	5 800	0.17	0.20/0.25,0.25	61~62	42~43
	2C5608-405	6 400	0.17	0.20/0.25,0.25	60~61	44~45
57	2C5707-255	4 000	0.17	0.17/0.20,0.20	63~64	50~51
	2C5707-285	4 500	0.17	0.17/0.20,0.20	63~64	49~50
	2C5707-295	4 700	0.17	0.17/0.20,0.20	63~64	48~49
	2C5707-315	5 000	0.17	0.17/0.20,0.20	63~64	47~48
60	2C6008-355	5 600	0.16	0.17/0.20,0.20	65~66	50.5~51.5
	2C6008-255	4 000	0.17	0.18/0.20,0.20	65~66	52~53
	2C6008-285	4 500	0.17	0.18/0.20,0.20	65~66	49~50
	2C6008-390	6 200	0.16	0.16/0.22,0.22	65~66	50~51
	2C6008-410	6 520	0.17	0.18/0.20,0.20	65~66	46~47
	2C6008-430	6 800	0.16	0.17/0.20,0.20	65~66	42.5~43.5
62	2C6208-315	5 000	0.15	0.16/0.20,0.20	68.5~69.5	57.5~58.5
	2C6208-390	6 200	0.15	0.16/0.19,0.19	68.5~69.5	50~51
	2C6208-395	6 200	0.17	0.18/0.20,0.20	68~69	46~47
	2C6208-410	6 500	0.15	0.16/0.19,0.19	68.5~69.5	47.5~48.5
64	2C6408-320	5 076	0.15	0.18/0.20,0.20	70~71	52~53
	2C6408-355	5 600	0.15	0.16/0.22,0.22	70~71	52.5~53.5

5.2 造纸用二层半成形网的品种规格及经纬密度实际标称值应符合表 2 规定。

表 2　造纸用二层半成形网系列

系列	网型	透气量 m³/(m²·h)	线材直径 mm		密度 根/cm	
			经线	纬线（上纬/下纬）	经线	纬线
32	2B3216-450	7 100	0.29	0.25,0.25/0.45,0.45	36～37	33～34
33	2B3316-400	6 320	0.28	0.20,0.27/0.40,0.40	37～38	40～41
	2B3316-380	6 000	0.28	0.20,0.27/0.45,0.45	37～38	37～38
	2B3316-505	8 000	0.28	0.20,0.27/0.45,0.45	37～38	31～32
36	2B3616-350	5 500	0.26	0.20,0.28/0.45,0.45	40.5～41.5	40.5～41.5
	2B3616-400	6 350	0.26	0.20,0.28/0.45,0.45	40.5～41.5	37.5～38.5
	2B3616-410	6 500	0.25	0.20,0.30/0.45,0.45	39～40	38～39
	2B3616-430	6 800	0.25	0.20,0.23/0.45,0.45	39～40	36～37
	2B3616-445	7 000	0.25	0.20,0.30/0.50,0.50	39～40	33～34
	2B3616-450	7 080	0.26	0.20,0.28/0.45,0.45	40.5～41.5	34.5～35.5
38	2B3816-400	6 300	0.27	0.20,0.25/0.50,0.50	43～44	35～36
	2B3816-410	6 500	0.27	0.20,0.25/0.45,0.45	43～44	36～37
	2B3816-455	7 200	0.27	0.20,0.25/0.50,0.50	43～44	33～34
	2B3816-475	7 500	0.27	0.20,0.25/0.45,0.45	43～44	34～35
42	2B4216-270	4 300	0.22	0.22,0.22/0.40,0.40	47～48	43～44
	2B4216-400	6 350	0.22	0.17,0.25/0.40,0.40	47.0～48.0	41.0～42.0
	2B4216-350	5 500	0.22	0.17,0.25/0.40,0.40	47.0～48.0	44.0～46.0
	2B4216-370	5 850	0.22	0.20,0.22/0.40,0.40	47～48	41～42
	2B4216-425	6 700	0.22	0.15,0.25/0.40,0.40	47～48	42～43
	2B4216-445	7 000	0.22	0.17,0.25/0.40,0.40	47.0～48.0	38.0～39.0
43	2B4316-390	6 200	0.20	0.20,0.25/0.45,0.45	49～50	35～36
	2B4316-445	7 000	0.20	0.20,0.25/0.45,0.45	49～50	33～34
50	2B5008-410	6 500	0.17	0.13,0.18/0.32,0.32	55～56	48～49
52	2B5216-335	5 300	0.17	0.17,0.22/0.27,0.27	57.5～58.5	50～51
	2B5216-390	6 200	0.17	0.19,0.22/0.35,0.35	57.5～58.5	43.5～44.5
54	2B5416-395	6 300	0.17	0.13,0.20/0.35,0.35	59～60	43～44
	2B5416-380	6 000	0.17	0.13,0.20/0.35,0.35	59.5～60.5	42～43
56	2B5608-355	5 600	0.17	0.13,0.20/0.25,0.25	60～61	54～55
	2B5608-375	5 940	0.17	0.13,0.20/0.25,0.25	61～62	61～62
	2B5608-410	6 480	0.17	0.13,0.20/0.32,0.32	60～61	48～49
	2B5608-380	6 000	0.17	0.13,0.18/0.22,0.22	62.5～63.5	53.0～54.0

表 2（续）

系列	网 型	透气量 m³/(m²·h)	线 材 直 径 mm		密度 根/cm	
			经线	纬线（上纬/下纬）	经线	纬线
56	2B5608-380	6 000	0.17	0.13,0.18/0.25,0.25	62.5～63.5	51.0～52.0
	2B5608-405	6 400	0.17	0.13,0.18/0.32,0.32	61～62	56～57
	2B5608-420	6 600	0.17	0.13,0.18/0.25,0.25	62～63	53～54
	2B5608-430	6 800	0.17	0.13,0.18/0.22,0.22	62～63	53～54
	2B5608-435	6 900	0.17	0.13,0.20/0.32,0.32	61.5～62.5	55.5～56.5
	2B5608-440	6 950	0.17	0.13,0.18/0.35,0.35	61～62	51～52
	2B5616-285	4 500	0.17	0.13,0.20/0.35,0.35	62.5～63.5	56.5～57.5
	2B5616-290	4 600	0.17	0.13,0.20/0.35,0.35	63～64	53～54
	2B5616-310	4 900	0.17	0.13,0.22/0.30,0.30	63～64	56～57
	2B5616-320	5 050	0.17	0.13,0.20/0.35,0.35	62.5～63.5	53.5～54.5
	2B5616-350	5 500	0.17	0.13,0.20/0.35,0.35	62.5～63.5	51.5～52.5
	2B5616-370	5 850	0.17	0.13,0.22/0.35,0.35	63～64	48～49
	2B5616-410	6 500	0.17	0.13,0.20/0.35,0.35	62.5～63.5	47.5～48.5
	2B5616-440	7 000	0.17	0.13,0.20/0.30,0.30	62～63	49～50
58	2B5808-410	6 500	0.17	0.13,0.18/0.22,0.22	63～64	53～54
	2B5808-315	5 000	0.18	0.13,0.20/0.25,0.25	63～64	54～55
	2B5808-320	5 100	0.18	0.13,0.20/0.25,0.25	63～64	51.5～52.5
60	2B6016-290	4 600	0.17	0.13,0.17/0.20,0.20	65～66	61～62
	2B6016-350	5 500	0.17	0.13,0.17/0.20,0.20	65～66	57～58
	2B6016-265	4 200	0.17	0.13,0.17/0.25,0.25	65～66	61～62
	2B6016-400	6 300	0.17	0.13,0.17/0.25,0.25	65～66	51～52
	2B6016-275	4 350	0.17	0.13,0.20/0.30,0.30	65～66	58～59
	2B6016-255	4 000	0.17	0.13,0.20/0.35,0.35	65～66	56～57
	2B6016-285	4 500	0.17	0.13,0.20/0.35,0.35	65～66	55～56
	2B6016-315	5 000	0.17	0.13,0.20/0.35,0.35	65～66	54～55
	2B6016-410	6 500	0.17	0.13,0.20/0.35,0.35	65～66	49～50
62	2B6216-230	3 600	0.17	0.17,0.18/0.35,0.35	70～71	52～53
	2B6216-260	4 100	0.17	0.17,0.18/0.35,0.35	70～71	49～50
	2B6216-270	4 300	0.17	0.13,0.22/0.35,0.35	69～70	50～51
	2B6216-315	5 000	0.17	0.13,0.20/0.35,0.35	69～70	51～52
	2B6216-350	5 500	0.17	0.13,0.18/0.20,0.20	68～69	56.5～57.5
	2B6216-355	5 600	0.17	0.13,0.18/0.20,0.20	68～69	61.5～62.5

表 2（续）

系列	网 型	透气量 m³/(m²·h)	线 材 直 径 mm		密度 根/cm	
			经线	纬线（上纬/下纬）	经线	纬线
62	2B6216-380	6 000	0.17	0.13,0.18/0.23,0.23	68～69	54.5～55.5
	2B6216-390	6 200	0.17	0.13,0.20/0.35,0.35	68～69	52.5～53.5
	2B6216-405	6 400	0.17	0.13,0.18/0.23,0.23	68～69	64.5～65.5
	2B6216-410	6 500	0.17	0.13,0.18/0.25,0.25	68～69	51.5～52.5
	2B6216-445	7 000	0.17	0.13,0.20/0.35,0.35	68～69	49.5～50.5
	2B6216-505	8 000	0.17	0.13,0.20/0.35,0.35	68～69	46.5～47.5
64	2B6408-370	5 800	0.15	0.12,0.18/0.22,0.22	71.5～72.5	57.0～58.0
	2B6408-290	4 600	0.15	0.12,0.18/0.22,0.22	71.5～72.5	63.5～64.5
	2B6408-340	5 400	0.15	0.12,0.18/0.20,0.20	70～71	65～66
	2B6408-350	5 500	0.15	0.12,0.18/0.20,0.20	70～71	57～58
	2B6408-500	7 900	0.15	0.12,0.18/0.22,0.22	71.5～72.5	47.0～48.0

5.3 造纸用三层成形网的品种规格及经纬密度实际标称值应符合表3规定。

表 3 造纸用三层成形网系列

系列	网 型	透气量 m³/(m²·h)	线 材 直 径 mm		密度 根/cm	
			经线（面经/底经）	纬线（上纬/绑定/下纬）	经线	纬线
36	3WB3616-410	6 500	0.25/0.25	0.22,0.22/0.22/0.50,0.50	40～41	38～39
	3WB3616-450	7 100	0.25/0.25	0.25,0.25/0.22/0.45,0.45	40～41	40～41
	3WB3620-380	6 000	0.20/0.28	0.20,0.20/0.20/0.40,0.40	40.5～41.5	49.5～50.5
	3WB3620-455	7 200	0.18/0.28	0.25,0.25/0.22/0.40,0.40	40～41	43～44
	3WB3620-445	7 000	0.20/0.28	0.20,0.20/0.20/0.40,0.40	40.5～41.5	43.5～44.5
	3WB3624-380	6 000	0.22/0.22	0.20,0.20/0.20/0.45,0.45	42～43	47～48
	3WB3624-410	6 500	0.20/0.20	0.17,0.17/0.20/0.40,0.40	42～43	52～53
	3WB3624-440	7 000	0.20/0.20	0.17,0.17/0.20/0.40,0.40	42～43	48～49
	3WB3624-475	7 500	0.22/0.22	0.20,0.20/0.20/0.45,0.45	42～43	42～43
	3WB3624-480	7 600	0.18/0.28	0.20,0.20/0.18/0.40,0.40	40～41	45.5～46.5
42	3WB4216-400	6 300	0.22/0.22	0.18,0.18/0.17/0.40,0.40	48～49	60～61
52	3WB5220-320	5 000	0.15/0.20	0.15,0.15/0.15/0.30,0.30	59～60	69～70
	3WB5224-350	5 500	0.15/0.20	0.15,0.15/0.15/0.30,0.30	59～60	60～61

表 3（续）

系列	网 型	透气量 m³/(m²·h)	线 材 直 径 mm		密度 根/cm	
			经线 （面经/底经）	纬线 （上纬/绑定/下纬）	经线	纬线
56	3WB5616-475	7 500	0.17/0.17	0.15,0.25/0.18/0.35,0.35	61～62	55～56
	3WB5620-255	4 000	0.15/0.20	0.17,0.17/0.17/0.35,0.35	66～67	55～56
	3WB5620-315	5 000	0.15/0.20	0.17,0.17/0.17/0.35,0.35	66～67	58～59
	3WB5620-330	5 200	0.15/0.20	0.13,0.13/0.13/0.20,0.20	66～67	66～67
	3WB5620-350	5 500	0.15/0.20	0.15,0.15/0.15/0.25,0.25	66～67	58～59
	3WB5620-365	5 800	0.15/0.20	0.13,0.13/0.13/0.20,0.20	66～67	70～71
	3WB5620-380	6 000	0.15/0.20	0.15,0.15/0.15/0.25,0.25	66～67	60～61
60	3WB6016-350	5 530	0.15/0.20	0.13,0.13/0.13/0.28,0.28	72～73	74～75
	3WB6020-275	4 750	0.13/0.20	0.13,0.13/0.13/0.25,0.25	69.5～70.5	79.5～80.5
	3WB6020-345	5 450	0.15/0.20	0.13,0.13/0.13/0.25,0.25	72～73	76.5～77.5
	3WB6020-350	5 500	0.13/0.20	0.13,0.13/0.13/0.25,0.25	69.5～70.5	71.5～72.5
	3WB6024-310	4 900	0.15/0.20	0.13,0.13/0.13/0.20,0.20	72～73	80～81

5.4 造纸用多层成形网的尺寸允差应符合表4规定。

表 4 造纸用多层成形网尺寸允差

单位为毫米

项 目	订 货 尺 寸	允 差
长 度	＜20 000	±30
	≥20 000,＜50 000	±40
	≥50 000	±60
宽 度	1 000～10 000	+10 −5

5.5 造纸用多层成形网的两个边周长尺寸允差应不大于5 mm。

5.6 订货时应在合同中注明网的长度、宽度、规格、型号等。

5.7 在网横向间隔2 m处作两条标志线，第一条应距网接口处1 m，此处还应标出网的运行方向、型号、用网部位及商标标志。

5.8 造纸用多层成形网的两个边进行胶边处理。胶边宽度应不小于5 mm（可根据要求增加胶边宽度），胶厚度应不超过0.3 mm，并且胶着牢固。

5.9 产品根据用户要求可进行网边（200 mm内）抗磨损胶筋处理。

5.10 造纸用多层成形网主要技术指标应符合表5规定。

表5 造纸用多层成形网主要技术指标

指 标 名 称	单 位	规 定
透气量允差	%	±3
网面抗张强度 ≥	N/cm	800
接口强度 ≥	%	网面抗张强度的65%
张力在50 N/cm时,定力伸长率 ≤	%	0.5

5.11 造纸用多层成形网有标识的面为抄纸面。

5.12 造纸用多层成形网不应有纹理错误、错线、老化痕迹、硬伤、双线、松线、杂物、孔洞、散边的表面缺陷,其外观质量的评定,应符合表6规定。

表6 造纸用多层成形网外观质量要求

序号	缺陷种类	要 求
1	折 印	可有轻微不影响使用的折印。
2	沟 痕	可有轻微不影响使用的沟痕。
3	大小孔	(1) 经纬向不超过标准网孔的二分之一; (2) 经纬向两个大网孔的距离不少于500 mm
4	断 经	(1) 缺经不应有; (2) 可按原纹理织补,但网面应当平整
5	断 纬	(1) 可修补,但不应高出网面,网面平整; (2) 距网边100 mm内允许有10 mm的断纬
6	经密允差	不应超过±0.8根/cm。
7	纬密允差	不应超过±2.0根/cm。
8	回 鼻*	(1) 不应高出网面; (2) 同一根纬线不超过2个; (3) 任意平方米内不超过4个; (4) 在范围内允许织补
9	清洁度	(1) 网面清洁不应有油污、脏物; (2) 允许有清洗痕迹
10	缺陷总项数	(1) 40 m² 以下的网不超过2项,40 m² 以上的网不超过3项; (2) 网两边150 mm以内除外
* 回鼻是指在织网过程中线材形成高出网面的圈套。		

5.13 用户如有特殊要求,可按双方合同约定执行。

6 试验方法

6.1 造纸用多层成形网的长度和宽度尺寸的测定:采用最小刻度为1 mm的标准的钢卷尺,在无张力状态下,在网幅两端距网边100 mm处测定长度,在成形网任何部位可用钢卷尺测定多层成形网宽度。

6.2 造纸用多层成形网的经纬密度、抗张强度、定力伸长率、透气量、接口强度的测定按GB/T 24290进行。

6.3 造纸用多层成形网的产品外观质量检验时,发现缺陷,用 10 倍~40 倍放大镜观察,根据缺陷的程度和数量按表 6 进行评定。

7 检验规则

7.1 造纸用多层成形网由制造厂技术检验部门按本标准技术要求进行检验,合格后方可出厂。

7.2 造纸用多层成形网每条进行检验,检验项目应包括:

 a) 产品的长度及宽度;
 b) 产品的经纬密度、抗张强度、定力伸长率、透气量、接口强度;
 c) 产品的外观质量、网面缺陷;
 d) 产品的内外包装质量。

7.3 产品出厂前应填写合格证书,注明产品名称、型号、规格、生产日期、用网位置和出厂包装号等,并加盖检验人员的检验专用章。

7.4 用户可按本标准及合同内规定的技术要求进行验收。如发现不符合本标准规定,在产品出厂 6 个月内(产品尚未使用),有权提出复验,经供需双方共同复验,其结果确属生产质量问题,由生产厂负责。如为运输、贮存和使用不当造成的质量问题由相关责任方负责。

8 标志、包装、运输和贮存

8.1 标志

8.1.1 造纸用多层成形网应标志:运行方向、3 m 线、企业名称、型号、产品号。

8.1.2 在包装箱的两端贴上标签,应标注:

 a) 企业名称、地址;
 b) 产品名称;
 c) 产品标准编号;
 d) 包装号;
 e) 规格;
 f) 型号;
 g) 用网位置;
 h) 到达站名;
 i) 收货单位;
 j) 生产日期。

8.2 包装

8.2.1 造纸用多层成形网应卷在三根网杠上,每端留余量 150 mm~250 mm,三根网杠直经、长度应一致。

8.2.2 网杠表面应光滑、平直,无突出的尖角或节子,卷网前应擦净尘土脏物,并卷上一层牛皮纸。

8.2.3 卷网应紧且网边重合整齐,网边外凸不超过 10 mm,根据网长配用合适垫码。

8.2.4 卷好的网应将接口与运行标志置于最外几层,三根杠呈三角形,并用绳子捆扎牢固。

8.2.5 卷好的网外面应包牛皮纸或塑料薄膜。同时将产品合格证书、产品小样 100 mm×100 mm、使用说明书等技术文件放入资料袋中,并置于包装箱内。

8.2.6 包装箱内应衬垫合适的填充物,以保证网不受损坏。

8.2.7 包装箱应与成形网尺寸相适应,并设置固定网杠的装置,使其在运输过程中不窜、不滚、不跳。

8.2.8 网箱制造应精细、拼合严密、箱盖用铁腰固定,钉尖不应外露,长度 2.5 m 以上的网箱四周包以铁角。

8.2.9 在网箱两侧应标明"小心轻放"、"防火防蚀"、"请勿倒放"、"防止潮湿"等字样或标志,最后应涂刷吊装位置指示。

8.3 运输

8.3.1 在搬运中应轻抬轻放,严禁抛掷或翻滚,不应倒置或立放。

8.3.2 网箱在运输过程中应与强酸、强碱及有机溶剂相隔离。

8.4 贮存

8.4.1 产品应存放在干燥通风的库房内,存放中应与强酸、强碱、有机溶剂隔离。不应阳光曝晒,库内不应明火作业。

8.4.2 产品贮存期不应超过六个月,库存的成形网应贯彻先进先出的原则。

ICS 85.100
Y 91

中华人民共和国国家标准

GB/T 26456—2011

造纸用异形丝干燥网

Woven paper machine dryer fabric with special shape yarn

2011-05-12 发布 2011-09-15 实施

中华人民共和国国家质量监督检验检疫总局
中国国家标准化管理委员会 发布

前　言

本标准按照 GB/T 1.1—2009《标准化工作导则　第 1 部分:标准的结构和编写》给出的规则起草。

请注意本文件的某些内容可能涉及专利。本文件的发布机构不承担识别这些专利的责任。

本标准由中国轻工业联合会提出。

本标准由全国造纸工业标准化技术委员会(SAC/TC 141)归口。

本标准起草单位:中国造纸学会脱水器材专业委员会、安徽华辰造纸网股份有限公司、上海金熊造纸网毯有限公司、河北鹤煌网业股份有限公司、广东新会中新网业有限公司、江苏金呢工程织物股份有限公司、中国制浆造纸研究院。

本标准主要起草人:丁家祥、韩静芬、丁朝阳、付立兵、王海明、郭纪宗、胡博能、王群兴。

造纸用异形丝干燥网

1 范围

本标准规定了造纸用异形丝干燥网的术语和定义、产品型号与分类、要求、试验方法、检验规则、标志、包装、运输和贮存。

本标准适用于造纸用异形丝干燥网。

2 规范性引用文件

下列文件对于本文件的应用是必不可少的。凡是注日期的引用文件，仅注日期的版本适用于本文件。凡是不注日期的引用文件，其最新版本（包括所有的修改单）适用于本文件。

GB/T 24290 造纸用成形网、干燥网测量方法

3 术语和定义

下列术语和定义适用于本文件。

3.1

造纸用异形丝干燥网 woven paper machine dryer fabric with special shape yarn

以造纸网用异形单丝及异形单丝结合其他单丝为原料，通过特殊的编织纹理和工艺，经整经、织造、定型、裁剪、插接和其他工序加工而成的无端或有端环形织物，应用于造纸机的干燥部起烘干和支撑传递纸页的作用。

4 产品型号与分类

4.1 产品型号

造纸用异形丝干燥网的型号表示方法具体如下：

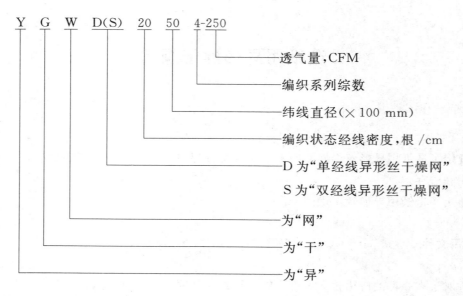

4.2 产品分类

4.2.1 异形丝干燥网按编织系列可分为 3 综、4 综和 6 综等。

4.2.2 异形丝干燥网按编织纹理层数可分为一层、一层半和二层等。

4.2.3 异形丝干燥网按接口形式可分为无端接口、自身环接口和螺旋环接口等。

4.3 规格

4.3.1 双经线异形丝干燥网的品种规格应符合表 1 规定。

表 1 双经线异形丝干燥网品种规格

系列	网型号	层数	线材尺寸 mm		密度 根/cm		透气量
			经线直径	纬线直径	经密	纬密	m³/(m²·h)
14	YGWS14804-190		1.06×0.25	0.60,0.80	14.5～15.5	10.5～11.5	3 000
	YGWS14804-250		1.06×0.25	0.60,0.80	14.5～15.5	8.5～9.5	4 000
	YGWS14804-315		1.06×0.25	0.60,0.80	14.5～15.5	6.5～7.5	5 000
20	YGWS20704-220	2.0	0.815×0.31	0.40,0.70,0.40	20.5～21.5	15.0～16.0	3 500
	YGWS20704-250		0.815×0.31	0.40,0.70,0.40	20.5～21.5	14.0～15.0	4 000
	YGWS20704-350		0.815×0.31	0.40,0.70,0.40	20.5～21.5	11.0～12.0	5 500
	YGWS20704-450		0.815×0.31	0.40,0.70,0.40	20.5～21.5	8.5～9.5	7 000
	YGWS20704-190		0.815×0.31	0.40,0.70	20.5～21.5	11.0～12.0	3 000
	YGWS20704-250		0.815×0.31	0.40,0.70	20.5～21.5	10.0～11.0	4 000
	YGWS20704-350		0.815×0.31	0.40,0.70	20.5～21.5	8.5～9.5	5 500
22	YGWS22704-125		0.815×0.31	0.40,0.70,0.40	22.5～23.5	13.0～14.0	2 000
	YGWS22704-190		0.815×0.31	0.40,0.70,0.40	22.5～23.5	11.5～12.5	3 000

4.3.2 单经线异形丝干燥网的品种规格应符合表 2 规定。

表 2 单经线异形丝干燥网品种规格

系列	网子型号	层数	线材尺寸 mm		密度 根/cm		透气量 m³/(m²·h)
			经线直径	纬线直径	经密	纬密	
11	YGWD11904-380	1.0	0.88×0.44	0.90	11.5~12.5	8.0~9.0	6 000
18	YGWD18804-380		0.64×0.32	0.80	18.5~19.5	8.0~9.0	6 000
19	YGWD19604-475		0.53×0.32	0.60	19.5~20.5	7.0~8.0	7 500
20	YGWD20604-475		0.52×0.335	0.60	20.5~21.5	7.0~8.0	7 500
18	YGWD18354-220	1.5	0.62×0.31	0.35,0.70	18.5~19.5	13.0~14.0	3 500
	YGWD18504-315		0.62×0.31	0.50,0.60	18.5~19.5	13.0~14.0	5 000
	YGWD18504-380		0.62×0.31	0.50,0.50	18.5~19.5	12.5~13.5	6 000
19	YGWD19304-285		0.52×0.335	0.30,0.70	19.5~20.5	13.5~14.5	4 500
	YGWD19504-350		0.52×0.335	0.50,0.60	19.5~20.5	13.5~14.5	5 500
	YGWD19504-380		0.52×0.335	0.50,0.50	19.5~20.5	13.5~14.5	6 000
	YGWD19354-190		0.58×0.38	0.35,0.70	19.5~20.5	14.0~15.0	3 000
	YGWD19354-250		0.58×0.38	0.35,0.70	19.5~20.5	12.5~13.5	4 000
20	YGWD20354-160		0.58×0.38	0.35,0.70	20.5~21.5	15.0~16.0	2 500
	YGWD20404-220		0.58×0.38	0.40,0.68	20.5~21.5	14.0~15.0	3 500
	YGWD20504-285		0.58×0.38	0.50,0.60	20.5~21.5	14.0~15.0	4 500
	YGWD20504-350		0.58×0.38	0.50,0.60	20.5~21.5	12.5~13.5	5 500
	YGWD20504-450		0.58×0.38	0.50,0.60	20.5~21.5	10.5~11.5	7 000
	YGWD20584-125		0.58×0.38	0.58×0.38,0.60	20.5~21.5	14.0~15.0	2 000
	YGWD20584-190		0.58×0.38	0.58×0.38,0.60	20.5~21.5	12.5~13.5	3 000
	YGWD20356-190		0.56×0.28	0.35,0.70	20.5~21.5	15.0~16.0	3 000
	YGWD20506-250		0.56×0.28	0.50,0.60	20.5~21.5	13.5~14.5	4 000
	YGWD20506-350		0.56×0.28	0.50,0.60	20.5~21.5	12.0~13.0	5 500
	YGWD20506-450		0.56×0.28	0.50,0.60	20.5~21.5	10.5~11.5	7 000
	YGWD20566-125		0.56×0.28	0.56×0.28,0.70	20.5~21.5	15.0~16.0	2 000
	YGWD20566-190		0.56×0.28	0.56×0.28,0.70	20.5~21.5	13.5~14.5	3 000
	YGWD20566-250		0.56×0.28	0.56×0.28,0.70	20.5~21.5	12.5~13.5	4 000
22	YGWD22504-505	2.0	0.58×0.38	0.50	22.5~23.5	13.5~14.5	8 000
	YGWD22504-625		0.58×0.38	0.50	22.5~23.5	12.0~13.0	10 000

4.3.3 经双方协议,可提供其他规格的产品。

5 要求

5.1 双经线异形丝干燥网的品种规格及经纬密度实际标称值及透气量应符合表 1 规定范围。

5.2 单经线异形丝干燥网的品种规格及经纬密度实际标称值及透气量应符合表2规定范围。

5.3 异形丝干燥网的尺寸允差应符合表3规定。

表 3 异形丝干燥网尺寸允差

项 目	订货尺寸 mm	允 差 mm
长 度	>30 000	±80
	≤30 000	±50
宽 度	≥2 000,<5 000	±5
	≥5 000,<10 000	±10

5.4 异形丝干燥网的各项主要技术指标应符合表4规定。

表 4 异形丝干燥网主要技术指标

指 标 名 称		单 位	规 定
透气量允差		%	±6
网面抗张强度 ≥		N/cm	1 800
接口强度 ≥	无端	N/cm	网面抗张强度的70%
	自身环		网面抗张强度的45%
	螺旋环		网面抗张强度的65%
张力在50 N/cm时,定力伸长率 ≤		%	0.50

5.5 异形丝干燥网的外观质量应符合表5规定,不应有纹理错误、错线、老化痕迹、硬伤、双线、孔洞、杂物的表面缺陷。

表 5 异形丝干燥网的外观质量评定表

序 号	缺陷种类	要 求
1	折印	可有轻微折印,不应影响抄纸质量
2	沟痕	可有轻微沟痕,不应影响抄纸质量
3	大小孔	(1) 经纬向不应超过标准网孔的三分之二; (2) 经纬向两个缺陷网孔的距离不应少于500 mm
4	断经	(1) 缺经不应有; (2) 允许按编织纹理织补,织补后应平整、不应高出网面
5	断纬	(1) 允许按编织纹理织补,织补后应平整、不应高出网面; (2) 距网边50 mm内允许有20 mm以内的断纬
6	经密允差	不应超过±0.30根/cm
7	纬密允差	不应超过±0.80根/cm
8	回鼻[a]	(1) 不应高出网面; (2) 同一根纬线上不应超过5个; (3) 任意平方米内不应超过10个; (4) 在上述范围内允许修补、织补

表 5（续）

序 号	缺陷种类	要 求
9	松经	（1）松经不应高出网面； （2）不应并排松 3 根或隔 1 根松 1 根，合计不应超过 5 根； （3）松经长度不应超过 100 mm
10	清洁度	（1）网面不应有油污、锈迹等污染物； （2）允许有清洗痕迹
11	缺陷总项目数	（1）小于 60 m² 的网不应超过 4 项，大于 60 m² 的网不应超过 6 项； （2）网两边 100 mm 以内除外
ª 回鼻是指在织网过程中纬线形成高出网面的圈套。		

5.6　当订货长度在 50 m 以下时干燥网的两边周长尺寸允差不应大于 10 mm，当订货长度在 50 m 以上时干燥网的两边周长尺寸允差不应大于 20 mm。

5.7　异形丝干燥网根据客户的要求可全部或局部使用特殊性能的原料，这些特殊性能包括抗水解性能、抗污性能等。

5.8　在订货时应在合同中注明长度、宽度、规格型号及接口形式等。

5.9　造纸用异形丝干燥网的成品应进行胶边处理，胶边宽度 20 mm～40 mm，胶厚度不应超过 0.50 mm，并且胶着牢固。

5.10　造纸用异形丝干燥网在成品的网面应标出网的运行方向、型号、规格和生产厂家的商标。

5.11　造纸用异形丝干燥网成品网有标识的面为纸的接触面。

5.12　造纸用异形丝干燥网的接口及接口插接区域应平整，接口不应高出网体，避免由此造成的接口印痕或意外磨损。

5.13　造纸用异形丝干燥网在接口处应有接口连接对齐标志。

5.14　用户如有特殊要求，按双方合同规定执行。

6　试验方法

6.1　造纸用异形丝干燥网长度和宽度尺寸的测定：采用最小刻度为 1 mm 的钢卷尺，在网无张力的状态下，在网幅两端距网边 100 mm 处测量网的长度，在网的任何部位，均可用钢卷尺测量网的宽度。

6.2　造纸用异形丝干燥网的经纬密度、抗张强度、定力伸长率、透气量、接口强度的测定按 GB/T 24290 的规定进行。

6.3　造纸用异形丝干燥网外观质量检验时，如发现缺陷，用 10 倍～40 倍的放大镜观察，根据缺陷的程度和数量按表 5 进行判定。

7　检验规则

7.1　造纸用异形丝干燥网由制造厂技术检验部门按本标准技术要求进行检验，合格后方可出厂。

7.2　造纸用异形丝干燥网应每条进行检验，检验项目应包括：
　　a）　产品的长度及宽度；
　　b）　产品的经纬密度、网面抗张强度、定力伸长率、透气量、接口强度；
　　c）　产品的外观质量、网面缺陷；
　　d）　产品的内外包装质量。

7.3 产品出厂前应附合格证书,注明产品名称、型号、规格、生产日期、用网位置和出厂包装号等,并加盖检验人员的检验专用章。

7.4 用户可按本标准及合同内规定的技术要求进行验收。如发现不符合本标准或订货合同的规定,在产品出厂6个月内(产品尚未使用),有权提出复验。经供需双方共同复验,其结果确属生产质量问题,由生产方负责。如为运输、贮存和使用不当造成的质量问题由相关责任方负责。

8 标志、包装、运输和贮存

8.1 标志

8.1.1 造纸用异形丝干燥网应标志运行方向、3 m线、企业名称、型号、产品号。

8.1.2 在包装箱的两端贴上标签,应标注:

　　a) 企业名称、地址;

　　b) 产品名称;

　　c) 产品标准编号;

　　d) 包装号;

　　e) 规格;

　　f) 型号;

　　g) 用网位置;

　　h) 到达站名;

　　i) 收货单位;

　　j) 生产日期。

8.2 包装

8.2.1 无端网应卷在三根网杆上,有端网用单杆卷网,每端留余量为150 mm～250 mm,三根网杆的直径、长度应一致。

8.2.2 网杆表面应光滑、平直、无突出的尖角或节子,卷网前擦净尘土脏物,并卷上一层牛皮纸。

8.2.3 卷网应紧且网边重合整齐,网边外凸不应超过10 mm,根据网长配用合适垫码。

8.2.4 卷好的网应使接口与运行标志置于最外几层,三根杆呈三角形,并用绳子捆扎牢固。

8.2.5 卷好的网外面应包牛皮纸或塑料薄膜。同时将产品合格证书、产品小样100 mm×100 mm、使用说明书等技术文件放入资料袋中并置于包装箱内。

8.2.6 包装箱内应衬垫合适的填充物,以保证网不受损坏。

8.2.7 包装箱应与网尺寸相适应,并设置固定网杆的装置,使其在运输过程中不窜、不滚、不跳。

8.2.8 网箱制造应精细、拼合严紧、箱盖用铁腰固定、钉尖不应外露,长度2.5 m以上网箱四周应包以铁角。

8.2.9 在网箱两侧应标明"小心轻放"、"防火防蚀"、"请勿倒放"、"防止潮湿"等字样或标志,最后应涂刷吊装位置指示。

8.3 运输

8.3.1 在搬运中应轻抬轻放,严禁抛掷或翻滚,不应倒置或立放。

8.3.2 网箱在运输过程中应与强酸、强碱及有机溶剂相隔离。

8.4 贮存

8.4.1 产品应存放在干燥通风的库房内,存放时应与强酸、强碱、有机溶剂隔离。不应阳光曝晒,库内不应明火作业。

8.4.2 产品贮存期不应超过六个月,库存的产品应贯彻先进先出的原则。

———————

ICS 85.100
Y 91

中华人民共和国国家标准

GB/T 26457—2011

造纸用圆丝干燥网

Woven paper machine dryer fabric with round yarn

2011-05-12 发布

2011-09-15 实施

中华人民共和国国家质量监督检验检疫总局
中国国家标准化管理委员会 发布

前　　言

本标准按照 GB/T 1.1—2009《标准化工作导则　第 1 部分:标准的结构和编写》给出的规则起草。
请注意本文件的某些内容可能涉及专利。本文件的发布机构不承担识别这些专利的责任。

本标准由中国轻工业联合会提出。

本标准由全国造纸工业标准化技术委员会(SAC/TC 141)归口。

本标准起草单位:中国造纸学会脱水器材专业委员会、安徽华辰造纸网股份有限公司、上海金熊造纸网毯有限公司、河北鹤煌网业股份有限公司、广东新会中新网业有限公司、江苏金呢工程织物股份有限公司、中国制浆造纸研究院。

本标准主要起草人:丁家祥、韩静芬、丁朝阳、付立兵、王海明、郭纪宗、胡博能、王群兴。

造纸用圆丝干燥网

1 范围

本标准规定了造纸用圆丝干燥网的术语和定义、产品型号和分类、要求、试验方法、检验规则、标志、包装、运输和贮存。

本标准适用于造纸用圆丝干燥网。

2 规范性引用文件

下列文件对于本文件的应用是必不可少的。凡是注日期的引用文件,仅注日期的版本适用于本文件。凡是不注日期的引用文件,其最新版本(包括所有的修改单)适用于本文件。

GB/T 24290　造纸用成形网、干燥网测量方法

3 术语和定义

下列术语和定义适用于本文件。

3.1

造纸用圆丝干燥网　woven paper machine dryer fabric with round yarn

以造纸网用圆形单丝及圆形单丝结合复丝为原料,通过特殊的编织纹理和工艺,经整经、织造、定型、裁剪、插接等工序加工而成的无端或有端环形织物,应用于造纸机的干燥部起烘干和支撑传递纸页的作用。

4 产品型号与分类

4.1 产品型号

造纸用圆丝干燥网的型号表示方法具体如下:

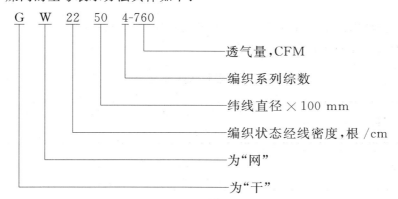

4.2 产品分类

4.2.1 圆丝干燥网按编织系列可分为3综、4综和6综等。

4.2.2 圆丝干燥网按编织纹理层数可分为一层、一层半和二层等。

4.2.3 圆丝干燥网按接口形式可分为无端接口、自身环接口和螺旋环接口等。

4.3 规格

4.3.1 圆丝干燥网的品种规格应符合表1规定范围。

表 1 圆丝干燥网品种规格

系列	网子型号	层数	线材尺寸 mm		密度 根/cm		透气量 m³/(m²·h)
			经线直径	纬线直径	经密	纬密	
22	GW22453-535	1.5	0.45	0.45	23.0～24.0	12.0～13.0	8 500
	GW22503-505		0.50	0.50	23.0～24.0	11.0～12.0	8 000
	GW22304-380		0.50	0.30	23.0～24.0	13.5～14.5	6 000
	GW22504-440		0.50	0.50	23.0～24.0	13.0～14.0	7 000
	GW22504-505		0.50	0.50	23.0～24.0	11.5～12.5	8 000
24	GW24503-410		0.50	0.50	25.0～26.0	13.0～14.0	6 500
	GW24504-410		0.50	0.50	25.0～26.0	12.5～13.5	6 500
	GW24504-475		0.50	0.50	25.0～26.0	11.0～12.0	7 500
28	GW28403-533		0.40	0.40	28.5.0～29.5	14～15	8 000
	GW28453-633		0.40	0.45	28.5～29.5	12～13	9 500
20	GW20504-820	2.0	0.50	0.50	21.0～22.0	10.0～11.0	13 000
22	GW22504-760		0.50	0.50	23.0～24.0	10.0～11.0	12 000
24	GW24454-700		0.45	0.45	26.0～27.0	12.0～13.0	11 000
	GW24504-760		0.50	0.50	25.0～26.0	9.0～10.0	12 000

4.3.2 经双方协议,可提供其他规格的产品。

5 要求

5.1 圆丝干燥网的经纬密度实际标称值及透气量应符合表1规定范围。

5.2 圆丝干燥网的尺寸允差应符合表2规定。

表 2 圆丝干燥网尺寸允差

项 目	订货尺寸 mm	允 差 mm
长 度	＞30 000	±80
	≤30 000	±50
宽 度	≥2 000,＜5 000	±5
	≥5 000,＜10 000	±10

5.3 圆丝干燥网的各项主要技术指标应符合表3规定。

表 3 圆丝干燥网主要技术指标

指 标 名 称		单 位	规 定
透气量允差		%	±6
网面抗张强度 ≥		N/cm	1 800
接口强度 ≥	无端	N/cm	网面抗张强度的70%
	自身环		网面抗张强度的45%
	螺旋环		网面抗张强度的65%
张力在50 N/cm时,定力伸长率 ≤		%	0.50

5.4 圆丝干燥网的外观质量应符合表4规定,不应有纹理错误、错线、老化痕迹、硬伤、双线、杂物、孔洞的表面缺陷。

表 4 圆丝干燥网的外观质量评定表

序 号	缺 陷 种 类	要 求
1	折印	可有轻微折印,不应影响抄纸质量
2	沟痕	可有轻微沟痕,不应影响抄纸质量
3	大小孔	(1) 经纬向不应超过标准网孔的三分之二; (2) 经纬向两个缺陷网孔的距离不应少于500 mm。
4	断经	(1) 缺经不应有; (2) 允许按编织纹理织补,织补后平整,不应高出网面。
5	断纬	(1) 允许按编织纹理织补,织补后平整,不应高出网面; (2) 距网边50 mm内允许有20 mm以内的断纬。
6	经密允差	不应超过±0.30 根/cm
7	纬密允差	不应超过±0.80 根/cm
8	回鼻[a]	(1) 不应高出网面; (2) 同一根纬线上不应超过5个; (3) 任意每平方米内不应超过10个; (4) 在上述范围内允许修补、织补。
9	松经	(1) 松经不应高出网面; (2) 不应并排松3根或隔1根松1根,合计不应超过5根; (3) 松经长度不应超过100 mm。
10	清洁度	(1) 网面不应有油污、锈迹等污染物; (2) 允许有清洗痕迹。
11	缺陷总项目数	(1) 小于60 m² 的网应不超过4项,大于60 m² 的网应不超过6项; (2) 网两边100 mm以内除外。
[a] 回鼻是指在织网过程中纬线形成高出网面的圈套。		

5.5 当订货长度在50 m以下时,干燥网的两边周长尺寸允差应不大于10 mm;当订货长度在50 m以上时,干燥网的两边周长尺寸允差应不大于20 mm。

5.6 圆丝干燥网根据客户的要求可全部或局部使用特殊性能的原料,这些特殊性能包括抗水解性能、抗污性能等。

5.7 在订货时应在合同中注明长度、宽度、规格型号及接口形式等。

5.8 干燥网的成品应进行胶边处理。胶边宽度 20 mm～40 mm,胶厚度应不超过 0.50 mm,并且胶着牢固。

5.9 干燥网在成品的网面应标出网的运行方向、型号、规格和生产厂家的商标。

5.10 干燥网成品网有标识的面为纸的接触面。

5.11 干燥网的接口及接口插接区域应平整,接口不应高出网体,避免由此造成的接口印痕或意外磨损。

5.12 干燥网在接口应标识接口连接对齐标志。

5.13 用户如有特殊要求,按双方合同规定执行。

6 试验方法

6.1 造纸用圆丝干燥网长度和宽度尺寸的测定:采用最小刻度为 1 mm 的钢卷尺,在网无张力的状态下,在网幅两端距网边 100 mm 处分别测量网的长度。在网子任何部位,均可用钢卷尺测量网的宽度。

6.2 造纸用圆丝干燥网的经纬密度、抗张强度、定力伸长率、透气量、接口强度的测定按 GB/T 24290 的规定进行。

6.3 造纸用圆丝干燥网外观质量检验时,如发现缺陷,用 10 倍～40 倍的放大镜观察,根据缺陷的程度和数量按表 4 进行判定。

7 检验规则

7.1 造纸用圆丝干燥网由制造厂技术检验部门按本标准技术要求进行检验,合格后方可出厂。

7.2 造纸用圆丝干燥网应每条进行检验,检验项目应包括:
    a) 产品的长度及宽度;
    b) 产品的经纬密度、网面抗张强度、定力伸长率、透气量、接口强度;
    c) 产品的外观质量、网面缺陷;
    d) 产品的内外包装质量。

7.3 产品出厂前应附合格证书,注明产品名称、型号、规格、生产日期、用网位置和出厂包装号等,并加盖检验人员的检验专用章。

7.4 用户可按本标准或订货合同规定的技术要求进行验收。如发现不符合本标准或订货合同的规定,在产品出厂 6 个月内(产品尚未使用),有权提出复验。经供需双方共同复验,其结果确属生产质量问题,由生产方负责。如为运输、储存和使用不当造成的质量问题由相关责任方负责。

8 标志、包装、运输、贮存

8.1 标志

8.1.1 造纸用圆丝干燥网应标志运行方向、3 m 线、企业名称、型号、产品号。

8.1.2 在包装箱的两端贴上标签,应标注:
    a) 企业名称、地址;
    b) 产品名称;
    c) 产品标准编号;

d) 包装号；

e) 规格；

f) 型号；

g) 用网位置；

h) 到达站名；

i) 收货单位；

j) 生产日期。

8.2 包装

8.2.1 无端网应卷在三根网杆上，有端网用单杆卷网，每端留余量为150 mm～250 mm，三根网杆的直径、长度应一致。

8.2.2 网杆表面应光滑、平直、无突出的尖角或节子，卷网前擦净尘土脏物，并卷上一层牛皮纸。

8.2.3 卷网应紧且网边重合整齐，网边外凸应不超过10 mm，根据网长配用合适垫码。

8.2.4 卷好的网应使接口与运行标志置于最外几层，三根杆呈三角形，并用绳子捆扎牢固。

8.2.5 卷好的网外面应包牛皮纸或塑料薄膜。同时将产品合格证书、产品小样100 mm×100 mm、使用说明书等技术文件放入资料袋中并置于包装箱内。

8.2.6 包装箱内应衬垫合适的填充物，以保证网不受损坏。

8.2.7 包装箱应与网尺寸相适应，并设置固定网杆的装置，使其在运输过程中不窜、不滚、不跳。

8.2.8 网箱制造应精细、拼合严紧、箱盖用铁腰固定、钉尖不应外露，长度2.5 m以上网箱四周应包以铁角。

8.2.9 在网箱两侧应标明"小心轻放"、"防火防蚀"、"请勿倒放"、"防止潮湿"等字样或标志，最后应涂刷吊装位置指示。

8.3 运输

8.3.1 在搬运中应轻抬轻放，严禁抛掷或翻滚，不应倒置或立放。

8.3.2 网箱在运输过程中应与强酸、强碱及有机溶剂相隔离。

8.4 贮存

8.4.1 产品应存放在干燥通风的库房内，存放中应与强酸、强碱、有机溶剂隔离。不应阳光曝晒，库内不应明火作业。

8.4.2 产品贮存期不应超过六个月，库存的产品应贯彻先进先出的原则。

前　言

　　本标准是对 JB/T 7859—1995《稻谷加工工业用钢丝编织长孔筛网》的修订。修订时对原标准进行了编辑性的修改,主要技术内容没有变化。

　　本标准自实施之日起代替 JB/T 7859—1995。

　　本标准由全国筛网筛分标准化技术委员会提出并归口。

　　本标准起草单位:机械科学研究院、国营九六九九厂、国营 540 厂、西安西缆铜网厂。

　　本标准主要起草人:余方、宋秀波、宋如轩、贺永利。

　　本标准于 1985 年以 GB 5331—85 首次发布,于 1996 年 4 月标准号调整为 JB/T 7859—95。

中华人民共和国机械行业标准

稻谷加工工业用
钢丝编织长孔筛网

Woven steel cloth with rectan gual apertures

for rice milling industry

J B/T 7859—2000

代替 JB/T 7859—1995

1 范围

本标准规定了稻谷加工工业用钢丝编织长孔筛网的型号、规格、标记和技术要求。

本标准适用于稻谷加工筛分用钢丝编织长孔筛网。

2 引用标准

下列标准所包含的条文,通过在本标准中引用而构成为本标准的条文。本标准出版时,所示版本均为有效。所有标准都会被修订,使用本标准的各方应探讨使用下列标准最新版本的可能性。

GB/T 343—1994 一般用途低碳钢丝

GB/T 4240—1993 不锈钢丝

3 规格、型号

3.1 型号

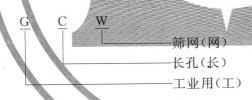

```
G   C   W
            └──────── 筛网(网)
        └──────────── 长孔(长)
    └──────────────── 工业用(工)
```

3.2 规格

筛网规格用经丝间的网孔基本尺寸 W_k、纬丝间的网孔基本尺寸 W_s 和钢丝直径 d 表示(见图1、图2)。

3.3 标记

用型号、规格和本标准编号表示筛网。

示例:经丝间的网孔基本尺寸 W_k 为 5.00 mm、纬丝间的网孔基本尺寸 W_s 为 5.60 mm,钢丝直径 d 为 0.90 mm 的钢丝编织长孔筛网,标记为:

GCW 5.00×5.60/0.90 JB/T 7859—2000

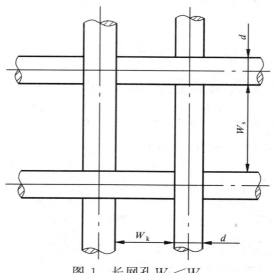

图 1　长网孔 $W_k < W_s$

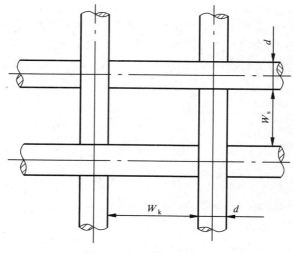

图 2　宽网孔 $W_k > W_s$

4　技术要求

4.1　网孔基本尺寸、网孔算术平均尺寸偏差、大网孔尺寸偏差及允许数量、钢丝直径及极限偏差,应符合表1或表2的规定。

4.2　材料

4.2.1　钢丝材料应采用热处理后软态的镀锌低碳钢丝、低碳钢丝和不锈钢丝,应符合GB/T 343的规定。

　　根据用户要求也可采用其他钢丝编织。

4.2.2　钢丝表面应光滑,不得有裂纹和起皮,允许有氧化色。

4.3　筛网

4.3.1　筛网应全部采用平纹编织。

4.3.2　网面应平整、清洁,不许有断丝、松丝、锈蚀及机械损伤。允许有经丝接头,但应编结紧密。

4.3.3　回鼻及不超过30 mm的跳丝等编织缺陷,在15 m² 网面上数量不得多于30个,但在任一平方米内数量不得超过6个。大于或小于15 m² 网段的缺陷数,按比例折算。

4.4　网幅宽度为500,630,800,1 000,1 250 mm,其偏差为±1%。

根据用户要求也可制造其他网幅宽度的筛网。

4.5 筛网应成卷供应,每卷长度不少于15 m。每卷由一段或两段组成,网段最小长度不少于2.5 m,同一卷内必须是同一材料、同一规格组成。

5 试验方法

5.1 筛网的检查,应放在检验台上进行。

5.2 筛网编织质量的检验,按4.3的要求目测检验。

5.3 大网孔尺寸的检验,用目测先找出大孔,再用分度值为0.5 mm的钢板尺或分度值为0.1 mm的游标卡尺按经、纬向分别测量,但距网边不小于20 mm。大网孔的数量,在200 mm×200 mm面积上测定。

5.4 网孔算术平均尺寸的检验,应在网孔尺寸偏差最大处,按经、纬向分别测量,在每5m²的网面上测定三处。各测量处间的连线,均不得与经、纬向平行。测量部位任意选择不小于20 mm。

网孔平均尺寸用分度值为0.5 mm的钢板尺或分度值为0.1 mm的游标卡尺测量连续分布10个网孔间距的长度,并按式(1)、式(2)计算:

$$\overline{W}_k = \frac{l_k}{10} - d \quad \cdots\cdots\cdots\cdots\cdots\cdots\cdots\cdots\cdots\cdots\cdots\cdots (1)$$

$$\overline{W}_s = \frac{l_s}{10} - d \quad \cdots\cdots\cdots\cdots\cdots\cdots\cdots\cdots\cdots\cdots\cdots\cdots (2)$$

式中:$\overline{W}_k$——经丝间网孔算术平均尺寸,mm;

$\overline{W}_s$——纬丝间网孔算术平均尺寸,mm;

l_k——纬向上连续分布10个网孔间距所占的长度,mm;

l_s——经向上连续分布10个网孔间距所占的长度,mm;

d——钢丝直径,mm。

5.5 钢丝直径应测量不少于5根经丝和5根纬丝的平均值。测量时用分度值为0.01 mm的千分尺或用分度值为0.01 mm放大20~40倍的显微镜测量。

5.6 网宽和网长,用分度值为1 mm的量尺测量。

6 检验规则

6.1 筛网应由制造厂质量检验部门,按第2章和第3章逐卷逐段检验。

6.2 检验项目应包括:

a)筛网编织质量;

b)网孔算术平均尺寸;

c)大网孔尺寸及数量;

d)钢丝直径及材料;

e)网宽、网长及数量。

7 标志、包装、运输及贮存

7.1 标志

7.1.1 每卷筛网上应附有产品合格证,并应标明:

a)产品名称;

b)筛网标记;

c)材料;

d)网宽、网长及数量;

e)检验结果;

f）检验日期及检验人员盖章；

g）制造厂名称。

7.1.2 外包装上应标明：

a）产品名称；

b）筛网标记；

c）重量，kg；

d）制造厂名称；

e）"小心轻放"、"严防潮湿"等字样或标志。

7.2 包装

筛网应卷成筒形捆扎，内用防潮纸，外用箱盒或包装布严密包装。

7.3 运输、贮存

7.3.1 运输应有防雨、防潮措施。

7.3.2 应贮存于干燥及无腐蚀的场所。不得在内包装受到破坏的情况下贮存。

表 1 长孔筛网　　　　　　　　　　　　　　　　　　　　　　　　　　　　mm

网孔基本尺寸			网孔尺寸偏差 %				大网孔允许数量 %	钢丝直径	
网孔基本尺寸 $W_k \times W_s$	经丝间网孔基本尺寸 W_k	纬丝间网孔基本尺寸 W_s	经丝间网孔算术平均尺寸偏差	纬丝间网孔算术平均尺寸偏差	经丝间大网孔尺寸偏差	纬丝间大网孔尺寸偏差		基本尺寸 d	极限偏差
6.30×7.10	6.30	7.10	±6	±8	23～40	28～45	≤12	1.12 1.00 0.90	±0.04
5.60×7.10	5.60	7.10						1.12 1.00 0.90	±0.04
5.60×6.30	5.60	6.30						0.90 0.80 0.71	±0.04 ±0.03 ±0.03
5.00×5.60	5.00	5.60						0.90 0.80 0.71	±0.04 ±0.03 ±0.03
4.75×6.30	4.75	6.30						0.90 0.80 0.71	±0.04 ±0.03 ±0.03
4.75×5.60	4.75	5.60						0.90 0.80 0.71	±0.04 ±0.03 ±0.03
4.50×5.60	4.50	5.60						0.90 0.80 0.71	±0.04 ±0.03 ±0.03
4.50×5.00	4.50	5.00						0.90 0.80 0.71	±0.04 ±0.03 ±0.03

表1(完)　　　　　　　　　　　　　　　　　　　　　　　　　mm

网孔基本尺寸			网孔尺寸偏差 %				大网孔允许数量 %	钢丝直径	
网孔基本尺寸 $W_k \times W_s$	经丝间网孔基本尺寸 W_k	纬丝间网孔基本尺寸 W_s	经丝间网孔算术平均尺寸偏差	纬丝间网孔算术平均尺寸偏差	经丝间大网孔尺寸偏差	纬丝间大网孔尺寸偏差		基本尺寸 d	极限偏差
4.25×5.60	4.25	5.60						0.90	±0.04
								0.80	±0.03
								0.71	±0.03
4.25×4.75	4.25	4.75						0.90	±0.04
								0.80	±0.03
								0.71	±0.03
4.00×5.00	4.00	5.00						0.90	±0.04
								0.80	±0.03
								0.71	±0.03
4.00×4.75	4.00	4.75						0.71	
								0.63	
								0.56	
4.00×4.50	4.00	4.50						0.71	
								0.63	
								0.56	
3.75×4.25	3.75	4.25						0.71	
								0.63	
			±6	±8	23～40	28～45	≤12	0.56	
3.55×4.50	3.55	4.50						0.71	
								0.63	
								0.56	
3.55×4.00	3.55	4.00						0.71	±0.03
								0.63	
								0.56	
3.15×4.00	3.15	4.00						0.71	
								0.63	
								0.56	
3.15×3.55	3.15	3.55						0.71	
								0.63	
								0.56	
3.00×3.75	3.00	3.75						0.71	
								0.63	
								0.56	
3.00×3.15	3.00	3.15						0.71	
								0.63	
								0.56	

表 2　宽孔筛网　　　　　　　　　　　　　　　　　　　　　mm

网孔基本尺寸			网孔尺寸偏差 %				大网孔允许数量 %	钢丝直径	
网孔基本尺寸 $W_k \times W_s$	经丝间网孔基本尺寸 W_k	纬丝间网孔基本尺寸 W_s	经丝间网孔算术平均尺寸偏差	纬丝间网孔算术平均尺寸偏差	经丝间大网孔尺寸偏差	纬丝间大网孔尺寸偏差		基本尺寸 d	极限偏差
7.10×6.30	7.10	6.30	±6	±8	23～40	28～45	≤12	1.12 1.00 0.90	±0.04
7.10×5.60	7.10	5.60						1.12 1.00 0.90	±0.04
6.30×5.60	6.30	5.60						0.90 0.80 0.71	±0.04 ±0.03 ±0.03
5.60×5.00	5.60	5.00						0.90 0.80 0.71	±0.04 ±0.03 ±0.03
6.30×4.75	6.30	4.75						0.90 0.80 0.71	±0.04 ±0.03 ±0.03
5.60×4.75	5.60	4.75						0.90 0.80 0.71	±0.04 ±0.03 ±0.03
5.60×4.50	5.60	4.50						0.90 0.80 0.71	±0.04 ±0.03 ±0.03
5.00×4.50	5.00	4.50						0.90 0.80 0.71	±0.04 ±0.03 ±0.03
5.60×4.25	5.60	4.25						0.90 0.80 0.71	±0.04 ±0.03 ±0.03
4.75×4.25	4.75	4.25						0.90 0.80 0.71	±0.04 ±0.03 ±0.03
5.00×4.00	5.00	4.00						0.90 0.80 0.71	±0.04 ±0.03 ±0.03
4.75×4.00	4.75	4.00						0.71 0.63 0.56	±0.03

表 2(完)   mm

网孔基本尺寸			网孔尺寸偏差 %				大网孔允许数量 %	钢丝直径	
网孔基本尺寸 $W_k \times W_s$	经丝间网孔基本尺寸 W_k	纬丝间网孔基本尺寸 W_s	经丝间网孔算术平均尺寸偏差	纬丝间网孔算术平均尺寸偏差	经丝间大网孔尺寸偏差	纬丝间大网孔尺寸偏差		基本尺寸 d	极限偏差
4.50×4.00	4.50	4.00						0.71 0.63 0.56	
4.25×3.75	4.25	3.75						0.71 0.63 0.56	
4.50×3.55	4.50	3.55						0.71 0.63 0.56	
4.00×3.55	4.00	3.55	±6	±8	23～40	28～45	≤12	0.71 0.63 0.56	±0.03
4.00×3.15	4.00	3.15						0.71 0.63 0.56	
3.55×3.15	3.55	3.15						0.71 0.63 0.56	
3.75×3.00	3.75	3.00						0.71 0.63 0.56	
3.15×3.00	3.15	3.00						0.71 0.63 0.56	

附 录 A
（提示的附录）
稻谷加工工业用钢丝编织长孔筛网结构参数及目数对照表

稻谷加工工业用钢丝编织长孔筛网结构参数及目数对照表见表A1。

表 A1

网孔基本尺寸 $W_k \times W_s$ mm×mm	钢丝直径 d mm	筛分面积百分率 A_0 %	单位面积网重 kg/m²	相当英制目数 目/in
6.30×7.10	1.12	73	2.09	3.42×3.09
	1.00	76	1.71	3.48×3.14
	0.90	78	1.40	3.53×3.18
5.60×7.10	1.12	72	2.21	3.78×3.09
	1.00	74	1.80	3.85×3.14
	0.90	76	1.48	3.91×3.18
5.60×6.30	0.90	75	1.55	3.91×3.53
	0.80	78	1.23	3.97×3.58
	0.71	80	0.99	4.03×3.62
5.00×5.60	0.90	73	1.72	4.31×3.91
	0.80	75	1.36	4.38×3.97
	0.71	78	1.10	4.45×4.03
4.75×6.30	0.90	74	1.67	4.50×3.53
	0.80	76	1.33	4.58×3.58
	0.71	78	1.07	4.65×3.62
4.75×5.60	0.90	72	1.75	4.50×3.91
	0.80	75	1.39	4.58×3.97
	0.71	77	1.12	4.65×4.03
4.50×5.60	0.90	72	1.80	4.70×3.91
	0.80	74	1.43	4.79×3.97
	0.71	77	1.15	4.88×4.03
4.50×5.00	0.90	71	1.88	4.70×4.31
	0.80	73	1.49	4.79×4.38
	0.71	76	1.21	4.88×4.45
4.25×5.60	0.90	71	1.84	4.93×3.91
	0.80	74	1.46	5.03×3.97
	0.71	76	1.18	5.12×4.03
4.25×4.75	0.90	69	1.97	4.93×4.50
	0.80	72	1.56	5.03×4.58
	0.71	75	1.26	5.12×4.65
4.00×5.00	0.90	69	1.98	5.18×4.31
	0.80	72	1.57	5.29×4.38
	0.71	74	1.27	5.39×4.45

表 A1(续)

网孔基本尺寸 $W_k \times W_s$ mm×mm	钢丝直径 d mm	筛分面积百分率 A_0 %	单位面积网重 kg/m²	相当英制目数 目/in
4.00×4.75	0.71	74	1.30	5.39×4.65
	0.63	76	1.02	5.49×4.72
	0.56	78	0.82	5.57×4.78
4.00×4.50	0.71	73	1.33	5.39×4.88
	0.63	76	1.05	5.49×4.95
	0.56	78	0.84	5.57×5.02
3.75×4.25	0.71	72	1.40	5.70×5.12
	0.63	75	1.10	5.80×5.20
	0.56	77	0.89	5.89×5.28
3.55×4.50	0.71	72	1.40	5.96×4.88
	0.63	74	1.10	6.08×4.95
	0.56	77	0.89	6.18×5.02
3.55×4.00	0.71	71	1.47	5.96×5.39
	0.63	73	1.16	6.08×5.49
	0.56	76	0.93	6.18×5.57
3.15×4.00	0.71	69	1.55	6.58×5.39
	0.63	72	1.22	6.72×5.49
	0.56	74	0.98	6.85×5.57
3.15×3.55	0.71	68	1.58	6.58×5.96
	0.63	71	1.25	6.72×6.08
	0.56	73	1.00	6.85×6.18
3.00×3.75	0.71	68	1.62	6.85×5.70
	0.63	71	1.28	7.00×5.80
	0.56	73	1.03	7.13×5.89
3.00×3.15	0.71	66	1.74	6.85×6.58
	0.63	69	1.37	7.00×6.72
	0.56	72	1.11	7.13×6.85
7.10×6.30	1.12	73	2.09	3.09×3.42
	1.00	76	1.71	3.14×3.48
	0.90	78	1.40	3.18×3.53
7.10×5.60	1.12	72	2.21	3.09×3.78
	1.00	74	1.80	3.14×3.91
	0.90	76	1.48	3.18×3.91
6.30×5.60	0.90	75	1.55	3.53×3.91
	0.80	78	1.23	3.58×3.97
	0.71	80	0.99	3.62×4.03
5.60×5.00	0.90	73	1.72	4.91×4.31
	0.80	75	1.36	3.97×4.38
	0.71	78	1.10	4.03×4.45

表 A1(续)

网孔基本尺寸 $W_k \times W_s$ mm × mm	钢丝直径 d mm	筛分面积百分率 A_0 %	单位面积网重 kg/m²	相当英制目数 目/in
6.30×4.75	0.90	74	1.67	3.53×4.50
	0.80	76	1.33	3.58×4.58
	0.71	78	1.07	3.62×4.65
5.60×4.75	0.90	72	1.75	3.91×4.50
	0.80	75	1.39	3.97×4.58
	0.71	77	1.12	4.03×4.65
5.60×4.50	0.90	72	1.80	3.91×4.70
	0.80	74	1.43	3.97×4.79
	0.71	77	1.15	4.03×4.88
5.00×4.50	0.90	71	1.88	4.31×4.70
	0.80	73	1.49	4.38×4.79
	0.71	76	1.21	4.45×4.88
5.60×4.25	0.90	71	1.84	3.91×4.93
	0.80	74	1.46	3.97×5.03
	0.71	76	1.18	4.03×5.12
4.75×4.25	0.90	69	1.97	4.50×4.93
	0.80	72	1.56	4.58×5.03
	0.71	75	1.26	4.65×5.12
5.00×4.00	0.90	69	1.98	4.31×5.18
	0.80	72	1.57	4.38×5.29
	0.71	74	1.27	4.45×5.39
4.75×4.00	0.71	74	1.30	4.65×5.39
	0.63	76	1.02	4.72×5.49
	0.56	78	0.82	4.78×5.57
4.50×4.00	0.71	73	1.33	4.88×5.39
	0.63	76	1.05	4.95×5.49
	0.56	78	0.84	5.02×5.57
4.25×3.75	0.71	72	1.40	5.12×5.70
	0.63	75	1.10	5.20×5.80
	0.56	77	0.89	5.28×5.89
4.50×3.55	0.71	72	1.40	4.88×5.96
	0.63	74	1.10	4.95×6.08
	0.56	77	0.89	5.02×6.18
4.00×3.55	0.71	71	1.47	5.39×5.96
	0.63	73	1.16	5.49×6.08
	0.56	76	0.93	5.57×6.18
4.00×3.15	0.71	69	1.55	5.39×6.58
	0.63	72	1.22	5.49×6.72
	0.56	74	0.98	5.57×6.85

表 A1(完)

网孔基本尺寸 $W_k \times W_s$ mm×mm	钢丝直径 d mm	筛分面积百分率 A_0 %	单位面积网重 kg/m²	相当英制目数 目/in
3.55×3.15	0.71	68	1.58	5.96×6.58
	0.63	71	1.25	6.08×6.72
	0.56	73	1.00	6.18×6.85
3.75×3.00	0.71	68	1.62	5.70×6.85
	0.63	71	1.28	5.80×7.00
	0.56	73	1.03	5.89×7.13
3.15×3.00	0.71	68	1.74	6.58×6.85
	0.63	69	1.37	6.72×7.00
	0.56	72	1.11	6.85×7.13

注：单位面积网重是根据低碳钢的密度 $\rho = 7\,850$ kg/m³ 计算而得。

前　言

　　本标准是对ZB D95 003—88《矿用金属编织筛网》进行的修订。修订时,对原标准作了编辑性修改,主要技术内容没有变化。

　　本标准自实施之日起,代替ZB D95 003—88。

　　本标准由全国矿山机械标准化技术委员会提出并归口。

　　本标准负责起草单位:上海矿筛厂。

　　本标准主要起草人:郭振伟、黄嘉琳。

中华人民共和国机械行业标准

矿 用 金 属 编 织 筛 网

Metal wire screens for ore

JB/T 9032—1999

代替 ZB D95 003—88

1 范围

本标准规定了矿用金属编织筛网的产品分类、技术要求、试验方法、检验规则、标志、包装、运输和贮存。

本标准适用于筛分各种矿石的金属丝编织筛网(以下简称筛网)。

2 引用标准

下列标准所包含的条文,通过在本标准中引用而构成为本标准的条文。在标准出版时,所示版本均为有效。所有标准都会被修订,使用本标准的各方应探讨使用下列标准最新版本的可能性。

GB 191—1990 包装储运图示标志

GB/T 343—1994 一般用途低碳钢丝

GB/T 4240—1993 不锈钢丝

GB/T 5218—1985 硅锰弹簧钢丝

GB/T 5219—1985 铬钒弹簧钢丝

YB/T 5103—1993 油淬火 回火碳素弹簧钢丝

3 产品分类

3.1 筛网有平纹、中间弯曲、平顶和锁紧型四种结构型式,如图1、图2、图3和图4所示。

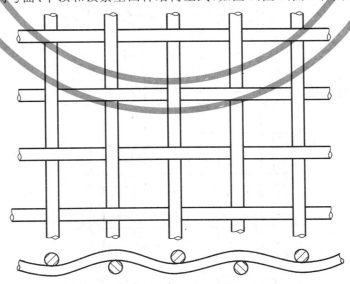

图 1　A 型——平纹筛网

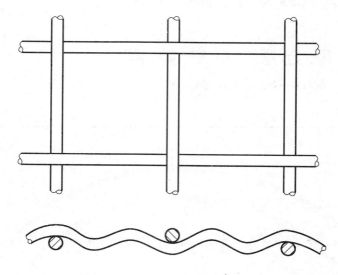

图 2 B 型——中间弯曲筛网

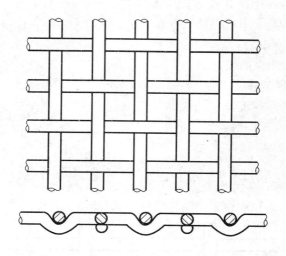

图 3 C 型——平顶筛网

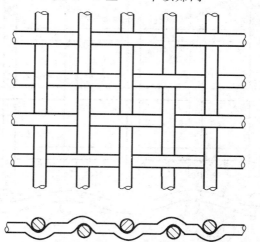

图 4 D 型——锁紧筛网

3.2 型号表示方法：

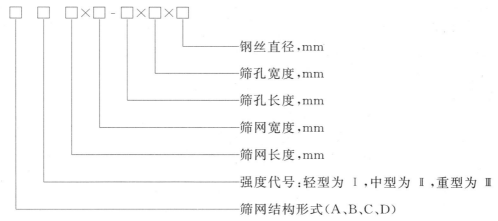

钢丝直径,mm
筛孔宽度,mm
筛孔长度,mm
筛网宽度,mm
筛网长度,mm
强度代号:轻型为 Ⅰ,中型为 Ⅱ,重型为 Ⅲ
筛网结构形式(A、B、C、D)

3.3 筛网的基本参数代号应符合图5的规定,筛孔尺寸与钢丝直径的搭配应符合表1的规定。

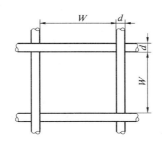

W—筛孔尺寸,mm; d—钢丝直径,mm

图 5

表 1

筛孔名义尺寸 W mm	轻 型（Ⅰ）		中 型（Ⅱ）		重 型（Ⅲ）	
	钢丝直径 d mm	开孔率 %	钢丝直径 d mm	开孔率 %	钢丝直径 d mm	开孔率 %
125.0	—	—	10.00	86	12.50	83
112.0	—	—	10.00	84	12.50	81
100.0	—	—	10.00	83	12.50	79
90.0	—	—	10.00	81	12.50	77
80.0	—	—	10.00	79	12.50	75
71.0	—	—	10.00	77	12.50	72
63.0	8.00	79	10.00	74	12.50	70
56.0	8.00	77	10.00	72	12.50	67
50.0	6.30	79	8.00	74	10.00	69
45.0	6.30	77	8.00	72	10.00	67

表 1（完）

筛孔名义尺寸 W mm	轻型（Ⅰ）		中型（Ⅱ）		重型（Ⅲ）	
	钢丝直径 d mm	开孔率 %	钢丝直径 d mm	开孔率 %	钢丝直径 d mm	开孔率 %
40.0	6.30	75	8.00	69	10.00	64
36.0	5.00	77	6.30	72	8.00	67
32.0	5.00	75	6.30	70	8.00	64
28.0	5.00	72	6.30	67	8.00	60
25.0	5.00	69	6.30	64	8.00	57
22.0	4.00	72	5.00	66	6.30	60
20.0	4.00	69	5.00	64	6.30	58
18.0	4.00	67	5.00	61	6.30	55
16.0	3.15	70	4.00	64	5.00	58
14.0	3.15	67	4.00	60	5.00	54
13.0	3.15	65	4.00	58	5.00	52
11.2	2.50	67	3.15	61	4.00	54
10.0	2.50	64	3.15	58	4.00	51
9.0	2.50	61	3.15	55	4.00	48
8.0	2.00	64	2.50	58	3.15	51
7.1	2.00	61	2.50	55	3.15	48
6.0	2.00	56	2.50	50	3.15	43
5.6	2.00	54	2.50	48	3.15	41
5.0	2.00	51	2.50	44	3.15	38
4.5	1.80	51	2.24	45	2.50	41
4.0	1.60	51	2.00	44	2.24	41
注：其他筛孔尺寸与钢丝直径的搭配，可由制造厂和用户协商选用。						

4 技术要求

4.1 筛网应符合本标准的要求，并按经规定程序批准的图样及技术文件制造。

4.2 筛网用钢丝应符合 GB/T 343、GB/T 4240、YB/T 5103、GB/T 5218 和 GB/T 5219 的规定。

4.3 筛孔的平均偏差、大筛孔尺寸范围及其允许数量应符合表 2 的规定。

表 2

筛孔名义尺寸 mm	一 级 精 度		二 级 精 度	
	平均偏差 %	数量≤6%的大筛孔尺寸偏差 %	平均偏差 %	数量≤9%的大筛孔尺寸偏差 %
125.0	±3.2	5.10～7.0	±4.4	9.2～14.0
112.0				
100.0				
90.0	±3.2	5.6～8.0	±4.4	10.2～16.0
80.0				
71.0				
63.0	±3.6	6.3～9.0	±5.0	11.5～18.0
56.0				
50.0				
45.0	±3.6	6.8～10.0	±5.0	12.5～20.0
40.0				
36.0				
32.0	±4.0	7.5～11.0	±5.6	13.8～32.0
28.0				
25.0				
22.0				
20.0				
18.0				
16.0	±4.0	8.0～12.0	±5.6	15.0～25.0
14.0				
13.0				
11.2				
10.0	±4.5	8.0～12.0	±6.3	15.0～25.0
9.0				
8.0	±4.5	10.0～15.0	±6.3	21.0～35.0
7.1				
6.0				
5.6				
5.0	±5.0	10.0～15.0	±7.0	21.0～35.0
4.5				
4.0				

4.4 筛网表面应平整,不允许有钢丝裂纹和编织缺陷。

4.5 用低碳钢丝和弹簧钢丝编制的筛网应涂防锈漆。

5 试验方法

5.1 筛网的外形尺寸用刻度值为 1 mm 的常规量具测量。

5.2 筛孔表面质量用目测检查。

5.3 筛孔平均偏差检查:网孔算术平均值应由网长方向(不大于 3 m)上的三处网孔确定,一处在中央,另两处在网边,但距网边不得小于 50 mm。测量部位任意选择,但每处必须沿纵、横两向测量,见图6。

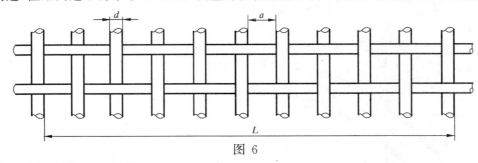

图 6

网孔算术平均值按式(1)计算:

$$a = \frac{L}{n} - d \quad \cdots\cdots\cdots\cdots\cdots\cdots\cdots\cdots\cdots\cdots\cdots\cdots\cdots\cdots\cdots\cdots\cdots\cdots\cdots\cdots (1)$$

式中:a——网孔算术平均值,mm;

L——纵向或横向的测量长度,mm;

n——长度 L 上的网孔数;

d——钢丝的平均直径,mm。

对于筛孔尺寸不大于16 mm 的筛网,网孔数 n 不得小于20;对于筛孔尺寸大于16 mm 的筛网,网孔数 n 为10。

5.4 大筛孔尺寸范围应在每块筛网距网边不小于50 mm 的任意两个部位进行检查。对于筛孔尺寸不小于16 mm 的筛网,在长、宽各为10个筛孔的正方形网面上检查;对于筛孔尺寸小于16 mm 的筛网,在长、宽各为20个筛孔的正方形网面上检查。先目测找出大筛孔,在筛孔的孔边中点上测量。

5.5 筛孔尺寸不小于11.2 mm 的筛孔,用游标卡尺及刻度为0.5 mm 的钢尺测量;筛孔尺寸小于11.2 mm 的筛孔用游标卡尺测量。

6 检验规则

6.1 筛网须经制造厂质量检验部门检验合格后方可出厂,出厂时应附有合格证。

6.2 出厂检验应符合4.3~4.5的要求。

7 标志、包装、运输和贮存

7.1 每块筛网应附有标牌,标牌上应标明产品型号、材料牌号、制造厂名称、生产日期及出厂编号。

7.2 筛网用木箱包装,包装箱应符合水路和陆路运输的要求。

7.3 包装箱应有明显的标记,包装储运图示标志应符合GB 191的规定,箱外文字标志应包括:

    a) 发货站和发货单位名称;

    b) 收货站和收货单位名称;

    c) 产品名称、数量;

    d) 毛重、净重;

    e) 运货编号。

7.4 筛网不允许露天存放,应垫平存放于干燥并无腐蚀的室内。

前　言

本标准是对 JB/T 9155—1999《输送用金属丝编织网带》的修订。修订时对原标准进行了编辑性的修改,主要技术内容没有变化。

本标准自实施之日起代替 JB/T 9155—1999。

本标准由全国筛网筛分标准化技术委员会提出并归口。

本标准起草单位:机械科学研究院。

本标准主要起草人:余方、齐平、吴国川。

本标准于1990年9月以 ZB/T A28 001—90 首次发布,于1999年标准号调整为 JB/T 9155—1999。

中华人民共和国机械行业标准

输送用金属丝编织网带

Woven metal wire cloth belt for conveyors

JB/T 9155—2000

代替 JB/T 9155—1999

1 范围

本标准规定了输送用金属丝编织网带的结构、型式、尺寸参数、技术要求、试验方法、检验规则及标志、包装、运输、贮存。

本标准适用于自动生产线输送用金属编织网带(以下简称网带)。

2 引用标准

下列标准所包含的条文,通过在本标准中引用而构成为本标准的条文。本标准出版时,所示版本均为有效。所有标准都会被修订,使用本标准的各方应探讨使用下列标准最新版本的可能性。

GB/T 700—1988 碳素结构钢

GB/T 1220—1992 不锈钢棒

GB/T 1221—1992 耐热钢棒

GB/T 1234—1995 高电阻电热合金

3 术语

本标准采用下列定义。

3.1 网条

以一定的螺距绕制的金属丝。

3.2 串条

连接网条的金属丝。

3.3 螺距(网距)

网条的两个相邻螺旋线上对应两点的轴向距离。

4 型式与尺寸

4.1 型式

网带由网条和串条以一定的规则编织构成。主要零件有网条、串条,主要参数有螺距、网条直径和串条直径(如图1)。

4.2 编织型式

4.2.1 普通型网带的编织型式、型号及主要参数与尺寸应符合图2和表1的规定。

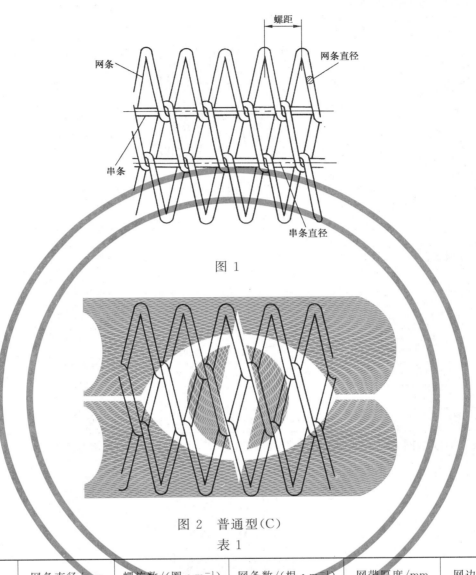

图 1

图 2 普通型(C)

表 1

网带型号	网条直径/mm	螺旋数/(圈·m⁻¹)	网条数/(根·m⁻¹)	网带厚度/mm	网边型式推荐
C2.8	2.8	84	63	10±0.5	
C2.2	2.2	100	76	8±0.4	
C1.6	1.6	69	80	7±0.4	Ⅲ
C1.2	1.2	100	150	6.5±0.4	
C1.1	1.1	182	175	6±0.4	
C0.9	0.9	153	158	6±0.4	

注：网带型号字母表示编织型式，数字表示网条直径。

4.2.2 加固型网带编织型式、型号及主要参数与尺寸应符合图3和表2的规定。

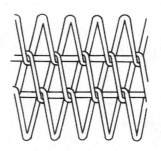

图 3 加固型（R_s）

表 2

网带型号	网条直径/mm	串条直径/mm	螺旋数/(圈·m^{-1})	网条数/(根·m^{-1})	网带厚度/mm	网边型式推荐
R_s3.5/4	3.5	4	25	29	14±0.6	
R_s3.5/3.5	3.5	3.5	50	46	14±0.6	
R_s2.8/2.8	2.8	2.8	50	46	11±0.5	Ⅲ
R_s2.0/2.0	2.0	2.0	100	114	9±0.4	
R_s1.6/1.6	1.6	1.6	100	80	7±0.4	
R_s0.9/0.9	0.9	0.9	200	200	6±0.4	

注：网带型号字母表示编织型式，下标字母表示直形串条，数字表示网条直径/串条直径。

4.2.3 双股加固型网带编织型式、型号及主要参数与尺寸应符合图4和表3的规定。

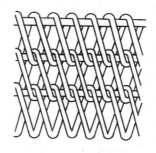

图 4 双股加固型（DR_s）

表 3

网带型号	网条直径/mm	串条直径/mm	螺旋数/(圈·m^{-1})	网条数/(根·m^{-1})	网带厚度/mm	网边型式推荐
DR_s3.5/3.5	3.5	3.5	100	46	14±0.6	
DR_s2.8/3.5	2.8	3.5	132	71	12±0.5	
DR_s2.8/2.8	2.8	2.8	118	60	11±0.5	Ⅲ、Ⅳ
DR_s2.0/2.0	2.0	2.0	200	125	9±0.4	
DR_s1.6/1.6	1.6	1.6	250	200	7.5±0.4	

注：网带型号字母表示编织型式，下标字母表示串条，数字表示网条直径/串条直径。

4.2.4 波形串条平衡型网带编织型式、型号及主要参数与尺寸应符合图5和表4的规定。

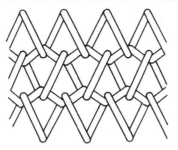

图 5　波形串条平衡型（Bw）

表 4

网带型号	网条直径/mm	串条直径/mm	螺旋数/(圈·m⁻¹)	网条数/(根·m⁻¹)	网带厚度/mm	网边型式推荐
Bw3.5/3.5	3.5	3.5	80	72	12.5±0.5	
Bw3.0/3.0	3.0	3.0	71	57	11±0.5	
Bw2.8/3.0	2.8	3.0	60	52	11±0.5	
Bw2.0/2.5	2.0	2.5	118	62	9±0.4	Ⅲ、Ⅳ
Bw1.6/2.0	1.6	2.0	200	158	7.5±0.4	
Bw1.2/1.6	1.2	1.6	227	94	6±0.4	
Bw1.2/1.2	1.2	1.2	167	91	6±0.4	
注：网带型号字母表示编织型式，下标字母表示弯形串条，数字表示网条直径/串条直径。						

4.2.5 直串条平衡型网带编织型式、型号及主要参数与尺寸应符合图6和表5的规定。

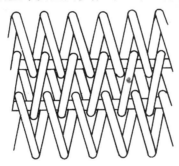

图 6　直串条平衡型（Bs）

表 5

网带型号	网条直径/mm	串条直径/mm	螺旋数/(圈·m⁻¹)	网条数/(根·m⁻¹)	网带厚度/mm	网边型式推荐
Bs3.5/4.0	3.5	4.0	118	50	$14^{+0.5}_{-0.7}$	
Bs3.5/3.5	3.5	3.5	118	49	$14^{+0.5}_{-0.7}$	
Bs2.5/3.0	2.5	3.0	132	69	10±0.5	
Bs2.2/2.8	2.2	2.8	154	75	9±0.4	Ⅲ、Ⅳ
Bs2.0/3.0	2.0	3.0	227	69	10±0.5	
Bs1.6/2.2	1.6	2.2	132	66	7.5±0.4	
Bs1.2/1.6	1.2	1.6	200	170	6±0.4	
注：网带型号字母表示编织型式，下标字母表示直形串条，数字表示网条直径/串条直径。						

4.2.6 直串条双股平衡型网带编织型式、型号及主要参数与尺寸应符合图7和表6的规定。

图 7 直串条双股平衡型(DB$_s$)

表 6

网带型号	网条直径/mm	串条直径/mm	螺旋数/(圈·m^{-1})	网条数/(根·m^{-1})	网带厚度/mm	网边型式推荐
DB$_s$2.8/3.5	2.8	3.5	100	50	12±0.5	Ⅲ、Ⅳ
DB$_s$2.8/2.8	2.8	2.8	118	50	11±0.5	
DB$_s$2.6/3.2	2.6	3.2	139	54	12±0.5	
DB$_s$1.8/2.8	1.8	2.8	157	80	9±0.4	
DB$_s$1.5/1.8	1.5	1.8	143	95	7.5±0.4	
DB$_s$1.1/2.0	1.1	2.0	426	108	6.5±0.4	

注：网带型号字母表示编织型式，下标字母表示直形串条，数字表示网条直径/串条直径。

4.2.7 直串条组合平衡型网带编织型式、型号及主要参数与尺寸应符合图8和表7的规定。

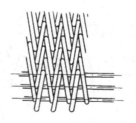

图 8 直串条组合平衡型(nCB$_s$)

注：nCB$_s$中n为串条数，可以为2、3、4，图8中n=3，可以写成3CB$_s$。

表 7

网带型号	网条直径/mm	串条直径/mm	螺旋数/(圈·m^{-1})	网条数/(根·m^{-1})	网带厚度/mm	网边型式推荐
nCB$_s$1.8/2.2	1.8	2.2	123	203	8.5±0.4	Ⅰ、Ⅱ
nCB$_s$1.6/2.2	1.6	2.2	132	197	7.5±0.4	
nCB$_s$1.6/2.2	1.6	2.2	133	200	7.5±0.4	
nCB$_s$1.2/1.6	1.2	1.6	167	306	7.0±0.4	

注：网带型号字母表示编织型式，下标字母表示直形串条，数字表示网条直径/串条直径。

4.3 网边的型式、代号

4.3.1 U型网边代号为 I（图9）。

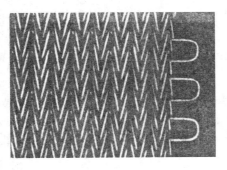

图 9 U 型

4.3.2 镦头型网边代号为 II（图10）。

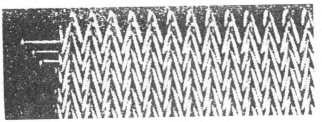

图 10 镦头型

4.3.3 焊接型网边代号为 III（图11）。

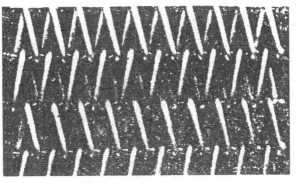

图 11 焊接型

4.3.4 阶梯弯边型网边代号为 IV（图12）。

图 12 阶梯弯边型

4.4 标记方法

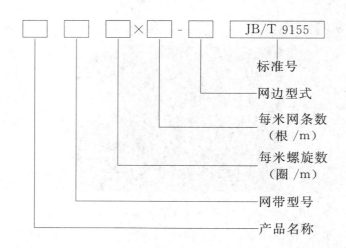

标记示例

示例1:网条直径为2.8 mm,串条直径为3.5 mm,螺旋数为132圈/m,网条数为71根/m,网边为阶梯弯边型的直串条双股加固的网带,标记为:

网带　DR$_s$2.8/3.5-132×71-Ⅳ　JB/T 9155

示例2:网条直径为1.2 mm,串条直径为1.6 mm,螺旋数为227圈/m,网条数为94根/m,网边为焊接型的波形串条平衡型网带,标记为:

网带　B$_w$1.2/1.6-227×94-Ⅲ　JB/T 9155

5 技术要求

5.1 金属丝材料应按表8的规定选取。

表 8

材　料　名　称	材　料　牌　号	标　准　号
结构钢	Q195、Q215、Q235	GB/T 700
不锈、耐酸、耐热钢	1Cr13	GB/T 1220 GB/T 1221
	1Cr18Ni9	
	1Cr18Ni9Ti	
	00Cr17Ni14Mo2	
	0Cr18Ni12Mo2Ti	
	1Cr23Ni18	
	00Cr18Ni14Mo2Cu2	
高电阻电热合金丝	Cr25Ni20	GB/T 1234
	Cr20Ni80	
注:根据用户要求,经双方协商,也可采用其他材料。		

5.2 网带表面应平整、清洁,不得有锈蚀和翘曲现象。

5.3 网带的网条与串条的允差根数误差应符合表9的规定。

表 9

每米根数	≤50	>50~100	>100~150	>150~250	>250
允差根数	±1	±2	±3	±4	±5

5.4 网带的螺距极限偏差应符合表10的规定。

表 10   mm

螺　距	≤5	>5~10	>10~15	>15~20	>20
极限偏差/50mm	±0.2				

5.5 网带的宽度极限偏差应符合表11的规定。

表 11   mm

基本尺寸	≤300	>300~500	>500~800	>800~1 200	>1 200
极限偏差	2	3	4	5	6

5.6 网带的长度极限偏差应符合表12的规定。

表 12   mm

基本尺寸	≤2 000	>2 000~4 000	>4 000
极限偏差	+40 0	+50 0	+60 0

5.7 网带的厚度应符合表1～表7的规定。

6 检验方法

6.1 网面采用目测方法检查,其质量应符合5.2的规定。

6.2 网条与串条数用刻度值为1 mm的钢卷尺量出任意1 m的长度,用计数方法检查,其误差应符合5.3的规定。

6.3 将网带平放在平台上,用精度为0.02 mm的游标卡尺或专用量具,任意量取50 mm检验螺距,其偏差应符合5.4的规定。

6.4 将网带平放在平台上,用精密为0.02 mm的高度尺,选任意点测量厚度,其精度应符合表1～表7的规定。

6.5 网带的宽度偏差用刻度值为1 mm的钢卷尺进行测量,其偏差应符合表11的规定。

6.6 将网带用专用夹具绷紧,用刻度值为1 mm的钢卷尺测量其长度,其偏差应符合表12的规定。

7 检验规则

7.1 网带需经制造厂质量检验部门检验合格后,方能出厂。

7.2 需方有权按技术标准的规定检验网带的质量。

7.3 网带检验从每批成品中任意抽取5%的样品进行检验。对于技术要求中的项目,如果有一项不合格,允许第二次抽样进行复验。复验结果仍不合格,则本批产品为不合格批。

7.4 网带产品批量少于5条时,须对全部产品按本标准技术要求进行检验。

8 标志、包装、运输及贮存

8.1 标志

合格的网带产品应具有产品合格证,合格证上(或标牌上)应标明以下内容:

a) 产品名称及网带型号规格;

b）产品商标；

c）制造厂名称；

d）标准编号；

e）检验日期及检验人签章。

8.2 包装

8.2.1 网带应卷绕紧密,采用聚丙乙烯塑料布、麻布片或箱盒包装。

8.2.2 网带应分段包装,分段长度一般为4 000mm。

8.2.3 网带上应附有合格证书。

8.2.4 外包装表面应标有:

a）产品名称、型号、规格；

b）重量；

c）"小心轻放"、"防潮"等字样；

d）制造厂名称。

8.3 运输

网带在运输中应具有防潮、防腐蚀的措施。

8.4 贮存

网带应贮存于干燥及无腐蚀的场所。

附 录 A
（提示的附录）

网 带 特 殊 编 织 型 式

A1 扁金属平衡型网带编织型式如图 A1 所示。

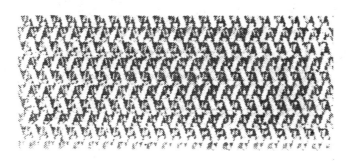

图 A1

A2 金属片型网带编织型式如图 A2 所示。

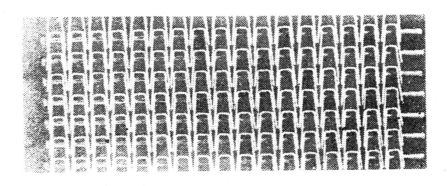

图 A2

A3 眼镜型网带编织型式如图 A3 所示。

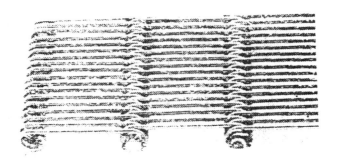

图 A3

A4 波型串条双股加强筋平衡型网带编织型式如图A4所示。

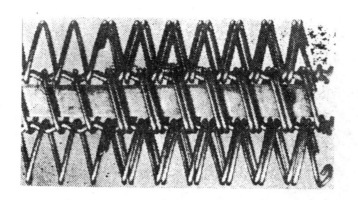

图 A4

ICS 79.120.99
B 97

中华人民共和国林业行业标准

LY/T 1020—2013
代替 LY/T 1020～1024—1991

纤维板生产用镀锌钢丝垫网

Galvanized steel wire pad net for fiberboard production

2013-10-17 发布

2014-01-01 实施

国家林业局   发布

前　言

本标准按照 GB/T 1.1—2009《标准化工作导则　第 1 部分:标准的结构和编写》给出的规则起草。
请注意本标准的某些内容可能涉及专利。本标准的发布机构不承担识别这些专利的责任。

本标准代替 LY/T 1020—1991《纤维板生产用镀锌钢丝垫网术语》、LY/T 1021—1991《纤维板生产用镀锌钢丝垫网参数》、LY 1022—1991《纤维板生产用镀锌钢丝垫网制造与验收技术条件》、LY/T 1023—1991《纤维板生产用镀锌钢丝垫网力学性能试验方法》、LY 1024—1991《纤维板生产用镀锌钢丝垫网耐腐蚀性试验方法》。本标准与 LY/T 1020～1024—1991 相比主要差异如下:

——将原来 LY/T 1020～1024—1991 标准合并为一个标准;

——修订并增加了规范性引用文件;

——修改了术语和定义;

——修改了要求中的部分条款;

——修改了试验方法,废止了 LY 1024—1991;

——修改了检验规则;

——修改了标志、包装、运输、贮存;

——修改了附录。

本标准由全国人造板机械标准化技术委员会(SAC/TC 66)提出并归口。

本标准起草单位:东北林业大学。

本标准主要起草人:花军、张绍群、张明建、贾娜、陈光伟、刘诚。

本标准所代替标准的历次版本发布情况为:

——LY/T 1020—1991;

——LY/T 1021—1991;

——LY/T 1022—1991;

——LY/T 1023—1991;

——LY/T 1024—1991。

纤维板生产用镀锌钢丝垫网

1 范围

本标准规定了纤维板生产用镀锌钢丝垫网的术语和定义、参数、要求、检验规则及标志、包装、运输、贮存。

本标准适用于湿法和半干法纤维板生产用镀锌钢丝垫网(以下简称垫网)。

2 规范性引用文件

下列文件对于本文件的应用是必不可少的。凡是注日期的引用文件,仅注日期的版本适用于本文件。凡是不注日期的引用文件,其最新版本(包括所有修改单)适用于本文件。

GB/T 191 包装储运图示标志

GB/T 701 低碳钢热轧圆盘条

GB/T 2828.1 计数抽样检验程序 第1部分:按接收质量限(AQL)检索的逐批检验抽样计划

GB/T 13306 标牌

GB/T 13384 机电产品包装通用技术条件

YB/T 5294—2009 一般用途低碳钢丝

3 简图

垫网的规格形式如图1所示,B为垫网宽度,L为垫网长度。

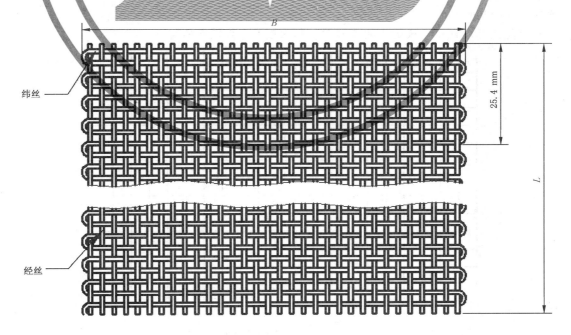

注:本图不限制垫网的具体结构。

图 1 垫网结构简图

4 术语和定义

下列术语和定义适用于本文件。

4.1

网目 mesh on every inch

在 25.4 mm 长度上垫网网孔数目称为网目。

4.2

断丝 broken wire

经丝或纬丝断裂的缺陷称为断丝。

4.3

稀密档 dilute tight uneven

经丝或纬丝间距不均匀形成的条状缺陷称为稀密档。如图 2 所示。

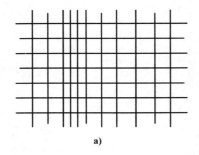
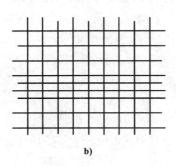

a)   b)

图 2 稀密档示意图

4.4

松丝 wire loose

个别经丝或纬丝松动形成的弯曲位移缺陷称为松丝。如图 3 所示。

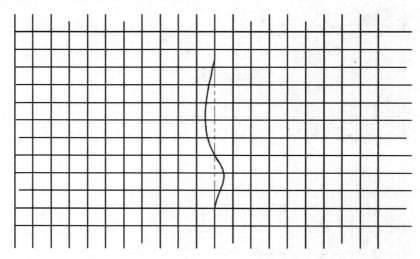

图 3 松丝示意图

4.5

跳丝　wire mixed error

经丝或纬丝的局部交织错误称为跳丝。如图4所示。

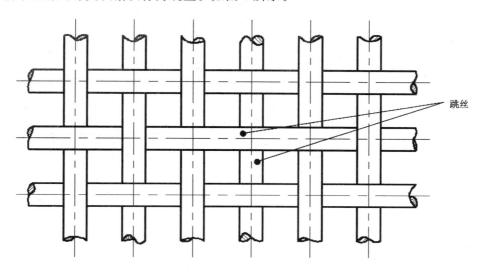

图4　跳丝示意图

4.6

回鼻　wire looped

金属丝打圈、扭结而突出网面的缺陷称为回鼻。如图5所示。

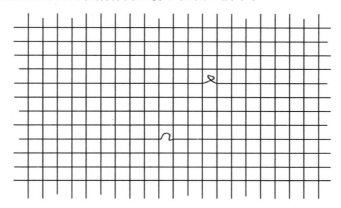

图5　回鼻示意图

4.7

顶筘　organzine joint

由于经丝接头而使纬丝顶出网面的缺陷称为顶筘。如图6所示。

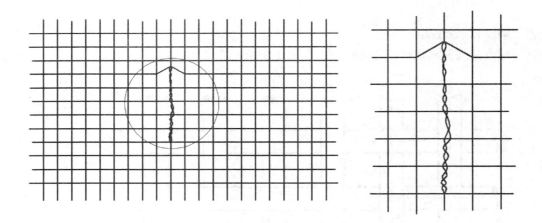

图 6　顶筘示意图

4.8

缩纬　tram silk bending

纬丝局部弯曲,网孔变形的缺陷称为缩纬。如图 7 所示。

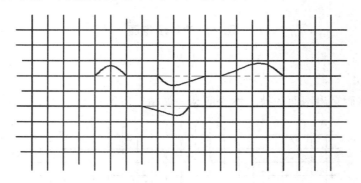

图 7　缩纬示意图

4.9

勒边　weft wire into edge silk

垫网边缘出现的纬丝勒进边丝的缺陷称为勒边。如图 8 所示。

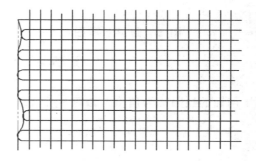

图 8　勒边示意图

4.10

锯齿边　vandyke

垫网的边缘出现的凹进或凸出称为锯齿边。如图9所示。

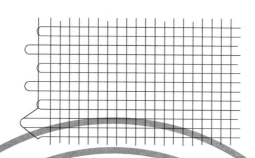

图9　锯齿边示意图

5　参数

垫网的参数应符合表1的规定。

表1　垫网参数

名称	参数
网目	14、16、18、20
网宽 B/mm	1 150、1 350
网长 L(匹或卷)/mm	23 000、30 000
注:根据供需双方协商,可生产其他规格参数的产品。	

6　要求

6.1　垫网规格尺寸的极限偏差应符合表2规定。

表2　垫网规格尺寸的允差　　　　　　　　　　　　　　　单位为毫米

名称	规格尺寸	允差
网宽 B	1 150、1 350	±5
网长 L	23 000、30 000	无负偏差

6.2　垫网的网目偏差不应大于8%(属稀密档缺陷不列入网目偏差)。

6.3　垫网的外观缺陷应符合表3的规定。

表 3 垫网的外观缺陷

序号	缺陷名称	技术要求		检测方法与检具	备注
		每匹	局部		
1	硬折痕迹	≤3 处	≤300 mm，2 处/300 mm	钢卷尺	—
2	油污	≤4 处	≤8 000 mm，2 处/8 000 mm		小于 250 mm² 不计
3	镀锌层剥落	≤5 根	≤200 mm，2 根/200 mm		小于 80 mm² 不计

6.4 垫网编织缺陷应符合表4的规定,且在每匹的任意2.5m长度范围内缺陷总数不应超过8处(或根、个)。

表 4 垫网编织缺陷

序号	缺陷名称	技术要求		检测方法与检具	备注
		每匹	局部		
1	断丝	≤3 根	≤2 目/根	目测	网编1目处断丝不计
2	稀密档	≤6 处	≤3 条/处 ≤0.75 目/条 ≤2 处 经向/1 m		<0.3 目/条不计
3	松丝	≤6 根	≤150 mm/根	钢卷尺	<30 mm/根不计
4	回鼻	≤20 个	≤3 个 经向/1 m		—
5	顶箍	≤14 个	≤3 个 经向/1 m		—
6	跳丝	≤6 根	≤4 目/根	目测	—
7	缩纬	≤7 处	≤15 个/处		<5 个/处不计
8	勒边	≤8 处	≤3 目/处		<1 目不计
9	锯齿边	≤8 处	≤200 mm/处 伸出目数应小于 2 目	钢卷尺	网编1目处断丝不计

6.5 若垫网拼接时,在保证质量条件下每匹垫网只允许拼接一次(即两段),且每段长度不应小于 5 m。

6.6 镀锌钢丝表面质量与原料应符合下列规定:
 a) 镀锌钢丝表面不应有未镀锌的地方,表面应呈基本一致的金属光泽;
 b) 钢丝选用 GB/T 701 或其他低碳钢盘条制造,其牌号由供方确定;
 c) 镀锌钢丝的直径及允许偏差应符合 YB/T 5294—2009 中 5.1.2 的规定。

6.7 垫网的力学性能应符合下列规定:
 a) 钢丝的抗拉强度应大于 300 MPa;
 b) 钢丝的打结后抗拉强度应大于 200 MPa;
 c) 进行垫网挠度试验,其最大挠度不应超过表5规定。

表 5　最大挠度

网　　目	允　差 mm
14、16	90
18、20	100

7　试验方法

7.1　镀锌钢丝抗拉强度试验

7.1.1　镀锌钢丝试件应从受检垫网上抽取,并将钢丝试件截取需要长度。试件一般不必矫直。

7.1.2　镀锌钢丝抗拉强度可在各种拉力试验机上进行。

7.2　镀锌钢丝打结抗拉强度试验

7.2.1　镀锌钢丝试件应从受检垫网上抽取所需长度的纬丝,打一简单8形结,勿需拉紧,置于试验机上进行试验。

7.2.2　镀锌钢丝打结抗拉强度试验所用的试验机要求与7.1.2相同。

7.3　垫网的挠度试验

7.3.1　在垫网上截取经向300 mm长、纬向200 mm宽作为试件。

7.3.2　将试件简单展平、沿试件全宽压住20 mm,使伸出部分自然下垂,用一钢板尺作为基准,测量垫网外缘的最大挠度,然后将垫网试件翻转180°(压端不变),按上述方法再次测量其最大挠度。取二者平均值为垫网的挠度。

8　检验规则

8.1　出厂检验

8.1.1　每批垫网出厂前应做出厂检验。

8.1.2　出厂检验应包括下列检验项目:
  a)　垫网规格尺寸的极限偏差;
  b)　垫网的网目偏差;
  c)　垫网的外观缺陷;
  d)　垫网编织缺陷;
  e)　垫网拼接次数。

8.1.3　只有出厂检验项目全部合格,才能判定出厂检验合格。

8.2　型式检验

8.2.1　垫网有下列情况之一时,应做型式检验:
  a)　新产品或老产品转厂生产的试验定型鉴定;
  b)　正式生产后,如结构、材料、工艺有较大改变,可能影响产品性能时;

c) 产品长期停产后,恢复生产时;

d) 出厂检验结果与上次型式检验有较大差异时;

e) 国家质量监督机构提出进行型式检验的要求时。

8.2.2 型式检验除应包括出厂检验项目外,还应包括垫网的力学性能检验。

8.2.3 只有型式检验项目全部符合要求,才能判定型式检验合格。

8.3 抽样

8.3.1 批质量的检验、接收质量限(AQL)应符合 GB/T 2828.1 规定。

8.3.2 检验水平应符合 GB/T 2828.1 中一般检验水平Ⅱ的规定。

8.3.3 检验的抽样方案应符合 GB/T 2828.1 中正常检验二次抽样方案的规定。

8.3.4 检验严格度为正常检验。

8.3.5 不合格类别、接收质量限(AQL)应符合表 6 的规定。AQL 值为每百单位产品不合格品数,依据 AQL 值判定产品不合格类别。

表 6 不合格类别、接收质量限(AQL)

不合格类别	检验项目	检验条款	AQL 值
B 类(严重)	网宽	6.1 表 2	6.5
	缺陷总数	6.4	
	断丝	6.4 表 4	
	稀密档	6.4 表 4	
	松丝	6.4 表 4	
	钢丝抗拉强度	6.7a)	
	钢丝打结抗拉强度	6.7b)	
C 类(轻微)	网长	6.1 表 2	10
	网目偏差	6.2	
	外观缺陷	6.3 表 3	
	回鼻	6.4 表 4	
	顶箬	6.4 表 4	
	跳丝	6.4 表 4	
	缩纬	6.4 表 4	
	勒边	6.4 表 4	
	锯齿边	6.4 表 4	
	拼段	6.5	
	垫网挠度	6.7c) 表 5	
	标志、包装	9.1、9.2、9.3	

9 标志、包装、运输、贮存

9.1 储运指示标志应符合 GB/T 191 的规定。

9.2 标牌应符合 GB/T 13306 的规定。

9.3 每匹垫网用镀锌钢丝从一端到另一端卷绕,捆扎整齐,内用防潮纸,外用麻袋包装(注:根据供需双方协议,可用其他包装方法和材料)。包装箱的制作、装箱要求、包装标记、运输要求均应符合

GB/T 13384的规定。

9.4　垫网在运输中,严禁受潮,需轻搬轻放,防止污染损伤。

9.5　垫网应贮存于干燥、通风及无腐蚀场所;不应在内包装受到破坏情况下贮存。

9.6　随机技术文件应包括产品合格证、产品使用说明书及装箱单等。

中华人民共和国林业行业标准

LY/T 1098—93

网带式单板干燥机 网带

1 主题内容与适用范围

本标准规定了网带式单板干燥机网带的编织型式、参数、型号、技术要求、试验方法、检验规则以及标志、包装、运输和贮存。

本标准适用于网带式单板干燥机所使用的金属网带(以下简称网带)。本标准也适用于网带式微薄木干燥机所使用的网带。

2 引用标准

GB 2828 逐批检查计数抽样程序及抽样表(适用于连续批的检查)
GB 3081 一般用途热镀锌低碳钢丝
GB 3206 优质碳素结构钢丝
GB 4240 不锈钢丝

3 编织型式、参数和型号

3.1 编织型式

一般为由左右螺旋环绕的盘条,中间穿入串条编织而成的网带(见下图)。

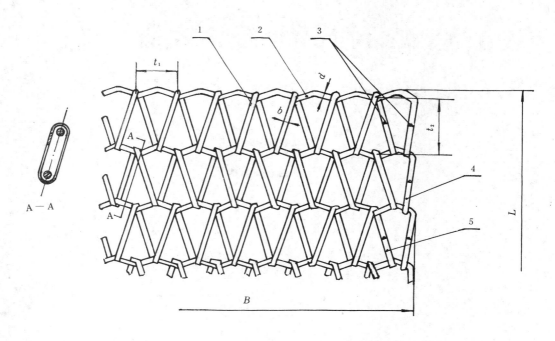

1—螺旋盘条;2—串条;3—焊点;4—边钩;5—弯钩;t_1—横向节距;
t_2—纵向节距;B—网带宽度;L—网带长度;b—盘条宽度;d—串条直径

中华人民共和国林业部1993-03-26批准 　　　　　　　　　　　　　　　1993-12-01实施

LY/T 1098—93

3.2 参数

3.2.1 网带的主参数为网带宽度 B,见表1。

表 1   mm

基本尺寸	1 550	2 150	2 750	3 150	3 950

注:基本尺寸允许增减 50 mm。

3.2.2 网带的其他参数,见表2。

表 2   mm

参 数 名 称	参 数 值			
横向节距	15	20	25	35
纵向节距	35		40	
盘条宽度	2.5		4.0	
串条直径	3		4	

注:盘条一般由圆钢丝压扁,表中宽度2.5、4.0 mm的盘条分别由直径2.2、3.0 mm的钢丝辗压而成,也可采用直径为2.2、3.0 mm的圆钢丝。

3.3 型号

GW △-△/△

纵向节距
横向节距
主参数,用其 1/10 表示
网带式单板干燥机网带的代号

示例:网带宽度 2 750 mm、横向节距 25 mm、纵向节距 35 mm 的网带式单板干燥机网带标记为:GW 275-25/35。

4 技术要求

4.1 网带宽度、长度的允许偏差应符合表3规定。

表 3   mm

参 数 名 称	基 本 尺 寸		允 许 偏 差
网带宽度	1 550		±4
	2 150	2 750	±6
	3 150	3 950	±8
网带长度	20 000		不准有负偏差

4.2 网带节距的允许偏差应符合表4规定。

表 4   mm

参 数 名 称	允 许 偏 差
横向节距	$50 t_1$ 累积为 $\pm t_1/5$
	螺旋盘条的节距与其配合的串条节距的差值为 1
纵向节距	网带两侧 $50 t_2$ 长度的差值为 5

4.3 网带展平后,其侧边的直线度不应大于 1 000:3。

4.4 网带展平后,在 20 m 长的网段上对角线长度的差值不应大于 30 mm。

4.5 网带螺旋盘条的弯钩和串条的边钩应焊接牢固,不得有虚焊等缺陷;焊缝应面向底面,弯钩和边钩不得翘起或向外倾斜,不得有裂纹和严重机械损伤;弯钩和边钩孔的圆度应保证串条回转通顺。

4.6 网带的网面应清洁,不得有严重的机械损伤;金属丝表面应光滑,不得有锈斑、起皮等缺陷;网带的网面应平整,展平后不得扭曲和翘曲。

4.7 金属丝的材料应采用优质碳素结构钢丝或不锈钢丝,也可采用一般用途热镀锌低碳钢丝。

4.8 金属丝的化学成分、力学性能、表面质量和尺寸的允许偏差:

4.8.1 采用优质碳素结构钢丝或不锈钢丝的化学成分、力学性能、表面质量和尺寸允许偏差应分别符合 GB 3206 和 GB 4240 的有关规定。

4.8.2 采用一般用途热镀锌低碳钢丝 A3 的力学性能、表面质量和尺寸允许偏差应符合 GB 3081 的有关规定。

5 试验方法

5.1 检验时,应将网带放置在平整的地面上,并将网带沿纵向人工拉紧,然后松开,自然展平。

5.2 检验 4.1 条时,测量网带宽度应在一匹网带的长度方向均匀选择 10 处,测量网带长度应在网带幅面左、中、右选择 3 处,采用精度为 1 mm 的钢卷尺,取其最大偏差值为测定值。

5.3 节距的检验

5.3.1 检验 4.2 条的横向节距时,应在一匹网带的不同处任取 10 根螺旋盘条,每根螺旋盘条任意取 $50 t_1$ 长的一段,用精度为 1 mm 的钢卷尺测量,取其最大偏差值为测定值。

5.3.2 检验 4.2 条的螺旋盘条的节距与其相配的串条节距的差值时,应在网带两端螺旋盘条和匹包装中所备的串条上,分别用精度不低于 0.02 mm 的卡尺和样板进行测量。

5.3.3 检验 4.2 条的纵向节距时,应在一匹网带幅面的两侧对称地选取 $50 t_2$ 长的各一段,用精度为 f mm 的钢卷尺测量,至少沿网带长度方向均匀选择 3 处,取其最大的差值为测定值。

5.4 检验 4.3 条的网带侧边的直线度应分别在网带两个侧边至少每边任取 5 处,用直线度不低于 1 000:0.5、1 m 长的直尺测量,取其最大偏差值为测定值。

5.5 检验 4.5、4.6 条即网带的弯钩、边钩质量和外观质量采用目测。

5.6 金属丝的化学成分、力学性能、表面质量和尺寸的允许偏差的试验或检验方法,分别按 GB 3206、GB 4240、GB 3081 的有关规定进行。

6 检验规则

6.1 出厂检验

6.1.1 每批产品在出厂前必须进行出厂检验。

6.1.2 出厂检验项目包括本标准 4.1、4.2、4.3、4.4、4.5、4.6 条的要求。

6.1.3 检验合格的产品填写合格证后方可出厂。

6.2 型式检验

6.2.1 型式检验项目包括本标准第 4 章规定的全部技术要求及 7.1、7.2 条的要求。

6.2.2 产品有下列情况之一时，必须进行型式检验：

a. 新产品的试制定型鉴定；

b. 正常生产时，应周期性进行一次检验；

c. 正式生产后，如材料、结构、工艺有较大变更时；

d. 产品长期停产后，恢复生产时；

e. 国家质量监督机构提出进行型式检验要求时。

6.3 抽样及判定

6.3.1 编织后的网带每 20 m 长为一单位产品，即一匹。

6.3.2 检验项目不符合本标准规定均为不合格。根据各项目对网带质量的影响程度分为：B 类（重）不合格、C 类（轻）不合格。不合格类别的检验项目及相应的检验条款见表 5。

表 5

不合格类别	检 验 项 目	检 验 条 款
B 类组	网 宽 节 距 边直线度 对角线长度差 弯钩、边钩的质量 金属丝材料和质量	4.1 表 3 4.2 表 4 4.3 4.4 4.5 4.7,4.8
C 类组	网带长度 外观质量 包 装 标 志	4.1 表 3 4.6 7.2 7.1

6.3.3 对成批提交的网带批质量检验的抽样、合格判定按 GB 2828 的规定进行。

6.3.3.1 采用正常检查一次抽样方案，检查水平取一般检查水平 Ⅱ，合格质量水平对 B 类取 4，对 C 类取 10。其样本大小、合格判定数（A_c）与不合格判定数（R_e）见表 6。

表 6

批量范围（匹）	样本大小（匹）	B 类组		C 类组	
		A_c	R_e	A_c	R_e
1～8	2	0	1	1	2
9～15	3	0	1	1	2
16～25	5	0	1	1	2
26～50	8	1	2	2	3
51～90	13	1	2	3	4
91～150	20	2	3	5	6

6.3.3.2 样品中不合格数（对 B 类组为不合格匹数，对 C 类组为不合格项数）小于或等于 A_c 时，则该批产品判定为合格，大于或等于 R_e 时，则判定为不合格；应对 B 类、C 类两组分别作出检验结论，只有两

组均判为合格时,该批产品才最终判定为合格(接收),否则该批产品最终判为不合格(拒收)。

6.3.3.3 经抽样检验不合格的批,应全数退回生产部门,由生产部门负责全数检验,剔除或修复不合格品后,才能再次提交验收。

7 标志、包装、运输、贮存

7.1 标志

每匹产品应在包装的一端挂有标牌或标签,其规格大小应适宜,字迹应清晰,内容包括:

a. 产品名称、型号规格;

b. 商标;

c. 制造日期;

d. 生产批号;

e. 制造厂名称;

f. 重量。

7.2 包装

7.2.1 每匹网带应紧密地卷绕在芯轴上,用钢丝捆扎结实,其外用油毡或其他防水、防潮材料及麻布或草包包好,最外面用木箱或竹帘包好,用钢丝捆扎结实。

7.2.2 包装内应装有出厂检验合格证,其上标明:

a. 产品名称、型号规格;

b. 金属丝材料;

c. 制造日期;

d. 生产批号;

e. 检验结果;

f. 检验日期及检验人员盖章;

g. 制造厂名称。

7.2.3 包装内应备有匹与匹连接的串条。

7.2.4 包装外应有收发货标志,并应标有防水、防潮的字样或标志。

7.2.5 根据运输条件,经供需双方协商,也可采用其他包装方法和材料。

7.3 运输、贮存

7.3.1 网带在运输、贮存时应平放或立放。平放时堆放层数不得多于 3 层,与地面接触长度不得小于60%。

7.3.2 网带在运输吊装时,吊挂处应在芯轴两端,若用叉车搬运,应在网带下面垫有托板,以免损坏网带。

7.3.3 网带应贮存于通风干燥的场所。

附加说明:

本标准由全国人造板机械标准化技术委员会提出。

本标准由北京林业机械研究所归口。

本标准由东北林业大学负责起草。

本标准主要起草人庞庆海、韩相春、张绍群、戴大力、张明建、廉魁、赵继林、姚德胜、倪筱林。

中华人民共和国煤炭行业标准

MT 314—92

煤矿假顶用菱形金属网

1 主题内容与适用范围

本标准规定了煤矿井下假顶用菱形金属网（以下简称"菱形网"）的规格参数、技术要求、试验方法、检验规则及标志、包装、运输、储存。

本标准适用于煤矿井下厚煤层及特厚煤层分层开采时作人工假顶、单一煤层破碎顶板局部护顶、工作面收尾及巷道支护等用的菱形网。

2 引用标准

GB 228　金属拉伸试验法

GB 2103　钢丝验收、包装、标志及质量证明书的一般规定

GB 3081　一般用途热镀锌低碳钢丝

3 术语

3.1　菱形网：由一般用途热镀锌低碳钢丝（以下简称"钢丝"）加工成的扁螺旋网丝（以下简称"网丝"）逐根绕联在一起，网孔呈菱形的金属网，如图所示。

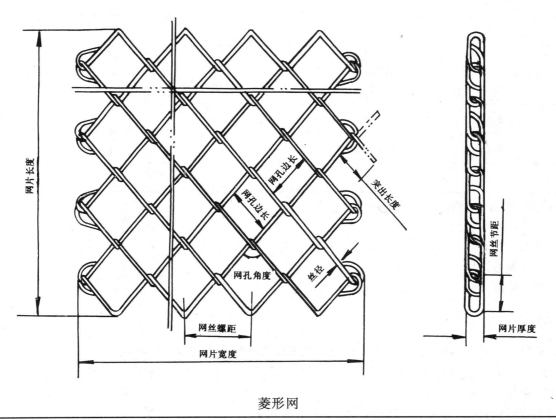

菱形网

中华人民共和国能源部 1992-12-15 批准　　　　　　　　　　　　　　　　1993-07-01 实施

3.2 网丝:由钢丝加工成的横剖视呈扁圆形的螺旋丝。

3.3 丝径:加工网丝所用钢丝的直径。

3.4 网孔边长:网丝围成的菱形孔在网片平面上单边的投影长度。

3.5 网孔角度:网片中一根网丝相邻两边在网片平面上投影的夹角。

3.6 网丝螺距:网丝两相邻对应点之间的距离。

3.7 网丝节距:网丝横剖视的孔长轴方向的距离。

3.8 网片厚度:网丝横剖视外缘短轴方向的距离。

3.9 网片长度:网片在自然伸展状态下垂直于网丝轴线方向网片两端间的最大距离。

3.10 网片宽度:网片在自然伸展状态下沿网丝轴向方向网片两侧间的最大距离。

3.11 突出长度:网片两侧边最外一排铰点到网丝末端的长度。

3.12 网片不平度:网片在自然伸展状态下放于水平面上,局部翘起的最大高度。

4 规格参数

4.1 丝径:4.50,4.00,3.50,3.00,2.80,2.50,2.20 mm。

4.2 网孔边长:30,40,50,60,70,80 mm。

4.3 丝径与网孔边长的组合如表1所示:

表1　　　　　　　　　　　　　　　　　　　　　　　mm

丝径　＼　网孔边长	30	40	50	60	70	80
4.50	—	—	*	*	*	*
4.00	—	*	*	*	*	*
3.50	*	*	*	*	*	*
3.00	*	*	*	*	*	—
2.80	*	*	*	*	—	—
2.50	*	*	*	—	—	—
2.20	*	*	*	—	—	—

注:带"*"号者为优先选用组合。

4.4 网片宽度一般为 0.8～2.0 m。

4.5 网孔角度一般为 90°,有特殊要求时不受此限。

4.6 网片重量一般 15～30 kg。

4.7 网片厚度一般为 14～20 mm。

5 技术要求

5.1 菱形网应符合本标准要求,并按经规定程序批准的图样和技术文件制造。

5.2 加工菱形网所用钢丝应符合 GB 3081 的要求,其中下列指标必须满足:

5.2.1 钢丝的抗拉强度为 300～500 MPa;

5.2.2 钢丝伸长率(标距为 100 mm 时)不小于 12%;

5.2.3 钢丝的表面不得有未镀锌的地方,表面应有基本一致的金属光泽;

5.2.4 丝径的允许偏差应符合表2的要求:

表 2   mm

丝 径				允许偏差
4.50	4.00	3.50		±0.08
3.00	2.80	2.50	2.20	±0.07

5.2.5 钢丝盘不得有紊乱的线圈或呈"8"字形。

5.3 网片长度允许下偏差为0,上偏差不受限制。

5.4 网片宽度允许下偏差为0,上偏差不大于一个网孔的长度。

5.5 网片厚度允许偏差为±1mm。

5.6 网片不平度不得超过20 mm。

5.7 网孔边长允许偏差为±3%。

5.8 网丝螺距允许偏差为±3%。

5.9 网丝节距允许偏差为±3%。

5.10 突出长度应大于网孔边长的1/3。

5.11 网孔角度允许偏差为±5°。

5.12 网丝不得有影响使用的咬痕,因加工造成的钢丝强度降低率不得大于10%。

5.13 网片中的网丝之间不得有脱扣现象。

5.14 网片宽度范围内的每根网丝必须由一根完整网丝构成,中间不得有接头。

5.15 网片的两侧边必须锁好,中间不得有漏锁,如图所示,锁好的网仍能保证相邻网丝转动灵活。但用户有特殊要求时,网边可采用其他处理方式。

6 试验方法

6.1 编网厂对购进的每批钢丝都必须按GB 2103的规定抽检本标准5.2.1～5.2.5条规定的指标,不合格品不得用于编网。

6.2 将网片放在平整光滑的平面上,两人用力拉开后慢慢松手,使网片处于自然伸展状态,然后进行网片长度、网片宽度、网片厚度、网片不平度、网孔边长、网丝螺距、网丝节距、突出长度、网孔角度的测量,每项至少测量三次,取算术平均值。

6.2.1 网片长度用钢卷尺测量,两侧及中部各测一次,读数精确到1 mm。

6.2.2 网片宽度用钢卷尺测量,两端及中部各测一次,读数精确到1 mm。

6.2.3 网片厚度用量程0～200 mm,精度不低于0.10 mm的游标卡尺测量。

6.2.4 网片不平度用量程0～200 mm,精度不低于0.10 mm的游标卡尺测量,分别测量翘起处的高度,取其最大值。

6.2.5 网孔边长用钢卷尺测量,每次沿孔边方向量取连续的10个网孔的总长,读数精确到1 mm,然后按式(1)计算:

$$s = \frac{S}{10} - d \qquad \cdots\cdots\cdots\cdots(1)$$

式中:s——网孔边长,mm;

S——测量长度,mm;

d——丝径,mm。

6.2.6 网丝螺距用钢卷尺测量,每次量取10个螺距的一段网丝的长度,读数精确到1 mm,然后按式(2)计算:

$$l = \frac{L}{10} \qquad \cdots\cdots\cdots\cdots\cdots\cdots\cdots (2)$$

式中：l——网丝螺距，mm；

L——测量长度，mm。

6.2.7 网丝节距用钢卷尺测量，每次量取 10 根网丝的网片长度，读数精确到 1 mm，然后按式（3）计算：

$$t = \frac{T - 2d}{10} \qquad \cdots\cdots\cdots\cdots\cdots\cdots\cdots (3)$$

式中：t——网丝节距，mm；

T——测量长度，mm；

d——丝径，mm。

6.2.8 突出长度用钢卷尺测量，目测法选最短的测量，读数精确到 1 mm。

6.2.9 网孔角度用普通量角器测量，读数精确到 1°。

6.3 镀锌、咬痕、锁边情况及有无脱扣等外观质量用目测法检验。

6.4 分别将钢丝和同一卷钢丝编出的网丝（标距为 100 mm）在精度不低于 ±1% 的拉力试验机上测试，直到拉断，然后按式（4）计算钢丝强度降低率：

$$\phi = \frac{P - F}{P} \times 100\% \qquad \cdots\cdots\cdots\cdots\cdots\cdots\cdots (4)$$

式中：ϕ——钢丝强度降低率，%；

P——钢丝拉断力，kN；

F——网丝拉断力，kN。

7 检验规则

7.1 产品检验分出厂检验和型式检验，出厂检验由生产单位质量检验部门进行，型式检验由产品质量监督机构或主管部门指定的单位进行。

7.2 每一成品网片都应用目测法进行镀锌、咬痕、锁边情况及有无脱扣等外观检验。

7.3 每批产品应随机抽取 5% 进行出厂检验，每一项目取样至少三次，取算术平均值，检验合格方可出厂。

7.4 新厂投产或老厂停产三年以上恢复生产时应进行型式检验，正常生产时型式检验每三年进行一次。

7.5 产品出厂检验与型式检验项目见表 3。

7.6 产品出厂检验与型式检验项目中，任意一项不合格者，应加倍抽检，若再不合格则认为该批产品不合格。

7.7 产品出厂检验结果应记录归档备查，产品型式检验应有型式检验报告，其内容应包括检验对象、检验条件、测试仪器与设备、测试结果及试验记事等。

表3

序号	检验项目	技术要求	试验方法	检验类别		备注
				出厂	型式	
1	网片长度	5.3	6.2.1	√	√	—
2	网片宽度	5.4	6.2.2	√	√	—
3	网片厚度	5.5	6.2.3	√	√	—
4	网片不平度	5.6	6.2.4	√	√	—
5	网孔边长	5.7	6.2.5	√	√	—
6	网丝螺距	5.8	6.2.6	√	√	—
7	网丝节距	5.9	6.2.7	√	√	—
8	突出长度	5.10	6.2.8	√	√	—
9	网孔角度	5.11	6.2.9	√	√	—
10	外　观	5.2.3，5.13～5.15	6.4	√	√	—
11	强度降低率	5.12	6.3	—	√	—
12	承载能力	—	—	—	√	方法及指标另定
13	抗冲击能力	—	—	—	√	方法及指标另定

8 标志、包装、运输、储存

8.1 每捆成品网必须带产品合格证,合格证正面标明产品名称、生产厂名、生产日期、检验员等内容,背面标明网片长度、网片宽度、网卷重量、丝径、网孔边长等内容。

8.2 网片必须卷齐、卷紧,用直径1.60～2.00 mm的钢丝在距两端1/4位置捆扎,并应扎紧。

8.3 网卷在运输过程中应保持清洁干燥,注意防潮、防雨。

8.4 网卷在装卸时应轻拿轻放,严禁抛掷。

8.5 网卷应整齐码放在干燥通风场地,底层用干燥垫木垫底并应防雨。

8.6 网卷按出厂日期分批存放。

附 录 A
丝径与丝号对照表
（参考件）

丝号（#）	丝径,mm
7	4.50
8	4.00
9	3.50
10	3.00
11	2.80
12	2.50
14	2.20

附加说明：
本标准由煤炭科学研究总院提出。
本标准由能源部煤矿专用设备标准化技术委员会水采机械分会归口。
本标准由煤炭科学研究总院唐山分院负责起草。
本标准主要起草人张世凯、张庆河。
本标准委托煤炭科学研究总院唐山分院负责解释。

冲 孔 网

ICS 73.120
A 28

中华人民共和国国家标准

GB/T 10061—2008
代替 GB/T 10061—1988

筛板筛孔的标记方法

Screen plants—Codification for designating perforations

（ISO 7806:1983,MOD）

2008-07-16 发布
2009-02-01 实施

中华人民共和国国家质量监督检验检疫总局
中国国家标准化管理委员会   发布

前　　言

本标准修改采用 ISO 7806:1983《工业冲孔筛板　冲孔标记方法》(英文版)。

本标准与 ISO 7806:1983 比较,主要修改内容如下:

——对术语内容进行了增补;

——增加了表1的内容;

——增加了筛板的标记示例;

——增加孔形代号;

——调整了孔中间距(简称孔距)基本尺寸的示例图;

——对文字作了编辑性修改。

本标准代替 GB/T 10061—1988《筛板筛孔的标记方法》。

本标准与 GB/T 10061—1988 相比主要修改内容如下:

——修改了规范性引用文件;

——对术语内容进行了调整;

——增加 4.1 孔形代号;

——修改了 4.2.2 筛孔标记示例的图形;

——修改了 4.4 孔中间距(简称孔距)基本尺寸的图示;

——4.6 筛孔标记示例,应改为:4.6 筛板标记示例;

——对文字作了编辑性修改。

本标准由全国筛网筛分和颗粒分检方法标准化技术委员会提出并归口。

本标准起草单位:中机生产力促进中心、湖南省乌江机筛有限公司。

本标准主要起草人:余方、万俊、孙安。

本标准所代替标准的历次版本发布情况为:

——GB/T 10061—1988。

筛板筛孔的标记方法

1 范围

本标准规定了筛板筛孔的标记方法。

本标准适用于筛分用途的金属冲孔筛板。

2 规范性引用文件

下列文件中的条款通过本标准的引用而成为本标准的条款。凡是注日期的引用文件,其随后所有的修改单(不包括勘误的内容)或修订版均不适用于本标准,然而,鼓励根据本标准达成协议的各方研究是否可使用这些文件的最新版本。凡是不注日期的引用文件,其最新版本适用于本标准。

GB/T 15602 工业用筛和筛分术语(GB/T 15602—1995,eqv ISO 9045:1990)

3 术语和定义

GB/T 15602 中确立的以及下列术语和定义适用于本标准。

3.1

定向 orientation

筛孔排列方向。

4 标记方法

筛板标记方法如下:

筛板 □ □ □ □ □ □ □ ——— 标准号

——— 孔排列定位号

——— 孔距基本尺寸,mm

——— 孔的排列代号

——— 筛孔基本尺寸,mm

——— 孔形代号(见表1)

——— 产品名称

4.1 孔形代号

孔形分为圆孔、方孔、对角线与板边平行的方孔、等边三角型孔、六角孔、棱型孔、长圆孔和长方孔,其代号按表1的规定。

4.2 筛孔基本尺寸

4.2.1 圆孔、方孔、对角线与板边平行的方孔、等边三角型孔及六角孔的筛孔基本尺寸用 w 表示;棱型孔、长圆孔、长方孔基本尺寸用 w_1 和 w_2 表示,见表1,单位为 mm。

4.2.2 在孔形代号后标记筛孔基本尺寸 w;对于棱型孔和长孔,应同时标记孔宽基本尺寸 w_1 和孔长基本尺寸 w_2。w_1 和 w_2 之间用符号"×"相连。

表1

孔　　形	代　号	含　义
	R	圆孔
	LR	长圆孔
	C	孔边与板边平行的方孔
	CD	孔对角线与板边平行的方孔
	LC	长方孔
	K	等边三角型孔

表 1（续）

孔　形	代　号	含　义
	H	六角孔
	X	孔任一对角线与板边平行的棱型孔

4.2.3 筛孔标记示例

筛孔标记示例见图 1 所示。

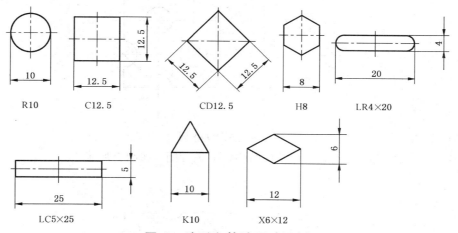

图 1　孔形和筛孔尺寸示例

4.3　孔的排列代号

4.3.1 筛孔基本尺寸后空一格标记孔的排列代号。

4.3.2 孔的中心点（或中点，下同）位于矩形顶点，排列代号用"U"表示，如图 2 所示。

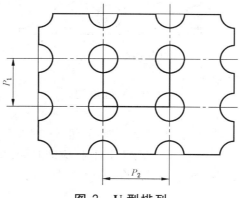

图 2　U 型排列

4.3.3 孔的中心点位于矩形顶点及矩形对角线交叉点，排列代号用"Z"表示，如图 3 所示。

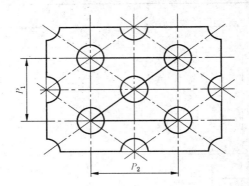

图 3　Z 型排列

4.3.4 孔的中心点位于正方形顶点及正方形对角线交叉点，排列代号用"M"表示，如图 4 所示。

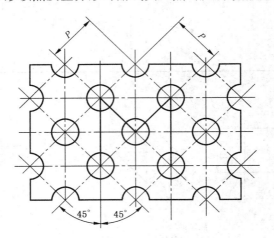

图 4　M 型排列

4.3.5 孔的中心点位于等边三角形顶点，排列代号用"T"表示，如图 5 所示。

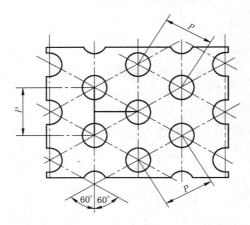

图 5　T 型排列

4.4　孔中间距（简称孔距）基本尺寸

4.4.1　孔距基本尺寸用 P 和 P_1、P_2 表示，单位为 mm，如图 2～图 5 所示。

4.4.2　当孔形 R、C、CD、K、H 和 X，按 U 型或 Z 型排列时，应同时标记较短的孔距基本尺寸 P_1 和较长的孔距基本尺寸 P_2，P_1 和 P_2 之间用符号"×"相连，如图 6、图 7 所示。若按 U 型排列，当 $P_1 = P_2$ 时，只标记 P，如图 8 所示。

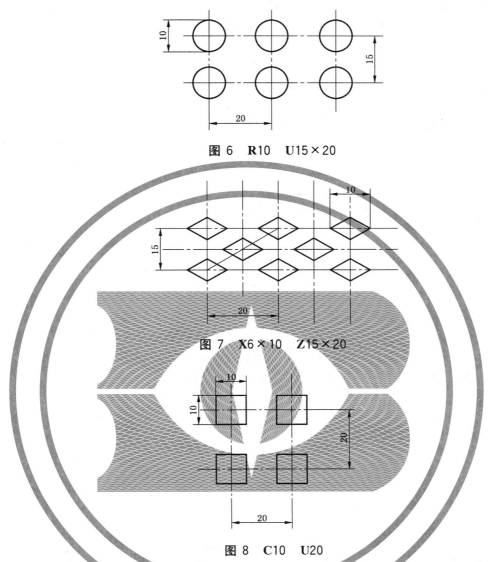

图 6　**R**10　U15×20

图 7　X6×10　Z15×20

图 8　C10　U20

4.4.3 孔形 LR 或 LC 按 U 型或 Z 型排列时,应同时标记平行于长孔宽度的孔距基本尺寸 P_1 和平行于长孔长度的孔距基本尺寸 P_2,P_1 和 P_2 之间用符号"×"相连,如图9、图10所示。若按 U 型排列,当 $P_1 = P_2$ 时,只标记 P,如图11所示。

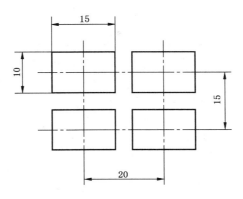

图 9　LC10×15　U15×20

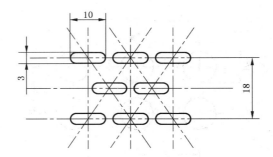

图 10　**LR3×10　Z18×12**

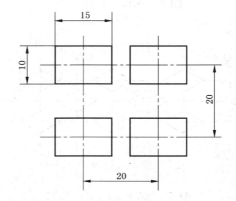

图 11　**LC10×15　U20**

4.4.4　所有孔形按 M 型或 T 型排列时,只标记 *P*,如图 12、图 13 所示。

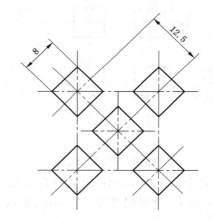

图 12　**C8　M12.5**

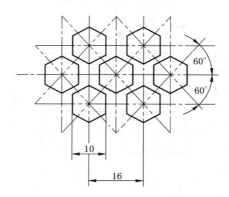

图 13　**H10　T16**

4.5 孔排列定向号

当孔排列的定向影响筛板的使用性能时,应标记所选择的孔排列定向边,分别用"定向1"和"定向2"表示。

4.5.1 按T型排列,孔距平行于板长边,为"定向1",如图14所示;孔距平行于板短边,为"定向2",如图15所示。

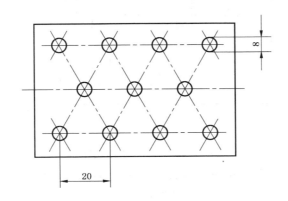

图14 R8 T20 定向1

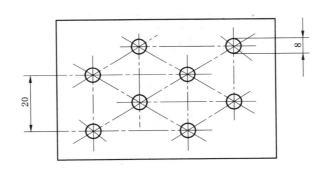

图15 R8 T20 定向2

4.5.2 按U型或Z型排列,孔形为R、C、CD、X、K和H,较短的孔距平行于板长边,为"定向1",如图16所示;较短孔距平行于板短边,为"定向2",如图17所示。

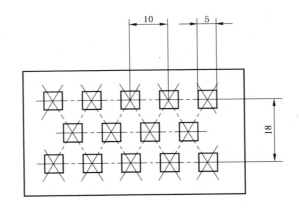

图16 C5 Z10×18 定向1

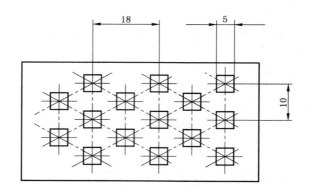

图 17　C5 Z10×18 定向 2

4.5.3　按 U 型和 Z 型排列,孔形 LR 和 LC,长孔宽度方向与板长边平行,为"定向 1",如图 18 所示;长孔宽度方向与板短边平行,为"定向 2",如图 19 所示。

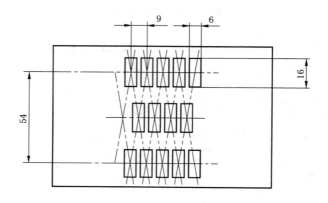

图 18　LC 6×16 Z9×54 定向 1

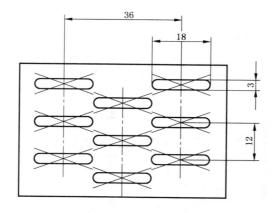

图 19　LR 3×18 Z12×36 定向 2

4.6 筛板标记示例

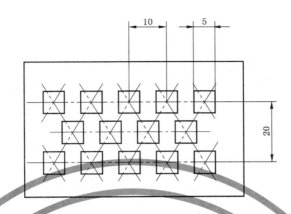

图 20 筛板标记示例

筛板标记示例如图 20 所示,Z 型排列的方孔筛板,筛孔基本尺寸 5 mm,孔距基本尺寸分别为 10 mm 和 20 mm,较短的孔距平行于板的长边。

标记为:筛板 C5 Z10×20 定向 1 GB/T 10061

4.7 如有特殊要求,筛板标记也可根据供需双方约定,在包装或标牌上采用双方约定的简单直接标记方法。

ICS 73.120
A 28

中华人民共和国国家标准

GB/T 10612—2003
代替 GB/T 10612—1989

工业用筛板
板厚＜3 mm 的圆孔和方孔筛板

Industrial plate screens—Thickness below 3 mm—Round and square holes

(ISO 7805-2:1987,Industrial plate screens—
Part 2:Thickness below 3 mm,MOD)

2003-11-10 发布

2004-06-01 实施

中 华 人 民 共 和 国
国家质量监督检验检疫总局 发布

前　言

本标准修改采用 ISO 7805-2:1987《工业用筛板　第 2 部分:板厚＜3 mm》(英文版)。主要修改如下:

——ISO 7805-2 中以公式方式给出筛孔极限偏差和孔距极限偏差,用附录形式给出示例,而本标准以表 1、表 2 形式直接给出数值,以附录 A 形式给出筛板孔距和筛孔尺寸极限偏差的公式。

本标准代替 GB/T 10612—1989《板厚＜3 mm 的圆孔和方孔筛板》。

本标准与 GB/T 10612—1989 相比主要变化如下:

——增加了对材料的规定;

——部分调整了网孔基本尺寸、孔距基本尺寸、开孔率搭配的数值(见表 1);

——修改了标志、包装的部分内容,增加简易包装方式。

本标准的附录 A 是规范性附录。

本标准由中国机械工业联合会提出。

本标准由全国筛网筛分和颗粒分检方法标准化技术委员会(CSBTS/TC 168)归口。

本标准由机械科学研究院负责起草,湖南岳阳乌江机筛有限公司参加起草。

本标准起草人:吴国川、万俊、孙安、余方。

本标准由全国筛网筛分和颗粒分检方法标准化技术委员会秘书处负责解释。

本标准所代替标准的历次版本发布情况为:

——GB/T 10612—1989。

工业用筛板
板厚<3 mm 的圆孔和方孔筛板

1 范围

本标准规定了板厚小于 3 mm 的圆孔、方孔筛板的型式、参数、技术要求、检验规则及标志、包装、运输、贮存。

本标准适用于板厚小于 3 mm 的筛分用筛板,圆孔基本尺寸范围为 0.5 mm～10 mm,方孔基本尺寸范围为 2 mm～10 mm。

2 规范性引用文件

下列文件中的条款通过本标准的引用而成为本标准的条款。凡是注日期的引用文件,其随后所有的修改单(不包括勘误的内容)或修订版均不适用于本标准,然而,鼓励根据本标准达成协议的各方研究是否可使用这些文件的最新版本。凡是不注日期的引用文件,其最新版本适用于本标准。

GB/T 321 优选数和优选数系

GB/T 912 碳素结构钢和低合金结构钢热轧薄钢板及钢带

GB/T 1804 一般公差 未注公差的线性和角度尺寸的公差(eqv ISO 2768-1:1989)

GB/T 3280 不锈钢冷轧钢板

GB/T 4879 防锈包装

GB/T 7350 防水包装

GB/T 10061 筛板筛孔的标记方法(eqv ISO 7806:1983)

GB/T 15602 工业用筛和筛分 术语(eqv ISO 9045:1990)

3 术语和定义

GB/T 15602 确立的,以及下列术语和定义适用于本标准。

3.1

留边宽度(边宽) margin

筛板的边与最外一排孔的外边缘之间的距离。

3.2

开孔率 open area

孔的总面积与板的开孔部分总面积的比值。用百分率表示。

4 材料

板厚小于 3 mm 的筛板材料由供需双方商定。

5 型式和参数

5.1 孔的排列型式按 GB/T 10061 规定。

　　a) 圆孔:T 型排列(见图 1);

　　b) 方孔:U 型排列(见图 2);

　　c) 方孔:Z 型排列(见图 3)。

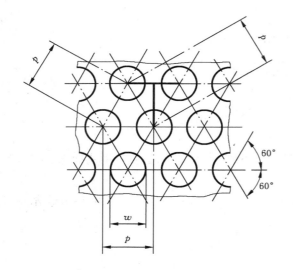

图 1 圆孔:T 型排列

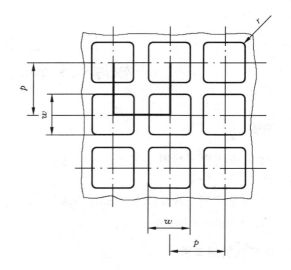

图 2 方孔:U 型排列

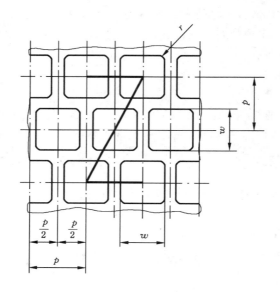

图 3 方孔:Z 型排列

5.2 基本参数和尺寸

5.2.1 筛孔基本尺寸分为第一系列、第二系列和第三系列,优先选用第一系列。

5.2.2 圆孔型筛板基本参数和尺寸按表 1 的规定,未给出的基本参数和尺寸部分可按附录 A 中公式计算并圆整得出。

5.2.3 方孔型筛板基本参数和尺寸按表 2 的规定,未给出的基本参数和尺寸部分可按附录 A 中公式计算并圆整得出。

5.2.4 筛板长度极限偏差和宽度极限偏差按 GB/T 1804 中公差等级 h14 的规定。如用户有特殊要求,应由供需双方共同商定。

表 1 圆孔型筛板基本参数和尺寸　　　　　单位为毫米

序号	筛孔 基本尺寸 w 第一系列 R10	第二系列 R20	第三系列 R40	极限偏差 单个	平均	孔距 基本尺寸 p	极限偏差 单个	平均	开孔率 A_0 / %
1	0.50	0.50	0.80			1.50			10
2	—	—	0.53			1.50			11
3	—	0.55	0.55			1.50	±0.10	±0.05	12
4	—	—	0.60			1.80			10
5	0.60	—	—			—			10
6	—	—	0.65			1.80			12
7	—	0.70	0.70			2.00			11
8	—	—	0.75			2.00			13
9	0.80	0.80	0.80			2.00			14.5
10	—	—	0.85			2.00			16
11	—	0.90	0.90			2.20			15
12	—	—	0.95	±0.14	±0.07	2.20	±0.20	±0.10	17
13	1.00	1.00	1.00			2.20			19
14	—	—	1.05			2.20			21
15	—	1.10	1.10			2.50			18
16	—	—	1.20			2.50			21
17	1.25	1.25	1.25			2.50			23
18	—	—	1.32			2.12	±0.20	±0.10	35
						2.36	±0.20	±0.10	28
						2.65	±0.20	±0.15	23
19	—	1.40	1.40			2.24	±0.20	±0.10	35
						2.50	±0.20	±0.10	28
						2.80	±0.30	±0.15	23
20	—	—	1.50			2.36			35
						2.65			28
						3.00			23
21	1.60	1.60	1.60			2.50	±0.30	±0.15	35
						2.80			28
						3.15			23
22	—	—	1.70			2.65			35
						3.00			28
						3.35			23
23	—	1.80	1.80			2.80	±0.30	±0.15	35
						3.15	±0.30	±0.15	28
						3.55	±0.40	±0.20	23

表 1（续）　　　　　　　　　　　　　　単位为毫米

序号	筛 孔					孔 距			开孔率 A_0/%
	基本尺寸 w			极限偏差		基本尺寸 p	极限偏差		
	第一系列 R10	第二系列 R20	第三系列 R40	单个	平均		单个	平均	
24	—	—	1.90			3.00	±0.30	±0.15	35
						3.55	±0.30	±0.15	28
						3.75	±0.40	±0.20	23
25	2.00	2.00	2.00			3.15	±0.30	±0.15	35
						3.55	±0.40	±0.20	28
						4.00	±0.40	±0.20	23
26	—	—	2.12			3.35	±0.30	±0.15	35
						3.75	±0.40	±0.20	28
						4.25	±0.40	±0.20	23
27	—	2.24	2.24			3.55			35
						4.00			28
						4.50			23
28	—	—	2.36			3.75			35
						4.25			28
						4.75			23
29	2.50	2.50	2.50	±0.14	±0.07	3.55			46
						4.00			35
						4.50			28
						5.00			23
30	—	—	2.65			3.75			46
						4.25			35
						4.75			28
						5.30			23
31	—	2.80	2.80			4.00	±0.40	±0.20	46
						4.50			35
						5.00			28
						5.60			23
32	—	—	3.00			4.25			46
						4.75			35
						5.30			28
						6.00			23
33	3.15	3.15	3.15			4.00			58
						4.50			46
						5.00			35
						5.60			28
						6.30			23
34	—	—	3.35	±0.18	±0.09	4.25			58
						4.75			46
						5.30			35
						6.00			28
						6.70			23

表 1（续）　　　　　　　单位为毫米

序号	筛孔 基本尺寸 w 第一系列 R10	第二系列 R20	第三系列 R40	极限偏差 单个	平均	孔距 基本尺寸 p	极限偏差 单个	平均	开孔率 $A_0/$%
35	—	3.55	3.55			4.50			58
						5.00			46
						5.60	±0.40	±0.20	35
						6.30			28
						7.10			23
36	—	—	3.75			4.75	±0.40	±0.20	58
						5.30	±0.40	±0.20	46
						6.00	±0.40	±0.20	35
						6.70	±0.40	±0.20	28
						7.50	±0.50	±0.25	23
37	4.00	4.00	4.00			5.00	±0.40	±0.20	58
						5.61	±0.40	±0.20	46
				±0.18	±0.09	6.30	±0.40	±0.20	35
						7.10	±0.40	±0.20	28
						8.00	±0.50	±0.25	23
38	—	—	4.25			5.30	±0.40	±0.20	58
						6.00	±0.40	±0.20	46
						6.70	±0.40	±0.20	35
						7.50	±0.50	±0.25	28
						8.50	±0.50	±0.25	23
39	—	4.50	4.50			5.60	±0.40	±0.20	58
						6.30	±0.40	±0.20	46
						7.10	±0.40	±0.20	35
						8.00	±0.50	±0.25	28
						9.00	±0.60	±0.30	23
40	—	—	4.75			6.00	±0.40	±0.20	58
						6.70	±0.40	±0.20	46
						7.50	±0.50	±0.25	35
						8.50	±0.50	±0.25	28
						9.50	±0.60	±0.30	23
41	5.00	5.00	5.00			6.30	±0.40	±0.20	58
						7.10	±0.40	±0.20	46
						8.00	±0.50	±0.25	35
						9.00	±0.60	±0.30	28
						10.0	±0.60	±0.30	23
42	—	—	5.30			6.70	±0.40	±0.20	58
						7.50	±0.50	±0.25	46
						8.50	±0.50	±0.25	35
						9.50	±0.60	±0.30	28
						10.6	±0.60	±0.30	23

表 1（续） 单位为毫米

序号	筛孔 基本尺寸 w 第一系列 R10	第二系列 R20	第三系列 R40	筛孔 极限偏差 单个	平均	孔距 基本尺寸 p	孔距 极限偏差 单个	平均	开孔率 A_0/%
43	—	5.60	5.60	±0.18	±0.09	7.10	±0.40	±0.20	58
						8.00	±0.50	±0.25	46
						9.00	±0.60	±0.30	35
						10.0	±0.60	±0.30	28
						11.2	±0.70	±0.35	23
44	—	—	6.00			7.50	±0.50	±0.25	58
						8.50	±0.50	±0.25	46
						9.50	±0.60	±0.30	35
						10.6	±0.60	±0.30	28
						11.8	±0.70	±0.35	23
45	6.30	6.30	6.30	±0.22	±0.11	8.00	±0.50	±0.25	58
						9.00	±0.50	±0.25	46
						10.0	±0.60	±0.30	35
						11.2	±0.70	±0.35	28
						12.5	±0.70	±0.35	23
46	—	—	6.70			8.50	±0.50	±0.25	58
						9.50	±0.60	±0.30	46
						10.6	±0.60	±0.30	35
						11.8	±0.70	±0.35	28
						13.2	±0.80	±0.40	23
47	—	7.10	7.10			9.00	±0.60	±0.30	58
						10.0	±0.60	±0.30	46
						11.2	±0.70	±0.35	35
						12.5	±0.70	±0.35	28
						14.0	±0.80	±0.40	23
48	—	—	7.50			9.50	±0.60	±0.30	58
						10.6	±0.60	±0.30	46
						11.8	±0.70	±0.35	35
						13.2	±0.80	±0.40	28
						15.0	±0.80	±0.40	23
49	8.00	8.00	8.00			10.0	±0.60	±0.30	58
						11.2	±0.70	±0.35	46
						12.5	±0.70	±0.35	35
						14.0	±0.80	±0.40	28
						16.0	±0.80	±0.40	23
50	—	—	8.50			10.6	±0.60	±0.30	58
						11.8	±0.70	±0.35	46
						13.2	±0.80	±0.40	35
						15.0	±0.80	±0.45	28

表 1（续）

单位为毫米

| 序号 | 筛孔 | | | | | 孔距 | | | 开孔率 A_0/% |
| | 基本尺寸 w | | | 极限偏差 | | 基本尺寸 p | 极限偏差 | | |
	第一系列 R10	第二系列 R20	第三系列 R40	单个	平均		单个	平均	
51	—	9.00	9.00			11.2	±0.70	±0.35	58
						12.5	±0.70	±0.35	46
						14.0	±0.80	±0.40	35
						16.0	±0.90	±0.45	28
52	—	—	9.50	±0.22	±0.11	11.8	±0.70	±0.35	58
						13.2	±0.80	±0.40	46
						15.0	±0.80	±0.40	35
						17.0	±1.00	±0.50	28
53	10.0	10.0	10.0			12.5	±0.70	±0.35	58
						14.0	±0.80	±0.40	46
						16.0	±0.90	±0.45	35
						18.0	±1.00	±0.50	28
54	(13.0)	(13.0)	(13.0)			18.0	±1.00	±0.50	46

注 1：开孔率为参考值。当孔径<1.3 mm 时,孔距可与用户协商。

注 2：孔距基本尺寸允许根据生产使用要求按 GB/T 321 进行圆整。

注 3：括号内的筛孔基本尺寸允许在煤炭分析中选用。

表 2　方孔型筛板基本参数和尺寸

单位为毫米

| 序号 | 筛孔 | | | | | 孔距 | | | 开孔率 A_0/% |
| | 基本尺寸 w | | | 极限偏差 | | 基本尺寸 p | 极限偏差 | | |
	第一系列 R10	第二系列 R20	第三系列 R40	单个	平均		单个	平均	
1	2.00	2.00	2.00			4.00			25
2	—	—	2.12			4.25			25
3	—	2.24	2.24			4.50			25
4	—	—	2.36			4.70			25
5	2.50	2.50	2.50			4.00			39
						5.00			25
6	—	—	2.65	±0.14	±0.07	4.25	±0.40	±0.20	39
						5.30			25
7	—	2.80	2.80			4.50			39
						5.60			25
8	—	—	3.00			4.75			39
						6.00			25
9	3.15	3.15	3.15			5.00			25
						6.30			39

表 2（续） 单位为毫米

序号	筛孔					孔距			开孔率 A₀/%
	基本尺寸 w			极限偏差		基本尺寸 p	极限偏差		
	第一系列 R10	第二系列 R20	第三系列 R40	单个	平均		单个	平均	
10	—	—	3.35			5.30	±0.40	±0.20	25
						6.70			39
11	—	3.55	3.55			5.60	±0.40	±0.20	25
						7.10			39
12	—	—	3.75			6.00	±0.40	±0.20	25
						7.50	±0.50	±0.25	39
13	4.00	4.00	4.00			6.30	±0.40	±0.20	39
						7.10	±0.40	±0.25	31
						8.00	±0.40	±0.25	25
14	—	—	4.25			6.70	±0.40	±0.20	39
						7.50	±0.50	±0.25	31
						8.50	±0.50	±0.25	25
15	—	4.50	4.50			7.10	±0.40	±0.20	39
						8.00	±0.50	±0.25	31
						9.00	±0.60	±0.30	25
16	—	—	4.75	±0.18	±0.09	7.50	±0.50	±0.25	39
						8.50	±0.50	±0.25	31
						9.50	±0.60	±0.30	25
17	5.00	5.00	5.00			7.10	±0.40	±0.20	51
						8.00	±0.50	±0.25	39
						9.00	±0.60	±0.30	31
						10.0	±0.60	±0.30	25
18	—	—	5.30			7.50	±0.50	±0.25	51
						8.50	±0.50	±0.25	39
						9.50	±0.50	±0.30	31
						10.6	±0.50	±0.30	25
19	—	5.60	5.60			8.00	±0.50	±0.25	51
						9.00	±0.60	±0.30	39
						10.0	±0.60	±0.30	31
						11.2	±0.70	±0.35	25
20	—	—	6.00			8.50	±0.50	±0.25	51
						9.50	±0.60	±0.30	39
						10.6	±0.60	±0.30	31
						11.8	±0.70	±0.35	25
21	6.30	6.30	6.30	±0.22	±0.11	8.00	±0.50	±0.25	64
						9.00	±0.60	±0.30	51
						10.0	±0.60	±0.30	39
						11.2	±0.70	±0.35	31
						12.5	±0.70	±0.35	25

表2（续）
单位为毫米

序号	筛孔 基本尺寸 w			筛孔 极限偏差		孔距 基本尺寸 p	孔距 极限偏差		开孔率 A₀/%
	第一系列 R10	第二系列 R20	第三系列 R40	单个	平均		单个	平均	
22	—	—	6.70			8.50	±0.50	±0.25	64
						9.50	±0.60	±0.30	51
						10.6	±0.60	±0.30	39
						11.8	±0.70	±0.35	31
23	—	7.10	7.10			9.00	±0.60	±0.30	64
						10.0	±0.60	±0.30	51
						11.2	±0.70	±0.35	39
						12.5	±0.70	±0.35	31
24	—	—	7.50			9.50	±0.60	±0.30	64
						10.0	±0.60	±0.30	51
						11.8	±0.70	±0.35	39
						13.2	±0.80	±0.40	31
25	8.00	8.00	8.00	±0.22	±0.11	10.0	±0.60	±0.30	64
						11.2	±0.70	±0.35	51
						12.5	±0.70	±0.35	39
						14.0	±0.80	±0.40	31
26	—	—	8.50			10.6	±0.60	±0.30	64
						11.8	±0.70	±0.35	51
						13.2	±0.80	±0.40	39
						15.0	±0.80	±0.40	31
27	—	9.00	9.00			11.2	±0.70	±0.35	64
						12.5	±0.70	±0.35	51
						14.0	±0.80	±0.40	39
						16.0	±0.90	±0.45	31
28	—	—	9.50			11.8	±0.70	±0.35	64
						13.2	±0.80	±0.40	51
						15.0	±0.80	±0.40	39
						17.0	±0.80	±0.40	31
29	10.0	10.0	10.0			12.5	±0.70	±0.35	64
						14.0	±0.80	±0.40	51
						16.0	±0.90	±0.45	39
						18.0	±1.00	±0.50	31

注1：开孔率为参考值。当孔径＜1.3 mm时，孔距可与用户协商。

注2：孔距基本尺寸允许根据生产使用要求按GB/T 321进行圆整。

5.2.5　筛板的两对角线应相等，其基本尺寸为筛板对角线的理论计算值，尺寸极限偏差应符合GB/T 1804中公差等级h15的规定。

5.2.6　筛板留边宽度应由供需双方商定，筛板留边宽度极限偏差按表3的规定。

表 3　筛板留边宽度极限偏差

孔距基本尺寸 p	筛板留边宽度极限偏差
3.15～5.00	±5.00
＞5.00～20.0	±10.0
＞20.0	±$p/2$

5.2.7　筛板厚度由供需双方商定,所选取的板厚应小于筛孔尺寸,并且小于筛板的筋宽。

5.3　筛孔标记按 GB/T 10061 的规定。

6　技术要求

6.1　筛板的材料牌号由供需双方商定。

6.2　筛板的尺寸及极限偏差应符合本标准的规定。

6.3　筛板应从一面冲孔,其冲孔面不应有毛刺。

6.4　筛板方孔的最大圆角半径 r_{max} 按下式计算:

$$r_{max} = 0.05w + 0.30 \text{ mm}$$

6.5　筛板不允许有裂纹、剥层。

6.6　筛板不允许有断筋、冲不透、漏冲(不包括工艺性漏冲)等缺陷。

6.7　筛板应采取防锈措施。

7　试验方法和检验规则

7.1　筛板应按本标准的规定检验合格后方可出厂。

7.2　应对筛板长度和宽度、筛板留边宽度、对角线尺寸、单个筛孔尺寸、平均筛孔尺寸、单个孔距及平均孔距尺寸进行检测,其方法按 7.3 的规定。

7.3　首先在筛面上目测检验筛板总的状况,然后在误差较大区域或任意选定的区域进行测量。

沿任一方向测量 20 个连续筛孔的筛孔尺寸和孔距,确定其平均值。如果沿一个方向的孔数不够所规定的最少孔数,那么取孔数最多的方向测量,单个筛孔尺寸和单个孔距尺寸在误差较大区域测量。

7.4　筛孔尺寸用游标卡尺或塞规检验。

7.5　孔距用游标卡尺检验。

7.6　筛板长度和宽度及留边宽度用钢卷尺检验。

7.7　特殊要求的检验由供需双方商定。

8　标志、包装、运输、贮存

8.1　出厂的筛板应附有合格证,合格证上应标明:

　　a)　制造厂名称;

　　b)　筛板型号及规格;

　　c)　筛孔尺寸;

　　d)　检验所用标准;

　　e)　检验员签章。

8.2　筛板应标明筛孔标记及工厂标记。

8.3　筛板的包装、运输、贮存应有防水、防锈措施。防水和防锈措施应符合 GB/T 7350、GB/T 4879 的有关规定。

8.4　经供需双方协商,可采用简易包装,但包装外部应符合 8.5 的规定。

8.5 包装箱应注明：

    a) 制造厂名称；

    b) 产品规格型号；

    c) 筛板数量（张）；

    d) 箱（包）外廓尺寸及毛重；

    e) 出厂编号、日期。

附　录　A

（规范性附录）

筛板孔距和筛孔尺寸极限偏差的公式

A.1 本标准适用于板厚小于 3 mm 的筛分用筛板，圆孔基本尺寸范围为 0.5 mm～10 mm，方孔基本尺寸范围为 2 mm～10 mm。

A.2 板厚＜3 mm 工业用筛板的孔距和筛孔尺寸的极限偏差公式见 A.2.1～A.2.4。

A.2.1 平均筛孔尺寸极限偏差 Δw

筛孔平均测量尺寸不能偏离基本尺寸，超出的极限偏差值 Δw 由式（A.1）或式（A.2）计算，式中 w 及 Δw 的单位为毫米。

　　a)　筛孔尺寸大于 6.3 mm 时：

$$\Delta w = \pm \frac{w(4.5 - \lg w)}{100} \quad\quad\quad\cdots\cdots\cdots\cdots\cdots\cdots（\text{A.1}）$$

　　b)　筛孔尺寸小于或等于 6.3 mm 时：

$$\Delta w = \pm \frac{w(14 - 12.5\lg w)}{100} \quad\quad\cdots\cdots\cdots\cdots\cdots\cdots（\text{A.2}）$$

最小值为 0.1 mm。

A.2.2 单个筛孔尺寸极限偏差

任何单个筛孔的测量尺寸不得超出极限偏差的 2 倍，即 $2\Delta w$。

A.2.3 平均孔距极限偏差 Δp

孔距平均测量尺寸不能偏离基本尺寸，超出的极限偏差值 Δp 由式（A.3）或式（A.4）计算，式中 p 及 Δp 的单位为毫米。

　　a)　孔距尺寸大于 6.3 mm 时：

$$\Delta p = \pm \frac{p(4 - \lg p)}{100} \quad\quad\quad\cdots\cdots\cdots\cdots\cdots\cdots（\text{A.3}）$$

　　b)　孔距尺寸小于或等于 6.3 mm 时：

$$\Delta p = \pm \frac{5p}{100} \quad\quad\quad\cdots\cdots\cdots\cdots\cdots\cdots（\text{A.4}）$$

A.2.4 单个孔距极限偏差

任何单个孔距的测量值不能小于基本尺寸的 1/2。

ICS 73.120
A 28

中华人民共和国国家标准

GB/T 10613—2003
代替 GB/T 10613—1989

工业用筛板

板厚≥3 mm 的圆孔和方孔筛板

Industrial plate screens—Thickness of 3 mm and above—Round and square holes

(ISO 7805-1:1984, Industrial plate screens—
Part 1:Thickness of 3 mm and above, MOD)

2003-11-10 发布　　　　　　　　　　　　2004-06-01 实施

中 华 人 民 共 和 国
国家质量监督检验检疫总局　发布

前　言

本标准修改采用 ISO 7805-1:1984《工业用筛板　第 1 部分:板厚≥3 mm》(英文版)。主要修改如下:

——ISO 7805-1 中以公式方式给出筛孔极限偏差和孔距极限偏差,用附录形式给出示例,而本标准以表 1、表 2 形式直接给出数值,以附录 A 形式给出筛板孔距和筛孔尺寸极限偏差的公式。

本标准代替 GB/T 10613—1989《板厚≥3 mm 的圆孔和方孔筛板》。

本标准与 GB/T 10613—1989 相比主要变化如下:

——增加了对材料的规定;

——修改了标志、包装的部分内容,增加简易包装方式。

本标准的附录 A 是规范性附录。

本标准由中国机械工业联合会提出。

本标准由全国筛网筛分和颗粒分检方法标准化技术委员会(CSBTS/TC 168)归口。

本标准由机械科学研究院负责起草,湖南岳阳乌江机筛有限公司参加起草。

本标准起草人:吴国川、万俊、孙安、余方。

本标准由全国筛网筛分和颗粒分检方法标准化技术委员会秘书处负责解释。

本标准所代替标准的历次版本发布情况为:

——GB/T 10613—1989。

工业用筛板
板厚≥3 mm 的圆孔和方孔筛板

1 范围

本标准规定了板厚等于和大于 3 mm 的圆孔和方孔筛板的型式、参数、技术要求、检验规则及标志、包装、运输、贮存。

本标准适用于板厚等于和大于 3 mm、筛孔基本尺寸为 3.15 mm～125 mm 的筛分用筛板。

2 规范性引用文件

下列文件中的条款通过本标准的引用而成为本标准的条款。凡是注日期的引用文件,其随后所有的修改单(不包括勘误的内容)或修订版均不适用于本标准,然而,鼓励根据本标准达成协议的各方研究是否可使用这些文件的最新版本。凡是不注日期的引用文件,其最新版本适用于本标准。

GB/T 321 优选数和优选数系

GB/T 912 碳素结构钢和低合金结构钢热轧薄钢板及钢带

GB/T 1804 一般公差 未注公差的线性和角度尺寸的公差(eqv ISO 2768-1:1989)

GB/T 3280 不锈钢冷轧钢板

GB/T 4879 防锈包装

GB/T 7350 防水包装

GB/T 10061 筛板筛孔的标记方法(eqv ISO 7806:1983)

GB/T 15602 工业用筛和筛分 术语(eqv ISO 9045:1990)

3 术语和定义

GB/T 15602 确立的,以及下列术语和定义适用于本标准。

3.1
留边宽度(边宽) margin
筛板的边与最外一排孔的外边缘之间的距离。

3.2
开孔率 open area
孔的总面积与板的开孔部分总面积的比值。用百分率表示。

4 材料

本标准适用于 GB/T 912 中低碳钢和 GB/T 3280 中不锈钢制造的筛板,用其他钢材或非金属材料制造的筛板除筛孔尺寸外,都应由供需双方商定。

5 型式和参数

5.1 孔的排列型式
孔的排列型式按 GB/T 10061 的规定。
a) 圆孔:T 型排列(见图 1);
b) 方孔:U 型排列(见图 2);
c) 方孔:Z 型排列(见图 3)。

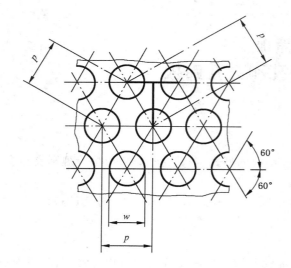

图 1　圆孔:T 型排列

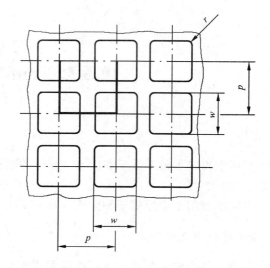

图 2　方孔:U 型排列

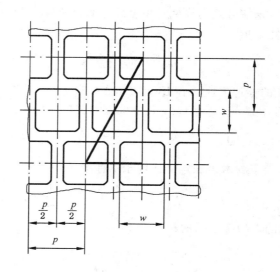

图 3　方孔:Z 型排列

5.2　基本参数和尺寸

5.2.1　筛孔基本尺寸分为第一系列、第二系列和第三系列,优先选用第一系列。

5.2.2　圆孔型筛板基本参数和尺寸按表 1 的规定,未给出的基本参数和尺寸部分可按附录 A 中公式计算并修正得出。

5.2.3　方孔型筛板基本参数和尺寸按表 2 的规定,未给出的基本参数和尺寸部分可按附录 A 中公式计算并修正得出。

5.2.4　筛板长度极限偏差和宽度极限偏差按 GB/T 1804 中公差等级 h14 的规定。如用户有特殊要求,应由供需双方共同商定。

表 1 圆孔型筛板基本参数和尺寸 　　　　　　　　　　　　单位为毫米

序号	筛 孔				孔 距			开孔率 A_0 / %
	基本尺寸 w			平均值极限偏差	基本尺寸 p	极限偏差		
	第一系列 R10	第二系列 R20	第三系列 R40			单个	平均	
1	3.15	3.15	3.15	±0.15	6.30	±0.40	±0.20	23
2	—	—	3.35		6.70	±0.40	±0.20	23
3	—	3.55	3.55		7.10	±0.40	±0.20	23
4	—	—	3.75		7.50	±0.50	±0.25	23
5	4.00	4.00	4.00		7.10	±0.40	±0.20	28
					8.00	±0.50	±0.25	23
6	—		4.20		7.50	±0.50	±0.25	28
					8.50	±0.50	±0.25	23
7	—	4.50	4.50		8.00	±0.50	±0.25	28
					9.00	±0.50	±0.25	23
8	—	—	4.75		8.50	±0.50	±0.25	28
					9.50	±0.60	±0.30	23
9	5.00	5.00	5.00		8.00	±0.50	±0.25	35
					9.00	±0.50	±0.25	28
					10.00	±0.60	±0.30	23
10	—	—	5.30	±0.20	8.50	±0.50	±0.25	35
					9.50	±0.60	±0.30	28
					10.6	±0.60	±0.30	23
11	—	5.60	5.60		9.00	±0.50	±0.25	35
					10.0	±0.60	±0.30	28
					11.2	±0.70	±0.35	23
12	—	—	6.00		9.50	±0.60	±0.30	35
					10.6	±0.60	±0.30	28
					11.8	±0.70	±0.35	23
13	6.30	6.30	6.30		10.0	±0.60	±0.30	35
					11.2	±0.70	±0.35	28
					12.5	±0.70	±0.35	23
14	—	—	6.70	±0.25	10.6	±0.60	±0.30	35
					11.8	±0.70	±0.35	28
					13.2	±0.80	±0.40	23
15	—	7.10	7.10		11.2	±0.70	±0.35	35
					12.5	±0.70	±0.35	28
					14.0	±0.80	±0.40	23
16	—	—	7.50		11.8	±0.70	±0.35	35
					13.2	±0.80	±0.40	28
					15.0	±0.80	±0.40	23

表 1（续）
单位为毫米

序号	筛 孔				孔 距			开孔率 A_0/%
	基本尺寸 w			平均值极限偏差	基本尺寸 p	极限偏差		
	第一系列 R10	第二系列 R20	第三系列 R40			单个	平均	
17	8.00	8.00	8.00	±0.30	11.2	±0.70	±0.35	46
					12.5	±0.70	±0.35	35
					14.0	±0.80	±0.40	28
					16.0	±0.90	±0.45	23
18	—	—	8.50		11.8	±0.70	±0.35	46
					13.2	±0.80	±0.40	35
					15.0	±0.80	±0.40	28
19	—	9.00	9.00		12.5	±0.70	±0.35	46
					14.0	±0.80	±0.40	35
					16.0	±0.90	±0.45	28
20	—	—	9.50		13.2	±0.80	±0.40	46
					15.0	±0.80	±0.40	35
					17.0	±0.90	±0.45	28
21	10.0	10.0	10.0	±0.35	14.0	±0.80	±0.40	46
					16.0	±0.90	±0.45	35
					18.0	±1.00	±0.50	28
22	—	—	10.6		15.0	±0.80	±0.40	46
					17.0	±0.90	±0.45	35
					19.0	±0.50	±0.50	28
23	—	11.2	11.2		16.0	±0.90	±0.45	46
					18.0	±1.00	±0.50	35
					20.0	±1.00	±0.50	28
24	—	—	11.8	±0.40	17.0	±0.90	±0.45	46
					19.0	±1.00	±0.50	35
					21.2	±1.10	±0.55	28
25	12.5	12.5	12.5		16.0	±0.90	±0.45	56
					18.0	±1.00	±0.50	46
					20.0	±1.00	±0.50	35
					22.4	±1.20	±0.60	28
26	—	—	13.2	±0.45	17.0	±0.90	±0.45	58
					19.0	±1.00	±0.50	46
					21.2	±1.10	±0.55	35
27	—	14.0	14.0		18.0	±1.00	±0.50	58
					20.0	±1.00	±0.50	46
					22.4	±1.20	±0.60	35
28	—	—	15.0	±0.50	19.0	±1.00	±0.50	58
					21.2	±1.10	±0.55	46
					23.6	±1.20	±0.60	35

表 1（续）

单位为毫米

序号	筛 孔				孔 距			开孔率 A₀/%
	基本尺寸 w			平均值极限偏差	基本尺寸 p	极限偏差		
	第一系列 R10	第二系列 R20	第三系列 R40			单个	平均	
29	16.0	16.0	16.0	±0.50	20.0	±1.00	±0.50	58
					22.4	±1.20	±0.60	46
					25.0	±1.40	±0.70	35
30	—	—	17.0		21.2	±1.10	±0.55	58
					23.6	±1.20	±0.60	46
					26.5	±1.40	±0.70	35
31	—	18.0	18.0		22.4	±1.20	±0.60	58
					25.0	±1.40	±0.70	46
					28.0	±1.40	±0.70	35
32	—	—	19.0	±0.60	23.6	±1.20	±0.60	58
					26.5	±1.40	±0.70	46
					30.0	±1.50	±0.75	35
33	20.0	20.0	20.0		25.0	±1.40	±0.70	58
					28.0	±1.40	±0.70	46
					31.5	±1.60	±0.80	35
34	—	—	21.2	±0.65	26.5	±1.40	±0.70	58
					30.0	±1.50	±0.75	46
					33.5	±1.60	±0.80	35
35	—	22.4	22.4	±0.70	28.0	±1.40	±0.70	58
					31.5	±1.60	±0.80	46
					35.5	±1.60	±0.80	35
36	—	—	23.6		30.0	±1.50	±0.75	58
					33.5	±1.60	±0.80	46
					37.5	±1.80	±0.90	35
37	25.0	25.0	25.0	±0.75	31.5	±1.60	±0.80	58
					35.5	±1.60	±0.80	46
					40.0	±2.00	±1.00	35
38	—	—	26.5	±0.80	33.5	±1.60	±0.80	58
					37.5	±1.80	±0.90	46
					42.5	±2.00	±1.00	35
39	—	28.0	28.0	±0.85	35.5	±1.60	±0.80	58
					40.0	±2.00	±1.00	46
					45.0	±2.20	±1.10	35
40	—	—	30.0	±0.90	37.5	±1.80	±0.90	58
					42.5	±2.00	±1.00	46
					47.5	±2.20	±1.10	35

GB/T 10613—2003

表 1（续）   单位为毫米

序号	筛孔 基本尺寸 w 第一系列 R10	第二系列 R20	第三系列 R40	平均值极限偏差	孔距 基本尺寸 p	极限偏差 单个	平均	开孔率 $A_0/\%$
41	31.5	31.5	31.5	±1.00	40.0	±2.00	±1.00	58
					45.0	±2.20	±1.10	46
					50.0	±2.40	±1.20	35
42	—	—	33.5		42.5	±2.00	±1.00	58
					47.5	±2.20	±1.10	46
					53.0	±2.40	±1.20	35
43	—	35.5	35.5	±1.05	45.0	±2.20	±1.00	58
					50.0	±2.40	±1.20	46
					56.0	±2.60	±1.30	35
44	—	—	37.5	±1.10	47.5	±2.20	±1.10	58
					53.0	±2.40	±1.20	46
					60.0	±2.70	±1.35	35
45	40.0	40.0	40.0	±1.20	50.0	±2.40	±1.20	58
					56.0	±2.60	±1.30	46
					63.0	±2.80	±1.40	35
46	—	—	42.5		53.0	±2.40	±1.20	58
					60.0	±2.70	±1.35	46
					67.0	±2.90	±1.45	35
47	—	45.0	45.0	±1.25	56.0	±2.60	±1.30	58
					63.0	±2.80	±1.40	46
					71.0	±3.00	±1.50	35
48	—	—	47.5	±1.30	60.0	±2.70	±1.35	58
					67.0	±2.90	±1.45	46
					75.0	±3.20	±1.60	35
49	50.0	50.0	50.0	±1.40	63.0	±2.80	±1.40	58
					71.0	±3.00	±1.50	46
					80.0	±3.40	±1.70	35
50	—	—	53.0	±1.45	67.0	±2.90	±1.45	58
					75.0	±3.20	±1.60	46
					85.0	±3.50	±1.75	35
51	—	56.0	56.0	±1.50	71.0	±3.00	±1.50	58
					80.0	±3.40	±1.70	46
					90.0	±3.60	±1.80	35
52	—	—	60.0	±1.60	75.0	±3.20	±1.60	58
					85.0	±3.50	±1.75	46
					75.0	±3.80	±1.90	35

表 1（续）   单位为毫米

| 序号 | 筛孔 | | | | 孔距 | | | 开孔率 A_0/% |
| | 基本尺寸 w | | | 平均值极限偏差 | 基本尺寸 p | 极限偏差 | | |
	第一系列 R10	第二系列 R20	第三系列 R40			单个	平均	
53	63.0	63.0	63.0	±1.70	80.0	±2.80	±1.40	58
					90.0	±3.60	±1.80	46
					100	±4.00	±2.00	35
54	—	—	67.0	±1.75	85.0	±3.50	±1.75	58
55	—	71.0	71.0	±1.85	90.0	±3.60	±1.80	58
56	—	—	75.0	±1.95	95.0	±3.80	±1.90	58
57	80.0	80.0	80.0	±2.10	100	±4.00	±2.00	58
58	—	—	85.0	±2.15	106	±4.20	±2.10	58
59	—	90.0	90.0	±2.25	112	±4.20	±2.20	58
60	—	—	95.0	±2.40	118	±4.60	±2.30	58
61	100	100	100	±2.50	125	±4.80	±2.40	58
62	—	—	106	±2.60	132	±5.00	±2.50	58
63	—	112	112	±2.70	140	±5.20	±2.60	58
64	—	—	118	±2.85	147	±5.40	±2.70	58
65	125	125	125	±3.00	160	±5.80	±2.90	58

注1：开孔率为参考值。
注2：孔距基本尺寸允许根据生产使用要求按 GB/T 321 进行圆整。
注3：括号内的筛孔基本尺寸允许在煤炭分析中选用。

表 2　方孔型筛板基本参数和尺寸   单位为毫米

| 序号 | 筛孔 | | | | 孔距 | | | 开孔率 A_0/% |
| | 基本尺寸 w | | | 平均值极限偏差 | 基本尺寸 p | 极限偏差 | | |
	第一系列 R10	第二系列 R20	第三系列 R40			单个	平均	
1	3.15	3.15	3.15		6.30	±0.40	±0.20	25
2	—	—	3.35		6.70	±0.40	±0.20	25
3	—	3.55	3.55	±0.15	7.10	±0.40	±0.20	25
4	—	—	3.75		7.50	±0.50	±0.25	25
5	4.00	4.00	4.00		7.10	±0.40	±0.20	31
					8.00	±0.50	±0.25	25

表 2（续）

单位为毫米

序号	筛 孔				孔 距			开孔率 A₀/ %
	基本尺寸 w			平均值极限偏差	基本尺寸 p	极限偏差		
	第一系列 R10	第二系列 R20	第三系列 R40			单个	平均	
6	—	—	4.25	±0.15	7.50	±0.50	±0.25	31
					8.50	±0.50	±0.25	25
7	—	4.50	4.50		8.00	±0.50	±0.25	31
					9.00	±0.50	±0.25	25
8	—	—	4.75		8.50	±0.50	±0.25	31
					9.50	±0.60	±0.30	25
9	5.00	5.00	5.00		9.00	±0.50	±0.25	31
					10.00	±0.50	±0.25	25
10	—	—	5.30	±0.20	9.50	±0.60	±0.30	31
11	—	5.60	5.60		10.0	±0.60	±0.30	31
12	—	—	6.00		10.6	±0.60	±0.30	31
13	6.30	6.30	6.30		10.0	±0.60	±0.30	39
					11.2	±0.70	±0.35	31
14	—	—	6.70	±0.25	10.6	±0.60	±0.30	39
					11.8	±0.70	±0.35	31
15	—	7.10	7.10		11.2	±0.70	±0.35	39
					12.5	±0.70	±0.35	31
16	—	—	7.50		11.8	±0.70	±0.35	39
					13.2	±0.80	±0.40	31
17	8.00	8.00	8.00		11.2	±0.70	±0.35	51
					12.5	±0.70	±0.35	39
					14.0	±0.80	±0.40	31
18	—	—	8.50		11.8	±0.70	±0.35	51
					13.2	±0.80	±0.40	39
					15.0	±0.80	±0.40	31
19	—	9.00	9.00	±0.30	12.5	±0.70	±0.35	51
					14.0	±0.80	±0.40	39
					16.0	±0.90	±0.45	31
20	—	—	9.50		13.2	±0.80	±0.40	51
					15.0	±0.80	±0.40	39
					17.0	±0.90	±0.45	31
21	10.0	10.0	10.0		14.0	±0.80	±0.40	51
					16.0	±0.90	±0.45	39
				±0.35	18.0	±1.00	±0.50	31
22	—	—	10.6		15.0	±0.80	±0.40	51
					17.0	±0.90	±0.45	39

表 2（续）

单位为毫米

序号	筛 孔				孔 距			开孔率 A_0 / %
	基本尺寸 w			平均值极限偏差	基本尺寸 p	极限偏差		
	第一系列 R10	第二系列 R20	第三系列 R40			单个	平均	
23	—	11.2	11.2	±0.35	16.0	±0.90	±0.45	51
					18.0	±1.00	±0.50	39
24	—	—	11.8	±0.40	17.0	±0.90	±0.45	51
					19.0	±1.00	±0.50	39
25	12.5	12.5	12.5		16.0	±0.90	±0.45	64
					18.0	±1.00	±0.50	51
					20.0	±1.00	±0.50	39
26	—	—	13.2	±0.45	17.0	±0.90	±0.45	64
					19.0	±1.00	±0.50	51
					21.2	±1.10	±0.55	39
27	—	14.0	14.0		18.0	±1.00	±0.50	64
					20.0	±1.00	±0.50	51
					22.4	±1.20	±0.60	39
28	—	—	15.0		19.0	±1.00	±0.50	64
					21.2	±1.10	±0.55	51
					23.6	±1.20	±0.60	39
29	16.0	16.0	16.0	±0.50	20.0	±1.00	±0.50	64
					22.4	±1.20	±0.60	51
					25	±1.40	±0.70	39
30	—	—	17.0		21.2	±1.10	±0.55	64
					23.6	±1.20	±0.60	51
					26.5	±1.40	±0.70	39
31	—	18.0	18.0		22.4	±1.20	±0.60	64
					25.0	±1.40	±0.70	51
					28.0	±1.40	±0.70	39
32	—	—	19.0		23.6	±1.20	±0.60	64
					26.5	±1.40	±0.70	51
					30.0	±1.50	±0.75	39
33	20.0	20.0	20.0	±0.60	25.0	±1.40	±0.70	64
					28.0	±1.40	±0.70	51
					31.5	±1.60	±0.80	39
34	—	—	21.2	±0.65	26.5	±1.40	±0.70	64
					30.0	±1.50	±0.75	51
					33.5	±1.60	±0.80	39
35	—	22.4	22.4	±0.70	28.0	±1.40	±0.70	64
					31.5	±1.60	±0.80	51
					35.5	±1.60	±0.80	39

表 2（续）　　　　　　　　　　　　　　　　　　　　　　　　　　单位为毫米

序号	筛孔				孔距			开孔率 A₀/ %
	基本尺寸 w			平均值极限偏差	基本尺寸 p	极限偏差		
	第一系列 R10	第二系列 R20	第三系列 R40			单个	平均	
36	—	—	23.6	±0.70	30.0	±1.50	±0.75	64
					33.5	±1.60	±0.80	51
					37.5	±1.80	±0.90	39
37	25.0	25.0	25.0	±0.75	31.5	±1.60	±0.80	64
					35.5	±1.60	±0.80	51
					40.0	±2.00	±1.00	39
38	—	—	26.5	±0.80	33.5	±1.60	±0.80	64
					37.5	±1.80	±0.90	51
					42.5	±2.00	±1.00	39
39	—	28.0	28.0	±0.85	35.5	±1.60	±0.80	64
					40.0	±2.00	±1.00	51
					45.0	±2.20	±1.10	39
40	—	—	30.0	±0.90	37.5	±1.80	±0.90	64
					42.5	±2.00	±1.00	51
					47.5	±2.20	±1.10	39
41	31.5	31.5	31.5	±1.00	40.0	±2.00	±1.00	64
					45.0	±2.20	±1.10	51
					50.0	±2.40	±1.20	39
42	—	—	33.5		42.5	±2.00	±1.00	64
					47.5	±2.20	±1.10	51
					53.0	±2.40	±1.20	39
43	—	35.5	35.5	±1.05	45.0	±2.20	±1.00	64
					50.0	±2.40	±1.20	51
					56.0	±2.60	±1.30	39
44	—	—	37.5	±1.10	47.5	±2.20	±1.10	64
					53.0	±2.40	±1.20	51
					60.0	±2.70	±1.35	39
45	40.0	40.0	40.0	±1.20	50.0	±2.40	±1.20	64
					56.0	±2.60	±1.30	51
					63.0	±2.80	±1.40	39
46	—	—	42.5		53.0	±2.40	±1.20	64
					60.0	±2.70	±1.35	51
					67.0	±2.90	±1.45	39
47	—	45.0	45.0	±1.25	56.0	±2.60	±1.30	64
					63.0	±2.80	±1.40	51
					71.0	±3.00	±1.50	39

表 2（续）

单位为毫米

序号	筛孔				孔距			开孔率 A_0 / %
	基本尺寸 w			平均值极限偏差	基本尺寸 p	极限偏差		
	第一系列 R10	第二系列 R20	第三系列 R40			单个	平均	
48	—	—	47.5	±1.30	60.0	±2.70	±1.35	64
					67.0	±2.90	±1.45	51
					75.0	±3.20	±1.60	39
49	50.0	50.0	50.0	±1.40	63.0	±2.80	±1.40	64
					71.0	±3.00	±1.50	51
					80.0	±3.40	±1.70	39
50	—	—	53.0	±1.45	67.0	±2.90	±1.45	64
					75.0	±3.20	±1.60	51
					85.0	±3.50	±1.75	39
51	—	56.0	56.0	±1.50	71.0	±3.00	±1.50	64
					80.0	±3.40	±1.70	51
					90.0	±3.60	±1.80	39
52	—	—	60.0	±1.60	75.0	±3.20	±1.60	64
					85.0	±3.50	±1.75	51
					95.0	±3.80	±1.90	39
53	63.0	63.0	63.0	±1.70	80.0	±2.80	±1.40	64
					90.0	±3.60	±1.80	51
					100	±4.00	±2.00	39
54	—	—	67.0	±1.75	85.0	±3.50	±1.75	64
55	—	71.0	71.0	±1.85	90.0	±3.60	±1.80	64
56	—	—	75.0	±1.95	95.0	±3.80	±1.90	64
57	80.0	80.0	80.0	±2.10	100	±4.00	±2.00	64
58	—	—	85.0	±2.15	106	±4.20	±2.10	64
59	—	90.0	90.0	±2.25	112	±4.20	±2.20	64
60	—	—	95.0	±2.40	118	±4.60	±2.30	64
61	100	100	100	±2.50	125	±4.80	±2.40	64
62			106	±2.60	132	±5.00	±2.50	64
63		112	112	±2.70	140	±5.20	±2.60	64
64	—	—	118	±2.85	147	±5.40	±2.70	64
65	125	125	125	±3.00	160	±5.80	±2.90	64

注 1：开孔率为参考值。

注 2：孔距基本尺寸允许根据生产使用要求按 GB/T 321 进行圆整。

注 3：括号内的筛孔基本尺寸允许在煤质分析中选用。

5.2.5 筛板留边宽度应由供需双方商定,筛板留边宽度极限偏差按表3的规定。

表 3　筛板留边宽度极限偏差　　　　　　　　　　　　单位为毫米

孔距基本尺寸 p	筛板留边宽度极限偏差
3.15～5.00	±5.00
>5.00～20.0	±10.0
>20.0	±p/2

5.2.6 筛板厚度由供需双方商定。所选择的板厚应小于筛孔尺寸,并且小于筛板的筋宽。

5.3 筛孔标记按 GB/T 10061 的规定。

6　技术要求

6.1 筛板的材料牌号由供需双方商定。

6.2 筛板的尺寸及极限偏差应符合本标准的规定。

6.3 筛板应从一面冲孔,其冲孔面不应有毛刺。

6.4 筛板方孔的最大圆角半径 r_{max} 按下式计算:

$$r_{max} = 0.05w + 0.03 \text{ mm}$$

6.5 筛板不允许有裂纹、剥层。

6.6 筛板不允许有连冲、断筋、冲不透、漏冲(不包括工艺性漏冲)等缺陷。

6.7 筛板应采取防锈措施。

7　试验方法和检验规则

7.1 筛板应按本标准的规定检验合格后方可出厂。

7.2 应对筛板长度和宽度、筛板留边宽度、单个筛孔尺寸、平均筛孔尺寸、单个孔距尺寸及平均孔距尺寸进行检测,其方法按7.3的规定。

7.3 首先是在筛面上,目测检验筛板总的质量,在误差较大区域或任意选定的区域,分别沿两个不同方向的直线进行检验,每条直线至少长 100 mm,每个方向至少含 5 个孔。

两直线间夹角,圆孔为 90°或 60°(见图5)。方孔为 90°(见图6)。或者沿方孔的对角线检验,方孔对角线至少长 150 mm,并且至少包含 8 个孔(见图7)。

如果在板上沿一个或两个方向的孔数不够所规定的最少孔数,则应检查筛面上的全部孔。

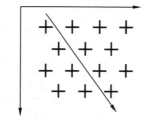

图 5　圆孔为 90°或 60°

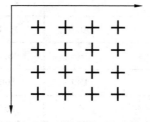

图 6　方孔 90°

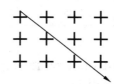

图 7　方孔对角线

7.4 筛孔尺寸用游标卡尺或塞规检验。

7.5 孔距用游标卡尺检验。

7.6 筛板长度和宽度及留边宽度用钢卷尺检验。

7.7 特殊要求的检验由供需双方商定。

8 标志、包装、运输、贮存

8.1 出厂的筛板应附有合格证,合格证上应标明:

    a) 制造厂名称;

    b) 筛板型号及规格;

    c) 筛孔尺寸;

    d) 检验所用标准;

    e) 检验员签章。

8.2 筛板应标明筛孔标记及工厂标记。

8.3 筛板的包装、运输、贮存应有防水、防锈措施。防水和防锈措施应符合 GB/T 7350、GB/T 4879 的有关规定。

8.4 经供需双方协商,可采用简易包装,但包装外部应符合 8.5 的规定。

8.5 包装箱应注明:

    a) 制造厂名称;

    b) 产品规格型号;

    c) 筛板数量(张);

    d) 箱(包)外廓尺寸及毛重;

    e) 出厂编号、日期。

附 录 A

（规范性附录）

筛板孔距和筛孔尺寸极限偏差的公式

A.1 本标准适用于板厚大于和等于 3 mm，筛孔基本尺寸为 3.15 mm～125 mm 的工业用筛板。

A.2 板厚≥3 mm 工业用筛板的孔距和筛孔尺寸的极限偏差公式见 A.2.1～A.2.3。

A.2.1 平均筛孔尺寸极限偏差 Δw

筛孔平均测量尺寸不能偏离基本尺寸，超出的极限偏差值 Δw 由式（A.1）计算，式中 w 及 Δw 的单位为毫米。

$$\Delta w = \pm \frac{w(4.5 - \lg w)}{100} \qquad\qquad \cdots\cdots\cdots\cdots\cdots\cdots\cdots（A.1）$$

A.2.2 平均孔距极限偏差 Δp

孔距平均测量尺寸不能偏离基本尺寸，超出的极限偏差值 Δp 由式（A.2）计算，式中 p 及 Δp 的单位为毫米。

$$\Delta p = \pm \frac{p(4 - \lg p)}{100} \qquad\qquad \cdots\cdots\cdots\cdots\cdots\cdots\cdots（A.2）$$

A.2.3 单个孔距极限偏差

任何单个孔距的测量值不大于基本尺寸的 $2\Delta p$。

ICS 73.120
A 28

中华人民共和国国家标准

GB/T 12620—2008
代替 GB/T 12620—1990,GB/T 3943—1983

长圆孔、长方孔和圆孔筛板

Round and elongated apertures with round and square plate screens

2008-04-16 发布

2008-10-01 实施

中华人民共和国国家质量监督检验检疫总局
中国国家标准化管理委员会 发布

前　言

本标准代替 GB/T 12620—1990《长圆孔和长方孔筛板》和 GB/T 3943—1983《圆孔和长孔筛片》。

本标准与 GB/T 12620—1990 和 GB/T 3943—1983 相比,主要修改内容如下:

——增加了适用范围;

——对术语内容进行了调整;

——修改了长圆孔筛板和长方孔筛板基本尺寸和参数中表 1、表 2 和表 3 的筛孔宽度极限偏差;

——增加了排列型式;

——增加了 5.1 筛板材料,5.2 板厚的规定,5.4 筛板不允许有锈蚀等规定的要求;

——修改了 6.5 抽样规则和 6.6 检验要求;

——修改了 5.5 筛板加工要求;

——删除了对成品筛板的一些具体要求,检验规则,以满足不同用户的需要;

——删除了筛片号的规定,避免品种过多造成混乱。

本标准的附录 A 为资料性附录。

本标准由全国筛网筛分和颗粒分检方法标准化技术委员会提出并归口。

本标准起草单位:中机生产力促进中心、湖南省乌江机筛有限公司。

本标准主要起草人:余方、万俊、孙安。

本标准所代替标准的历次版本发布情况为:

——GB/T 12620—1990;

——GB/T 3943—1983。

长圆孔、长方孔和圆孔筛板

1 范围

本标准规定了金属长圆孔、长方孔和圆孔筛板的型式和参数、技术要求、检验规则、标志、包装、运输、贮存。

本标准适用于筛分、通风、装饰、选矿、粮食、油料、饲料加工、筛选和过滤等用途的筛板,其孔形为长圆孔、长方孔和圆孔。

2 规范性引用文件

下列标准中的条款,通过本标准的引用而成为本标准的条款。凡是注日期的引用文件,其随后所有的修改单(不包括勘误的内容)或修订版均不适用于本标准,然而,鼓励根据本标准达成协议的各方研究是否使用这些文件的最新版本。凡是不注日期的引用文件,其最新版本适用于本标准。

GB/T 708 冷轧钢板和钢带的尺寸、外形、重量及允许偏差

GB/T 1804 公差与配合 未注公差尺寸的极限偏差(GB/T 1804—2000,eqv ISO 2768-1:1989)

GB/T 2828.1 计数抽样检验程序 第1部分:按接收质量限(AQL)检索的逐批检验抽样计划(GB/T 2828.1—2003,ISO 2859-1:1999,IDT)

GB/T 10061 筛板筛孔的标记方法(GB/T 10061—1988,eqv ISO 7806:1983)

GB/T 15602 工业用筛网和筛分 术语(GB/T 15602—1995,eqv ISO 9045:1990)

GB/T 19360 工业用金属穿孔板 技术要求和检验方法(GB/T 19360—2003,ISO 10630:1994,IDT)

3 术语、符号

3.1 P——孔距基本尺寸;

P_1——筛孔宽度方向的孔距基本尺寸;

P_2——筛孔长度方向的孔距基本尺寸;

w——筛孔基本尺寸;

w_1——筛孔宽度基本尺寸;

w_2——筛孔长度基本尺寸。

3.2 其他术语、符号按 GB/T 15602 的规定。

4 型式和参数

4.1 孔的排列型式按 GB/T 10061 的规定,增加斜角排列型式如图5、图6,斜角 α 为 $19°\sim45°$,斜角 α 亦可按产品设计而定。

 a) 长圆孔:Z型排列,如图1。

 b) 长圆孔:U型排列,如图2。

 c) 长方孔:Z型排列,如图3。

 d) 长方孔:U型排列,如图4。

 e) 长圆孔斜角Z型排列,如图5。

 f) 长方孔斜角Z型排列,如图6。

 g) 圆孔:T_a型排列,如图7。

 h) 圆孔:T_b型排列,如图8。

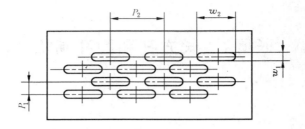

图 1

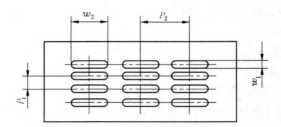

图 2

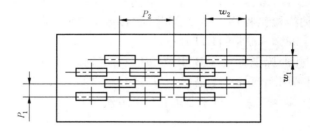

图 3

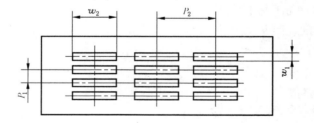

图 4

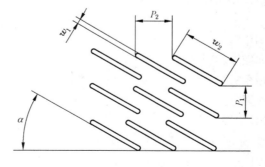

图 5

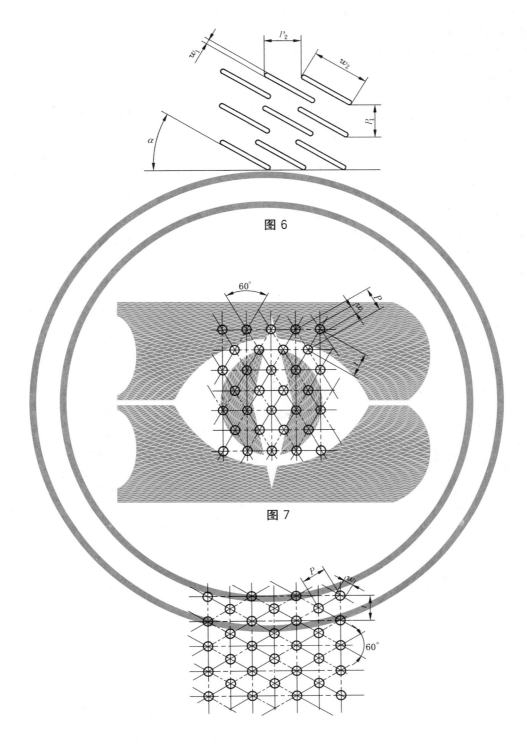

GB/T 12620—2008

图 6

图 7

图 8

4.2 筛孔标记按 GB/T 10061 的规定。

4.3 基本尺寸和参数

265

4.3.1 长圆孔筛板和长方孔筛板基本尺寸和参数按表1的规定。

4.3.2 长圆孔筛板和长方孔筛板斜角基本尺寸和参数按表2的规定。

4.3.3 圆孔筛板基本尺寸和参数按表3的规定。

4.3.4 筛板长度极限偏差和宽度极限偏差按 GB/T 1804 中公差等级 h14 的规定。如用户有特殊要求,应由供需双方共同商定。

4.3.5 筛板留边尺寸应由供需双方共同商定,筛板留边极限偏差按表4的规定。

4.3.6 筛板的两对角线应相等,其极限偏差应符合 GB/T 1804 中公差等级 h15 的规定。

表 1 单位为毫米

筛孔宽度			筛孔长度		孔距				孔距					筛分面积百分比/%		
基本尺寸 w_1		极限偏差	基本尺寸 w_2	极限偏差	基本尺寸 P_1	测量区边续孔数/个	极限偏差		基本尺寸 P_2	测量区边续孔数/个	极限偏差		板厚	长圆孔		长方孔 Z型和U型排列
第一系列尺寸 R5	第二系列尺寸 R10						平均	单个			平均	单个		Z型排列	U型排列	
0.7	0.7	±0.05	12	±0.05	2.5 / 3.4 / 4.0	25	±0.25	±0.50	16	8	±0.60	±1.00	1.00~1.50	21 / 15 / 13	—	—
0.8	0.8	±0.05	12	±0.05	2.5 / 3.4 / 4.0	25	±0.25	±0.50	16	8	±0.60	±1.00	1.00~1.50	24 / 18 / 15	—	—
0.9	0.9	±0.05	12	±0.05	2.5 / 3.4 / 4.0	25	±0.25	±0.50	16	8	±0.60	±1.00	1.00~1.50	27 / 20 / 17	—	—
1.00	1.00	+0.08 −0.06	10.0	+0.40 −0.60	3.50	25	±0.25	±0.50	14.0	8	±0.60	±1.20	1.00	23	—	—
			16.0		4.00				20.0				1.00	26	—	—
	1.25	+0.08 −0.06	10.0	+0.40 −0.60	3.50	25	±0.25	±0.50	14.0	8	±0.60	±1.20	1.20	25	—	—
			10.0		4.00				14.0				1.20	22	—	—
			16.0		3.50				20.0				1.20	28	—	—
1.60	1.60	+0.08 −0.06	12.5	+0.40 −0.60	4.00	25	±0.25	±0.50	16.00	8	±0.60	±1.20	1.50	30	—	—
			20.0		4.50				25.00				1.50	28	—	—
	2.00	±0.10	12.5	±0.50	4.50				18.0				1.50	34	—	—
			12.5		5.00				18.0				1.50	27	—	—
			20.0		5.00				25.0				2.00	31	—	32
			20.0		6.00				28.0				2.50	23	—	—
2.50	2.50	±0.10	16.0	±0.50	5.00				20.0				1.20	39	—	—
			20.0		5.50				25.0				2.00	35	—	36
			25.0		6.00				32.0				2.50	32	—	—
	3.15	±0.10	16.0	±0.50	6.00	16	±0.30	±0.60	20.0	6	±0.85	±1.70	2.00	40	—	—
			16.0		7.00				22.0				3.00	31	31	—
			25.0		6.00				32.0				1.50	40	—	41
			25.0		8.00				32.0				3.00	30	30	—
4.00	4.00	±0.10	20.0	±0.50	7.00	16	±0.30	±0.60	25.0	6	±0.85	±1.70	2.00	44	—	—
			20.0		8.00				25.0				3.00	38	—	40
			20.0		9.00				28.0				4.00	30	30	—
			32.0		9.00				40.0				4.00	35	35	—

表 1（续）

单位为毫米

筛孔宽度			筛孔长度		孔距				孔距				板厚	筛分面积百分比/%		
基本尺寸 w_1		极限偏差	基本尺寸 w_2	极限偏差	基本尺寸 P_1	测量区边续孔数/个	极限偏差		基本尺寸 P_2	测量区边续孔数/个	极限偏差			长圆孔		长方孔 Z型和U型排列
第一系列尺寸 R5	第二系列尺寸 R10						平均	单个			平均	单个		Z型排列	U型排列	
	5.00	+0.1 −0.2	20.0	+0.60 −1.00	8.00	10	±0.40	±0.80	25.0	5	±1.25	±2.50	2.50	47	—	50
			20.0		9.00				25.0				3.00	42	—	—
			20.0		10.00				28.0				4.00	34	34	—
			32.0		10.00				40.0				4.00	39	—	40
6.30	6.30		25.0		11.0				32.0				3.00	42		43
			25.0		12.0				36.0				4.00	35		—
			25.0		14.0				36.0				6.00	30		—
			40.0		12.0				50.0				4.00	41		42
	8.00	+0.1 −0.2	25.0	+0.60 −1.00	12.0	10	±0.40	±0.80	32.0	5	±1.25	±2.50	3.50	44	—	52
			25.0		16.0				36.0				6.00	32	—	—
			40.0		14.0				50.0				4.00	44	—	46
			40.0		16.0				50.0				6.00	38	38	—
10.0	10.0		32.0		16.0				40.0				4.00	47	—	50
			32.0		20.0				45.0				8.00	33	—	—
			50.0		18.0				63.0				6.00	42	42	44
	12.5	+0.2 −0.4	32.0	+0.80 −1.20	18.0	6	±0.90	±1.80	40.0	4	±1.60	±3.20	4.00	51	—	—
			32.0		22.0				45.0				8.00	37		—
			50.0		20.0				63.0				6.00	47		—
			50.0		25.0				70.0				8.00	34		36
16.0	16.0		40.0		25.0				56.0				6.00	42	—	—
			63.0		28.0				80.0				8.00	43	—	—
	20.0		40.0		32.0				56.0				8.00	40	—	—
			63.0		35.0				90.0				10.0	37		
25.0	25.0		50.0		35.0				63.0				8.00	51	—	—
			80.0		40.0				100				10.0	47		
	31.5	+0.3 −0.5	80.0	+0.80 −1.20	45.0	4	±1.60	±3.20	100	3	±3.00	±6.00	10.0	52	—	—
			80.0		50.0				100				13.0	47		
40.0	40.0		80.0		56.0				100				13.0	51	—	—
			80.0		60.0				112				16.0	43		

表 2

单位为毫米

筛孔宽度 基本尺寸 w_1 第一系列尺寸	第二系列尺寸	极限偏差	筛孔长度 基本尺寸 w_2	极限偏差	角度/(°)	孔距 基本尺寸 P_1	测量区连续孔数/个	极限偏差 平均	单个	孔距 基本尺寸 P_2	测量区连续孔数/个	极限偏差 平均	单个	板厚	筛分面积百分比/% 长方孔和长方孔
	0.7	±0.90	12	±0.05	20	5.5	10	±0.25	±0.5	7.82	10	±0.5	±1	1.0~1.5	19
			12		20	6.4				8.6					15
			14		18	6.6				9.5					15
			15		20	6.4				8.6					19
	0.8	±0.05	12	±0.05	20	5.5	10	±0.25	±0.5	7.82	10	±0.5	±1	1.5	22
			12		20	6.4				8.6					17
			14		18	6.6				9.5					18
			15		20	6.4				8.6					22
	0.9	±0.05	12	±0.05	20	5.5	10	±0.25	±0.5	7.82	10	±0.5	±1	1.5	25
			12		20	6.4				8.6					19
			14		18	6.6				9.5					20
			15		20	6.4				8.6					24
	1.0	±0.05	12	±0.05	20	5.5	10	±0.25	±0.5	7.82	10	±0.5	±1	1.5~2.0	28
			12		20	6.4				8.6					22
			14		18	6.6				9.5					22
			15		20	6.4				8.6					27
	1.1	±0.05	12	±0.05	20	5.56	10	±0.25	±0.5	7.82	10	±0.5	±1	1.5~2.0	31
			12		20	6.4				8.6					24
			14		18	6.6				9.5					24
			15		20	6.4				8.6					30
	1.2	±0.05	12	±0.05	20	5.5	10	±0.25	±0.5	7.82	10	±0.5	±1	1.5~2.0	33
			12		20	6.4				8.6					26
			14		18	6.6				9.5					26
			15		20	6.4				8.6					32
	1.3	±0.05	12	±0.05	20	5.5	10	±0.25	±0.5	7.82	10	±0.5	±1	1.5~2.0	36
			12		20	6.4				8.6					28
			14		18	6.6				9.5					28
			15		20	6.4				8.6					35
	1.4	±0.05	12	±0.05	20	5.5	10	±0.25	±0.5	7.82	10	±0.5	±1	1.5~2.0	39
			12		20	6.4				8.6					30
			14		18	6.6				9.5					30
			15		20	6.4				8.6					38
	1.5	±0.05	12	±0.05	20	5.5	10	±0.25	±0.5	7.82	10	±0.5	±1	1.5~2.0	42
			12		20	6.4				8.6					32
			14		18	6.6				9.5					32
			15		20	6.4				8.6					40

表3

单位为毫米

| 筛孔尺寸 w | | | 孔距 P | | | | 板厚 | 筛分面积百分比/% |
| 基本尺寸 w_1 | | 极限偏差 | 基本尺寸 P_1 | 测量区连续孔数/个 | 极限偏差 | | | （计算值） |
第一系列尺寸	第二系列尺寸				单个	平均		
	0.3		1.2;1.5				0.25	5.7;3.6
0.4							0.3	1.0;6.4
0.5			1.5;1.8				0.4	10;7
0.6							0.5	15;10
0.7			1.8;2.0				0.7	14;11
0.8							0.75	18;15
0.9			2.0;2.2		±0.5	±0.2	0.8	18;15
1.0							0.9	22;19
1.1			2.2;2.5				1.0	23;18
1.2							1.0	24;21
	1.3						1.0	25;17
1.4							1.0	28;20
	1.5	±0.07	2.5;3.0				1.0	33;20
1.6							1.0	37;26
	1.7						1.0	29;21
1.8							1.2	33;24
	1.9		3.0;3.5				1.2	36;27
2.0							1.2	40;30
	2.1			5			1.2	33;26
2.2							1.2	36;27
	2.4		3.5;4.0				1.2	43;33
2.5					±0.8	±0.4	1.2	46;36
	2.6						1.2	38;26
2.8			4.0;5.0				1.5	44;28
	3.0						1.5	51;32
3.2							1.5	37;26
	3.4						1.5	42;29
3.6			5.0;6.0				1.5	47;33
	3.8						1.5	52;36
4.0							1.5	53;40
	4.2	±0.09	6.0;7.0				1.5	44;33
4.5							1.5	51;37
	4.8						2.0	58;43
5.0					±1.0	±0.45	2.0	63;46
	5.2		8.0;9.0				2.0	38;30
5.5							2.0	43;34
	5.8						2.0	48;38

表 3（续）　　　　　　　　　　　　　　　　单位为毫米

筛孔尺寸 w			孔距 P				板厚	筛分面积百分比/% （计算值）
基本尺寸 w_1		极限偏差	基本尺寸 P_1	测量区连续孔数/个	极限偏差			
第一系列尺寸	第二系列尺寸				单个	平均		
6.0		±0.09	8.0;9.0		±1.0	±0.45	2.0	51;40
	6.5		9.0;10				2.0	47;38
7.0			9.0;10				2.0	55;44
	7.5		11;12				2.5	42;35
8.0		±0.11	11;12				2.5	48;40
	8.5		14;16				2.5	33;36
9.0			14;16				2.5	37;29
	9.5		14;16		±1.2	±0.6	2.5	42;32
10			14;16				2.5	46;35
	10.5		16;18	5			3.0	39;31
11			16;18				3.0	43;34
	11.5		16;18				3.0	47;37
12		±0.136	16;18				3.0	51;40
	13		18;20				3.0	47;38
14			18;20				4.0	55;44
16			20;22				4.0	58;48
18			22;25				5.0	61;47
20			25;28		±1.5	±0.7	5.0	58;46
22		±0.165	28;32				6.0	56;43
25			32;36				6.0	55;44
28			36;40				8.0	55;44
32		±0.195	40;45				10.0	58;46
36			45;50				10.0	58;47

注1：筛分面积百分比表示冲孔部分面积相对筛有效面积的百分比。

注2：筛分面积百分比与孔距基本尺寸 P 的值为对应关系。

表 4　　　　　　　　　　　　　　　　　　　　　　单位为毫米

孔距基本尺寸 P	筛板留边极限偏差
≤5.00	±5.00
>5.00～20.0	±10.0
>20.0	±P/2

5 技术要求

5.1 筛板材料应由钢板、有色金属制成，其材料由供需双方协议规定。

5.2 板厚按表1、表2和表3的规定，板厚的允许偏差按照 GB/T 708 的规定。

5.3 筛板的尺寸及极限偏差应符合表1、表2和表3的规定。

5.4 筛板不允许有断筋、裂纹、剥层、严重锈蚀等缺陷。

5.5 筛板中如产生未冲透、漏冲、毛刺等缺陷,应按 GB/T 19360 第 7 章规定。

5.6 按照使用方法、加工物料的不同用户对新产品的需要,供需双方可根据设计要求,协商技术要求。

5.7 为了提高筛板使用寿命,用于物料加工的筛板推荐进行热处理,其热处理技术要求参见附录 A。

6 试验方法和检验规则

6.1 应对筛板长度和宽度、筛板留边宽度、单个筛孔尺寸、平均筛孔尺寸、单个孔距尺寸及平均孔距尺寸进行检测,其方法按 6.6 规定。

6.2 筛孔尺寸用分度值为 0.02 mm 量具检验。

6.3 孔距用分度值为 0.02 mm 量具检验。

6.4 筛板长度和宽度、留边宽度和对角线尺寸用分度值为 0.5 mm 的钢尺检验。

6.5 抽样规则

产品的验收抽样检查按 GB/T 2828.1 的规定,每批不得少于 5 片,如果小于 5 片时应进行全检。

6.6 首先在筛面上,目测检验筛板总的状况,然后在可能超差区域或任意选定的区域对 6.1 中的尺寸进行检验。每批测平均孔距尺寸按表1、表2和表3中规定的测量区中沿任一方向连续孔数检测。

6.7 筛板长度和宽度、筛板留边宽度、单个筛孔尺寸、平均筛孔尺寸、单个孔距尺寸及平均孔距尺寸全部项目检验合格,则本批为合格;如有 1 片不合格,应加倍抽取筛片,对不合格项进行复检,仍不合格,则本批判为不合格。

7 标志、包装、运输、贮存

7.1 出厂的筛板必须附有质量检验合格证。

7.2 在出厂的筛板上应有制造厂家的注册商标,筛孔标记可根据需方(用户)要求而定,如果筛板留头、留边少的可以省去不打印。

7.3 包装、运输筛板时应有防锈、防潮措施。

7.4 包装外部应标志(简易包装除外):

    a) 制造厂名称;

    b) 筛片规格或型号;

    c) 筛板数量(张);

    d) 箱(包)外廓尺寸及毛重;

    e) 出厂编号、日期;

    f) 本标准编号。

附　录　A
（资料性附录）
筛板热处理一般要求

A.1 当用户有要求时,筛板进行的热处理,其工艺推荐采用碳氮共渗、软氮化、低碳马氏体处理工艺。
当有特殊要求时,供需双方协商。一般要求如下:

A.1.1 碳氮共渗工艺

表面硬度:HV100 g≥550;

渗层深度:70 μm～170 μm。

A.1.2 软氮化工艺

化合物层硬度:HV100 g≥550;

化合物层深度:6 μm ～15 μm;

金相组织:允许表面不超过化合物层三分之一深度有少量点状疏松。

A.1.3 低碳马氏体处理工艺

材料:推荐采用 B3 或 20 钢等材料制造,也可供需双方协商规定;

硬度:HRA≥68,表面磨去 0.15 mm 后进行硬度检验;

金相组织:非马氏体组织含量不得超过整个组织的 5%。

A.2 其他

A.2.1 出口筛板可根据贸易合同,供需双方另行规定。

A.2.2 由于使用方式与加工物料的品种的不同,供需双方根据实际使用情况商定热处理工艺及参数。

前　　言

　　本标准参考美国国家宇航标准 NAS 3610:1990《货运集装单元规范》、国际标准 ISO 4170:1987《航空货运设备　航线间联运用集装板系留网》。

　　本标准同时参考国际航空运输协会标准规范 IATA 50/0:1994《集装单元的补充要求》,IATA 50/2:1994《飞机集装板网》。

　　本标准阐述了 NAD,NBM,NLB,NMB 航空货运集装板网技术条件和试验方法,它对鉴定上述航空货运集装板网有着重要的指导作用。

　　本标准引用 GB/T 15140—1994《航空货运集装单元技术要求》内容,考虑跟踪问题,若 NAS 3610《货运集装单元规范》有修订时,以新版本为准。

　　本标准的附录 A、附录 B 都是标准的附录。

　　本标准由中国民用航空总局提出。

　　本标准由中国民航科学技术研究中心归口。

　　本标准起草单位:中国东方航空集团上海东方航空设备制造公司、中国民用航空总局科教司、中国东方航空股份有限公司、中国民用航空总局上海航空器审定中心、中国民航科学技术研究中心。

　　本标准主要起草人:蒋猛雄、李伟、骆滇麟、王慧萍、潘泽民、王金凤。

中华人民共和国国家标准

航空货运集装板网技术条件和
试 验 方 法

GB/T 18228—2000

Air cargo pallet nets—Specification and testing

1 范围

本标准规定了航空货运集装板网技术条件和试验方法。

本标准适用于 NAD,NBM,NLB,NMB 的航空货运集装板网。

2 引用标准

下列标准所包含的条文,通过在本标准中引用而构成为本标准的条文。本标准出版时,所示版本均为有效。所有标准都会被修订,使用本标准的各方应探讨使用下列标准最新版本的可能性。

GB/T 15140—1994 航空货运集装单元技术要求

GB/T 18227—2000 航空货运集装板技术条件和试验方法

GB/T 18041—2000 民用航空货物运输术语

HB 6393—1990 飞机货运系留双座接头

CCAR-25—1995 中国民用航空条例——第 25 部 运输类飞机适航标准

3 术语与符号

3.1 术语

本标准中术语采用 GB/T 18041 给出的定义。

3.2 符号

本标准中所规定的航空货运集装板网应用下面所引用的符号进行标识。

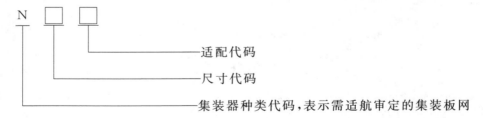

4 技术条件

4.1 集装板网尺寸

本标准所包括的航空货运集装板网尺寸见附录 A(标准的附录)。集装板网应能在最大允许外形范围(见图 1)内约束货物。

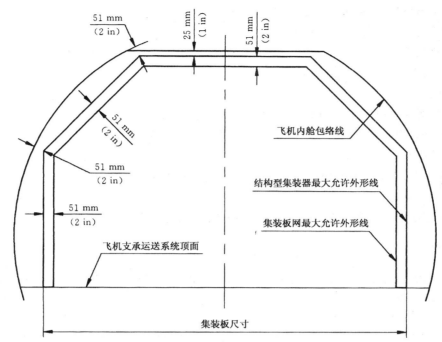

图 1 集装板网最大允许外形

4.2 材料

所用的集装板网材料应符合 GB/T 15140—1994 中 4.1 和 4.7 的规定。

4.3 制造

集装板网制造工艺应符合 GB/T 15140—1994 中 4.2 的规定。

4.4 保护措施

集装板网保护措施应符合 GB/T 15140—1994 中 4.3 的规定。

4.5 环境

集装板网应结实且能抗恶劣天气影响,在-55~+70℃的温度范围内集装板网应保持其结构和使用的完整性。

在预定环境中使用的网,在其使用寿命期内材料功能的衰退是允许的,对于这类衰退,设计时应有 1.25 倍的设计系数。

4.6 设计

4.6.1 特性

设计集装板网时应在满足强度要求前提下,尽可能减小自身质量,并易于维修。

4.6.2 结构

集装板网由网、调节件、系留双座接头、紧固绞绳组成。

集装板网应能罩住集装板上的货物,并能与符合 GB/T 18227 技术条件的集装板四周的系留导轨相连接。

4.6.3 网

4.6.3.1 网的构型应使不正确安装的可能性降至最低,应制成在安装和存放时不易缠绕的样式。

4.6.3.2 网应经过充分处理,以增加网的耐磨和耐腐性能,并使其收缩量降到最低程度。

4.6.3.3 网眼的最大尺寸不得超过 254 mm,以能约束住尺寸为 250 mm×300 mm×300 mm 的货物。

4.6.3.4 网的所有端头都应有防松散处理。

4.6.4 调节件

4.6.4.1 调节件应设计并制成能在狭窄区域内易于操作。

4.6.4.2 所有调节件应牢靠地与网连接,以防遗失。

4.6.4.3 调节件的保护措施应符合 GB/T 15140—1994 中 4.3 的规定。

4.6.5 系留双座接头

系留双座接头应符合 HB 6393。

4.6.6 紧固绞绳

4.6.6.1 紧固绞绳的强度应大于网绳的强度。

4.6.6.2 紧固绞绳的长度应是网高的 1 倍以上,以便能够充分网紧货物。

4.6.7 集装板网调节范围

集装板网应能在 610~3 000 mm 范围内调节,并能将网收紧。

4.6.8 集装板网的颜色

集装板网各零部件的颜色应有明显的差异,使其易于安装。

4.7 性能

4.7.1 总质量

在集装板网上需有总质量标记。在运输作业中,与集装板一并使用的集装板网及货物的最大质量之和不得超过表 1 的规定。

表 1 总质量   kg

集装板网型号	NAD	NBM	NLB	NMB
最大总质量	6 804	4 536	3 175	6 804

4.7.2 限制载荷

与集装板一并使用的集装板网限制载荷见表 2。限制载荷合力点可位于附录 B(标准的附录)中规定的重心范围内任何一点上,载荷可采取线性分布的方法,但并非唯一的方法。

表 2 限制载荷   kN

集装板网型号	GB/T 15140 代号	限 制 载 荷						
		向 前		向 后		侧 向		向上
		向前	向下	向后	向下	侧向	向下	
NAD	2A1N	59.31	39.54	59.31	39.54	59.31	39.54	111.21
NBM	2B6N	35.59	23.72	35.59	23.72	35.59	23.72	74.73
NLB	2L3N	31.14	31.14	31.14	31.14	22.42	31.14	58.13
NMB	2M2N	66.72	66.72	66.72	66.72	66.72	66.72	112.69

4.7.3 极限载荷

与集装板一并使用的集装板网极限载荷见表 3。极限载荷合力点可位于附录 B 中规定的重心范围内任何一点上,载荷可采取线性分布的方法,但并非唯一的方法。

表 3 极限载荷   kN

集装板网型号	GB/T 15140 代号	极 限 载 荷						
		向 前		向 后		侧 向		向上
		向前	向下	向后	向下	侧向	向下	
NAD	2A1N	88.96	59.31	88.96	59.31	88.96	59.31	166.81
NBM	2B6N	53.38	35.59	53.38	35.59	53.38	35.59	112.10
NLB	2L3N	46.71	46.71	46.71	46.71	33.63	46.71	87.19
NMB	2M2N	100.08	100.08	100.08	100.08	100.08	100.08	169.03

4.7.4 强度要求

与集装板一并使用的集装板网在限制载荷作用下,不应产生有害的塑性变形;在极限载荷作用下,整体结构至少保持 3 s 不破坏。相应的限动条件见 GB/T 18227—2000 附录 E(标准的附录)。

4.7.5 集装板网对集装板的适配

在集装板、集装板网组成的集装单元中,集装板强度应满足集装板网的载荷条件,只有当集装板和集装板网按表 4 组合时才是安全的。

4.8 标志

符合本标准的所有集装板网,都必须设有永久性标记。标记除满足 GB/T 15140—1994 中 4.5 要求外,还需符合下列要求:

a) 标牌的最小尺寸不小于 250 mm×250 mm;

b) 标牌应位于集装板网每一长边的中间,高度在离底板 250～750 mm 之间;

c) 集装板网尺寸数字和所属人代码的字高不得小于 25 mm。

表 4 与集装板网适配的集装板型号

集装板网型号	集装板型号
NAD	PAC PAF PAG PAD
NBM	PBC PBJ PBM
NLB	PLB
NMB	PMB PMC

5 试验

5.1 目的

为符合适航要求,集装板网应通过下列试验。

5.2 静强度试验

5.2.1 总则

本试验用来验证集装板网在设计上是否满足 4.7.4 强度要求。

载荷合力应通过附录 B 图示的极限偏心点或更危险的点。

在试验中,用于验证集装板网的集装板必须是一个强度满足或大于 GB/T 15140 要求的板,并与该集装板网相适配,使集装板网受载情况最严重。

试验方法不受限制。

5.2.2 试验 1——向前加载

5.2.2.1 程序

试验程序如下:

a) 按 GB/T 18227—2000 附录 C(标准的附录)对集装板进行约束;

b) 按 GB/T 18227—2000 附录 E 安装集装板网;

c) 按本标准 4.7.3 载荷规定,对集装板向下加载,对集装板网同时进行向前加载。

5.2.2.2 准则

试验准则如下:

a) 加载至极限载荷的 67%,卸载后,集装板网应无有害的塑性变形;

b) 加载至极限载荷的 100% 至少保持 3 s,集装板网应整体结构不破坏。

5.2.3 试验 2——侧向加载

5.2.3.1 程序

试验程序如下:

a）按 GB/T 18227—2000 附录 C 对集装板进行约束；

b）按 GB/T 18227—2000 附录 E 安装集装板网；

c）按本标准 4.7.3 载荷规定，对集装板向下加载，对集装板网同时进行侧向加载。

5.2.3.2 准则

试验准则如下：

a）加载至极限载荷的 67%，卸载后，集装板网应无有害的塑性变形；

b）加载至极限载荷的 100% 至少保持 3 s，集装板网应整体结构不破坏。

5.2.4 试验 3——向上加载

5.2.4.1 程序

试验程序如下：

a）按 GB/T 18227—2000 附录 C 对集装板进行约束；

b）按 GB/T 18227—2000 附录 E 安装集装板网；

c）按本标准 4.7.3 载荷规定，对集装板网进行向上加载（亦可采取反吊加载）。

5.2.4.2 准则

试验准则如下：

a）加载至极限载荷的 67%，卸载后，集装板网应无有害的塑性变形；

b）加载至极限载荷的 100% 至少保持 3 s，集装板网应整体结构不破坏。

5.3 阻燃试验

5.3.1 总则

试验的目的用以验证集装板网所用材料是否满足 4.2 要求。

5.3.2 程序

按 CCAR-25—1995 附录 F。

5.3.3 准则

按 CCAR-25.853[b-3]。

附　录　A

（标准的附录）

集装板网基本尺寸

NAD 集装板网结构尺寸见图 A1。
NBM 集装板网结构尺寸见图 A2。
NLB 集装板网结构尺寸见图 A3。
NMB 集装板网结构尺寸见图 A4。
注：编织方法仅作参考。

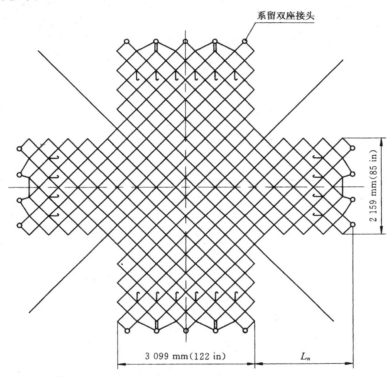

单位 L_n	L_1	L_2	L_3
mm	1 626	2 083	2 438
in	64	82	96

图 A1

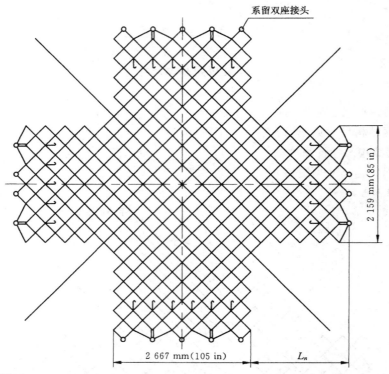

单位 L_n	L_1	L_2
mm	1 626	2 083
in	64	82

图 A2

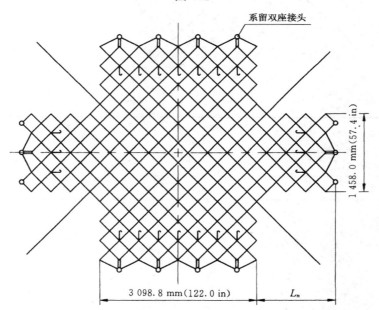

单位 L_n	L_1	L_2
mm	1 574.8	2 082.8
in	62.0	82.0

图 A3

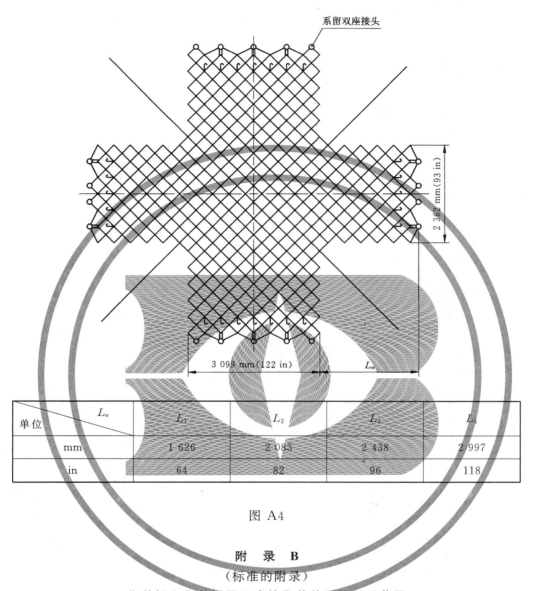

图 A4

附　录　B
（标准的附录）
集装板和集装板网组成的集装单元的重心范围

NAD 集装板网所围货物的重心高度为 914.4 mm(36 in)，其重心范围在板上的投影见图 B1。

NBM 集装板网所围货物的重心高度为 914.4 mm(36 in)，其重心范围在板上的投影见图 B2。

NLB 集装板网所围货物的重心高度为 863.6 mm(34 in)，其重心范围在板上的投影见图 B3。

NMB 集装板网所围货物的重心高度为 1 219.2 mm(48 in)，其重心范围在板上的投影见图 B4。

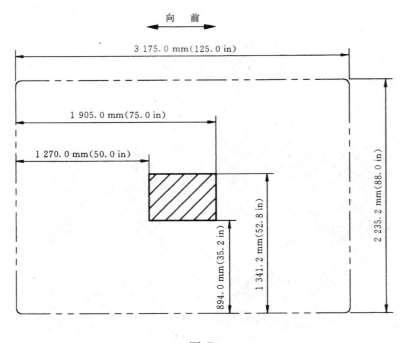

图 B1

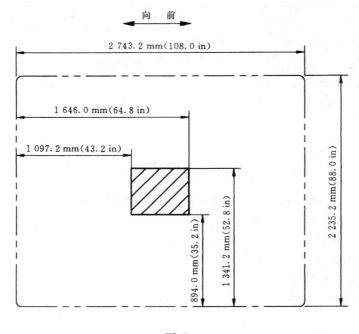

图 B2

GB/T 18228—2000

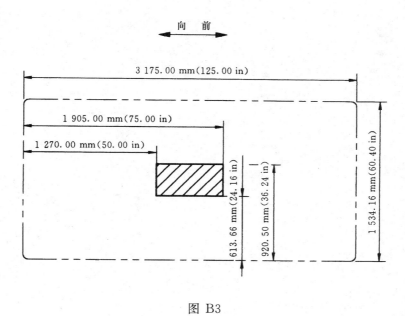

图 B3

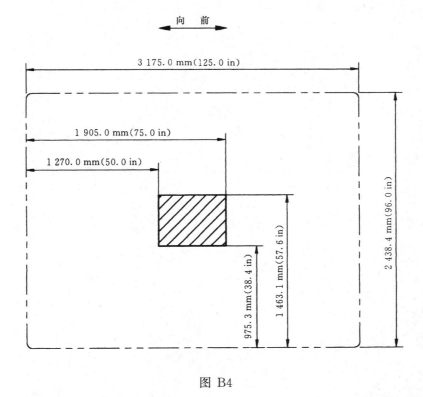

图 B4

283

ICS 73.120
A 28

中华人民共和国国家标准

GB/T 19360—2003/ISO 10630:1994

工业用金属穿孔板
技术要求和检验方法

Industrial plate screens—Specifications and test methods

(ISO 10630:1994,IDT)

2003-11-10 发布 2004-06-01 实施

中 华 人 民 共 和 国
国家质量监督检验检疫总局 发布

前 言

本标准等同采用 ISO 10630:1994《工业用金属穿孔板 技术要求和检验方法》(英文版)。

本标准的附录 A 是资料性附录。

本标准由中国机械工业联合会提出。

本标准由全国筛网筛分和颗粒分检方法标准化技术委员会(CSBTS/TC 168)归口。

本标准起草单位:机械科学研究院。

本标准主要起草人:余方、吴国川。

本标准由全国筛网筛分和颗粒分检方法标准化技术委员会秘书处负责解释。

工业用金属穿孔板
技术要求和检验方法

1 范围

本标准规定了用于筛分的工业用金属穿孔板的技术要求和检验方法。规定了工业用金属穿孔板，包括平板和卷板的一般用途。

本标准适用于 GB/T 10611 中最大厚度为 12.5 mm 的低碳钢金属板，公称尺寸符合 GB/T 10612 和 GB/T 10613 中 1 mm～125 mm 圆孔和 4 mm～125mm 方孔。

2 规范性引用文件

下列文件中的条款通过本标准的引用而成为本标准的条款。凡是注日期的引用文件，其随后所有的修改单（不包括勘误的内容）或修订版均不适用于本标准，然而，鼓励根据本标准达成协议的各方研究是否可使用这些文件的最新版本。凡是不注日期的引用文件，其最新版本适用于本标准。

GB/T 10611 工业用网 网孔 尺寸系列（GB/T 10611—2003，ISO 2194:1991 Industrial screens—Woven wire cloth, perforated plate and electroformed sheet—Designation and nominal sizes of openings, MOD）

GB/T 10612 工业用筛板 板厚＜3 mm 的圆孔和方孔筛板（GB/T 10612—2003，ISO 7805-2:1987 Industrial plate screens—Part 2:Thickness below 3 mm, MOD）

GB/T 10613 工业用筛板 板厚≥3 mm 的圆孔和方孔筛板（GB/T 10613—2003，ISO 7805-1:1984 Industrial plate screens—Part 1:Thickness of 3 mm and above, MOD）

3 术语和定义

本标准采用下列定义。

3.1

板 plate

用于穿孔板生产的材料被轧制成 3 mm～12.5 mm 厚板片，在轧制过程中允许板边缘自由变形。板表面平整且通常为矩形，但也可以按照图纸的要求加工成其他形状。

注 1:冲孔后，板和片都被定义为"穿孔板"，见 3.4。

3.2

片 sheet

用于穿孔板生产的材料被轧制成小于 3 mm 厚板片，在轧制过程中允许薄片边缘自由变形。薄片表面平整且通常为矩形，但也可以按照图纸的要求加工成其他形状。

注 2:冲孔后，板和片都被定义为"穿孔板"，见 3.4。

3.3

卷 coil

用于金属穿孔板加工的薄片被轧制平整,在轧制过程中允许其边缘自由变形。在轧制完成之后立即卷绕到规定的卷上。

3.4

穿孔板 perforated plate

具有对称排列的同样孔的板的筛面。筛孔可以是方形,长方形(槽形),圆形或其他规则的几何形状。

3.5

筛板厚度 plate thickness

冲孔前金属板厚度。

3.6

进料方向 feed direction

冲压时金属板或片的进给方向。

3.7

冲孔面 punch side

冲头进入的穿孔板的表面。

3.8

筛孔尺寸 hole size

筛板上圆孔的直径或方孔对边之间距离。

3.9

孔距 pitch

穿孔板上相邻两孔的同位点之间的距离。

3.10

筋宽 bridge width;bar

穿孔板上相邻两孔边缘之间的最短距离。

3.11

边宽 margin

穿孔板的边缘与其最外侧筛孔的外边缘之间的距离。

3.12

开孔率 percentage open area

所有孔的总面积与整个冲孔板的面积之比,用百分率表示。

3.13

卷制调平 roller levelling

对冲孔金属板用冷加工工艺来提高其平面度。

(滚轴调平:用于平整金属筛板的一种冷加工操作方法。)

4 符号

符号见表1。

表 1 描述金属筛板的符号

符 号	注 释	参考图
a_1	板短边的总长度(板宽)	图 2
a_2	板上冲孔部分短边的长度	图 2
b_1	板长边的总长度(板长)	图 2
b_2	板上冲孔部分长边的长度	图 2
c	矩形板边的垂直偏离量	图 3
e	板长边一侧边宽的宽度	图 2
e_1	如两长边的边宽度不相等,为其中较大者	图 2
e_2	如两长边的边宽度不相等,为其中较小者	图 2
f	板的短边一侧空白边的宽度	图 2
f_1	如两短边的边宽度不相等,为其中较大者	图 2
f_2	如两短边的边宽度不相等,为其中较小者	图 2
g	边缘平面度偏差	图 5
h	边缘直线度偏差	图 6
p	孔距	图 1
t	板厚	图 2
t_1	孔挤入区的高度(孔周向内弯边的高度)	图 4
t_2	孔剪切边的高度	图 4
t_3	孔断边的高度	图 4
t_4	孔毛边的高度	图 4
w	冲孔板面测量的网孔尺寸	图 1
w_b	板背面(毛面)测量的网孔尺寸	图 4

5 技术要求

5.1 筛孔尺寸和孔距(见图 1)

对于圆孔和方孔的筛孔尺寸和孔距的公差,当穿孔板厚等于和大于 3 mm 时,按 GB/T 10613 中的规定;当穿孔板厚小于 3 mm 时,则按 GB/T 10612 中的规定。

5.2 板厚(见图 2)

板厚应小于筛孔基本尺寸和小于筋宽,可根据用户要求,双方另有协议。

注 3:冲孔前穿孔板的均匀性取决于在轧制时使用的实际公差,并符合所谓的"制造公差"。若有特殊的公差要求,应在订货前取得一致。

5.3 板宽和板长(见图 2)

剪切板的板宽 a_1 和板长 b_1 的公差在表 2 中给出。

注 4:筛板的常用尺寸一般为冲孔和滚轴调平之后而未经剪切时的尺寸。在这种情况下,由于冲孔过程会产生延展,宽度和长度的偏差将会大于轧制工厂生产非冲孔材料时的实际公差,因此表 2 中的公差不适用。

表 2　宽度和长度公差　　　　　　　　　　　　　　　　　　单位为毫米

公称宽度或长度 a_1 或 b_1	a_1 或 b_1 的公差			
	板厚 t			
	$t \leqslant 3$	$3 < t \leqslant 5$	$5 < t \leqslant 10$	$10 < t \leqslant 12.5$
a_1 或 $b_1 \leqslant 100$	±0.8	±1.1	±1.5	±2
$a_1 > 100$ 或 $b_1 \leqslant 300$	±1.2	±1.6	±2	±3
$a_1 > 300$ 或 $b_1 \leqslant 1\,000$	±2	±2.5	±3	±4
$a_1 > 1\,000$ 或 $b_1 \leqslant 2\,000$	±3	±4	±5	±6
$a_1 > 2\,000$ 或 $b_1 \leqslant 4\,000$	±4	±6	±8	±10
a_1 或 $b_1 > 4\,000$	±5	±8	±10	±12

5.4　垂直偏离量（见图3）

剪切板的垂直偏离量 c，通常用"垂直偏离百分比"表示。可定量表示为横向边（板宽 a_1）在纵向边（板长 b_1）上的垂直投影，是 a_1 的百分数。按下式计算：

$$垂直偏离百分比 = \frac{100\,c}{a_1}$$

垂直偏离量公差在表3中给出。

表 3　垂直度公差

板厚的基本尺寸 t/ mm	垂直偏离量对 a_1 的百分比的公差/ %
$t \leqslant 3$	0.75
$3 < t \leqslant 5$	1.5
$5 < t \leqslant 10$	3
$10 < t \leqslant 12.5$	5

5.5　边宽宽度（见图2）

边宽宽度 e 和 f 的公差在表4中给出。

表 4　边宽宽度公差　　　　　　　　　　　　　　　　　　单位为毫米

孔距基本尺寸 p	边宽宽度 e, f 的公差
$p \leqslant 5$，开孔率 $\leqslant 25\%$	±5
$p \leqslant 5$，开孔率 $> 25\%$	±10
$5 < p \leqslant 20$	±10
$p > 20$	±0.5 p

5.6　平面度

经滚轴调平的筛板冲孔之后，其平面度公差在表5中给出。筛板的适用范围为：

——长度最长为 200 mm；

——边宽不超过板厚 $t + 0.5\,p$；

——筛分面积为 20%～40%。

对于穿孔板外界或非冲孔面积不平度的公差在订货前确定。

表 5 不平度公差 　　　　　　　　　　　　　　单位为毫米

公称宽度或长度 a_1 或 b_1	公称板厚 t 的不平度公差				
	$t \leqslant 0.7$	$0.7 < t \leqslant 1.2$	$1.2 < t \leqslant 3$	$3 < t \leqslant 5$	$5 < t \leqslant 12.5$
a_1 或 $b_1 \leqslant 1\ 200$	20	18	15	12	10
$a_1 > 1\ 200$ 或 $b_1 \leqslant 1\ 500$	28	22	18	16	14
$a_1 > 1\ 500$ 或 $b_1 \leqslant 2\ 000$	30	25	20	16	14

6 试验方法

6.1 筛孔尺寸和孔距（见图 1）

根据板的厚度，按 GB/T 10612 或 GB/T 10613 测量孔尺寸和孔距。测量应在冲孔面上进行。

6.2 板宽和板长（见图 2）

用刻度为毫米的量尺测量板宽和板长。尺寸小于或等于 300 mm 时，可用游标卡尺测量。

6.3 直角度（见图 3）

如果可行，按 5.4 和 6.2 测量板宽和板长，以及非直角量 c，从而确定剪切后的筛板的直角度。参数 c 的确定可借助直角尺。

6.4 不平度

将板冲孔面朝上放置在一个平整的参考面上，如一个表面平滑的平台。用一个刻度为毫米的柔性量尺测量筛板的最高点到参考面的距离。

7 冲孔过程产生的不规则

7.1 孔的分离（见图 4）

当冲孔机由冲孔面冲入金属板较深时，材料将主要从板背面开始撕裂或剥离。

要精确估计剥离区的形状和大小是不可能的，但是其高度 t_3 通常不会超过板厚 t 的 2/3。剥离区宽度 w_b 主要与板厚 t 有关，且通常不会超过孔基本尺寸 $w + 0.15\ t$。

7.2 孔上的毛刺和剪切毛刺（见图 4）

冲孔和剪切过程均会产生毛刺。

冲孔时，毛刺仅在板的背面产生；而剪切时，根据不同的加工程序，毛刺既能产生在冲孔面上，也能产生在背面。

当毛刺数量不超过 10% 的孔或金属筛板剪切边不到 10% 的长度时，毛刺高度会超过表 6 中所给的值。

可用深度千分尺测量孔处的毛刺，用游标卡尺测量剪切毛刺。

表 6 毛刺高度的最大值 　　　　　　　　　　　　　　单位为毫米

公称板厚 t	最大毛刺高度 t_4
$t \leqslant 0.6$	0.15
$0.6 < t \leqslant 1.5$	0.17
$1.5 < t \leqslant 3$	0.2
$3 < t \leqslant 6$	0.28
$6 < t \leqslant 10$	0.28
$10 < t \leqslant 12.5$	0.5

7.3 波浪边（见图 5）

冲孔过程产生的应力可引起筛板变形和空白边缘平面度改变，产生所谓的"波浪边"；当两侧空白边的宽度大于板厚 $t+0.5p$ 时，现象更加明显。

边缘平面度偏差 g 的最大值应在订货前取得一致。

7.4 边缘弓形（拱形）（见图 6）

冲孔及随后的滚轴调平过程所产生的应力均会导致筛板的变形，产生弯曲的边（边缘呈弓形/拱形）；当纵向边宽 e_1 和 e_2 不相等，且与冲孔方向平行时，现象更加明显。

边缘弓形被定义为凹面整个长度上边缘由一条直线伸展的最大偏移量 h，测量时应使用刻度为毫米的长直尺。

边缘弓形允许的最大值应在订货前取得一致。

7.5 缺少的孔（见图 7）

冲孔过程可能会出现冲头折断，有些位置无法冲孔。由于这种原因所缺少的孔数不应超过筛板上孔的总数的 5%。

使用多功能冲孔机时，可能无法按模型进行冲孔。例如，为了减少工具损伤，直径小于 5 mm 的冲孔机，其间距通常大于孔距。在这种情况下，不可避免地将导致筛板的两端出现一行或多行缺孔（不完整行）。

8 表面特性

8.1 表面粗糙度

在冲孔过程中，不能排除由于机械作用而使金属筛板轻微受损的情况。当损伤会对预定的使用产生重大影响时，购买方应在订货前与制造方协商。

8.2 清洁度

金属筛板表面通常覆有一层较薄的油膜。堆放后不应有过多的油渗出。

经除油的金属筛板，例如经溶剂或蒸气处理，在许可的条件下可以出厂。对于低碳钢，如果没有后序的防护处理，则不适于除油。

9 金属筛板卷

金属筛板卷的厚度应小于 3 mm；除了满足下列要求，还应符合第 5 章的规定。

9.1 长度

长度应在订货前统一。

9.2 宽度

对于无后续边处理的金属筛板卷，其板宽 a_1 的公差应与轧制工厂出厂的用于冲孔产品的 a_1 的实际公差一致。

9.3 平面度

金属筛板卷在运输前不能滚轴调平。

未经盘绕的金属筛板的平面度公差应在订货前统一。

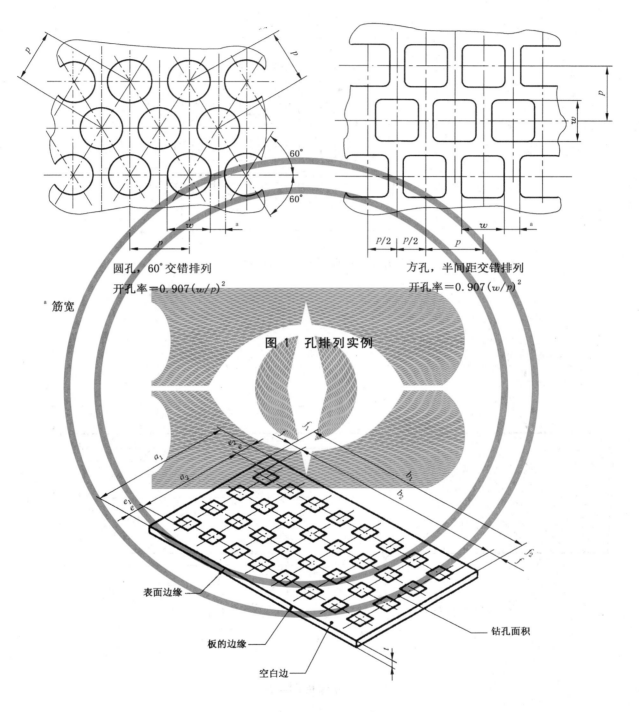

圆孔，60°交错排列
开孔率＝0.907(w/p)²

方孔，半间距交错排列
开孔率＝0.907(w/p)²

ᵃ 筋宽

图 1 孔排列实例

表面边缘

板的边缘

空白边

钻孔面积

图 2 筛板的特性

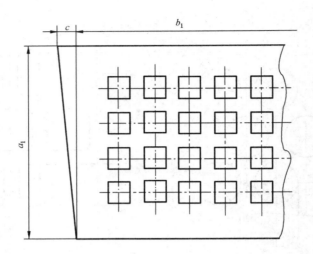

图 3　垂直偏离量的测量

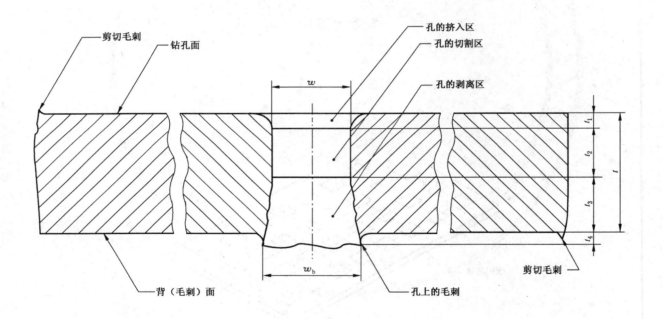

图 4　金属筛板的横截面

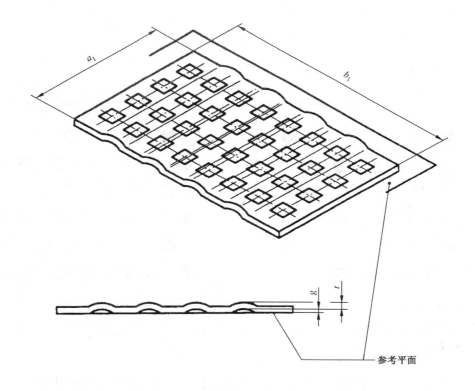

图 5 波浪边的测量

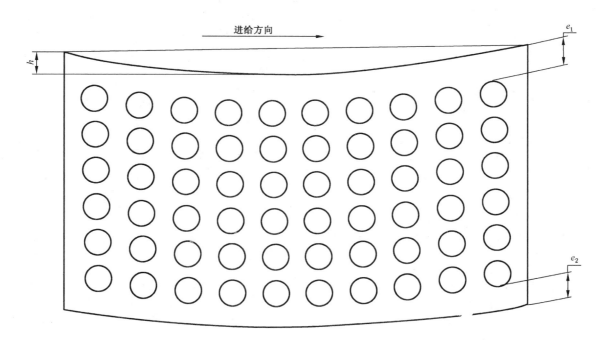

图 6 边缘弓形的测量

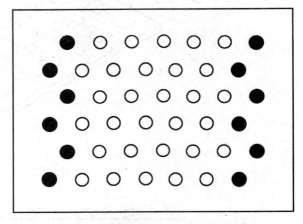

进给方向

a) 双排交错冲孔机形成的不完整的
第一行和最后一行

b) 单排交错冲孔机形成的不完整行

图 7　不同设备排列形成的冲孔模型（设备上冲孔机的位置用黑圈表示）

ICS 73.120
D 95

中华人民共和国国家标准

GB/T 26964—2011

振动筛　筛板磨耗

Vibrating screen—Wear consumption of screen plate

2011-09-29 发布
2012-01-01 实施

中华人民共和国国家质量监督检验检疫总局
中国国家标准化管理委员会　发布

前　言

本标准按照 GB/T 1.1—2009 给出的规则起草。

本标准由中国机械工业联合会提出。

本标准由全国矿山机械标准化技术委员会(SAC/TC 88)归口。

本标准负责起草单位:洛阳矿山机械工程设计研究院有限责任公司、中信重工机械股份有限公司、河南太行振动机械股份有限公司、南昌矿山机械有限公司。

本标准主要起草人:黄嘉琳、杨现利、黄全印、晏宏、张升奇、郭明、王亚东。

本标准为首次制定。

振动筛　筛板磨耗

1　范围

本标准规定了振动筛筛板磨耗的术语和定义、技术要求、试验方法、筛板磨耗的评定及磨耗等级标注。

本标准适用于振动筛用金属筛板和聚氨酯筛板(以下统称筛板)。

2　规范性引用文件

下列文件对于本文件的应用是必不可少的。凡是注日期的引用文件,仅注日期的版本适用于本文件。凡是不注日期的引用文件,其最新版本(包括所有的修改单)适用于本文件。

GB/T 1689　硫化橡胶耐磨性能的测定(用阿克隆磨耗机)

GB/T 7679.6　矿山机械术语　第6部分:矿用筛分设备

3　术语和定义

GB/T 7679.6界定的以及下列术语适用于本标准。

3.1

标准工况　normal regime

筛分堆密度为1.6 t/m³、普氏硬度为8~12的物料,筛板为新筛板,工作情况为连续均匀进料。

3.2

筛板磨耗　wear consumption of screen plate

在规定的标准工况条件下,每筛分1 t矿石整套金属筛板的磨损量,以g/t表示。

注:聚氨酯筛板磨耗以阿克隆磨耗值表示。

3.3

节材降耗评价值　evaluating value of reducing of wear consumption and economy of material

达到节材降耗产品要求的筛板磨耗值。

4　技术要求

4.1　筛板在保障安全与使用可靠的前提下,应从预定使用、材料选择和结构设计等方面降低材料磨损。

4.2　金属筛板各等级的磨耗值不应超过表1的规定。

表 1

磨耗等级	1	2	3
磨耗值/(g/t)	50	60	80

注:磨耗等级分为1级、2级、3级。3级为基本级,2级为节材降耗评价值,1级要求最高。

4.3　聚氨酯筛板各等级的磨耗值不应超过表2的规定。

表 2

磨耗等级	1	2	3
磨耗值/(cm³/1.61 km)	0.02	0.03	0.05
注：磨耗等级分为1级、2级、3级。3级为基本级，2级为节材降耗评价值，1级要求最高。			

5 试验方法

5.1 金属筛板磨耗值的测定

5.1.1 金属筛板磨耗值的测定应在规定的标准工况下进行。

5.1.2 已知一套新筛板质量，称量一套失效筛板质量，通过公式(1)计算筛板磨耗值 M：

$$M = (G_1 - G_2)/W \quad\quad\quad\quad\quad\quad\quad\quad\quad (1)$$

式中：

M ——筛板磨耗值，单位为克每吨(g/t)；

G_1 ——一套新筛板质量，单位为克(g)；

G_2 ——一套失效筛板质量，单位为克(g)；

W ——一套筛板所能筛分物料的总质量，单位为吨(t)。

5.2 聚氨酯筛板磨耗值的测定

聚氨酯筛板磨耗值的测定应按 GB/T 1689 的规定进行。

6 筛板磨耗的评定

6.1 金属筛板磨耗值达到表1中的3级为合格品，达到2级以上(含2级)为节材降耗产品。

6.2 聚氨酯筛板磨耗值达到表2中的3级为合格品，达到2级以上(含2级)为节材降耗产品。

7 磨耗等级标注

7.1 制造商宜根据本标准的规定和测试结果，确定振动筛的筛板磨耗等级。

7.2 制造商宜在其产品的说明书中注明振动筛的筛板磨耗等级。

ICS 73.120
A 28

中华人民共和国国家标准

GB/T 31055—2014

谷 糙 分 离 筛 板

Paddy separating plate

2014-12-22 发布

2015-06-01 实施

中华人民共和国国家质量监督检验检疫总局
中国国家标准化管理委员会
发 布

前　言

本标准按照 GB/T 1.1—2009 给出的规则起草。

请注意本文件的某些内容可能涉及专利。本文件的发布机构不承担识别这些专利的责任。

本标准由全国颗粒表征与分检及筛网标准化技术委员会(SAC/TC 168)提出并归口。

本标准主要起草单位:湖南省乌江机筛有限公司、中机生产力促进中心。

本标准主要起草人:万俊、余方、孙安。

谷 糙 分 离 筛 板

1 范围

本标准规定了谷糙分离筛板的型式和参数、技术要求、试验方法、检验规则、标志、包装、运输、贮存。

本标准适用于粮食等用途的筛板,其孔形为肓孔凸台孔型和肓孔凹坑孔型。

2 规范性引用文件

下列文件对于本文件的应用是必不可少的。凡是注日期的引用文件,仅注日期的版本适用于本文件。凡是不注日期的引用文件,其最新版本(包括所有的修改单)适用于本文件。

GB/T 708 冷轧钢板和钢带的尺寸、外形、重量及允许偏差

GB/T 1804—2000 一般公差 未注公差的线性和角度尺寸的公差

GB/T 10061 筛板筛孔的标记方法

GB/T 12620 长圆孔、长方孔和圆孔筛板

GB/T 15602 工业用筛和筛分 术语

GB/T 19360—2003 工业用金属穿孔板技术和检验方法

3 术语和定义

GB/T 15602界定的术语和定义适用于本文件。

4 符号

4.1 基本尺寸

P:孔距基本尺寸;

P_1:筛孔宽度方向的孔距基本尺寸;

P_2:筛孔长度方向的孔距基本尺寸;

W:筛孔基本尺寸;

W_1:筛孔宽度基本尺寸;

W_2:筛孔长度基本尺寸。

4.2 凸台型

W_1:筛孔宽度基本尺寸;

W_2:筛孔长度基本尺寸;

W_{1a}:前倾角凸台顶面宽度基本尺寸;

W_{1b}:后倾角凸台顶面宽度基本尺寸;

W_{2a}:凸台顶孔长度基本尺寸;

A_1:前倾角基本尺寸;

A_2:后倾角基本尺寸;

H:凸台高度基本尺寸。

4.3 凹坑型

W_1:筛孔宽度基本尺寸;

W_2:筛孔长度基本尺寸;

W_{1a}:凹坑型凸面宽度基本尺寸;

W_{2a}:凹坑型凸面长度基本尺寸;

A_1:前倾角基本尺寸;

A_2:后倾角基本尺寸;

H:凹坑型孔深度基本尺寸。

5 孔排列型式和参数

5.1 孔的排列型式按 GB/T 12620 中长方孔或长圆孔排列的规定。可分为:

    a) 凸台孔 Z 型排列,如图1;

    b) 凹坑孔 Z 型排列,如图2。

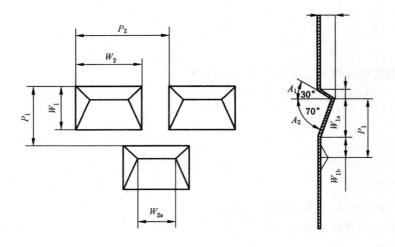

图 1 凸台孔 Z 型排列

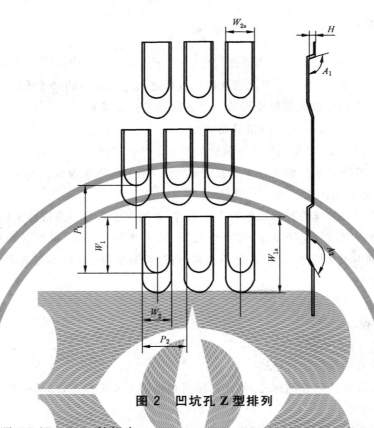

图 2 凹坑孔 Z 型排列

5.2 筛孔标记按照 GB/T 10061 的规定。

5.3 基本尺寸和参数，要求如下：

　　a) 筛板基本尺寸和参数凸台孔型按表 1 的规定，凹坑孔型按表 2 的规定，也可根据需方设计使用要求，由供需双方协商。

　　b) 筛板长度极限偏差和宽度极限偏差按 GB/T 1804—2000 中公差等级 h 14 的规定。如用户有特殊要求，应由供需双方协商。

　　c) 筛板留边尺寸应由供需双方共同商定，根据装配使用情况，允许整板满冲或满冲后压边。

　　d) 筛板的两对角线应相等，其极限偏差应符合 GB/T 1804—2000 中公差等级 h 15 的规定。

6 技术要求

6.1 筛板材料应由低碳钢板、不锈钢或有色金属制成，其材料由供需双方协议规定。

6.2 板厚可按需方技术文件要求或根据供需方双方协议规定，板厚的允许偏差按照 GB/T 708 的规定。

6.3 筛板的尺寸极限偏差应符合 5.3 中 b)项的规定。

6.4 筛板留边极限偏差按 GB/T 19360—2003 中表 4 的规定。根据装配使用情况，允许整板满冲或满冲后压边。

6.5 筛孔的盲孔拉伸处不允许有开裂现象。

6.6 筛板不允许有裂纹、剥层、严重锈蚀等缺陷，应按 GB/T 19360—2003 第 7 章规定。

6.7 筛板成型后应保证平整,其平面度要求应按 GB/T 19360—2003 中 5.6 的规定。

7 试验方法和检验规则

7.1 筛板长度和宽度、单个筛孔尺寸、平均筛孔尺寸、单个孔距尺寸、平均孔距尺寸进行检测。首先在筛面上,目测检验筛板总的状况,然后在可能超差区域或任意选定的区域的尺寸进行检测。每批测平均孔距尺寸,按表1和表2中规定的测量区中沿着一个方向连续孔数检测。

7.2 筛孔尺寸、孔距用分度值为 0.02 mm 量具检测。

7.3 筛板留边宽度或压边宽度、对角线尺寸用分度值为 0.5 mm 的钢卷尺检测。

7.4 筛板平面度。将筛板冲压面放置在一个平整的平台上,用一个刻度为 0.02 mm 的高度尺或深度尺测量筛板的最高点到参考面的距离。

7.5 抽样规则。产品的验收抽样检查每批不得少于 5 片,如果少于 5 片时应进行全检。

7.6 筛板长度和筛板留边宽度或压边宽度、单个筛孔尺寸、平均筛孔尺寸、单个孔距尺寸、平均孔距尺寸全部项目检测合格,则本批为合格;如有一片不合格,应加倍抽取筛板;对不合格项目进行复检,仍不合格,则本批判定为不合格。

8 标志、包装、运输、贮存

8.1 出厂的筛板必须附有质量检验合格证。

8.2 在出厂的筛板上应有制造厂家的标记,筛孔标记可根据需方要求而定,如果筛板留头、留边少的可以省去不打印。

8.3 包装、运输、贮存筛板时应有防锈、防潮措施。

8.4 包装外部应有标志(简易包装除外),内容如下:

　　a) 制造厂名称;

　　b) 筛片规格或型号;

　　c) 筛板数量(张);

　　d) 包装外廓尺寸及毛重;

　　e) 出厂编号、日期;

　　f) 执行标准(本标准编号)。

单位为毫米

表 1 凸台孔型基本参数和尺寸

材料厚度	筛孔宽度 W_1				筛孔长度 W_2				后倾角凸台顶面宽度 W_{1b}				前倾角凸台顶面宽度 W_{1a}				前倾角 A_1			
	基本尺寸	测量个数	极限偏差 单个	平均	基本尺寸	测量个数	极限偏差 单个	平均	基本尺寸	测量个数	极限偏差 单个	平均	基本尺寸	测量个数	极限偏差 单个	平均	基本尺寸	测量个数	极限偏差 单个	平均
0.5 0.6 0.7	6.6	10	±0.15	±0.1	14	10	±0.3	±0.15	5.5	10	±0.15	±0.1	1.1	10	±0.05	±0.03	30°	10	±1.5°	±1°
0.8 0.9 1.0	7	10	±0.15	±0.1	15	10	±0.3	±0.15	5.8	10	±0.15	±0.1	1.2	10	±0.05	±0.03	30°	10	±1.5°	±1°
1.1 1.2	7.5	10	±0.2	±0.1	16	10	±0.3	±0.15	6.1	10	±0.15	±0.1	1.4	10	±0.05	±0.03	30°	10	±1.5°	±1°

材料厚度	后倾角 A_2				凸台顶孔长度 W_{2a}				凸台高度 H				横向孔距 P_1				纵向孔距 P_2			
	基本尺寸	测量个数	极限偏差 单个	平均	基本尺寸	测量个数	极限偏差 单个	平均	基本尺寸	测量个数	极限偏差 单个	平均	基本尺寸	测量个数	极限偏差 单个	平均	基本尺寸	测量个数	极限偏差 单个	平均
0.5 0.6 0.7	70°	10	±2°	±1°	12	10	±0.2	±0.1	2	10	±0.1	±0.05	8.6	10	±0.6	±0.3	16	10	±1.5	±1
0.8 0.9 1.0	70°	10	±2°	±1°	12.5	10	±0.2	±0.1	2.4	10	±0.1	±0.05	9	10	±0.6	±0.3	17	10	±1.5	±1
1.1 1.2	70°	10	±2°	±1°	13	10	±0.2	±0.1	2.6	10	±0.1	±0.05	9.5	10	±0.6	±0.3	18	10	±1.5	±1

单位为毫米

表2 凹坑孔型筛板基本参数和尺寸

材料厚度	凹坑孔型宽度 W_1 基本尺寸	极限偏差 测量个数	单个	平均	凹坑孔型长度 W_2 基本尺寸	极限偏差 测量个数	单个	平均	凹坑孔型凸面宽度 W_{1a} 基本尺寸	极限偏差 测量个数	单个	平均	凹坑孔型凸面长度 W_{2a} 基本尺寸	极限偏差 测量个数	单个	平均	凹坑孔型孔深度 H 基本尺寸	极限偏差 测量个数	单个	平均
0.5 / 0.6 / 0.7 / 0.8 / 0.9	9	10	±0.5	±0.3	6	10	±0.3	±0.15	11	10	±0.5	±0.3	7	10	±0.3	±0.15	1.5	10	±0.1	±0.05
1.1 / 1.2	11	10	±0.6	±0.3	7	10	±0.3	±0.15	14	10	±0.5	±0.3	9	10	±0.3	±0.15	1.8	10	±0.1	±0.05
1.5	12	10	±0.7	±0.3	7.5	10	±0.3	±0.15	15	10	±0.6	±0.3	10.5	10	±0.3	±0.15	2	10	±0.1	±0.05

材料厚度	前倾角 A_1 基本尺寸	极限偏差 测量个数	单个	平均	后倾角 A_2 基本尺寸	极限偏差 测量个数	单个	平均	横向孔距 P_1 基本尺寸	极限偏差 测量个数	单个	平均	纵向孔距 P_2 基本尺寸	极限偏差 测量个数	单个	平均
0.5 / 0.6 / 0.7 / 0.8 / 0.9	95°	10	±1.5°	±1°	135°	10	±2°	±1°	13	10	±1	±0.5	9.6	10	±1	±0.5
1.1 / 1.2	95°	10	±1.5°	±1°	135°	10	±2°	±1°	15	10	±1	±0.05	12	10	±1	±0.5
1.5	95°	10	±1.5°	±1°	135°	10	±2°	±1°	16	10	±1.5	±0.8	12.5	10	±1	±0.05

ICS 73.120
A 28

中华人民共和国国家标准

GB/T 31056—2014

大 米 去 石 筛 板

Stone-removed plate

2014-12-22 发布

2015-06-01 实施

中华人民共和国国家质量监督检验检疫总局
中国国家标准化管理委员会 发布

前　言

本标准按照 GB/T 1.1—2009 给出的规则起草。

请注意本文件的某些内容可能涉及专利。本文件的发布机构不承担识别这些专利的责任。

本标准由全国颗粒表征与分检及筛网标准化技术委员会(SAC/TC 168)提出并归口。

本标准主要起草单位:湖南省乌江机筛有限公司、中机生产力促进中心。

本标准主要起草人:万俊、余方、孙安。

大 米 去 石 筛 板

1 范围

本标准规定了大米去石筛板的型式和参数、技术要求、检验规则、试验方法、标志、包装、运输、贮存。
本标准适用于粮食、油料、饲料加工、筛选和过滤等用途的筛板,其孔形为切口鱼鳞孔、落料鱼鳞孔。

2 规范性引用文件

下列文件对于本文件的应用是必不可少的。凡是注日期的引用文件,仅注日期的版本适用于本文件。凡是不注日期的引用文件,其最新版本(包括所有的修改单)适用于本文件。

GB/T 708 冷轧钢板和钢带的尺寸、外形、重量及允许偏差

GB/T 1804—2000 一般公差 未注公差的线性和角度尺寸的公差

GB/T 10061 筛板筛孔的标记方法

GB/T 12620 长圆孔、长方孔和圆孔筛板

GB/T 15602 工业用筛和筛分 术语

GB/T 19360—2003 工业用金属穿孔板技术和检验方法

3 术语和定义

GB/T 15602界定的术语和定义适用于本文件。

4 符号

4.1 基本尺寸

P_1:筛孔宽度方向的孔距基本尺寸;

P_2:筛孔长度方向的孔距基本尺寸;

W:筛孔基本尺寸。

4.2 切口鱼鳞孔

W_1:鱼鳞孔鱼鳞宽度基本尺寸;

W_2:鱼鳞孔鱼鳞长度基本尺寸;

H:鱼鳞切口处高度基本尺寸;

R:鱼鳞端角弧度。

4.3 落料鱼鳞孔

W_1:落料孔宽度基本尺寸;

W_2:落料孔长度基本尺寸;

H:落料处鱼鳞高度基本尺寸;

R:鱼鳞宽度弧型基本尺寸。

5 孔的排列型式和基本参数

5.1 孔的排列型式按照 GB/T 12620 规定。可分为：

 a) 切口鱼鳞孔 Z 型排列，如图 1；

 b) 落料鱼鳞孔 Z 型排列，如图 2。

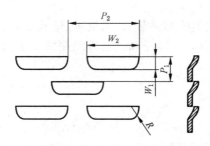

图 1 切口鱼鳞孔 Z 型排列

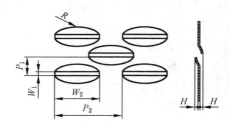

图 2 落料鱼鳞孔 Z 型排列

5.2 筛孔标记按照 GB/T 10061 的规定。

5.3 基本尺寸和参数。要求如下：

 a) 筛板基本尺寸和参数，切口鱼鳞孔，按表 1 的规定，落料鱼鳞孔按表 2 的规定，也可根据需方设计使用要求，应由供需双方协商。

 b) 筛板长度极限偏差和宽度极限偏差按 GB/T 1804—2000 中公差等级 h 14 的规定。如用户有特殊要求，应由供需双方协商。

 c) 筛板留边尺寸应由供需双方共同商定，根据装配使用情况，允许整板满冲或满冲后压边。

 d) 筛板的两对角线应相等，其极限偏差应符合 GB/T 1804—2000 中公差等级 h 15 的规定。

6 技术要求

6.1 筛板材料应由低碳钢板、不锈钢板或有色金属制成，其材料由供需双方协议规定。

6.2 板厚可按需方技术文件要求或根据供需方双方协议规定，板厚的允许偏差按照 GB/T 708 的规定。

6.3 筛板的尺寸极限偏差应符合 5.3 中 b) 的规定。

6.4 筛板留边极限偏差按 GB/T 19360—2003 中表 4 的规定。

6.5 筛孔的切口处或落料处鱼鳞高度 H 也可由供需双方协商。

6.6 筛板不允许有裂纹、剥层、严重锈蚀等缺陷，应按 GB/T 19360—2003 第 7 章的规定。

6.7 筛板成型后应保证平整，其平面度要求应按 GB/T 19360—2003 中 5.6 的规定。

7 试验方法和检验规则

7.1 筛板长度和宽度、单个筛孔尺寸、平均筛孔尺寸、单个孔距尺寸、平均孔距尺寸的检测。首先在筛面上,目测检验筛板总的状况,然后在可能超差区域或任意选定区域的尺寸进行检测。每批测平均孔距尺寸,按表1和表2中规定的测量区沿着一个方向连续孔数检测。

7.2 筛孔尺寸、孔距用分度值为0.02 mm的量具检测。

7.3 筛板留边宽度或压边宽度、对角线尺寸用分度值为0.5 mm的钢卷尺检测。

7.4 筛板平面度。将筛板冲压面放置在一个平整的平台上,用一个刻度为0.02 mm的高度尺或深度尺测量筛板的最高点到参考面的距离。

7.5 抽样规则。产品的验收抽样检查每批不得少于5片,如果少于5片时应进行全检。

7.6 筛板长度和筛板留边宽度或压边宽度、单个筛孔尺寸、平均筛孔尺寸、单个孔距尺寸、平均孔距尺寸全部项目检测合格,则本批为合格;如有一片不合格,应加倍抽取;对不合格项目进行复检,仍不合格,则本批判定为不合格。

8 标志、包装、运输、贮存

8.1 出厂的筛板必须附有质量检验合格证。

8.2 在出厂的筛板上应打印制造厂家的标记,筛孔标记可根据需方要求而定,如果筛板留头、留边少的可以省去不打印。

8.3 包装、运输、贮存筛板时应有防锈、防潮措施。

8.4 包装外部应有标志(简易包装除外),内容如下:
   a) 制造厂名称;
   b) 筛片规格或型号;
   c) 筛板数量(张);
   d) 包装外廓尺寸及毛重;
   e) 出厂编号、日期;
   f) 执行标准(本标准编号)。

单位为毫米

表 1 切口鱼鳞孔去石筛板基本参数和尺寸

材料厚度	鱼鳞宽度 W1				鱼鳞长度 W2				鱼鳞切口处高度 H				横向孔距 P1				纵向孔距 P2				鱼鳞端角 R			
	基本尺寸	测量区连续个数	极限偏差单个	极限偏差平均	基本尺寸	测量区连续个数	极限偏差单个	极限偏差平均	基本尺寸	测量区连续个数	极限偏差单个	极限偏差平均	基本尺寸	测量区连续个数	极限偏差单个	极限偏差平均	基本尺寸	测量区连续个数	极限偏差单个	极限偏差平均	基本尺寸	测量区连续个数	极限偏差单个	极限偏差平均
0.5																								
0.6	3	10	±0.25	±0.15	18	10	±0.5	±0.3	0.8	10	±0.1	±0.05	5	10	±0.35	±0.2	22	10	±1.5	±1	3.5	10	±0.5	±0.25
0.7																								
0.8																								
0.9	3.5	10	±0.3	±0.15	20	10	±0.6	±0.3	1	10	±0.1	±0.06	5.5	10	±0.4	±0.2	25	10	±2	±1	4	10	±0.5	±0.25
1.0																								
1.1																								
1.2	4	10	±0.35	±0.2	20	10	±0.6	±0.3	1.2	10	±0.1	±0.06	6.5	10	±0.5	±0.25	25	10	±2	±1	4.5	10	±0.5	±0.25
1.5	5.5	10	±0.35	±0.2	22	10	±0.7	±0.35	1.5	10	±0.15	±0.8	7.5	10	±0.5	±0.25	28	10	±2.5	±1.5	5	10	±0.8	±0.4

单位为毫米

表 2 落料鱼鳞孔去石筛板基本参数和尺寸

材料厚度	筛孔宽度 W1				筛孔长度 W2				落料处鱼鳞高度 H				鱼鳞宽度弧型 R				横向孔距 P1				纵向孔距 P2			
	基本尺寸	测量区连续个数	极限偏差单个	极限偏差平均	基本尺寸	测量区连续个数	极限偏差单个	极限偏差平均	基本尺寸	测量区连续个数	极限偏差单个	极限偏差平均	基本尺寸	测量区连续个数	极限偏差单个	极限偏差平均	基本尺寸	测量区连续个数	极限偏差单个	极限偏差平均	基本尺寸	测量区连续个数	极限偏差单个	极限偏差平均
0.5																								
0.6	0.7	10	±0.07	±0.05	12	10	±0.5	±0.25	0.6	10	±0.1	±0.05	18	10	±0.5	±0.3	5	10	±0.4	±0.2	17	10	±1.5	±1.0
0.7																								

表 2（续）

单位为毫米

材料厚度	筛孔宽度 W_1				筛孔长度 W_2				落料处鱼鳞高度 H				鱼鳞宽度弧型 R				横向孔距 P_1				纵向孔距 P_2			
	基本尺寸	测量区连续个数	极限偏差 单个	极限偏差 平均	基本尺寸	测量区连续个数	极限偏差 单个	极限偏差 平均	基本尺寸	测量区连续个数	极限偏差 单个	极限偏差 平均	基本尺寸	测量区连续个数	极限偏差 单个	极限偏差 平均	基本尺寸	测量区连续个数	极限偏差 单个	极限偏差 平均	基本尺寸	测量区连续个数	极限偏差 单个	极限偏差 平均
0.8 0.9 1.0	0.8	10	±0.07	±0.05	12.5	10	±0.5	±0.25	0.8	10	±0.15	±0.1	18	10	±0.5	±0.3	5.5	10	±0.4	±0.2	17	10	±1.5	±1.0
1.1 1.2	1.0	10	±0.07	±0.05	13	10	±0.5	±0.25	1.0	10	±0.15	±0.1	19	10	±0.5	±0.3	6	10	±0.4	±0.2	20	10	±2.0	±1.2

前　言

本标准是对 ZB D95 002—88《矿用冲孔筛板》进行的修订。修订时,对原标准作了编辑性修改,主要技术内容没有变化。

本标准自实施之日起代替 ZB D95 002—88。

本标准由全国矿山机械标准化技术委员会提出并归口。

本标准负责起草单位:鞍山矿山机械股份有限公司。

本标准主要起草人:刘向华、王琦玮、张蔚萍、吕宝柱、黄嘉琳。

中华人民共和国机械行业标准

JB/T 9031—1999

矿用冲孔筛板

Perforated screen plate for ore

代替 ZB D95 002—88

1 范围

本标准规定了矿用冲孔筛板的产品分类、技术要求、试验方法、检验规则、标志、包装、运输和贮存。

本标准适用于筛分多种矿物金属冲孔筛板。

2 产品分类

2.1 冲孔筛板是带孔眼的具有任意外型尺寸的板。

2.2 筛板的孔型为圆孔、方孔和长孔。

2.3 筛板孔位的排列方法如下：

a）交错排列（见图1、图2、图4、图5、图7、图9）；

b）规则排列（见图3、图6、图8、图10）。

图 1

图 2

图 3

图 4

国家机械工业局1999-06-28批准 2000-01-01实施

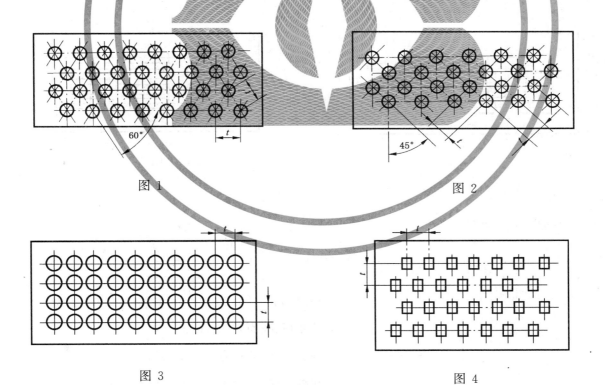

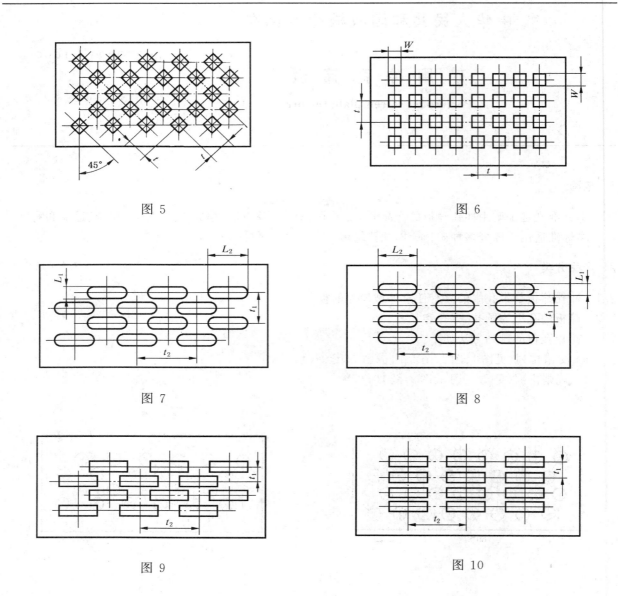

图 5

图 6

图 7

图 8

图 9

图 10

2.4 型号表示方法如下:

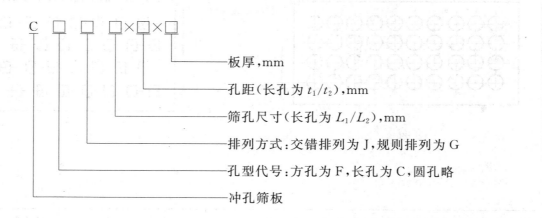

板厚,mm

孔距(长孔为 t_1/t_2),mm

筛孔尺寸(长孔为 L_1/L_2),mm

排列方式:交错排列为 J,规则排列为 G

孔型代号:方孔为 F,长孔为 C,圆孔略

冲孔筛板

2.5 筛板基本参数:

    a) 圆孔筛板的基本参数应符合表1的规定;

    b) 方孔筛板的基本参数应符合表2的规定;

    c) 长孔筛板的基本参数应符合表3的规定;

    d) 筛孔尺寸应优先选用第一系列;

    e) 如果有特殊用途,孔距可以在±15%范围内选用;

    f) 板厚尺寸为最大厚度。

表 1

mm

孔 径 D			孔 距 t				板 厚	相对开孔率 A_0 %		
								YJ		YG
第一系列	第二系列	偏差	t	偏差	测量长度	偏差	δ_{max}	60°	45°	
1.00	—	±0.12	1.75 2.00	±0.50	25t	±6.30	0.60 0.80	30 23	— 	—
1.25	—		2.00 2.50				0.60 1.00	35 23	— 	—
1.60	—		2.50 3.00				0.80 1.25	37 26		
2.00	—		3.00 3.50 4.00				0.80 1.25 1.60	40 30 23	— 	—
2.50	—		4.00 4.50 5.00				1.25 1.60 2.00	35 28 23	 20	 20
3.15	—	±0.20	4.50 5.00 6.00 7.00	±0.60	16t	±5.00	1.25 1.60 2.00 2.50	44 36 25 —	 16	 16
4.00	—		6.00 7.00 8.00 10.00				1.60 2.50 3.20 3.20	40 30 23 —	 13	 13
5.00	—	+0.20 −0.40	7.00 8.00 10.00	±1.00	10t	±5.00	1.60 2.50 4.00	46 35 23	 20	 20
6.00	—		8.00 9.00 10.00 12.00				1.60 2.50 3.20 5.00	56 44 36 25	 22	 22

表 1(续)

mm

孔 径 D			孔 距 t				板 厚	相对开孔率 A₀ %		
第一系列	第二系列	偏 差	t	偏 差	测量长度	偏 差	δ_{max}	YJ 60°	YJ 45°	YG
8.00	—	+0.20 −0.40	10.00	±1.00	10t	±5.00	1.60	58	—	—
			11.00				2.00	48	—	—
			12.00				3.20	40	—	—
			14.00				5.00	30	26	26
10.00	—		14.00				3.20	46		
			15.00				4.00	40		
			18.00				6.00	28		
			20.00				8.00	23		
13.00	—	+0.40 −0.50	16	±1.60	6t	±5.00	3.20	55		48
			18				5.00	44	—	—
			20				6.00	35		31
			22				8.00	29		—
—	14.00		18				3.20	55		
			20				5.00	44		
			22				6.00	37		—
			25				8.00	28		
16.00	—		20				3.20	58		—
			22				5.00	48	—	42
			25				8.00	37		—
			28				10.00	30		—
—	18.00	+0.40 −0.60	22	±1.60	6t	±5.00	4.00	61		
			25				6.00	47	—	
			28				8.00	37		
20.00	—		25				4.00	58		—
			28				6.00	46	—	40
			32				10.00	35		—
—	22.40		28				5.00	55		—
			32				8.00	44	—	—
			36				10.00	35		—
25.00	—		32				6.00	55		—
			36				8.00	44	—	31
			40				12.00	35		—
—	28.00		36				6.00	55		—
			40				8.00	44	—	—
			45				12.00	35		—

表 1（完）   mm

孔 径 D			孔 距 t				板 厚	相对开孔率 A_0 %		
第一系列	第二系列	偏 差	t	偏 差	测量长度	偏 差	δ_{max}	YJ 60°	YJ 45°	YG
31.50	—		40.00				6.00	58		—
			45.00				12.00	46	—	40
			50.00				16.00	37		—
—	35.50		45.00				6.00	58		—
			50.00				12.00	47	—	—
			56.00				16.00	38		—
40.00	—		50.00				8.00	58		—
			60.00				16.00	40	—	35
			70.00				20.00	30		—
—	45.00	+0.60 −1.00	56.00	±2.50	4t	±6.30	8.00	59		—
			63.00				16.00	46	—	—
			70.00				20.00	38		—
50.00	—		70.00				12.00	46		—
			80.00				16.00	35	—	31
			90.00				20.00	28		—
—	56.00		70.00				12.00	58		—
			80.00				16.00	44	—	—
			90.00				20.00	35		—
63.00	—		80.00				12.00	56		—
			90.00				16.00	44	—	39
			100.00				20.00	36		—
—	71.00		90.00				16.00	56	—	—
			100.00				20.00	46		—
80.00	—		100.00				16.00	58	—	—
—	90.00		110.00				16.00	61	—	—
			125.00				20.00	47		—
100.00	—	+1.00 −1.50	125.00	±4.00	3t	±8.00	16.00	58	—	—
—	112.00		140.00				10.00	58	—	—
			160.00				10.00	44		—
125.00	—		160.00				10.00	46	—	—

表 2   mm

孔 径 W			孔 距 t				板 厚	相对开孔率 A₀ %		
第一系列	第二系列	偏 差	t	偏 差	测量长度	偏 差	δ_{max}	YJ 60°	YJ 45°	YG
4.00	—	±0.20	6.00	±0.60	16t	±5.00	1.60	—		44
			7.00				2.50	33	—	33
			8.00				3.20	25		—
5.00	—	+0.20 −0.40	7.00	±1.00	10t	±5.00	1.60	51		—
			8.00				2.50	39	—	39
			10.00				4.00	25		—
6.00	—		9.00				2.00	—		49
			10.00				3.20	40	—	—
			14.00				4.00	27		—
8.00	—	+0.20 −0.40	10.00				1.25	—	—	64
			11.00				2.00	—	—	53
			12.00				3.20	44	44	44
			14.00				5.00	32	—	—
10.00	—		12.00				1.25	—	—	69
			14.00				3.20	51	—	51
			15.00				4.00	44	44	44
			18.00				6.00	31	—	—
13.00			16.00				2.50	—		61
			18.00				4.00	48	48	—
			20.00				6.00	39		—
—	14.00		18.00				3.20	60		
			20.00				5.00	49	—	—
			22.00				6.00	40		
			25.00				8.00	31		
16.00	—	+0.40 −0.60	20.00	±1.60	6t	±5.00	3.20	—		64
			22.00				5.00	53	—	—
			25.00				8.00	41	41	—
—	18.00		22.00				3.20	66		—
			25.00				6.00	52	—	—
			28.00				8.00	41		—
20.00	—		25.00				4.00	64		64
			28.00				6.00	51	—	—
			32.00				8.00	39		—
—	22.40		28.00				4.00	51		—
			32.00				8.00	39	—	39
			36.00				10.00	25		—
25.00	—		32.00				5.00	61		—
			36.00				8.00	48	—	—
			40.00				10.00	39		

表 2(完)

mm

孔 径 W			孔 距 t				板 厚	相对开孔率 A_0 %		
第一系列	第二系列	偏差	t	偏差	测量长度	偏差	δ_{max}	YJ		YG
								60°	45°	
—	28.00	+0.40 −0.60	36.00 40.00 45.00	±1.60	6t	±5.00	6.00 10.00 12.00	60 49 38	—	—
31.50	—		40.00 45.00 50.00				6.00 10.00 12.00	64 50 41	—	—
—	35.50		45.00 50.00 56.00				8.00 12.00 16.00	62 50 40	—	—
40.00	—		50.00 60.00 70.00				8.00 12.00 16.00	64 44 33	—	—
—	45.00	+0.60 −1.00	56.00 63.00 70.00	±2.50	4t	±6.30	8.00 12.00 16.00	64 51 33	—	—
50.00	—		70.00 80.00 90.00				10.00 16.00 16.00	51 39 31	—	—
—	56.00		70.00 80.00 90.00				10.00 16.00 16.00	64 49 39	—	—
63.00	—		80.00 90.00 100.00				12.00 16.00 16.00	62 49 40	—	—
—	71.00		90.00 100.00				16.00 16.00	62 50	—	—
80.00	—		100.00				12.00	64	—	—
—	90.00		110.00 125.00				12.00 12.00	67 52	—	—
100.00	—	+1.00 −1.50	125.00	±4.00	3t	±8.00	10.00	64	—	—
—	112.00		140.00 160.00				10.00 10.00	64 49	—	—
125.00	—		160.00				10.00	61	—	—

表 3

mm

孔宽 L_1			孔长 L_2		孔距				t_1、t_2				板厚	相对开孔率 A_0 %		
第一系列	第二系列	偏差	L_2	偏差	t_1	偏差	测量长度	偏差	t_2	偏差	测量长度	偏差	δ_{max}	YJ 60°	YJ 45°	YG
1.00	—	±0.12	10.00	+0.40 −0.60	3.00	±0.50	25t_1	±6.30	14.00	±1.20	8t_2	±5.00	1.00	23	—	—
			16.00		3.00				20.00				1.00	26	—	—
—	1.25		10.00		3.50				14.00				1.25	25	—	—
			10.00		4.00				14.00				1.25	22	—	—
			16.00		3.50				20.00				1.25	28	—	—
1.60	—		12.50		4.00				16.00				1.60	30	—	—
			20.00		4.50				25.00				1.60	28	—	—
—	2.00		12.50		4.50				16.00				1.60	34	—	—
			12.50		5.00				18.00				1.60	27	—	—
			20.00		5.00				25.00				2.00	31	—	—
			20.00		6.00				28.00				2.50	23	—	32
2.50	—	±0.20	16.00	+0.50 −0.80	5.00	±0.60	16t_1	±5.00	20.00	±1.60	6t_2	±5.00	1.25	39	—	—
			20.00		5.50				25.00				2.00	35	—	36
			25.00		6.00				32.00				2.50	32	—	—
—	3.15		16.00		6.00				20.00				2.00	40	—	41
			16.00		7.00				22.00				3.00	31	31	—
			25.00		6.00				32.00				1.60	40	—	40
			25.00		8.00				32.00				3.20	30	30	—
4.00	—	+0.20 −0.40	20.00	+0.60 −1.00	7.00	±1.00	10t_1	±4.00	25.00	±2.00	5t_2	±6.30	2.00	44	—	—
			20.00		8.00				25.00				3.20	38	—	—
			20.00		9.00				28.00				4.00	30	30	—
			32.00		9.00				40.00				4.00	35	35	50
—	5.00		20.00		8.00				25.00				2.50	47	—	—
			20.00		9.00				25.00				3.20	42	—	—
			20.00		10.00				28.00				4.00	34	34	—
			32.00		10.00				40.00				4.00	39	—	40

表3（完）

mm

孔宽 L₁ 第一系列	孔宽 L₁ 第二系列	L₁ 偏差	孔长 L₂	L₂ 偏差	孔距 t₁	t₁ 偏差	t₁ 测量长度	t₁ 测量偏差	孔距 t₂	t₁,t₂ 偏差	t₂ 测量长度	t₂ 测量偏差	板厚 δmax	相对开孔率 A₀ % YJ 60°	YJ 45°	YG
6.00	—	+0.20 -0.40	20.00	+0.60 -1.00	9.00	±1.00	10t₁	±4.00	25.00	±2.00	5t₂	±6.30	2.50	50	—	53
	—		20.00		10.00				25.00				2.50	45	—	48
	—		20.00		11.00				25.00				3.20	41	—	41
	—		20.00		12.00				28.00				4.00	33	33	—
6.00	—		25.00		11.00				32.00				3.00	42	—	43
	—		25.00		12.00				36.00				4.00	35	—	—
	—		25.00		14.00				50.00				6.00	30	—	42
	—		40.00	+0.80 -1.20	12.00				50.00				4.00	41	—	52
—	8.00	+0.40 -0.60	25.00		12.00	±1.60	6t₁	±5.00	32.00	±2.50	4t₂	±6.30	3.00	44	—	—
	8.00		25.00		16.00				36.00				6.00	32	—	46
	8.00		40.00		14.00				50.00				4.00	44	—	—
	8.00		40.00		16.00				50.00				6.00	38	38	50
10.00	—		32.00		16.00				40.00				4.00	47	—	—
	—		32.00		20.00				45.00				8.00	33	—	44
	—		50.00		18.00				63.00				6.00	42	42	—
—	12.50		32.00		18.00				40.00				4.00	51	—	—
	12.50		32.00		22.00				45.00				8.00	37	—	36
	12.50		50.00		20.00				63.00				6.00	47	—	—
	12.50		50.00		25.00				70.00				8.00	34	—	—
16.00	—	+0.50 -1.00	40.00		25.00	±2.50	4t₁	±6.30	56.00	±3.20	3t₂	±9	6.00	42	—	—
	—		63.00		28.00				80.00				8.00	43	—	—
	—		40.00		32.00				56.00				8.00	40	—	—
	—		63.00		35.00				90.00				10.00	37	—	—
—	20.00		50.00	+0.80 -1.00	35.00				63.00				8.00	51	—	—
	20.00		80.00		40.00				100.00				10.00	47	—	—
25.00	—		80.00		45.00				100.00				10.00	52	—	—
	—		80.00		50.00				100.00				12.00	47	—	—
—	31.50		80.00		56.00				100.00				12.00	51	—	—
40.00	—		80.00		60.00				112.00				16.00	43	—	—

2.6 无孔边宽度应符合下列要求：

    a) 标准型无孔边宽度一般为40 mm，也可以为40 mm加上一个孔距。弯折张紧的筛板，弯折部分尺寸不计算在内。

    b) 非标准无孔边宽度以用户要求为准。

3 技术要求

3.1 冲孔筛板应符合本标准的要求，并按经规定程序批准的图样及技术文件制造。

3.2 筛板材料的抗拉强度应不低于392 N/mm²。

3.3 筛板表面应平整，不允许出现影响使用的缺陷。冲孔时出现的缺陷应焊补修整，修补过的表面累计应不大于整个表面的4%。

3.4 方孔和长孔的最大圆角半径按式(1)计算：

$$r_{max} = 0.05W + 0.3 \quad\cdots\cdots\cdots\cdots\cdots\cdots\cdots\cdots\cdots\cdots\cdots\cdots\cdots\cdots\cdots\cdots\cdots (1)$$

式中：r_{max}——最大圆角半径；

       W——筛孔名义尺寸(长孔为L_1)。

3.5 筛板的长度和宽度偏差应符合表4的规定。

表4
                                       mm

厚度　＼　尺寸	>30~100	>100~300	>300~1 000	>1 000~2 000	>2 000~4 000	>4 000
≤5	±0.8	±1.2	±2.0	±3.0	±4.0	±5.0
>5	±1.5	±2.0	±3.0	±5.0	±8.0	±10.0

3.6 筛板无孔边宽度偏差应符合表5的规定。

表5
                                       mm

孔间距 t	偏 差
≤5	±5
>5~20	±10
>20	±t/2

4 试验方法

4.1 筛孔尺寸及孔距应在成孔面上检验。

4.2 用塞尺和游标卡尺测量不大于10 mm的筛孔尺寸和孔距；用游标卡尺测量大于10 mm的筛孔尺寸和孔距。

4.3 目测每一个孔，对筛板进行总体检查。

4.4 筛孔的测量方法如下：

    a) 在筛板上选定任意一块面积，沿不同方向的两条直线检查。小孔(D或W≤16 mm为小孔)用长度控制，每一直线至少为100 mm长；大孔(D或W>16 mm为大孔)用孔数控制，孔数应不少于五个。

    b) 两条直线间夹角对圆孔为90°或60°，对方孔为90°。方孔可只沿孔的对角线检查，但长度应不小于150 mm，并且不少于八个孔，见图11。

    c) 如果检查的筛板有一个方向达不到规定的长度和孔数时，应对所有筛孔进行检查。

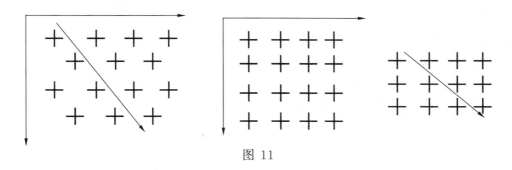

图 11

5 检验规则

5.1 筛板的基本参数应符合表1、表2和表3的规定。

5.2 筛板的表面质量应符合3.3的要求。

5.3 筛板的长度和宽度偏差应符合3.5的要求。

5.4 筛板无孔边宽度偏差应符合3.6的要求。

6 标志、包装、运输与贮存

6.1 筛板应包扎或放入包装箱内。包扎件和包装箱应有明显的标记,内容包括:

　　a)制造厂名称;

　　b)产品名称及型号;

　　c)出厂日期及编号。

6.2 包扎件和包装箱应符合陆路、水路运输的要求。

6.3 随机应附带装箱清单、产品合格证等技术文件。

6.4 筛板应在室内存放,存放时应垫平放稳,并与地面有一定距离。露天存放要有防雨、防晒和防积水措施。

ICS 59.120.99
W 91

中华人民共和国纺织行业标准

FZ/T 92045—2008
代替 FZ/T 92045—1999

印花镍网

Printing nickel screen

2008-02-01 发布　　　　　　　　　　　　　　　　2008-07-01 实施

中华人民共和国国家发展和改革委员会　　发　布

前　言

本标准代替 FZ/T 92045—1999。

本标准与 FZ/T 92045—1999 相比主要变化如下：

——增加了规格和参数(见表 1)；

——增加了代号规定、标记示例(见 4.5)；

——部分要求指标值分等级规定(见第 5 章)；

——增加了分级判定原则。

请注意本标准的某些内容有可能涉及专利,本标准的发布机构不承担识别这些专利的责任。

本标准由中国纺织工业协会提出。

本标准由全国纺织机械与附件标准化技术委员会归口。

本标准起草单位:无锡纺织机械研究所、江阴市镍网厂有限公司、山东同大镍网有限公司、江阴市天宇镍网有限公司、常州桑尼机械有限公司。

本标准主要起草人:赵蓉贞、孙兴焕、魏福彬、刘险峰、戴建庭。

本标准所代替标准的历次版本发布情况为:

——FZ/T 92045—1995、FZ/T 92045—1999。

印 花 镍 网

1 范围

本标准规定了印花镍网的术语和定义、分类及代号、要求、试验方法、检验规则、标志及包装、运输、贮存。
本标准适用于纺织品印花用的印花镍网,用于其他行业的印花镍网也可参照执行。

2 规范性引用文件

下列文件中的条款通过本标准的引用而成为本标准的条款。凡是注日期的引用文件,其随后所有的修改单(不包括勘误的内容)或修订版均不适用于本标准,然而,鼓励根据本标准达成协议的各方研究是否可使用这些文件的最新版本。凡是不注日期的引用文件,其最新版本适用于本标准。

GB/T 191 包装储运图示标志

GB/T 6543 瓦楞纸箱

GB/T 14162—1993 产品质量监督计数抽样程序及抽样表(适用于每百单位产品不合格数为质量指标)

3 术语和定义

下列术语和定义适用于本标准。

3.1

网目数 mesh

沿孔距的方向上,每 25.4 mm 长度的孔距数。

3.2

开孔率 open area

在单位面积内的网孔总面积与单位面积之比的百分数。

4 分类及代号

4.1 型式

圆筒形。

4.2 网孔形状

六边形、圆形。

4.3 网孔排列

以镍网圆筒线为准,呈 0°、60°、120°或 30°、90°、150°三个方向轴对称排列,以及 15°、75°、135°非轴对称排列,见图 1。

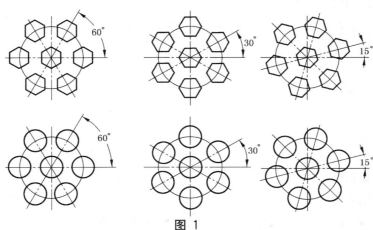

图 1

4.4 规格及参数

见表1。

表 1

项 目	规 格 及 参 数												
网目数/目	40	60	80	100	105	125	135-C	155	165-C	185	135	165	195
镍网壁厚/mm	0.135~0.145	0.120~0.130	0.105~0.115	0.100~0.110						0.110~0.120			
公称周长/mm	640、726、820、914、1 018												
公称宽度(镍网宽度)/mm	1 400	1 600	1 800	2 000	2 200	2 400	2 600	2 800	3 000	3 200	3 400	3 600	
印制宽度(最大值)/mm	1 200	1 400	1 600	1 800	2 000	2 200	2 400	2 600	2 800	3 000	3 200	3 400	

注：当公称宽度≥2 400 mm时,镍网壁厚接近上限值。

4.5 产品代号

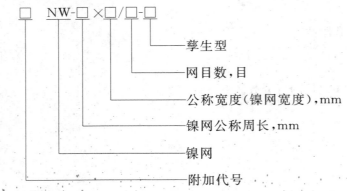

□ NW-□×□/□-□
- 孪生型
- 网目数,目
- 公称宽度(镍网宽度),mm
- 镍网公称周长,mm
- 镍网
- 附加代号

4.5.1 代号规定

4.5.1.1 镍网公称周长:以公称周长(mm)的数值表示。

4.5.1.2 镍网公称宽度:以镍网公称宽度(mm)的数值表示

4.5.1.3 网目数:以目数值表示。

4.5.1.4 孪生型:用大写字母C表示,C表示开孔率的变化。

4.5.1.5 附加代号:企业或地区代号。

4.5.2 标记示例

示例1:□ NW-640×200/80 表示公称周长640 mm,公称宽度2 000 mm,80目镍网。

示例2:□ NW-1018×280/135-C 表示公称周长1 018 mm,公称宽度2 800 mm,135目孪生型镍网。

5 要求

5.1 镍网开孔率及均匀度

5.1.1 开孔率应不小于表2的规定。

5.1.2 开孔率均匀度(即同只镍网极限误差,%)应不大于表2的规定。

表 2

网目数目	开孔率/%		均匀度/%					
			公称宽度/mm					
			≥1 400～2 000		>2 000～2 800		>2 800～3 600	
	A 级	B 级	A 级	B 级	A 级	B 级	A 级	B 级
40	25	23						
60	21	19						
80	17	15						
100	14	12						
105	16	14						
125	15	13						
135-C	15	13	1	1.5	1.5	2.5	1.5	3
155	13	11						
165-C	14	12						
185	11	9						
135	22	20						
165	19	17						
195	17	15						

5.2 镍网应具有一定的拉伸强度和韧性,其母材沿孔距方向弯曲成 180°,弯曲半径为 0.2 mm,弯曲处应不断裂。当弯曲半径为 0 时,弯曲处应断裂并不得发出脆性声响。

5.3 镍网工作宽度范围内壁厚极限误差不大于 0.005 mm。

5.4 镍网在工作宽度范围内出现串通孔缺陷数不得大于表 3 的规定。

表 3

网目数/目	40	60	80	100	105	125	135-C	155	165-C	185	135	165	195
公称宽度/mm	1 400～3 600												
三孔以上串通	0												
二孔、三孔串通总数/(个/m²) A 级	0												
二孔、三孔串通总数/(个/m²) B 级	1												
注:m² 为圆网表面积单位。													

5.5 镍网在工作宽度范围内出现盲孔缺陷数不得大于表 4 的规定。

表 4

网目数/目	40	60	80	100	105	125	135-C	155	165-C	185	135	165	195
公称宽度/mm	1 400～3 600												
盲孔数/(个/m²) A 级	1												
盲孔数/(个/m²) B 级	3												
注:m² 为圆网表面积单位。													

5.6 网孔在工作宽度范围内透光均匀,无影条、异色花斑及明暗螺纹状条纹。

5.7 镍网在工作宽度范围内表面色泽一致,平整光滑,不得出现皱纹、折印、水渍、手印、油污等疵点,内外表面均不得有毛刺。

6 试验方法

6.1 5.1镍网开孔率及均匀度用在线式镍网开孔率检测仪检测。在全长工作范围内,分别测量三个互相等距离的纵剖面,从距镍网两端面 100 mm 开始,每隔 400 mm 左右读取测量数值,取其算术平均值为开孔率值,其最大值与最小值之差即为均匀度。

6.2 5.2镍网拉伸强度和韧性的检测。沿镍网周长取长 60 mm,宽 15 mm 的样片对折,放在专用检测工具中进行弯曲试验,弯曲半径为 $R0.2$ mm 不得断裂(见图2),然后取出,对折至半径为零时应断裂,并不得发出脆性声响。

单位为毫米

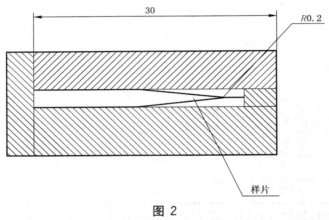

图 2

6.3 5.3镍网壁厚极限误差的测量。在镍网工作宽度范围内,均分5处,每处沿周向平均测3点壁厚的算术平均值为该处的壁厚值,5处壁厚值的最大差值为镍网壁厚极限误差。

6.4 5.4、5.5镍网串通孔及盲孔的检测。将镍网套在有光源的验网架上,用 60 倍放大镜检查,其缺陷情况应符合有关规定。

6.5 5.6、5.7镍网外观质量的检测。将镍网套在有光源的验网架上,目测检查网孔透光均匀度和外观质量,应符合有关规定,戴薄线手套在内外表面手摸,不得有拉丝感觉。

7 检验规则

7.1 出厂检验

7.1.1 每只镍网由制造厂按本标准规定检验合格后方可签发出厂合格证。

7.1.2 检验项目:5.1、5.4~5.7。

7.2 型式检验

7.2.1 产品在下列情况之一时,进行型式检验:

    a) 新产品的试制定型鉴定;

    b) 正常生产后,如结构、材料、工艺有较大改变,可能影响产品性能时;

    c) 正常生产时应每两年检验一次;

    d) 第三方检验机构进行检验时。

7.2.2 检验项目:规格及参数、第5章。

7.3 抽样方法及判定原则

7.3.1 按 GB/T 14162—1993 的规定确定抽样方案。其中 5.2、5.3 项目的监督质量水平规定为 $p_0=2.5(\%)$,检验水平为Ⅰ,则样本量 $n=2$,不通过判定数 $r=1$;其余项目的监督质量水平规定为

$p_0=6.5(\%)$,检验水平为Ⅱ,则样本量 $n=5$,不通过判定数 $r=2$。样品经过检验,若其中不合格数小于不通过判定数 r,则判定该批产品符合标准要求;否则判为不符合标准要求。

注:5.2检测时允许在同批料中取样。

7.3.2 产品应遵循以下分级判定原则:

    a) 同时符合表2、表3、表4项目中 A 级要求,即判定该样品为 A 级产品;

    b) 同时符合表2、表3、表4项目中 B 级要求,即判定该样品为 B 级产品。

8 标志

8.1 镍网的边缘处标志内容:

    a) 网目数;

    b) 制造厂代号或商标;

    c) 生产批号。

8.2 包装箱标志内容:

    a) 产品代号、数量;

    b) 制造厂、制造日期;

    c) 按 GB/T 191 的有关规定。

9 包装、运输、贮存

9.1 包装

包装纸箱应符合 GB/T 6543 的有关规定。

9.2 运输

产品在运输过程中应按规定的位置起吊,包装箱应保持干燥,按规定的朝向放置,不得倾斜或改变方向。

9.3 贮存

产品出厂后,在良好防雨、通风贮存条件下,贮存期限不得超过 6 个月。

焊 接 网

ICS 77.140.60
H 44

中华人民共和国国家标准

GB/T 1499.3—2010
代替 GB/T 1499.3—2002

钢筋混凝土用钢
第3部分：钢筋焊接网

Steel for the reinforcement of concrete—
Part 3：Welded fabric

（ISO 6935-3：1992，NEQ）

2010-12-23 发布

2011-09-01 实施

中华人民共和国国家质量监督检验检疫总局
中国国家标准化管理委员会 发布

前　言

GB/T 1499 分为三个部分：
——第 1 部分：热轧光圆钢筋；
——第 2 部分：热轧带肋钢筋；
——第 3 部分：钢筋焊接网。

本部分为 GB 1499 的第 3 部分，对应国际标准 ISO 6935-3:1992《钢筋混凝土用钢　第 3 部分　钢筋焊接网》，与 ISO 6935-3:1992 的一致性程度为非等效。

本部分按照 GB/T 1.1—2009 给出的规则起草。

本部分代替 GB/T 1499.3—2002《钢筋混凝土用钢筋焊接网》。

本部分与 GB/T 1499.3—2002 相比，主要变化如下：
——标准名称变更；
——在图 2 中增加并筋焊接网的图示；
——钢筋焊接网用钢筋的直径范围改为 5 mm～18 mm；
——钢筋焊接网实际重量与理论重量的允许偏差改为 ±4.0%；
——对于公称直径不小于 6 mm 的冷轧带肋钢筋用于焊网时，增加了冷轧带肋钢筋的最大力伸长率和强屈比的要求；
——修改重量偏差取样方法；
——增加 7.2.1 检验项目；
——增加重量偏差计算公式；
——增加特征值检验；
——修改验收批次重量；
——增加附录 A 定型钢筋焊接网型号 F 系列；
——增加附录 C"桥面、建筑用标准钢筋焊接网"。

本部分的附录 A 为规范性附录，附录 B、附录 C 为资料性附录。

本部分由全国钢铁工业协会提出。

本部分由全国钢标准化技术委员会（SAC/TC 183）归口。

本部分起草单位：中冶建筑研究总院有限公司、冶金工业信息标准研究院、安徽马钢比亚西钢筋焊网有限公司、北京邢钢焊网科技发展有限责任公司、中国建筑科学研究院、广州市番禺裕丰钢铁有限公司、山西和易金属制品有限公司、天津市建科机械制造有限公司、安阳市合力高速冷轧有限公司、江苏联峰实业股份有限公司、莱芜钢铁集团有限公司、国家金属制品质量监督检验中心、首钢总公司。

本部分主要起草人：朱建国、冯超、张莹、徐尚华、乔国军、顾万黎、刘宝石、文济、董春海、陈振东、翟文、陈华斌、高俊庆、洪涛、江涛。

本部分所代替标准的历次版本发布情况为：
——GB/T 1499.3—2002。

钢筋混凝土用钢
第3部分：钢筋焊接网

1 范围

GB/T 1499 的本部分规定了钢筋混凝土用钢筋焊接网的定义、分类与标记、订货内容、技术要求、试验方法、检验规则、包装标志及质量证明书。

本部分适用于采用冷轧带肋钢筋或（和）热轧带肋钢筋以电阻焊接方式制造的钢筋焊接网，采用光面或其他类别钢筋焊接而成的钢筋焊接网可参考使用。

2 规范性引用文件

下列文件对于本文件的应用是必不可少的。凡是注日期的引用文件，仅注日期的版本适用于本文件。凡是不注日期的引用文件，其最新版本（包括所有的修改单）适用于本文件。

GB/T 228.1 金属材料 拉伸试验 第 1 部分：室温试验方法（GB/T 228.1—2010，ISO 6892-1：2009，MOD）

GB/T 232 金属材料 弯曲试验方法（GB/T 232—1999，eqv ISO 7438：1985(E)）

GB 1499.2 钢筋混凝土用钢 第 2 部分：热轧带肋钢筋

GB 13788 冷轧带肋钢筋

GB/T 17505 钢及钢产品交货一般技术要求

YB/T 081 冶金技术标准的数值修约与检测数值的判定原则

3 术语和定义

下列术语和定义适用于本文件。

3.1

钢筋焊接网 welded fabric

纵向钢筋和横向钢筋分别以一定的间距排列且互成直角、全部交叉点均用电阻点焊方法焊接在一起的网片，如图 1 所示。

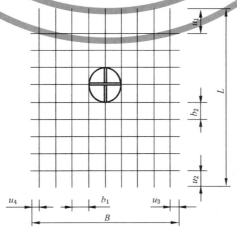

图 1 钢筋焊接网形状

GB/T 1499.3—2010

3.2

纵向钢筋 longitudinal bars

与焊接网制造方向平行排列的钢筋。

3.3

横向钢筋 transverse bars

与焊接网制造方向垂直排列的钢筋。

3.4

并筋 twin bars

焊接网中并列紧贴在一起的同类型、同直径的两根钢筋。并筋仅适用于纵向钢筋。

3.5

间距 spacing

焊接网中同一方向相邻钢筋中心线之间的距离,对于并筋,中心线为两根钢筋接触点的公切线,如图 1 中 b_1、b_2 和图 2 中 b。

3.6

伸出长度 overhang

纵向、横向钢筋超出焊接网片最外边横向、纵向钢筋中心线的长度,如图 1 中 u_1、u_2、u_3、u_4 和图 2 中 u。

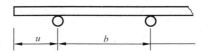 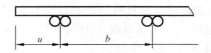

图 2 间距(b)与伸出长度(u)

3.7

网片长度 length of fabric

焊接网片平面长边的长度(与制造方向无关)。

3.8

网片宽度 width of fabric

焊接网片平面短边的长度(与制造方向无关)。

4 分类与标记

4.1 分类

钢筋焊接网按钢筋的牌号、直径、长度和间距分为定型钢筋焊接网和定制钢筋焊接网两种。

4.2 定型钢筋焊接网及标记

4.2.1 定型钢筋焊接网在两个方向上的钢筋牌号、直径、长度和间距可以不同,但同一方向上应采用同一牌号和直径的钢筋并具有相同的长度和间距。

4.2.2 定型钢筋焊接网型号见附录 A。

4.2.3 定型钢筋焊接网应按下列内容次序标记:

焊接网型号-长度方向钢筋牌号×宽度方向钢筋牌号-网片长度(mm)×网片宽度(mm)

例如:A10-CRB550×CRB550-4 800 mm×2 400 mm。

4.2.4 用于桥面、建筑的钢筋焊接网可参考附录 B。

4.3 定制钢筋焊接网及标记

定制钢筋焊接网采用的钢筋及其长度和间距应根据需方要求,由供需双方协商确定,并以设计图表示。

5 订货内容

按本部分订货的合同至少应包括下列内容:

a) 本部分编号;

b) 产品名称;

c) 产品类别及标记(或附设计图);

d) 重量(或数量);

e) 特殊要求。

6 技术要求

6.1 钢筋

6.1.1 钢筋焊接网应采用 GB 13788 规定的牌号 CRB550 冷轧带肋钢筋和符合 GB 1499.2 规定的热轧带肋钢筋。采用热轧带肋钢筋时,宜采用无纵肋的热轧钢筋。

6.1.2 钢筋焊接网应采用公称直径 5 mm~18 mm 的钢筋。经供需双方协议,也可采用其他公称直径的钢筋。

6.1.3 钢筋焊接网两个方向均为单根钢筋时,较细钢筋的公称直径不小于较粗钢筋的公称直径的 0.6 倍。

当纵向钢筋采用并筋时,纵向钢筋的公称直径不小于横向钢筋公称直径的 0.7 倍,也不大于横向钢筋公称直径的 1.25 倍。

按供需双方协议可供应直径比超出上述规定的钢筋焊接网。

6.2 制造

6.2.1 钢筋焊接网应采用机械制造,两个方向钢筋的交叉点以电阻焊焊接。

6.2.2 钢筋焊接网焊点开焊数量不应超过整张网片交叉点总数的 1%,并且任一根钢筋上开焊点不应超过该支钢筋上交叉点总数的一半。

钢筋焊接网最外边钢筋上的交叉点不应开焊。

6.3 尺寸及允许偏差

6.3.1 钢筋焊接网纵向钢筋间距宜为 50 mm 的整倍数,横向钢筋间距宜为 25 mm 的整倍数,最小间距宜采用 100 mm,间距的允许偏差取 ±10 mm 和规定间距的 ±5% 的较大值。

6.3.2 钢筋的伸出长度不宜小于 25 mm。

6.3.3 网片长度和宽度的允许偏差取 ±25 mm 和规定长度的 ±0.5% 的较大值。

6.4 重量及允许偏差

6.4.1 钢筋焊接网宜按实际重量交货,也可按理论重量交货。

6.4.2 钢筋焊接网的理论重量按组成钢筋公称直径和规定尺寸计算,计算时钢的密度采用 7.85 g/cm³。

钢筋焊接网实际重量与理论重量的允许偏差为 ±4%。

6.5 性能要求

6.5.1 焊接网钢筋的力学与工艺性能应分别符合相应标准中相应牌号钢筋的规定。对于公称直径不小于 6 mm 的焊接网用冷轧带肋钢筋,冷轧带肋钢筋的最大力总伸长率(A_{gt})应不小于 2.5%,钢筋的强屈比 $R_m/R_{p0.2}$ 应不小于 1.05。

6.5.2 钢筋焊接网焊点的抗剪力应不小于试样受拉钢筋规定屈服力值的 0.3 倍。

6.6 表面质量

6.6.1 钢筋焊接网表面不应有影响使用的缺陷。当性能符合要求时,钢筋表面浮锈和因矫直造成的钢筋表面轻微损伤不作为拒收的理由。

6.6.2 钢筋焊接网允许有因取样产生的局部空缺。

7 试验方法

7.1 试样选取与制备

7.1.1 钢筋焊接网试样均应从成品网片上截取,但试样所包含的交叉点不应开焊。除去掉多余的部分以外,试样不得进行其他加工。

7.1.2 拉伸试样如图 3 所示,应沿钢筋焊接网两个方向各截取一个试样,每个试样至少有一个交叉点。试样长度应足够,以保证夹具之间的距离不小于 20 倍试样直径或 180 mm(取二者之较大者)。对于并筋,非受拉钢筋应在离交叉焊点约 20 mm 处切断。

拉伸试样上的横向钢筋宜距交叉点约 25 mm 处切断。

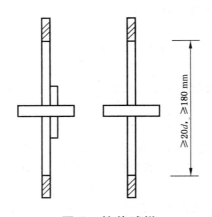

$\geqslant 20d, \geqslant 180\ mm$

图 3 拉伸试样

7.1.3 应沿钢筋网两个方向各截取一个弯曲试样,试样应保证试验时受弯曲部位离开交叉焊点至少 25 mm。

7.1.4 抗剪试样如图 4。应沿同一横向钢筋随机截取 3 个试样。钢筋网两个方向均为单根钢筋时,较粗钢筋为受拉钢筋;对于并筋,其中之一为受拉钢筋,另一支非受拉钢筋应在交叉焊点处切断,但不应损伤受拉钢筋焊点。

抗剪试样上的横向钢筋应距交叉点不小于 25 mm 之处切断。

7.1.5 重量偏差试样如图 5,应截取 5 个试样,每个试样至少有 1 个交叉点,纵向并筋与横筋的每一交叉处只算一个交叉点。试样长度应不小于拉伸试样的长度。

仲裁检验时,重量偏差试样取不小于 600 mm×600 mm 的网片,网片的交叉点应不少于 9 个,纵向并筋与横筋的每一交叉处只算一个交叉点。

试样上钢筋的端部应加工平齐,钢筋试样的长度偏差为±1 mm。

试样重量和钢筋长度的测量精度至少应为±0.5%。

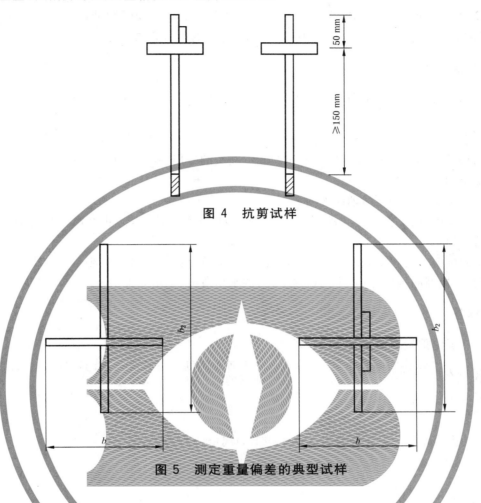

图 4 抗剪试样

图 5 测定重量偏差的典型试样

7.2 试验方法

7.2.1 检验项目

每批钢筋焊接网的检验项目,取样方法和试验方法应符合表1的规定。

表 1 钢筋焊接网的试验项目、取样方法及试验方法

序 号	试验项目	试验数量	取 样 方 法	试验方法
1	拉伸试验	2个	两个方向各截取一个试样	GB/T 228.1 本部分 7.2.2
2	弯曲试验	2个		GB/T 232
3	抗剪力试验	3个	两个方向任意截取三个试样	GB/T 228.1 本部分 7.2.3
4	重量偏差	本部分 7.1.5	本部分 7.1.5	按本部分 7.2.4
5	网片尺寸		逐片	按本部分 6.3
6	网片表面			目视

7.2.2 拉伸试验

钢筋焊接网的拉伸试验分别按 GB/T 228.1 的规定进行。焊接网钢筋最大力总伸长率除采用 GB/T 228.1 的有关试验方法外,也可按相应产品标准规定的试验方法。

7.2.3 弯曲试验

钢筋焊接网的弯曲试验应按照 GB/T 232 的规定进行。

7.2.4 抗剪力

7.2.4.1 抗剪力试验应使用一种能固定于试验机上夹头的专用夹具,这种夹具应使试验时能
——沿受拉钢筋轴线施加力值;
——使受拉钢筋自由端能沿轴线方向滑动;
——对试样横向钢筋适当固定,横向钢筋支点间距应尽可能小,以防止其产生过大的弯曲变形和转动。

推荐使用的抗剪力夹具示意图见附录 C,仲裁试验应采用图 C.3 所示夹具。

7.2.4.2 钢筋焊接网的抗剪力为 3 个试样抗剪力的平均值(精确至 0.1 kN)。

7.2.5 重量偏差

实际重量与理论重量的偏差按公式(1)计算:

$$重量偏差=\frac{试样实际总重量-(全部试样上各根钢筋的总长度×理论重量)}{全部试样上各根钢筋的总长度×理论重量}×100\% \cdots\cdots(1)$$

7.3 数值修约

检验结果的数值修约与判定应符合 YB/T 081 的规定。

8 检验规则

8.1 一般规定

钢筋焊接网的出厂检验和用户验收应按 8.2 的规定进行,当需要采用其他方案检查验收时,应按 GB/T 17505 的规定,由供需双方协商确定抽样检查方案的主要内容,如组批规则、检验项目、抽样数量、合格评定准则等,并在合同中注明。

8.2 常规检验

8.2.1 组批规则

钢筋焊接网应按批进行检查验收,每批应由同一型号、同一原材料来源、同一生产设备并在同一连续时段内制造的钢筋焊接网组成,重量不大于 60 t。

8.2.2 检验项目

除对开焊点数量进行检查外,每批钢筋焊接网均应按第 7 章规定的项目进行试验。

8.2.3 复验

钢筋焊接网的拉伸、弯曲和抗剪力试验结果如不合格,则应从该批钢筋焊接网中任取双倍试样进行

不合格项目的检验,复验结果全部合格时,该批钢筋焊接网判定为合格。

8.3 特征值检验

8.3.1 特征值检验适用于下列情况:

a) 供方对产品质量控制的检验;

b) 需方提出要求,经供需双方协议一致的检验;

c) 第三方产品认证及仲裁检验。

8.3.2 试验结果的评定

8.3.2.1 参数检验

为检验规定的性能,如特性参数 $R_{p0.2}$、R_m、A 或 A_{gt},应确定以下参数:

a) 15 个试样的所有单个值 $X_i(n=15)$;

b) 平均值 $m_{15}(n=15)$;

c) 标准偏差 $S_{15}(n=15)$。

如果所有性能满足公式(2)给定的条件则该试验批符合要求。

$$m_{15}-2.33\times S_{15}\geqslant f_K \qquad\qquad\cdots\cdots\cdots\cdots\cdots\cdots\cdots\cdots(2)$$

式中:

f_K ——要求的特征值;

2.33——当 $n=15$,90%置信水平$(1-\alpha=0.90)$,不合格率5%$(P=0.95)$时验收系数 K 的值。

如果上述条件不能满足,系数 $K'=\dfrac{m_{15}-f_K}{S_{15}}$ 由试验结果确定。式中 $K'\geqslant2$ 时,试验可继续进行。在此情况下,应从该试验批的不同钢筋网上切取 45 个试样进行试验,这样可得到总计 60 个试验结果$(n=60)$。

如果所有性能满足公式(3)条件,则应认为该试验批符合要求。

$$m_{60}-1.93\times S_{60}>f_K \qquad\qquad\cdots\cdots\cdots\cdots\cdots\cdots\cdots\cdots(3)$$

式中:

1.93——当 $n=60$,90%置信水平$(1-\alpha=0.90)$,不合格率5%$(P=0.95)$时验收系数 K 的值。

8.3.2.2 属性检验

当试验性能规定为最大或最小值时,15 个试样测定的所有结果应符合本部分的要求,此时,应认为该试验批符合要求。

当最多有两个试验结果不符合条件时,应继续进行试验,此时,应从该试验批的不同根钢筋上,另取 45 个试样进行试验,这样可得到总计 60 个试验结果,如果 60 个试验结果中最多有 2 个不符合条件,该试验批符合要求。

9 包装、标志及质量证明书

9.1 钢筋焊接网应捆扎整齐、牢固,必要时应加刚性支撑或支架,以防止运输吊装过程中钢筋焊接网产生影响使用的变形。

9.2 捆扎交货的钢筋焊接网均应吊挂标牌,标明生产厂名、本部分号、钢筋焊接网型号、尺寸、批号、片数或重量、生产日期、检验印记等内容。

9.3 钢筋焊接网交货时应附有质量证明书,注明生产厂名、需方名称、本部分号、交货钢筋焊接网的型号、批号、尺寸、片数或重量、各检验项目检验结果、供方质检部门印记等内容。

附 录 A

（规范性附录）

定型钢筋焊接网型号

表 A.1

钢筋焊接网型号	纵向钢筋			横向钢筋			重 量/（kg/m²）
	公称直径/mm	间 距/mm	每延米面积/（mm²/m）	公称直径/mm	间 距/mm	每延米面积/（mm²/m）	
A18	18		1 273	12		566	14.43
A16	16		1 006	12		566	12.34
A14	14		770	12		566	10.49
A12	12		566	12		566	8.88
A11	11		475	11		475	7.46
A10	10	200	393	10	200	393	6.16
A9	9		318	9		318	4.99
A8	8		252	8		252	3.95
A7	7		193	7		193	3.02
A6	6		142	6		142	2.22
A5	5		98	5		98	1.54
B18	18		2 545	12		566	24.42
B16	16		2 011	10		393	18.89
B14	14		1 539	10		393	15.19
B12	12		1 131	8		252	10.90
B11	11		950	8		252	9.43
B10	10	100	785	8	200	252	8.14
B9	9		635	8		252	6.97
B8	8		503	8		252	5.93
B7	7		385	7		193	4.53
B6	6		283	7		193	3.73
B5	5		196	7		193	3.05
C18	18		1 697	12		566	17.77
C16	16		1 341	12		566	14.98
C14	14		1 027	12		566	12.51
C12	12		754	12		566	10.36
C11	11		634	11		475	8.70
C10	10	150	523	10	200	393	7.19
C9	9		423	9		318	5.82
C8	8		335	8		252	4.61
C7	7		257	7		193	3.53
C6	6		189	6		142	2.60
C5	5		131	5		98	1.80

表 A.1（续）

钢筋焊接网型号	纵向钢筋			横向钢筋			重　量/（kg/m²）
	公称直径/mm	间　距/mm	每延米面积/（mm²/m）	公称直径/mm	间　距/mm	每延米面积/（mm²/m）	
D18	18		2 545	12		1 131	28.86
D16	16		2 011	12		1 131	24.68
D14	14		1 539	12		1 131	20.98
D12	12		1 131	12		1 131	17.75
D11	11		950	11		950	14.92
D10	10	100	785	10	100	785	12.33
D9	9		635	9		635	9.98
D8	8		503	8		503	7.90
D7	7		385	7		385	6.04
D6	6		283	6		283	4.44
D5	5		196	5		196	3.08
E18	18		1 697	12		1 131	19.25
E16	16		1 341	12		754	16.46
E14	14		1 027	12		754	13.99
E12	12		754	12		754	11.84
E11	11		634	11		634	9.95
E10	10	150	523	10	150	523	8.22
E9	9		423	9		423	6.66
E8	8		335	8		335	5.26
E7	7		257	7		257	4.03
E6	6		189	6		189	2.96
E5	5		131	5		131	2.05
F18	18		2 545	12		754	25.90
F16	16		2 011	12		754	21.70
F14	14		1 539	12		754	18.00
F12	12		1 131	1		754	14.80
F11	11		950	11		634	12.43
F10	10	100	785	10	150	523	10.28
F9	9		635	9		423	8.32
F8	8		503	8		335	6.58
F7	7		385	7		257	5.03
F6	6		283	6		189	3.70
F5	5		196	5		131	2.57

附　录　B
（资料性附录）
桥面、建筑用标准钢筋焊接网

表 B.1　桥面用标准钢筋焊接网

序号	网片编号	网片型号		网片尺寸		伸出长度				单片钢网		
		直径	间距	纵向	横向	纵向钢筋		横向钢筋		纵向钢筋根数	横向钢筋根数	重量
						u_1	u_2	u_3	u_4			
		mm	mm	mm	mm	mm	mm	mm	mm	根	根	kg
1	QW-1	7	100	10 250	2 250	50	300	50	300	20	100	129.9
2	QW-2	8	100	10 300	2 300	50	350	50	350	20	100	172.2
3	QW-3	9	100	10 350	2 250	50	400	50	400	19	100	210.4
4	QW-4	10	100	10 350	2 250	50	400	50	400	19	100	260.2
5	QW-5	11	100	10 400	2 250	50	450	50	450	19	100	319.0

表 B.2　建筑用标准钢筋焊接网

序号	网片编号	网片型号		网片尺寸		伸出长度				单片钢网		
		直径	间距	纵向	横向	纵向钢筋		横向钢筋		纵向钢筋根数	横向钢筋根数	重量
						u_1	u_2	u_3	u_4			
		mm	mm	mm	mm	mm	mm	mm	mm	根	根	kg
1	JW-1a	6	150	6 000	2 300	75	75	25	25	16	40	41.7
2	JW-1b	6	150	5 950	2 350	25	375	25	375	14	38	38.3
3	JW-2a	7	150	6 000	2 300	75	75	25	25	16	40	56.8
4	JW-2b	7	150	5 950	2 350	25	375	25	375	14	38	52.1
5	JW-3a	8	150	6 000	2 300	75	75	25	25	16	40	74.3
6	JW-3b	8	150	5 950	2 350	25	375	25	375	14	38	68.2
7	JW-4a	9	150	6 000	2 300	75	75	25	25	16	40	93.8
8	JW-4b	9	150	5 950	2 350	25	375	25	375	14	38	86.1
9	JW-5a	10	150	6 000	2 300	75	75	25	25	16	40	116.0
10	JW-5b	10	150	5 950	2 350	25	375	25	375	14	38	106.5
11	JW-6a	12	150	6 000	2 300	75	75	25	25	16	40	166.9
12	JW-6b	12	150	5 950	2 350	25	375	25	375	14	38	153.3

附　录　C
（资料性附录）
推荐采用的抗剪力试验专用夹具示意图

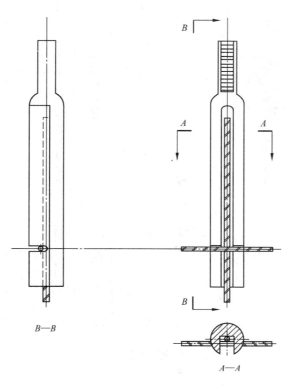

图 C.1

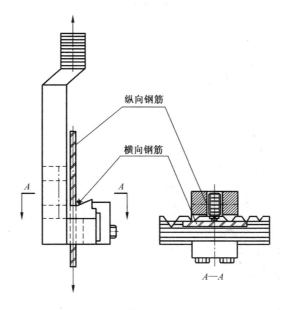

图 C.2

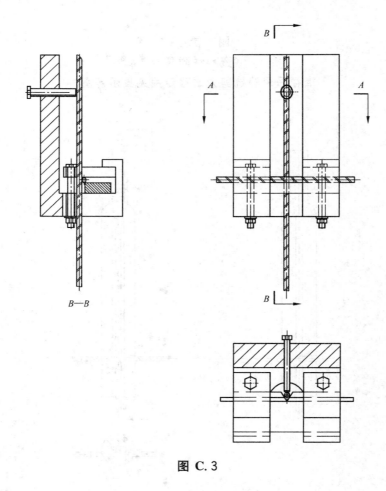

B—B

图 C. 3

前　　言

本标准是对 JB 4266—86《弧形筛网》进行的修订。修订时,对原标准作了编辑性修改,主要技术内容没有变化。

本标准自实施之日起,代替 JB 4266—86。

本标准由全国矿山机械标准化技术委员会提出并归口。

本标准负责起草单位:上海矿筛厂。

本标准起草人:郭振伟、黄嘉琳。

中华人民共和国机械行业标准

弧 形 筛 网

Curve screen

JB/T 4266—1999

代替 JB 4266—86

1 范围

本标准规定了弧形筛网的型式、型号、技术要求、试验方法、检验规则、标志、包装、运输和贮存。

本标准适用于弧形筛和煤用弧形筛等设备中使用的弧形筛网。

2 引用标准

下列标准所包含的条文,通过在本标准中引用而构成为本标准的条文。本标准出版时,所示版本均为有效。所有标准都会被修订,使用本标准的各方应探讨使用下列标准最新版本的可能性。

GB 191—1990 包装储运图示标志

GB/T 1804—1992 一般公差 线性尺寸的未注未差

3 型式与型号

3.1 弧形筛网为焊接条缝筛网。

3.2 型号表示方法:

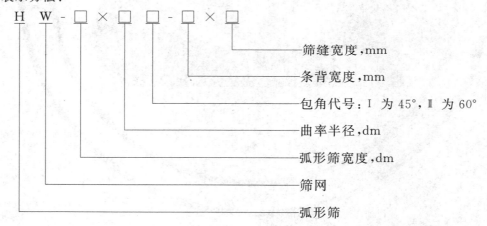

4 技术要求

4.1 弧形筛网应符合本标准的要求,并按经规定程序批准的图样和技术文件制造。

4.2 筛面(包括筛条和托条)应采用性能不低于 1Cr18Ni9Ti、0Cr18Ni12Mo2Ti 的材料,框架材质无特殊要求时应采用 Q235-A。

4.3 弧形筛网所有焊接处必须牢固,不得有漏焊、裂纹和气孔等缺陷。

4.4 弧形筛网工作面每两相邻筛条的高度差应小于 0.15 mm。

4.5 弧形筛网沿弧长方向允许拼接,但接缝处应光滑、平整,其高度差应小于 0.20 mm。

4.6 弧形筛网的筛条工作面的粗糙度为 $Ry12.5\ \mu m$。

4.7 弧形筛网的筛缝偏差应符合表1的规定。

表1　　　　　　　　　　　　　　　　　　mm

筛缝基本尺寸	筛缝偏差		
	≥85%总筛缝	≤10%总筛缝	≤5%总筛缝
0.10～0.20	±0.03	±0.04	±0.05
>0.20～0.30	±0.05	±0.06	±0.07
>0.30～0.35	±0.05	±0.07	±0.08
>0.35～0.75	±0.08	±0.15	±0.18
>0.75～3.00	±0.10	±0.12	±0.15

4.8 弧形筛网的宽度公差应符合GB/T 1804的v级规定。

5 试验方法

5.1 目测检验焊接质量,焊点强度按材料理化试验记录检查。

5.2 弧形筛网的几何尺寸用刻度值为1 mm的常规量具测量。

5.3 筛条的工作面粗糙度,目测。

5.4 筛条的背宽用刻度值为0.01 mm的外径千分尺测量。

5.5 筛缝偏差用塞尺测量。每块筛网任意选三处,每处测100条筛缝。

5.6 相邻筛条的工作面高度差用千分表测量。

6 检验规则

6.1 筛网须经制造厂检验合格后方可出厂,出厂时应附有证明产品质量合格的文件。

6.2 出厂检验应符合4.3～4.7的要求。

7 标志、包装、运输和贮存

7.1 每批弧形筛网应在明显位置打上钢印或做好标记,其内容包括:

　　a)产品型号;

　　b)生产日期、出厂编号;

　　c)制造厂名称。

7.2 弧形筛网用木箱包装,箱内应衬有防水材料。

7.3 包装箱应有明显的标记,包装储运图示标志应符合GB 191的规定。箱外文字标志应包括:

　　a)发货站和发货单位名称;

　　b)收货站和收货单位名称;

　　c)产品名称、数量;

　　d)毛重、净重;

　　e)运货编号。

7.4 弧形筛网的包装应符合水路和陆路运输的要求。

7.5 弧形筛网应贮存于干燥并无腐蚀的室内,露天存放应有防雨、防积水措施。

前　言

　　本标准是对 JB/T 7894—95《TZ 立式振动离心机用筛网》进行的修订。修订时,对原标准作了编辑性修改,主要技术内容没有变化。

　　本标准自实施之日起,代替 JB/T 7894—95。

　　本标准由全国矿山机械标准化技术委员会提出并归口。

　　本标准负责起草单位:上海矿筛厂。

　　本标准起草人:郭振伟、黄嘉琳。

　　本标准于 1986 年 6 月以 GB 6066—85 首次发布,1996 年 4 月调整为 JB/T 7894—95。

中华人民共和国机械行业标准

立式振动离心机用筛网

Screen of vertical vibrating centrifuge

JB/T 7893.2—1999

代替 JB/T 7894—95

1 范围

本标准规定了立式振动离心机用筛网的产品分类、技术要求、试验方法、检验规则、标志、包装、运输和贮存。

本标准适用于 TZ-12 和 TZ-14 型立式振动离心机用筛网。

2 引用标准

下列标准所包含的条文,通过在本标准中引用而构成为本标准的条文。本标准出版时,所示版本均为有效。所有标准都会被修订,使用本标准的各方应探讨使用下列标准最新版本的可能性。

GB 191—1990 包装储运图示标志

GB/T 1804—1992 一般公差 线性尺寸的未注公差

3 产品分类

3.1 型式

筛网为焊接式结构。

3.2 产品型号

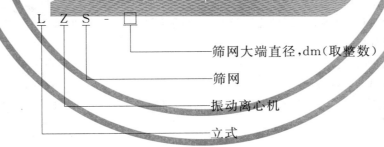

```
L Z S - □
              └─ 筛网大端直径,dm(取整数)
          └───── 筛网
      └───────── 振动离心机
  └───────────── 立式
```

3.3 基本参数和尺寸

3.3.1 筛条的截面为楔形,条背宽度为 3.2 mm,高度为 4.6 mm。

3.3.2 基本尺寸应符合表 1 的规定。

表 1

型 号	大端外径 mm	半 锥 角 (°)	筛网高度 mm	筛缝规格 mm
LZS-12	1219	14.47	571	0.5～1.0
LZS-14	1438		781	

4 技术要求

4.1 筛网应符合本标准的要求,并按经规定程序批准的生产图样及完整的工艺文件制造。

4.2 筛网所有焊接处必须牢固,不得有漏焊、裂纹和气孔等缺陷,并清除焊渣。

4.3 筛网表面拼接处应圆滑过渡和平整,工作表面的粗糙度应不大于 $Ra12.5\ \mu m$,相邻两筛条工作表面高度差应不大于0.1 mm。

4.4 筛网的筛缝偏差应符合表2的规定。

表 2   mm

筛缝基本尺寸	筛 缝 偏 差		
	≥80%的筛缝	≤10%的筛缝	≤10%的筛缝
0.50~0.75	±0.08	±0.10	±0.12
>0.75~1.00	±0.10	±0.12	±0.15

4.5 筛网的其他尺寸应符合 GB/T 1804 中的 V 级要求。

4.6 筛网应进行静平衡校验,LZS-12 型筛网的静不平衡力矩不大于 0.055 N·m;LZS-14 型筛网的静不平衡力矩不大于0.110 N·m。

4.7 筛网除不锈钢材料外,凡配合的加工面均应涂防锈油,其余涂防锈漆。

5 试验方法与检验规则

5.1 筛网焊接外观质量目测检查,焊点强度按材料理化试验记录检查。

5.2 筛网的几何尺寸用刻度值为 1 mm 常规量具测量。

5.3 筛网工作面粗糙度用目测检查。

5.4 筛网的筛缝偏差用塞尺测量,每只筛网检查对称两块筛面,每块筛面取上、下两段,每段连续检查100 条筛缝,检查结果应符合表2的规定。

5.5 相邻筛条的工作面高度差用千分表测量。

5.6 筛条工作面粗糙度用目测检查。

5.7 每只筛网需经制造厂质量检验合格方可出厂,出厂时应附有产品合格证。

5.8 出厂检验的内容:

    a)筛网几何尺寸;

    b)筛缝偏差;

    c)焊接质量;

    d)筛网表面质量;

    e)静不平衡力矩。

6 标志、包装、运输和贮存

6.1 每只筛网须挂好产品合格证,并在上圈端面打好钢印,注明以下内容:

    a)产品型号;

    b)出厂编号;

    c)制造厂名称。

6.2 筛网应用木箱包装,箱内应衬有防水材料。包装应符合水运或陆路运输的要求。

6.3 包装箱的贮运图示标志应符合 GB 191 的规定，文字标志应包括以下内容：

    a）发货站名和发货单位名称；

    b）收货站名和收货单位名称；

    c）产品名称和数量；

    d）毛重、净重；

    e）运货编号。

6.4 筛网应贮存于干燥、无腐蚀的场所。

ICS 73.120
J 77
备案号：28599—2010

中华人民共和国机械行业标准

JB/T 8865—2010
代替 JB/T 8865—2001

活塞推料离心机用滤网

Screen for pusher centrifuge

2010-02-11 发布

2010-07-01 实施

中华人民共和国工业和信息化部　发布

前　言

本标准代替 JB/T 8865—2001《活塞推料离心机用滤网》。

本标准与 JB/T 8865—2001 相比,主要技术内容变化不大,主要是对原标准内容作了编辑性修改。

本标准由中国机械工业联合会提出。

本标准由全国分离机械标准化技术委员会(SAC/TC 92)归口。

本标准起草单位:重庆江北机械有限责任公司。

本标准主要起草人:赵洪亮。

本标准所代替标准的历次版本发布情况为:

——JB/T 8865—1999,JB/T 8865—2001。

活塞推料离心机用滤网

1 范围

本标准规定了活塞推料离心机转鼓中滤网的产品分类、型式与基本参数、技术要求、检验方法与验收规则、标志、包装、运输和贮存。

本标准适用于活塞推料离心机用焊接式条网、串接式条网和铣制板网(以下简称滤网)。

2 规范性引用文件

下列文件中的条款通过本标准的引用而成为本标准的条款。凡是注日期的引用文件,其随后所有的修改单(不包括勘误的内容)或修订版均不适用于本标准,然而,鼓励根据本标准达成协议的各方研究是否可使用这些文件的最新版本。凡是不注日期的引用文件,其最新版本适用于本标准。

GB/T 191 包装储运图示标志(GB/T 191—2008,ISO 780:1997,MOD)

GB/T 342—1997 冷拉圆钢丝、方钢丝、六角钢丝尺寸、外形、重量及允许偏差(GB/T 342—1997,neq EN 10218-2:1994)

GB/T 6388—1986 运输包装收发货标志

GB/T 13384—2008 机电产品包装通用技术条件

3 产品分类

本标准所述滤网按其成型方法分为焊接式条网、串接式条网和铣制板网三类。焊接式条网由网条、筋条或压条组焊而成(见图1);串接式条网由网条、压条、拉紧螺杆及螺母组成(见图2);铣制板网由机械加工而成(见图3)。

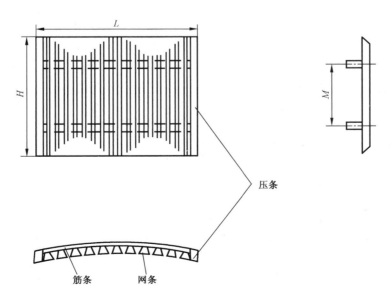

图 1 焊接式条网示意图

JB/T 8865—2010

4 型式与基本参数

4.1 焊接式条网和串接式条网的网条截面形状推荐采用图4所示的两种型式，也可采用其他型式的截面形状。

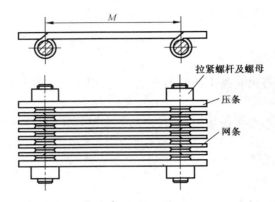

图 2 串接式条网示意图

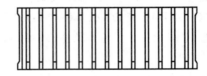

图 3 铣制板网示意图

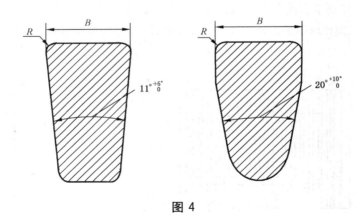

图 4

4.2 焊接式条网和串接式条网的网条背宽 B、截面圆角 R 的公称尺寸及极限偏差应符合表1的规定。

表 1
单位:mm

背宽 B	公称尺寸	1.18,1.32,1.50,1.70	1.90,2.12,2.36,2.65,3.00
	极限偏差	±0.02	±0.03
圆角 R	公称尺寸	≤0.20	≤0.30

4.3 条网缝隙和缝隙极限偏差以及合格率应符合表2的规定。

表 2

缝隙公称尺寸/mm	缝隙极限偏差/mm	合格率/%	个别缝隙 极限偏差/mm	个别缝隙 占总缝隙数量/%
0.05	±0.010	≥75	±0.025	≤25
0.06	±0.015		±0.025	
0.08	±0.015		±0.025	
0.10	±0.020		±0.040	
0.15	±0.020		±0.040	
0.20	±0.020		±0.040	
0.25	±0.025	≥80	±0.050	≤20
0.30	±0.030		±0.050	
0.40	±0.040		±0.050	
0.50	±0.050		±0.060	

4.4 拉紧螺杆之间的距离以及筋条间距 M 采用 50 mm，70 mm，85 mm。

4.5 铣制板网弯曲成型后的背宽、缝隙和缝隙极限偏差以及合格率应符合表 3 的规定。

表 3

背宽公称尺寸/mm	缝隙公称尺寸/mm	缝隙极限偏差/mm	合格率/%	个别缝隙 极限偏差/mm	个别缝隙 占总缝隙数量/%
2.00 2.30 2.50	0.05	±0.015	≥80	±0.020	≤20
	0.06	±0.015			
	0.08	±0.015			
	0.10	±0.015			
	0.15	±0.015			
	0.20	±0.020			
	0.23	±0.020			
2.50 3.00 4.50	0.25	±0.025	≥85	±0.030	≤15
	0.28	±0.025			
	0.30	±0.025			
	0.32	±0.025			
	0.35	±0.025			
	0.40	±0.025			

4.6 滤网型号表示方法

4.6.1 焊接式条网

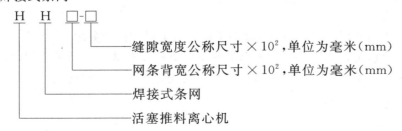

H H □-□
缝隙宽度公称尺寸×10²，单位为毫米（mm）
网条背宽公称尺寸×10²，单位为毫米（mm）
焊接式条网
活塞推料离心机

4.6.2 串接式条网

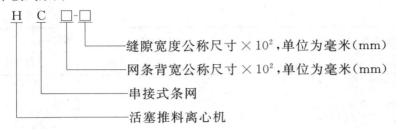

缝隙宽度公称尺寸×10²,单位为毫米(mm)

网条背宽公称尺寸×10²,单位为毫米(mm)

串接式条网

活塞推料离心机

4.6.3 铣制板网

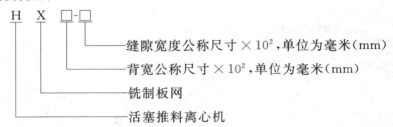

缝隙宽度公称尺寸×10²,单位为毫米(mm)

背宽公称尺寸×10²,单位为毫米(mm)

铣制板网

活塞推料离心机

4.7 标记示例

a) 背宽公称尺寸为 1.50 mm、缝隙宽度公称尺寸为 0.15 mm 的活塞推料离心机用焊接式条网:

HH150—15 活塞推料离心机用滤网

b) 背宽公称尺寸为 1.90 mm、缝隙宽度公称尺寸为 0.25 mm 的活塞推料离心机用串接式条网:

HC190—25 活塞推料离心机用滤网

c) 背宽公称尺寸为 2.50 mm、缝隙宽度公称尺寸为 0.25 mm 的活塞推料离心机用铣制板网:

HX250—25 活塞推料离心机用滤网

5 技术要求

5.1 活塞推料离心机用滤网应符合本标准的要求,并按经规定程序批准的图样和文件制造。

5.2 所采用的滤网材料应符合相应的材料标准,并应有供方的质量合格证明书。如无证明书,滤网制造厂应对原材料进行检验,合格者方能采用。焊接式条网的筋条所采用的材料应与网条所用材料相同。用于食品、医药工业过滤的滤网材料应符合国家的有关规定。

5.3 制造的滤网材料,允许以性能相同或较优质的材料代替,但必须经设计部门同意。

5.4 制造网条的原材料金属丝表面应光滑,不允许有曲折。制造网条用的冷拉圆钢丝,其直径极限偏差不得低于 GB/T 342 中允许偏差级别 10 级的规定。

5.5 铣制板网工作表面粗糙度 Ra 应不大于 1.6 μm,条网的网条和压条工作表面粗糙度 Ra 应不大于 3.2 μm。

5.6 焊接式条网所有焊点应焊牢、焊透、无咬边、裂纹和漏焊等缺陷,并应清除焊渣。

5.7 串接式条网的拉紧螺杆螺纹工作表面的粗糙度 Ra 不大于 6.3 μm。

5.8 滤网工作表面应平整光滑,无裂纹、飞边与毛刺。条网中任意两相邻网条工作表面高度偏差不得大于 0.10 mm,整个条网工作表面上,网条工作表面的最大高度偏差不得大于 0.25 mm。歪扭及弯曲的网条数目不得超过网条总数的 2%。

5.9 组成弧形板条网后,每块条网的两对角线的误差不得大于其实测尺寸的千分之一。

5.10 每块弧形板条网应在称重后进行平衡配置。每套条网中成对称配置的两弧形板条网之间的重量差不得大于较重的弧形板条网重量的 0.2%;而任意互为 180°对称配置的两个半圆形条网之间的重量差不得大于较重的弧形板条网重量的 0.2%。

6 检验方法与验收规则

6.1 条网的检查与验收

6.1.1 以一台活塞推料离心机用条网为一批量单位,每一批网条和压条应抽出 10% 作下列检查:

  a) 测量网条的背宽尺寸。用千分尺沿网条长度方向上测量三处,三处应均匀分布,测量结果应符合表 1 的规定。

  b) 测量网条的圆角尺寸。用专用样规沿网条长度方向上测量三处,三处应均匀分布,测量结果应符合表 1 的规定。

  c) 测量网条和压条的工作表面粗糙度,用粗糙度比较样块测定,测量结果应符合 5.5 的规定。

6.1.2 组装成条网后,每台活塞推料离心机用条网中应抽出一块弧形板条网作下列检查:

  a) 检查条网缝隙的合格率。用塞尺在条网工作表面上测量三部分,每部分沿平行筋条母线方向或拉紧螺杆轴线方向任意连续测量 100 处计算,测量结果应符合表 2 的规定。

  b) 检查条网两相邻网条工作表面高度偏差。用深度尺或百分表在条网工作表面上测量 10 处,10 处应均匀分布,测量结果应符合 5.8 的规定。

  c) 检查条网工作面上网条工作表面的最大高度偏差,用深度尺或百分表测量,测量结果应符合 5.8 的规定。

  d) 检查条网的对角线偏差,用游标卡尺测量,测量结果应符合 5.9 的规定。

6.2 铣制板网的检查与验收

6.2.1 测定铣制板网工作表面粗糙度,用粗糙度比较样块测定,测定结果应符合 5.5 的规定。

6.2.2 检查铣制板网缝隙的合格率。用塞尺在铣制板网的弧面上任意连续测量 50 处计算,测量结果应符合表 3 的规定。当单块铣制板网上缝隙数目不足 50 条时,允许采用在两块铣制板网上任意连续测量 50 处来计算缝隙的合格率。

7 标志、包装、运输和贮存

7.1 标志

出厂的滤网产品宜在滤网的适当位置用钢印、喷印或其他方式标上代号,以表明滤网产品的缝隙公称尺寸、滤网的材质以及所配套的活塞推料离心机。

7.2 包装

7.2.1 滤网产品包装箱外的储运图示标志,应符合 GB/T 191 的规定。

7.2.2 滤网产品的包扎或装箱应符合 GB/T 13384 的规定,并内附装箱单和产品合格证。

7.2.3 滤网产品包装箱外的收发货标志,应符合 GB/T 6388 的规定。

7.2.4 滤网包扎或装箱前要清理干净,箱内应衬有防水材料。

7.3 运输

滤网产品在装运过程中不得翻滚和倒置。

7.4 贮存

滤网产品一般应存放在相对湿度不大于 80%、温度不高于 40 ℃、没有腐蚀性介质的室内,沿网面垂直方向放置。

中华人民共和国进出口商品检验行业标准

出口热镀锌电焊网检验规程

SN/T 0249—93

Rules for the inspection of welded wire fabric
coated with hot-galvanizing for export

1 主题内容与适用范围

本标准规定了出口热镀锌电焊网的技术条件,试验方法,检验规则。

本标准适用于电焊网出口时的检验。如对外贸易合同另有规定的,按其规定执行。

2 引用标准

GB 700　碳素结构钢

GB 470　锌锭

GB 2972　镀锌钢丝锌层硫酸铜试验方法

GB 2973　镀锌钢丝锌层重量试验方法

GB 2828　逐批检查计数抽样程序及抽样表(适用于连续批的检查)

3 术语

3.1 检验批

为实施抽样检验而汇集的同一规格、型号、在相同生产条件下生产的单位产品,称为检验批,简称批。

3.2 不合格

单位产品的质量特征不符合规定称为不合格。

3.3 不合格品

有一个或一个以上不合格的单位产品称为不合格品。

3.4 样本

从检验批中抽取用于检查的单位产品的全体称为样本。样本的质量代表了检验批的质量。

4 抽样

4.1 抽样条件

样品从厂检合格包装入库的成品中抽取。

4.2 抽样方案

出口电焊网按 GB 2828 的一次正常抽样方案,其抽样检验水平采用"特殊检验水平 S-3"。检查的严格度执行 GB 2828 的转移规则。

5 检验

5.1 检验规则

5.1.1　有以下情况应进行本标准所有项目的检验。

a. 新产品首次检验;

b. 已定型产品停产半年恢复生产后首次检验。

5.1.2 在正常生产、正常出口的情况下,至少每半年进行一次 5.3 及 5.4 的全项目的检验。

5.1.3 除 5.1.1 及 5.1.2 情况外的其他情况逐批进行以下项目检验。

a. 包装、代号;

b. 型式及尺寸;

c. 弧形边;

d. 断丝及脱焊;

e. 双丝;

f. 网孔偏差;

g. 网面平整;

h. 网面锌粒;

i. 纬斜。

5.2 不合格分类及合格质量水平执行表 1 规定。

表 1

不合格分类	检验项目	检验条款	AQL
B 类不合格	弧形边	5.3.3.1	4.0
	断丝、脱焊	5.3.3.2	
	网格偏差	5.3.2	
C 类不合格	型式及尺寸	5.3.2	10.0
	双丝	5.3.3.3	
	网面平整	5.3.4.1	
	网面锌粒	5.3.4.2	
	纬斜	5.3.3.1	

5.3 检验项目及技术条件

5.3.1 检验产品代号及出厂标志

产品代号应按以下形式:

RHW-S×W×W-L×B/×××-B×××-××

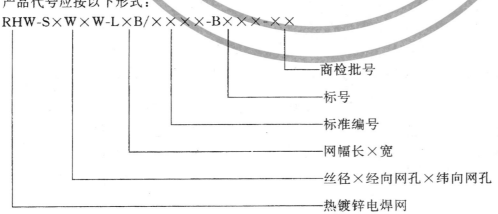

- 商检批号
- 标号
- 标准编号
- 网幅长×宽
- 丝径×经向网孔×纬向网孔
- 热镀锌电焊网

产品出厂应有合格证。合格证应有下列标志:产品名称、产品代号、商标、出厂日期、批号、重量、厂名。单件用防潮材料包装。包装应平整、坚固且放入合格证。产品应贮存于无腐蚀介质、空气流通、相对湿度不大于80%的仓库中。

电焊网型式按图 1 规定。

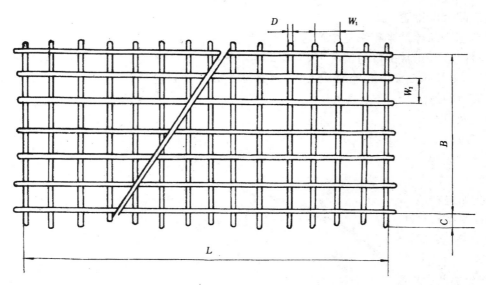

图 1

B—网宽;C—网边露头;D—丝径;L—网长;

W_1—经向网孔;W_2—纬向网孔

5.3.2 电焊网尺寸执行表 2、表 3 规定。

表 2   mm

长 L	宽 B
≥30 480	914±5

注:也可以根据用户需要的规格生产。

表 3

网孔尺寸 $W_1×W_2$ mm	偏差,%		丝径 D mm	丝径偏差 mm	网边露头 C mm
	纬向 网孔	经向 网孔			
50.8×50.8 25.4×50.8 25.4×25.4	±2 ±2 ±2	±5 ±5 ±5	>1.80~2.50	±0.07	≤2.5
12.7×25.4 19.0×19.0	±2 ±2	±5 ±5	>1.00~1.80	±0.05	≤2
12.7×12.7 9.5×9.5 6.4×6.4	±2 ±2 ±2	±5 ±5 ±5	>0.50~0.90	±0.04	≤1.5

5.3.3 弧形边、断丝、脱焊、双丝、断目

5.3.3.1 电焊网弧形边弦高不大于 200 mm,经纬线应垂直,其纬斜不大于 30 mm。

5.3.3.2 电焊网断丝和网脱焊不得超过表 4 规定的数值。

表 4

网孔尺寸 $W_1 \times W_2$,mm	处/卷	点/处	处/米
50.8×50.8	4	2	2
25.4×50.8	4	2	2
25.4×25.4	6	3	2
12.7×25.4	8	3	2
19.0×19.0	10	4	3
12.7×12.7	12	4	3
9.5×9.5	15	5	4
6.4×6.4	20	5	4

5.3.3.3 网面不允许双丝,断目处可搭接补焊,1 mm 以下丝径允许捻扣,其长度不大于 80 mm,补焊处表面应用银粉漆刷匀。

5.3.4 外观

5.3.4.1 电焊网网面应平整,镀锌层均匀,色泽应基本一致。

5.3.4.2 网面锌粒尺寸不超过网孔的 5.%。

5.3.5 镀锌层硫酸铜浸蚀试验

1 mm 以上丝径,每次浸蚀时间 60 s,1 mm 及以下丝径,每次浸蚀时间 30 s,各做二次试验。硫酸铜浸蚀试验所用的浓度执行 GB 2972 的规定。

5.3.6 电焊网网面镀锌层重量应不大于 125 g/m²。

5.3.7 电焊网首尾各 1 m 处不作考核。

5.3.8 材料

5.3.8.1 线材应符合 GB 700 中的规定。

5.3.8.2 锌应符合 GB 470 中 Zn-1~Zn-3 的规定。在保证产品性能和技术条件下可以用其他材料代替。

5.3.9 电焊网焊点抗拉力应符合表 5 的规定。

表 5

丝径,mm	焊点抗拉力≥,N	丝径,mm	焊点抗拉力≥,N
2.50	500	1.00	80
2.20	400	0.90	65
2.00	330	0.80	50
1.80	270	0.70	40
1.60	210	0.60	30
1.40	160	0.55	25
1.20	120	0.50	20

5.4 检测和试验方法

5.4.1 几何尺寸的测量

5.4.1.1 对几何尺寸检验按下列方法实施:

a. 将网展开置于一平面上,用钢卷尺测量网长、网宽;

b. 将网展开置于一平面上,按 305 mm 内网孔构成的数(表6)计算。网孔距离用钢板尺测量;

表 6

网孔距离,mm	50.8	25.4	19.0	12.7	9.5	6.4
网孔数	6	12	16	24	32	48

c. 丝径用千分尺任取 5 根测量,取其平均值;

d. 网边露头用游标卡尺测量。

5.4.1.2 弧形边经、纬线垂直度,纬斜的测量是将整网置于一平面上,用示值为 1 mm 的钢板尺测量网边与相应弦的最大垂直距离,测量纬斜则是任取 914 mm 长,测其最大二对角线之差。

5.4.1.3 断丝、脱焊、双丝经目测计数。

5.4.1.4 用钢板尺测量捻扣长度。

5.4.1.5 单孔偏差的测量使用游标卡尺。

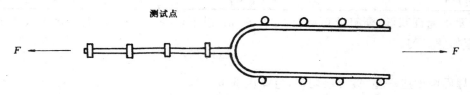

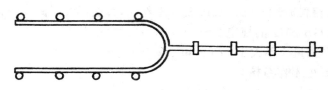

图 2

5.4.1.6 用目测检验电焊网网面平整度及镀锌层的外观。

5.4.1.7 锌粒尺寸的测量使用游标卡尺,在网面上任取 1 m 长,取测量值与丝径之差值。

5.4.2 镀锌层重量及焊接点抗拉力检测

5.4.2.1 焊网表面镀锌层重量的测量执行 GB 2973 的规定。

5.4.2.2 硫酸铜浸蚀试验执行 GB 2972 的规定。

5.4.2.3 在网上任取五点,用拉力试验机按图 2 进行测试取其平均值。

5.5 焊点拉力试验(5.3.9)、硫酸铜试验(5.3.5)、镀层重量试验(5.3.6)以上三项检验时,第一次任取样品 5 个,允许不合格品数为 1,如不合格可再任取五个样品检验,两次检验允许不合格品总数为 1。

6 不合格的处置

凡判为不合格的批经返工整理后,允许再申请检验一次。再次检验时的抽样方案采用"S-4"的抽样方案,检验项目同前。

附加说明:

本标准由中华人民共和国国家进出口商品检验局提出。

本标准由中华人民共和国河北进出口商品检验局负责起草。

本标准主要起草人全革军、孟善云。

隔离栅

ICS 03.220.20
R 80

中华人民共和国国家标准

GB/T 26941.1—2011

隔离栅 第 1 部分:通则

Fences—Part 1:General rules

2011-09-29 发布

2012-05-01 实施

中华人民共和国国家质量监督检验检疫总局
中国国家标准化管理委员会 发布

前　言

GB/T 26941《隔离栅》分为 6 个部分：
——第 1 部分：通则；
——第 2 部分：立柱、斜撑和门；
——第 3 部分：焊接网；
——第 4 部分：刺钢丝网；
——第 5 部分：编织网；
——第 6 部分：钢板网。

本部分为 GB/T 26941 的第 1 部分。

本部分按照 GB/T 1.1—2009 给出的规则起草。

本部分由全国交通工程设施（公路）标准化技术委员会（SAC/TC 223）提出并归口。

本部分起草单位：交通运输部公路科学研究院、BETAFENCE 金属制品（天津）有限公司、上海申宝丝网有限公司、江苏华夏交通工程集团有限公司、北京中交华安科技有限公司。

本部分主要起草人：王成虎、韩文元、唐玲玲、周志伟、夏咸旺、詹德康、王东。

隔离栅　第 1 部分:通则

1　范围

GB/T 26941 的本部分规定了隔离栅产品的组成、分类、技术要求、试验方法、检验规则、标志、包装、运输、贮存和随行文件。

本部分适用于道路用隔离栅产品。机场、铁路、体育场等场所可参照使用。

2　规范性引用文件

下列文件对于本文件的应用是必不可少的。凡是注日期的引用文件,仅注日期的版本适用于本文件。凡是不注日期的引用文件,其最新版本(包括所有的修改单)适用于本文件。

GB/T 470　锌锭

GB/T 1732　漆膜耐冲击性测定法

GB/T 1740　漆膜耐湿热测定法

GB/T 1771　色漆和清漆　耐中性盐雾性能的测定

GB/T 4956　磁性基体上非磁性覆盖层　覆盖层厚度测量　磁性法

GB/T 9286—1998　色漆和清漆　漆膜的划格试验

GB/T 10125　人造气氛腐蚀试验　盐雾试验

GB/T 16422.2　塑料实验室光源暴露试验方法　第 2 部分:氙弧灯

JT/T 495　公路交通安全设施质量检验抽样及判定

JT/T 593—2004　公路沿线设施塑料制品耐候性指标及测试方法

JT/T 600.1　公路用防腐蚀粉末涂料及涂层　第 1 部分:通则

JT/T 684—2007　钢构件镀锌层附着性能测定仪

YB/T 179　锌-5%铝-稀土合金镀层钢绞线

BS EN 10244-2　钢丝及其制品　钢丝上的非有色金属涂层　第 2 部分:锌和锌合金涂层(Steel wire and wire products—Non-ferrous metallic coatings on steel wire—Part 2: Zinc or zinc alloy coatings)

3　产品组成和分类

3.1　组成

隔离栅产品由网片、立柱、斜撑、门柱、连接件等部件组成,见图 1。

3.2　分类

3.2.1　依据隔离栅网片成型工艺的不同,隔离栅网片产品可分为以下几类:

　　a)　焊接网型;

　　b)　刺钢丝网型;

　　c)　编织网型;

　　d)　钢板网型。

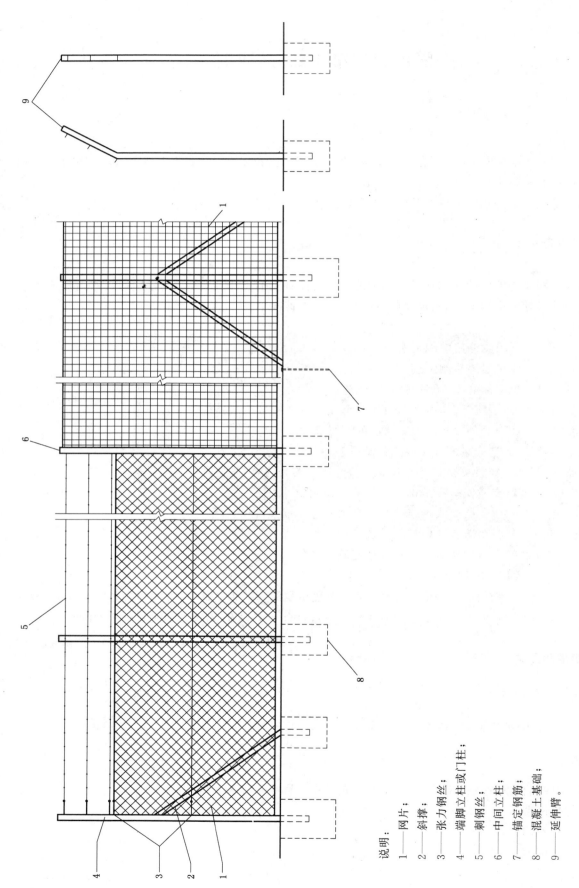

图 1　隔离栅组成及各构件示意图

说明：

1——网片；
2——斜撑；
3——张力钢丝；
4——端脚立柱或门柱；
5——刺钢丝；
6——中间立柱；
7——锚定钢筋；
8——混凝土基础；
9——延伸臂。

3.2.2 隔离栅立柱(含斜撑和门柱)产品可分为以下几类:

    a) 直焊缝焊接钢管立柱;

    b) 冷弯等边槽钢和冷弯内卷边槽钢立柱;

    c) 方管和矩形管立柱;

    d) 燕尾立柱;

    e) 混凝土立柱。

3.2.3 依据防腐处理形式的不同,隔离栅产品可分为以下几类:

    a) 热浸镀锌隔离栅;

    b) 锌铝合金涂层隔离栅;

    c) 浸塑隔离栅;

    d) 双涂层隔离栅。

4 技术要求

4.1 一般要求

4.1.1 整张网面平整,无断丝,网孔无明显歪斜。

4.1.2 钢丝防腐处理前表面不应有裂纹、斑痕、折叠、竹节及明显的纵面拉痕,且钢丝表面不应有锈蚀。

4.1.3 钢管防腐处理前不应有裂缝、结疤、折叠、分层和搭焊等缺陷存在。使用连续热镀锌钢板和钢带成型的立柱,应在焊缝处进行补锌或整体表面电泳等防腐形式处理。

4.1.4 型钢防腐处理前表面不应有气泡、裂纹、结疤、折叠、夹杂和端面分层;允许有不大于公称厚度10%的轻微凹坑、凸起、压痕、发纹、擦伤和压入的氧化铁皮。

4.1.5 混凝土立柱表面应密实、平整,无裂缝和翘曲,如有蜂窝、麻面,其面积之和不应超过同侧面积的10%。

4.1.6 螺栓、螺母和带螺纹构件在热浸镀锌后,应清理螺纹或做离心分离。采用热渗锌代替热浸镀锌防腐处理时,其防腐层质量参照热浸镀锌。

4.2 防腐层质量

    所有钢构件均应进行防腐处理,应采用热浸镀锌、锌铝合金涂层、浸塑以及双涂层等防腐处理方法。当采用其他防腐处理方法时,应有可靠的技术数据和试验验证资料,其防腐性能应不低于本标准规定的热浸镀锌方法的相应要求。

4.2.1 热浸镀锌层

4.2.1.1 热浸镀锌所采用的锌应为 GB/T 470 规定的 Zn99.995 或 Zn99.99,其镀锌层附着量应符合表1的规定。Ⅰ级适用于除重工业、都市或沿海等腐蚀较严重地区以外的一般场所;Ⅱ级适用于重工业、都市或沿海等腐蚀较严重地区。

表 1 镀锌层附着量

钢构件类型 mm		单面平均镀锌层附着量 g/m²	
		Ⅰ	Ⅱ
钢板厚度 t	3≤t<6	600(单面)	
	1.5≤t<3	500(单面)	
	t<1.5	395(单面)	

表 1（续）

钢构件类型 mm		单面平均镀锌层附着量 g/m²	
		I	II
紧固件、连接件		350（单面）	
钢丝直径 φ	1.0＜φ≤1.2	75	180
	1.2＜φ≤1.4	85	200
	1.4＜φ≤1.6	90	200
	1.6＜φ≤1.8	100	220
	1.8＜φ≤2.0	105	230
	2.0＜φ≤2.2	110	230
	2.2＜φ≤2.5	110	240
	2.5＜φ≤3.0	120	250
	3.0＜φ≤3.2	125	260
	3.2＜φ≤4.0	135	270
	4.0＜φ≤7.5	135	290

4.2.1.2 镀锌层性能应符合表2的规定。

表 2 镀锌层性能

序 号	项 目	技 术 要 求
1	外观质量	镀锌构件表面应具有均匀完整的锌层，颜色一致，表面具有实用性光滑，不应有流挂、滴瘤或多余结块。镀件表面应无漏镀和露铁等缺陷
2	镀锌层均匀性	镀锌构件的锌层应均匀，试样经硫酸铜溶液浸蚀规定次数后，表面无金属铜的红色沉积物，见附录 A
3	镀锌层附着性能	镀锌构件的锌层应与基底金属结合牢固，经锤击或缠绕试验后，镀锌层不剥离、不凸起，不应开裂或起层到用裸手指能够擦掉的程度，见附录 B
4	镀锌层耐盐雾腐蚀性能	镀锌构件经 200 h 盐雾腐蚀试验后，不应出现腐蚀现象，基体钢材在切割边缘出现的锈蚀不予考虑

4.2.2 锌铝合金涂层

4.2.2.1 锌铝合金涂层应符合 BS EN 10244-2 相关规定，涂层性能见表2的规定执行。

4.2.2.2 当采用锌铝合金涂层时，其附着量应符合表3要求。

表 3 锌铝合金涂层附着量

钢丝直径 φ mm	锌铝合金涂层附着量 g/m²
1.00≤φ＜1.20	115
1.20≤φ＜1.40	125

表 3（续）

钢丝直径 φ mm	锌铝合金涂层附着量 g/m²
1.40≤φ<1.65	135
1.65≤φ<1.85	145
1.85≤φ<2.15	155
2.15≤φ<2.50	170
2.50≤φ<2.80	185
2.80≤φ<3.20	195
3.20≤φ<3.80	210
3.80≤φ<4.40	220
4.40≤φ<5.20	220

4.2.3 涂塑层

4.2.3.1 单涂层构件宜采用热塑性涂塑层,涂塑前应作相应的前处理,涂塑层为聚乙烯、聚氯乙烯等热塑性粉末涂层,其涂塑层厚度应符合表 4 的规定。

表 4 涂塑层厚度

钢构件类型 mm		涂塑层厚度 mm
		聚乙烯、聚氯乙烯
钢管、钢板、钢带		0.38
紧固件、连接件		0.38
钢丝直径 φ	φ≤1.8	0.25
	1.8<φ≤4.0	0.30
	4.0<φ≤5.0	0.38

4.2.3.2 涂塑层性能应符合表 5 的规定。

表 5 涂塑层性能

序号	项 目	技 术 要 求
1	外观质量	涂塑层表面应均匀完整,颜色一致
2	涂塑层均匀性	涂塑层应均匀光滑、连续,无肉眼可分辨的小孔、空间、孔隙、裂缝、脱皮及其他有害缺陷
3	涂塑层附着性能	热塑性粉末涂塑层不低于2级
4	涂塑层抗弯曲性能	聚乙烯、聚氯乙烯涂塑层试样应无肉眼可见的裂纹或涂塑层脱落现象
5	涂塑层耐冲击性能	除冲击部位外,无明显裂纹、皱纹及涂塑层脱落现象
6	涂塑层耐盐雾腐蚀性能	不应出现腐蚀现象,基体钢材在切割边缘出现的锈蚀不予考虑
7	涂塑层耐湿热性能	划痕部位任何一侧 0.5 mm 外,涂塑层应无气泡、剥离、生锈等现象

表 5（续）

序号	项目	技术要求
8	涂塑层耐化学药品性能	涂塑层无气泡、软化、丧失黏结等现象
9	涂塑层耐候性能	经总辐照能量不小于 3.5×10^6 kJ/m² 的人工加速老化试验后，涂塑层不应产生裂纹、破损等损伤现象
10	涂塑层耐低温脆化性能	经低温脆化试验后，涂塑层应无明显变色及开裂现象；经耐冲击性能试验后，性能仍应符合本表内第 5 项的要求

注 1：表内第 8 项～10 项为涂塑层粉末涂料的要求。

注 2：表中第 4 项为钢丝涂塑性能要求；第 5 项为立柱涂塑性能要求。

4.2.4 双涂层

4.2.4.1 双涂层构件第一层（内层）为金属镀层，第二层（外层）的非金属涂层可为聚乙烯、聚氯乙烯等热塑性粉末涂层或聚酯等热固性粉末涂层，各层质量或厚度应符合表 6 的规定。

表 6 涂层厚度

钢构件类型		平均锌层质量 g/m²	涂塑层厚度 mm	
			聚乙烯、聚氯乙烯	聚酯
钢管、钢板、钢带	加工成型后热浸镀锌	270（单面）	>0.25	>0.076
	使用连续热镀锌钢板和钢带成型	150（双面）		
紧固件、连接件		120（单面）	>0.25	>0.076
钢丝直径 ϕ mm	$\phi \leqslant 2.0$	30	>0.15	>0.076
	$2.0 < \phi \leqslant 3.0$	45		
	$3.0 < \phi \leqslant 4.0$	60		
	$4.0 < \phi \leqslant 5.0$	70		

4.2.4.2 双涂层性能应符合表 7 的规定。

表 7 双涂层性能

序号	项目	技术要求
1	外观质量	涂塑层表面应均匀完整，颜色一致
2	镀层均匀性	镀锌构件的锌层应均匀，试样经硫酸铜溶液浸蚀规定次数后，表面无金属铜的红色沉积物，见附录 A
3	涂塑层均匀性	涂塑层应均匀光滑、连续，无肉眼可分辨的小孔、空间、孔隙、裂缝、脱皮及其他有害缺陷
4	镀层附着性能	镀锌构件的锌层应与基底金属结合牢固，经锤击或缠绕试验后，镀锌层不剥离、不凸起，不应开裂或起层到用裸手指能够擦掉的程度，见附录 B

表 7（续）

序号	项　目	技　术　要　求
5	涂塑层附着性能	热塑性粉末涂层不低于 2 级；热固性粉末涂层不低于 0 级
6	涂塑层抗弯曲性能	聚乙烯、聚氯乙烯涂塑层试样应无肉眼可见的裂纹或涂塑层脱落现象
7	涂塑层耐冲击性能	除冲击部位外，无明显裂纹、皱纹及涂层脱落现象
8	涂塑层耐盐雾腐蚀性能	不应出现腐蚀现象，基体钢材在切割边缘出现的锈蚀不予考虑
9	涂塑层耐湿热性能	划痕部位任何一侧 0.5 mm 外，涂塑层应无气泡、剥离、生锈等现象
10	涂塑层耐化学药品性能	涂塑层无气泡、软化、丧失黏结等现象
11	涂塑层耐候性能	经总辐照能量不小于 3.5×10^6 kJ/m^2 的人工加速老化试验后，涂塑层不应产生裂纹、破损等损伤现象
12	涂塑层耐低温脆化性能	经低温脆化试验后，涂层应无明显变色及开裂现象；经耐冲击性能试验后，性能仍应符合表中第 7 项的要求

注 1：表中第 10 项～12 项为涂塑层粉末涂料的要求。
注 2：表中第 6 项为钢丝涂塑性能要求；第 7 项为立柱涂塑性能要求。

5 试验方法

5.1 试验环境条件

除特殊规定外，隔离栅应在如下条件进行试验：
a) 试验环境温度：23 ℃±5 ℃；
b) 试验环境相对湿度：50%±10%。

5.2 试剂

试剂应包括下列试剂：
a) 固体试剂：六次甲基四胺（化学纯）、氢氧化钠（化学纯）、硫酸铜（化学纯）、氯化钠（化学纯）；
b) 液体试剂：盐酸（化学纯）、硫酸（化学纯）。

5.3 试验仪器和设备

试验应包括下列主要仪器和设备：
a) 万能材料试验机：等级不低于 1 级；
b) 高低温湿热试验箱：高温上限不低于 100 ℃，低温下限温度不高于—40 ℃，温度波动范围不超过±1 ℃；最大相对湿度不低于 95%，相对湿度波动范围不超过±2.5%；
c) 人工加速氙弧灯老化试验箱：应符合 GB/T 16422.2 的相关要求；
d) 盐雾试验箱：80cm^2 的接收面内每小时盐雾沉降量为 1 mL～2 mL；
e) 钢构件镀锌层附着性能测定仪：应符合 JT/T 684—2007 的相关规定；
f) 磁性测厚仪：分辨率不低于 1 μm；
g) 试验平台：等级不低于 1 级；
h) 天平：感量要求精确到 0.001 g；

i) 钢卷尺:等级不低于 2 级;

j) 其他长度及角度计量器具:等级不低于 1 级。

5.4 试验程序及结果

5.4.1 外观质量

在正常光线下,目测直接观察。

5.4.2 防腐层质量

5.4.2.1 镀锌(锌铝合金)层附着量采用重量法测定,也可用涂层测厚仪直接测量锌层厚度。发生争议时,以六次甲基四胺的方法作为仲裁试验方法,重量法见附录 C 进行。锌铝合金层中铝含量的测定,按照 YB/T 179 进行。

5.4.2.2 镀锌(锌铝合金)层均匀性采用硫酸铜浸渍法进行测定,见附录 A 进行。

5.4.2.3 镀锌(锌铝合金)层附着性能采用锤击试验或缠绕试验进行测定,见附录 B 进行。

5.4.2.4 镀锌(锌铝合金)层耐盐雾腐蚀试验按 GB/T 10125 进行 200 h。

5.4.2.5 涂塑层厚度可使用磁性测厚仪,其使用方法按 GB/T 4956 进行。

5.4.2.6 涂塑层附着性能试验

热塑性粉末涂层采用剥离试验;热固性粉末涂层采用划格试验。

a) 剥离试验:用锋利的刀片在涂塑层上划出两条平行的长度为 5 cm 的切口,切入深度应达到涂层附着基底的表面,板状或柱状试样两条切口间距为 3 mm,丝状试样的两条切口位于沿丝的轴向的 180°对称面。在切口的一端垂直于原切口作一竖直切口,用尖锐的器具将竖直切口挑起少许,用手指捏紧端头尽量将涂层扯起。以扯起涂层状态将涂层附着性能区分为 0～4 级如下:

1) 0 级:不能扯起或扯起点断裂;

2) 1 级:小于 1 cm 长的涂层能被扯起;

3) 2 级:非常仔细的情况下可将涂层扯起 1 cm～2 cm;

4) 3 级:有一定程度附着,但比较容易可将涂层扯起 1 cm～2 cm;

5) 4 级:切开后可轻易完全剥离。

b) 划格试验:当涂层厚度小于 0.125 mm 时,按 GB/T 9286—1998 规定的方法进行试验,切割间距为 2 mm。当涂层厚度不小于 0.125 mm 时,在试样上划两条长 40 mm 的线,两条线相交于中部成一 30°～40°的锐角。所划线要直且划透涂塑层。如未穿透涂塑层,则换一处重新进行,不应在原划痕上继续刻划。试验后,观察刻痕边缘涂层脱落情况。

5.4.2.7 涂塑层抗弯曲试验

取 300 mm 的钢丝试样 3 节,在 15 s 内以均匀速度绕芯棒弯曲 180°,芯棒直径为试样直径的 4 倍。

5.4.2.8 涂塑层耐冲击性试验

取 300 mm 的立柱试样 3 节,按 GB/T 1732 的试验方法执行。

5.4.2.9 涂塑层耐盐雾腐蚀性能

丝状试样:取 300 mm 的钢丝试样 3 节,用锋利刀片刮掉钢丝一侧的涂层,划痕深至钢丝基体。划痕面朝上,置于盐雾试验箱中,按 GB/T 1771 规定的条件进行试验 8 h。检查时用自来水冲洗试样表面沉积盐分,冷风快干后,目视检查试片表面。

板状试样:取 300 mm 的立柱试样 3 节。用 18 号缝纫机针,将涂层划成长 120 mm 的交叉对角线,划痕深至钢铁基体,对角线不贯穿对角,对角线端点与对角成等距离。划痕面朝上,置于盐雾试验箱中,按 GB/T 1771 规定的条件进行试验 8 h。检查时用自来水冲洗试样表面沉积盐分,冷风快干后,目视检查试片表面。

5.4.2.10 涂塑层耐湿热性能

取样同涂塑层耐盐雾腐蚀性能试验。用 18 号缝纫机针,将涂层划成长 120 mm 的交叉对角线,划痕深至钢铁基体,对角线不贯穿对角,对角线端点与对角成等距离。划痕面朝上,置于高低温湿热试验箱,按 GB/T 1740 的方法在温度 47 ℃±1 ℃、相对湿度 96%±2% 的条件下进行 8 h。

5.4.2.11 涂塑层耐化学药品性能

按 JT/T 600.1 的试验方法执行。

5.4.2.12 涂塑层耐候性能

按 JT/T 593—2004 中 5.9 的规定进行人工加速老化试验。

5.4.2.13 涂塑层耐低温脆化性能

采用高低温湿热试验箱,控制温度在 —60 ℃±5 ℃,进行 168 h 的试验。试验后在常温环境下调节 2 h 后,按 5.4.2.8 的规定进行耐冲击性能试验与试验前结果进行比对。

6 检验规则

产品的检验分为型式检验和出厂检验。

6.1 型式检验

6.1.1 产品经型式检验合格后才能批量生产。

6.1.2 型式检验应在生产线终端或生产单位的成品库内抽取样品,按各分部产品标准的要求进行全部性能检验。

6.1.3 型式检验为每两年进行一次,如有下列情况之一时,也应进行型式检验:

a) 新设计试制的产品;

b) 正式生产过程中,如原材料、工艺有较大改变,可能影响产品性能时;

c) 出厂检验结果与上次型式检验有较大差异时;

d) 国家质量监督机构提出型式检验时。

6.1.4 判定规则

型式检验时,如有任何一项指标不符合标准要求时,则需在同批产品中重新抽取双倍试样,对该项目进行复验,复验结果仍然不合格时,则判定该型式检验为不合格,反之判定为合格。

6.2 出厂检验

产品需经生产单位质量检验部门检验合格并附产品质量合格证方可出厂。

6.2.1 组批

隔离栅网片、立柱、斜撑、门柱等应成批检验,每批应由同时交货的或同时生产的同一基底材料、同一成型工艺的、同一规格尺寸、同一表面处理的产品组成。

6.2.2 抽样方法

按照 JT/T 495 中有关隔离栅的方法进行。

6.3 检验项目

产品检测项目按分部产品标准进行。

7 标志、包装、运输、贮存和随行文件

7.1 标志

产品标志可采用打钢印、喷印、盖印、挂标牌、粘贴标签和放置卡片等方式。标志应字迹清楚,牢固可靠。标志应包括如下内容:

a) 产品名称;

b) 执行标准;

c) 产品标记;

d) 批号;

e) 数量;

f) 重量;

g) 商标;

h) 制造厂商;

i) 出厂日期。

7.2 包装

产品外包装应能保证产品在运输和贮存过程中,不发生外力导致产品涂层损伤或构件变形。

7.3 运输

产品在运输过程中应固定牢固,避免产品受到碰撞、重压。

7.4 贮存

产品应贮存在防雨、防潮、无腐蚀的环境中,不与高温热源或明火接触。

7.5 随行文件

产品随行文件应包括如下内容:

a) 产品合格证;

b) 使用说明书;

c) 其他有关技术资料。

附　录　A

（规范性附录）

镀锌（锌铝合金）层均匀性试验方法　硫酸铜浸渍法

A.1　试样的准备

A.1.1　取样

钢丝：从检验的每批镀锌（锌铝合金）层网片中，任取一张，在不同部位剪取三根（包括节点在内）每根试样长度不小于 150 mm；

立柱：从检验的每批立柱中，任取三根，每根试样长度不小于 150 mm。

A.1.2　试样预处理

试样用四氯化碳、苯或三氯化烯等有机溶剂清除表面油污，然后以乙醇淋洗，清水冲净，净布擦干，充分干燥。

A.2　试验溶液的配制

A.2.1　将 36 g 化学纯硫酸铜（$CuSO_4 \cdot 5H_2O$）溶于 100 mL 蒸馏水中，加热溶解后，冷却至室温，加入氢氧化铜或碳酸铜（每 1 L 硫酸铜溶液加入 1 g），搅拌混匀后，静置 24 h 以上，然后过滤或吸出上面的澄清溶液供使用。该溶液在 18 ℃时，相对密度应为 1.18，否则应该以浓硫酸铜溶液或蒸馏水调整。硫酸铜的浓度在任何情况下不应低于标称溶液的 90%。

A.2.2　氢氧化铜制法：用 10% 的氢氧化钠溶液加入质量比为 1∶5 的硫酸铜溶液中，生成浅绿色的氢氧化铜沉淀，然后过滤洗涤至溶液无游离碱为止。

A.3　试验准备

A.3.1　硫酸铜溶液应以不与硫酸铜产生化学反应的惰性容器盛装，容器应有适当的容积，使硫酸铜溶液能将试样浸没，并使试样与容器壁保持不少于 25 mm 的距离。

A.3.2　硫酸铜溶液注入的数量按试样被测试面积每平方厘米不少于 10 mL 准备。

A.4　试验方法

A.4.1　将准备好的试样，置于 18 ℃±2 ℃的溶液中浸泡 1 min，此时不许搅动溶液，亦不得移动试样，1 min 后立即取出试样，以清水冲洗，并用软毛刷除掉黑色沉淀物，特别要刷掉孔洞凹处沉淀物，然后用净布擦干立即进行下一次浸蚀，重复上述操作，镀锌层按表 A.1 规定的次数浸置，锌铝合金层按表 A.2 规定次数浸置。

A.4.2　除最后一次浸蚀外，试样应立即重新浸入溶液。

A.4.3　试验溶液溶解的锌达到 5 g/L 时应更换溶液。

表 A.1 镀锌层浸置时间及浸置次数

品 名			浸置时间/min	次 数
网片	Ⅰ		1	1
	Ⅱ	直径≤2.2 mm		2
		直径＞2.2 mm		3
立柱、连接件				5

表 A.2 锌铝合金层浸置时间及次数

品 名		浸置时间/min	次 数
网片	直径＜2.8 mm	1	1
	直径≥2.8 mm		2

A.5 浸蚀终点的确定

A.5.1 经上述试验后，试样上出现红色的金属铜时为试样达到浸蚀终点。出现金属铜的那次浸蚀不计入硫酸铜试验次数。

A.5.2 将附着的金属铜用无锋刃的工具将铜刮掉，如铜的下边仍有金属锌(或锌铝合金)时，不算浸蚀终点。

A.5.3 对金属铜红色沉积下的底面是否存在锌(锌铝合金)层有怀疑时，可将金属铜红色沉积刮除，于该处滴一至数滴稀盐酸，若有锌(锌铝合金)层存在，则有活泼氢气产生。此外，可用锌(锌铝合金)的定性试验来判定：即用小片滤纸或汲液管等把滴下来的酸液收集起来，用氢氧化铵中和，使其呈弱酸性，在此溶液中通过硫化氢，看其是否生成白色沉淀(硫化锌)来加以判定。

A.5.4 下列情形不作为浸蚀终点：
　　a) 试样端部 25 mm 内出现红色金属铜时；
　　b) 试样的棱角出现红色金属铜时；
　　c) 镀锌(锌铝合金)后损伤的部位及其周围出现红色金属铜时。

A.6 试验结果的判定

按表 A.1 规定的时间及次数浸置后达不到浸蚀终点时为合格。

附　录　B

（规范性附录）

镀锌（锌铝合金）层附着性能试验方法

B.1　试样准备

B.1.1　用直径与网片钢丝直径相同的钢丝，与网片在同一工艺条件下镀锌（锌铝合金），同时镀 3 根，每根试样长度不小于表 B.1 规定，试验前可对试样进行矫直，当用手不能矫直时，可将试样置于木材、塑料或铜的垫板上，以木锤或橡胶锤轻轻打直，矫直后试样表面不应有损伤；

B.1.2　用相同厚度钢板与被测立柱在同一工艺条件下镀锌，同时镀 3 块，每块面积不小于 10 000 mm²。

表 B.1　芯棒直径及缠绕圈数

钢丝直径 mm	试样最小长度 mm	芯棒直径为钢丝直径倍数	缠绕圈数不小于
2.0	350	5	6
>2.0～3.0	600	7	6
>3.0～4.0	800	7	6
注：芯棒直径不允许有正偏差。			

B.2　试验装置

B.2.1　缠绕试验装置

B.2.1.1　缠绕试验装置如图 B.1 所示。

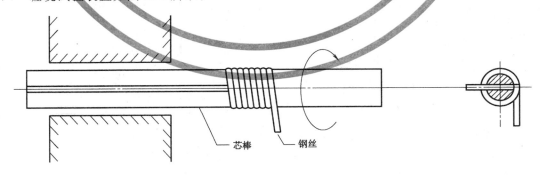

芯棒　　钢丝

图 B.1　缠绕试验装置

B.2.1.2　试验机应符合缠绕松懈试验的技术要求。

B.2.1.3　试验机应能保证试样围绕芯棒沿螺旋方向缠成紧密的螺旋圈。

B.2.1.4　缠绕芯棒直径（自身缠绕除外）应符合表 B.1 的规定，但允许偏差不允许有正偏差值，芯棒应具有足够的硬度，其表面粗糙度 Ra 应不大于 6.3 μm。

B.2.1.5　试验机应有对试样自由端施加张力的装置。

B.2.2 锤击试验装置

按照 JT/T 684—2007 使用镀锌层附着性能测定仪进行锤击试验,镀锌层附着性能测定仪应稳固在木制台上,试验面应保持与锤底座同样高度并与其处于同一水平面上。

B.3 试验步骤

B.3.1 缠绕试验

B.3.1.1 将试样沿螺旋方向以紧密的螺旋圈缠绕在直径为 D 的芯棒上。

B.3.1.2 一般情况下,试验应在 10℃～35℃ 的室温下进行,如有特殊要求,试验温度应为 23 ℃±5 ℃。

B.3.1.3 缠绕、松懈的速度应均匀一致,缠绕速度为 5 圈/min～10 圈/min,必要时可减慢试验速度,以防止温度升高而影响试验结果。

B.3.1.4 为确保缠绕紧密,缠绕时应在试样自由端施加不大于线材公称抗拉强度相应试验力的 5%。

B.3.2 锤击试验

试件应放置水平,锤头面向台架中心,锤柄与底座平面垂直后自由落下,以 4 mm 的间隔平行打击五点,检查锌(锌铝合金)层表面状态。打击点应离端部 10 mm 以外,同一点不得打击两次。

B.4 试验结果的判定

B.4.1 缠绕试验后,镀锌(锌铝合金)层不开裂或起层到用裸手指能够擦掉的程度。

B.4.2 锤击试验后,镀锌(锌铝合金)层不剥离,不凸起。

附　录　C

（规范性附录）

镀锌（锌铝合金）层附着量试验方法　重量法

C.1　试样的准备

C.1.1　用钢丝直径与网片厚度或网片钢丝直径数值相同的钢丝，与网片在同一工艺条件下镀锌（锌铝合金），同时镀三根，每根长度 300 mm～600 mm。

C.1.2　从检验的每批镀锌钢管中任取一根钢管，两端各切去 50 mm，然后在其两端及中部各截取 30 mm～60 mm（视规格大小决定）长的管段作为试样。从检验的每批槽钢中任取一根，在其平坦面上截取三块试样。对于不规则形状断面的立柱，用相同厚度的钢板，与立柱在同一工艺条件下镀锌，同时镀锌三片。

C.1.3　每块试样的测试面积不小于 10 000 mm²，试样表面不应有粗糙面和锌瘤存在。

C.1.4　附着量采用三点法计算。三根（块）试样附着量的平均值为该试样的平均附着量。

C.1.5　试样用四氯化碳、苯或三氯化烯等有机溶剂清除表面油污，然后以乙醇淋洗，清水冲净，净布擦干，充分干燥后称量，钢管和钢板试样精确到 0.01 g。钢丝试样精确到 0.001 g。

C.2　试验溶液的配制

将 3.5 g 六次甲基四胺（$C_6H_{12}N_4$）溶于 500 mL 的浓盐酸（$\rho = 1.19$ g/mL）中，用蒸馏水稀释至 1 000 mL。

C.3　试验方法

试验溶液的数量，按试样表面每平方厘米不少于 10 mL 准备。将称量后的试样放入试验溶液中（保持试验溶液温度不高于 38 ℃），直至镀锌（锌铝合金）层完全溶解，氢气泡显著减少为止。将试样取出，以清水冲洗，同时用硬毛刷除去表面的附着物，用棉花或净布擦干，然后浸入乙醇中，取出后迅速干燥，以同一精确度重新称量。

对于钢丝试样，测量去掉锌层后的直径，两个相互垂直的部位各测一次，取其平均值。对于钢管试样，测量去掉锌层后的三个壁厚，取平均值。对于钢板试样，测量去掉锌层后的三个板厚，取平均值。

C.4　附着量计算

镀锌（锌铝合金）钢丝试样附着量按式（C.1）计算：

$$A = \frac{G_1 - G_2}{G_2} d \times 1\,960 \qquad\qquad\qquad\cdots\cdots\cdots\cdots\cdots\cdots\cdots（C.1）$$

式中：

A——钢丝单位表面积上的镀锌（锌铝合金）层附着量，单位为克每平方米（g/m²）；

G_1——试验前试样质量，单位为克（g）；

G_2——试验后试样质量，单位为克（g）；

d——钢丝试样剥离锌层后的直径，单位为毫米（mm）。

镀锌钢管、钢板试样附着量按式(C.2)计算:

$$A = \frac{G_1 - G_2}{G_2} t \times 3\,920 \quad\quad \cdots\cdots\cdots\cdots\cdots\cdots\cdots\cdots\cdots\cdots\cdots (\text{C.2})$$

式中:

A ——钢管、钢板单位表面积上的镀锌层附着量,单位为克每平方米(g/m²);

G_1——试验前试样质量,单位为克(g);

G_2——试验后试样质量,单位为克(g);

t ——钢管试样剥离锌层后的壁厚,钢板试样剥离锌层后的板厚,单位为毫米(mm)。

ICS 03.220.20
R 80

中华人民共和国国家标准

GB/T 26941.2—2011

隔离栅

第 2 部分：立柱、斜撑和门

Fences—Part 2：Posts，brace posts and gates

2011-09-29 发布
2012-05-01 实施

中华人民共和国国家质量监督检验检疫总局
中国国家标准化管理委员会   发布

前　言

GB/T 26941《隔离栅》分为 6 个部分:
——第 1 部分:通则;
——第 2 部分:立柱、斜撑和门;
——第 3 部分:焊接网;
——第 4 部分:刺钢丝网;
——第 5 部分:编织网;
——第 6 部分:钢板网。

本部分为 GB/T 26941 的第 2 部分。

本部分按照 GB/T 1.1—2009 给出的规则起草。

本部分由全国交通工程设施(公路)标准化技术委员会(SAC/TC 223)提出并归口。

本部分起草单位:交通运输部公路科学研究院、江苏华夏交通工程集团有限公司、上海申宝丝网有限公司、BETAFENCE 金属制品(天津)有限公司、北京中交华安科技有限公司。

本部分主要起草人:王成虎、韩文元、周志伟、唐玎玎、马学峰、张璇、王东、詹德康。

隔离栅
第2部分：立柱、斜撑和门

1 范围

GB/T 26941 的本部分规定了隔离栅立柱、斜撑和门产品的分类、结构尺寸、技术要求、试验方法、检验规则、标志、包装、运输、贮存和随行文件。

本部分适用于道路用隔离栅立柱、斜撑和门柱产品。机场、铁路、体育场等场所可参照使用。

2 规范性引用文件

下列文件对于本文件的应用是必不可少的。凡是注日期的引用文件,仅注日期的版本适用于本文件。凡是不注日期的引用文件,其最新版本(包括所有的修改单)适用于本文件。

GB/T 228.1　金属材料　拉伸试验　第1部分:室温试验方法

GB/T 700　碳素结构钢

GB 912　碳素结构钢和低合金结构钢热轧薄钢板和钢带

GB/T 2518　连续热镀锌钢板及钢带

GB/T 3098.1　紧固件机械性能　螺栓、螺钉和螺柱

GB/T 6728　结构用冷弯空心型钢尺寸、外形、重量级允许偏差

GB/T 11253　碳素结构钢冷轧薄钢板及钢带

GB/T 13793　直缝电焊钢管

GB/T 26941.1—2011　隔离栅　第1部分:通则

3 分类

隔离栅立柱、斜撑和门产品可分为以下几类:

a)　直缝电焊钢管立柱、斜撑和门;

b)　冷弯等边型钢和冷弯内卷边型钢立柱、斜撑和门;

c)　方管和矩管立柱、斜撑和门;

d)　燕尾立柱、斜撑和门;

e)　混凝土立柱、斜撑和门。

4 结构尺寸

4.1 立柱和斜撑

4.1.1 本标准中所列均为防腐处理前结构尺寸:

a)　直缝电焊钢管立柱和斜撑的结构尺寸应符合表1的规定;

表 1 直缝电焊钢管立柱和斜撑结构尺寸

单位为毫米

代 号	中 间 立 柱		端 角 立 柱		斜 撑	
	外径	壁厚	外径	壁厚	外径	壁厚
Psp-1	48	2.5	60	3.0	48	2.5
Psp-2	48	3.0	60	3.5	48	3.0
Psp-3	60	3.0	75.5	3.5	60	3.0
Psp-4	60	3.5	75.5	3.5	60	3.0
Psp-5	75.5	3.5	88.5	4.0	75.5	3.5

b) 冷弯等边型钢立柱和斜撑的结构如图1,尺寸应符合表2的规定;

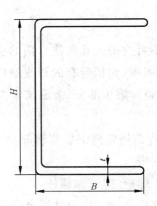

说明:

H——非自由边长;

B——自由边长;

t——型钢壁厚。

图 1 冷弯等边型钢

表 2 冷弯等边型钢立柱和斜撑结构尺寸

单位为毫米

代 号	中 间 立 柱			端 角 立 柱			斜 撑		
	H	B	t	H	B	t	H	B	t
Psc-1	60	30	3.0	80	40	2.5	60	30	3.0
Psc-2	80	40	2.5	50	50	3.0	80	40	2.5
Psc-3	50	50	3.0	80	40	3.0	50	50	3.0
Psc-4	80	40	3.0	80	40	4.0	80	40	3.0
Psc-5	80	40	4.0	100	50	3.0	80	40	4.0
Psc-6	100	50	3.0	100	50	4.0	100	50	3.0

c) 冷弯内卷边型钢立柱和斜撑的结构如图2,尺寸应符合表3的规定;

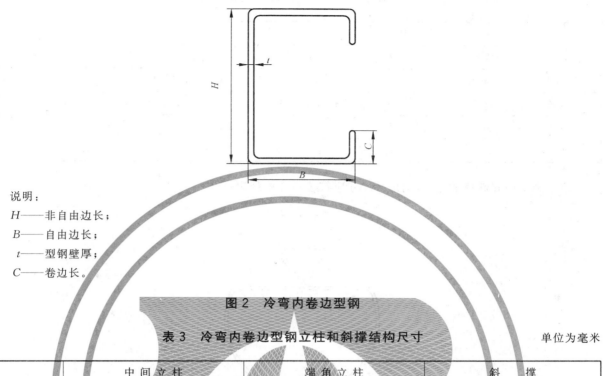

说明:

H——非自由边长;

B——自由边长;

t——型钢壁厚;

C——卷边长。

图2 冷弯内卷边型钢

表3 冷弯内卷边型钢立柱和斜撑结构尺寸 单位为毫米

代 号	中间立柱				端角立柱				斜 撑			
	H	B	C	t	H	B	C	t	H	B	C	t
Psr-1	60	30	10	2.5	60	30	15	2.5	60	30	10	2.5
Psr-2	60	30	10	3.0	60	30	15	3.0	60	30	10	3.0
Psr-3	60	30	15	2.5	80	40	15	2.5	60	30	15	2.5
Psr-4	60	30	15	3.0	80	40	15	3.0	60	30	15	3.0
Psr-5	80	40	15	2.5	80	50	25	2.5	80	40	15	2.5
Psr-6	80	40	15	3.0	80	50	25	3.0	80	40	15	3.0
Psr-7	80	50	25	2.5	100	50	20	2.5	80	50	25	2.5
Psr-8	80	50	25	3.0	100	50	20	3.0	80	50	25	3.0
Psr-9	100	50	20	2.5	100	60	20	2.5	100	50	20	2.5
Psr-10	100	50	20	3.0	100	60	20	3.0	100	50	20	3.0

d) 方管和矩管立柱和斜撑的结构尺寸应符合表4和表5的规定;

表4 方管立柱和斜撑结构尺寸 单位为毫米

代 号	中间立柱		端角立柱		斜 撑	
	截面尺寸	壁厚	截面尺寸	壁厚	截面尺寸	壁厚
Pss-1	50×50	1.5~3.0	50×50	1.5~3.0	40×40 50×50	1.5~3.0
Pss-2	60×60	1.5~3.0	60×60	1.5~3.0		
Pss-3	80×80	2.5~4.0	80×80	2.5~4.0		
Pss-4	100×100	3.5~5.0	100×100	3.5~5.0		

表 5 矩管立柱和斜撑结构尺寸 单位为毫米

代 号	中 间 立 柱		端 角 立 柱		斜 撑	
	截面尺寸	壁厚	截面尺寸	壁厚	截面尺寸	壁厚
Pst-1	50×40	1.5~3.0	50×40	1.5~3.0	50×40 60×40	1.5~3.0
Pst-2	60×40	1.5~3.0	60×40	1.5~3.0		
Pst-3	80×60	2.5~4.0	80×60	2.5~4.0		
Pst-4	120×80	3.0~5.0	120×80	3.0~5.0		

e) 燕尾柱和斜撑的结构如图 3,尺寸应符合表 6 的规定;

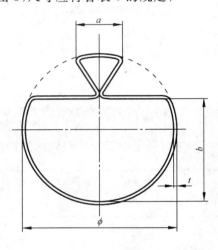

图 3 燕尾柱

表 6 燕尾柱和斜撑结构尺寸 单位为毫米

代 号	中 间 立 柱				端 角 立 柱				斜 撑			
	ϕ	t	a	b	ϕ	t	a	b	ϕ	t	a	b
Psh-1	48	1.5	11.4	33.8	60	2.0	14.2	41.2	38	1.5	9.0	26.8
Psh-2	60	2.0	14.2	41.2	76	2.0	18.0	52.5	38	2.0	9.0	25.8

f) 混凝土立柱和斜撑的结构尺寸应符合表 7 的规定。

表 7 混凝土立柱和斜撑结构尺寸 单位为毫米

代 号	分 类			
	中 间 立 柱		端 角 立 柱	
	断面尺寸	配筋直径	断面尺寸	配筋直径
Pcs-1	100×100	6	100×100	6
Pcs-2	125×125		125×125	8

4.1.2 立柱和斜撑长度根据设计网高确定。

4.1.3 可根据要求通过折弯、焊接或用 M8 螺栓与立柱连接的方式形成延伸臂,折弯后与立柱夹 40°~

45°的角,延伸臂长 250 mm～350 mm。延伸臂用于挂刺钢丝或与网片相同的金属网。

4.1.4 直缝电焊钢管立柱、方管立柱、矩管立柱、燕尾柱柱端应加柱帽,立柱与柱帽要连接牢固、紧密。

4.2 门

4.2.1 门的结构尺寸应符合表 8～表 13 的规定。

表 8 直缝电焊钢管门结构尺寸

对应所用立柱类别	门宽 m	门柱尺寸/mm		对应所用立柱类别	门宽 m	门柱尺寸/mm	
		外径	壁厚			外径	壁厚
Psp-1	≤1.2	48	3.0	Psp-4	≤1.2	60	3.5
	≤3.2	60	3.0		≤3.2	75.5	3.5
Psp-2	≤1.2	48	3.5	Psp-5	≤1.2	75.5	3.5
	≤3.2	60	3.5		≤3.2	88.5	4.0
Psp-3	≤1.2	60	3.0			—	
	≤3.2	75.5	3.5				

表 9 冷弯等边型钢门结构尺寸

对应所用立柱类别	门宽 m	门柱尺寸/mm			对应所用立柱类别	门宽 m	门柱尺寸/mm		
		h	B	d			h	B	d
Psc-1	≤1.2	60	30	3.0	Psc-4	≤1.2	80	40	3.0
	≤3.2	80	40	2.5		≤3.2	80	40	4.0
Psc-2	≤1.2	80	40	2.5	Psc-5	≤1.2	80	40	4.0
	≤3.2	50	50	3.0		≤3.2	100	50	3.0
Psc-3	≤1.2	50	50	3.0	Psc-6	≤1.2	100	50	3.0
	≤3.2	80	40	3.0		≤3.2	100	50	4.0

表 10 冷弯内卷边型钢门结构尺寸

对应所用立柱类别	门宽 m	门柱尺寸/mm				对应所用立柱类别	门宽 m	门柱尺寸/mm			
		H	B	C	t			H	B	C	t
Psr-1	≤1.2	60	30	10	2.5	Psr-5	≤1.2	80	40	15	2.5
	≤3.2	60	30	15	2.5		≤3.2	80	50	25	2.5
Psr-2	≤1.2	60	30	10	3.0	Psr-6	≤1.2	80	40	15	3.0
	≤3.2	60	30	25	3.0		≤3.2	80	50	25	4.0
Psr-3	≤1.2	60	30	15	2.5	Psr-7	≤1.2	80	50	25	3.0
	≤3.2	80	40	15	2.5		≤3.2	100	50	20	4.0
Psr-4	≤1.2	60	30	15	3.0	Psr-8	≤1.2	80	50	25	3.0
	≤3.2	80	40	15	3.0		≤3.2	100	50	20	4.0

表 10（续）

对应所用立柱类别	门宽 m	门柱尺寸/mm				对应所用立柱类别	门宽 m	门柱尺寸/mm			
		H	B	C	t			H	B	C	t
Psr-9	≤1.2	100	50	20	3.0	Psr-10	≤1.2	100	50	20	3.0
	≤3.2	100	60	20	4.0		≤3.2	100	60	20	4.0

表 11　方管门结构尺寸　　　　　　　　　　　　　　　　　　单位为毫米

对应所用立柱类别	门柱尺寸		对应所用立柱类别	门柱尺寸	
	截面尺寸	壁厚		截面尺寸	壁厚
Pss-1	50×50	1.5～3.0	Pss-3	80×80	2.5～4.0
Pss-2	60×60	1.5～3.0	Pss-4	100×100	3.5～5.0

表 12　矩管门结构尺寸　　　　　　　　　　　　　　　　　　单位为毫米

对应所用立柱类别	门柱尺寸		对应所用立柱类别	门柱尺寸	
	截面尺寸	壁厚		截面尺寸	壁厚
Pss-1	50×40	1.5～3.0	Pss-3	80×60	2.5～4.0
Pss-2	60×40	1.5～3.0	Pss-4	120×80	3.0～5.0

表 13　燕尾柱门结构尺寸

对应所用立柱类别	门宽 m	门柱尺寸/mm	
		外径	壁厚
Psh-1	≤1.2	60	2.0
	≤3.2	76	2.0
Psh-2	≤1.2	60	2.0
	≤3.2	76	2.0

4.2.2　门宽不大于 1.2 m 的门柱也可采用混凝土立柱，其断面尺寸为 125 mm×125 mm，配筋直径不小于 8 mm。

4.3　连接件

网片与立柱连接方式为连续安装或分片安装。

4.3.1　连续安装有两种方式：

　　a)　直接挂在型钢立柱冲压而成的挂钩上或混凝土立柱中预埋的钢筋弯钩上，挂钩的距离应与网片网孔大小相匹配，挂钩的大小应能满足固定网片的要求；

　　b)　通过螺栓、螺母、垫片、抱箍、条形钢片等的连接附件将网片与立柱、立柱与斜撑连接。

　　注 1：条形钢片用于网片端头与立柱的连接，其厚度不小于 3 mm。

　　注 2：抱箍用于立柱与网片的连接，针对立柱的外径进行设计。

4.3.2 分片安装时可通过螺栓、螺母、垫片、抱箍、上横框、下横框、竖框等连接件将网片与立柱连接：

　　a) 上横框、下横框、竖框用于网片固定，其宽度不小于 30 mm，厚度不小于 1.5 mm；横框、竖框与网片之间可用直径为 6 mm 的锚钉固定；

　　b) 抱箍用于立柱与网框的连接，针对立柱的外径进行设计；也可采用其他的装配方式安装。

4.3.3 立柱与斜撑，立柱与网框用螺栓连接。

4.3.4 斜撑如采用锚钉钢筋锚定，则锚钉钢筋的直径不应小于 20 mm。

4.3.5 门柱和门通过连接件用螺栓连接。

5 技术要求

5.1 一般要求

按 GB/T 26941.1—2011 中 4.1.3～4.1.6 的规定执行。

5.2 精度要求

5.2.1 直缝电焊钢管立柱精度要求

5.2.1.1 直缝电焊钢管立柱应符合 GB/T 13793 的要求，外径和壁厚的允许偏差应符合表 14 的规定。

表 14 直缝电焊钢管立柱外径、壁厚的允许偏差　　　　　　　单位为毫米

外径 Φ	允 许 偏 差	壁厚 t	允 许 偏 差
30<Φ≤50	±0.5	2.5	±0.25
50<Φ≤60	±0.6	3.0	±0.30
60<Φ≤70	±0.7	3.5	±0.35
70<Φ≤80	±0.8	4.0	±0.40
80<Φ≤90	±0.9	—	—

5.2.1.2 钢管立柱定尺长度的允许偏差为 ±10 mm。

5.2.1.3 钢管弯曲度不大于 1.5 mm/m。

5.2.2 型钢立柱的精度要求

5.2.2.1 冷弯等边型钢立柱和冷弯内卷边型钢立柱非自由边长的允许偏差应符合表 15 的规定。

表 15 非自由边长的允许偏差　　　　　　　单位为毫米

壁厚 t	允 许 偏 差			壁厚 t	允 许 偏 差		
	H<50	50≤H<100	100≤H<250		H<50	50≤H<100	100≤H<250
t<3.0	±1.20	±1.50	±1.50	3.0≤t<4.0	±1.50	±1.50	±2.00

5.2.2.2 冷弯等边型钢立柱和冷弯内卷边型钢立柱自由边长的允许偏差应符合表 16 的规定。

表 16　自由边长的允许偏差　　　　　　　　　　　单位为毫米

壁　厚	允　许　偏　差		壁　厚	允　许　偏　差	
	$B<40$	$40\leqslant B<80$		$B<40$	$40\leqslant B<80$
<3.0	±1.60	±2.00	$3.0\sim\leqslant4.0$	±1.60	±2.00
注：两个自由边长相等时，其差不应大于公差的75%。					

5.2.2.3 方管和矩管立柱截面尺寸的允许偏差应符合 GB/T 6728 的相关规定。

5.2.2.4 型钢壁厚的允许偏差应符合表 17 的规定,弯曲角区域的壁厚不作规定。

表 17　型钢壁厚的允许偏差　　　　　　　　　　　单位为毫米

型钢壁厚	允许偏差	型钢壁厚	允许偏差	型钢壁厚	允许偏差
2.5	$+0.16$ -0.20	3.0	$+0.17$ -0.22	4.0	$+0.20$ -0.30

5.2.2.5 型钢立柱定尺长度的允许偏差为±10 mm。

5.2.2.6 型钢立柱不应有明显扭转,型钢立柱弯曲度不大于 3 mm/m,总弯曲度不应大于总长度的 0.3%。

5.2.3　燕尾柱立柱的精度要求

5.2.3.1 燕尾柱外径和壁厚的允许偏差应符合表 18 的规定。

表 18　燕尾柱外径、壁厚的允许偏差　　　　　　　　　单位为毫米

外　径	允许偏差	壁　厚	允许偏差
38	±0.5	1.0	±0.07
48	±0.5	1.5	±0.09
60	±0.6	2.0	±0.10
76	±0.8	—	—

5.2.3.2 燕尾柱立柱定尺长度的允许偏差为±10 mm。

5.2.3.3 燕尾柱立柱弯曲度不大于 1.5 mm/m。

5.2.4　混凝土立柱的精度要求

5.2.4.1 混凝土立柱横断面尺寸的允许偏差为-4 mm$\sim+6$ mm。

5.2.4.2 混凝土立柱的定尺长度的允许偏差为-22 mm$\sim+50$ mm。

5.3　材料要求及加工要求

5.3.1 钢管材料,使用冷轧或热轧钢板(带)焊接或焊后冷加工方法制造的,其化学成分及机械性能应满足 GB/T 13793 的规定,使用连续热镀锌钢板(带)焊接或焊后冷加工方法制造的,其化学成分及机械性能应满足 GB/T 2518 的规定。

5.3.2 型钢材料,用可冷加工变形的冷轧或热轧钢带在连续辊式冷弯机组上加工生产,其化学成分及

机械性能应满足 GB/T 700 的规定,网片连续铺设用型钢立柱上的挂钩经冲压加工而成。

5.3.3 混凝土立柱用混凝土标号不低于 C20,拌制混凝土所使用的各项材料及混凝土的配合比、拌制、浇注、养护应符合相关标准的规定。

5.3.4 条形钢片和抱箍可采用冷轧或热轧钢板(带),其技术条件应符合 GB 912、GB/T 11253 的规定。

5.3.5 螺栓螺母可采用常用普通紧固件,其机械性能应符合 GB/T 3098.1 的规定。

5.4 防腐层质量

按 GB/T 26941.1—2011 中 4.2 的规定执行。

6 试验方法

6.1 试验环境条件

按 GB/T 26941.1—2011 中 5.1 的规定执行。

6.2 试剂

按 GB/T 26941.1—2011 中 5.2 的规定执行。

6.3 试验仪器和设备

按 GB/T 26941.1—2011 中 5.3 的规定执行。

6.4 试验程序及结果

6.4.1 一般要求

按 GB/T 26941.1—2011 中 5.4.1 的规定执行。

6.4.2 结构尺寸

结构尺寸的试验方法按表 19 的规定执行。

表 19 结构尺寸的试验方法

类 别	项 目	试 验 方 法
直焊缝钢管燕尾柱	钢管外径	用分辨率不低于 0.02 mm 的游标卡尺在立柱的上、中、下三个部位进行量取,每个部位量取 2 个相互垂直方向的直径,计算平均值
	钢管壁厚	用分辨率不低于 0.01 mm 的壁厚千分尺在立柱的无焊缝部位量取 3 个壁厚,计算平均值
	定尺长度	用分辨率不低于 1 mm 的钢卷尺量取立柱的定尺长度,每根立柱量取 1 次
	弯曲度	将立柱水平放于工作台上,用刀口尺和塞尺在最大弯曲处量取,每根立柱量取 3 次,取最大值
型钢立柱	型钢边长	用分辨率不低于 0.02 mm 的游标卡尺在立柱的上、中、下三个部位进行量取,每个部位量取 2 个边长,计算平均值
	型钢壁厚	用分辨率不低于 0.01 mm 的壁厚千分尺在立柱的非自由边上量取 3 个壁厚,计算平均值

GB/T 26941.2—2011

表 19（续）

类　别	项　目	试 验 方 法
型钢立柱	定尺长度	用分辨率不低于1 mm的钢卷尺量取立柱的定尺长度,每根立柱量取1次
	弯曲度	将试样水平放于工作台上,用刀口尺和塞尺在最大弯曲处量取,每根立柱量取3次,取最大值
混凝土立柱	截面尺寸	用分辨率不低于0.5mm的量尺在立柱的上、中、下三个部位进行量取,每个部位取2个相互垂直方向的边长,计算平均值
	定尺长度	用分辨率不低于1mm的钢卷尺量取立柱的定尺长度,每根立柱量取1次

注：此表为单一立柱结构尺寸的试验方法。

6.4.3 原材料力学性能

按 GB/T 228.1 的规定执行。

6.4.4 防腐层质量

按 GB/T 26941.1—2011 中 5.4.2 的规定执行。

7 检验规则

7.1 型式检验

按 GB/T 26941.1—2011 中 6.1 的规定执行。

7.2 出厂检验

按 GB/T 26941.1—2011 中 6.2 的规定执行。

7.3 检验项目

型式检验项目为第4章和第5章中规定的全部项目。

出厂检验项目为第4章及第5章中除涂塑层耐磨性能、涂塑层耐化学药品、涂塑层耐候性能、涂塑层耐低温脆化性能以外的全部项目。

8 标志、包装、运输、贮存和随行文件

按 GB/T 26941.1—2011 中第7章的规定执行。

ICS 03.220.20
R 80

中华人民共和国国家标准

GB/T 26941.3—2011

隔离栅
第3部分：焊接网

Fences—Part 3: Welded steel wire fences

2011-09-29 发布

2012-05-01 实施

中华人民共和国国家质量监督检验检疫总局
中国国家标准化管理委员会 发布

前　　言

GB/T 26941《隔离栅》分为 6 个部分：
——第 1 部分：通则；
——第 2 部分：立柱、斜撑和门；
——第 3 部分：焊接网；
——第 4 部分：刺钢丝网；
——第 5 部分：编织网；
——第 6 部分：钢板网。

本部分为 GB/T 26941 的第 3 部分。

本部分按照 GB/T 1.1—2009 给出的规则起草。

本部分由全国交通工程设施（公路）标准化技术委员会（SAC/TC 223）提出并归口。

本部分起草单位：交通运输部公路科学研究院、BETAFENCE 金属制品（天津）有限公司、上海申宝丝网有限公司、北京中交华安科技有限公司。

本部分主要起草人：王成虎、周志伟、韩文元、唐玲玲、马学峰、王超、夏咸旺、詹德康。

隔离栅
第3部分:焊接网

1 范围

GB/T 26941 的本部分规定了焊接网产品的分类及型号、技术要求、试验方法、检验规则、标志、包装、运输、贮存和随行文件。

本部分适用于道路用焊接网产品。机场、铁路、体育场等场所可参照使用。

2 规范性引用文件

下列文件对于本文件的应用是必不可少的。凡是注日期的引用文件,仅注日期的版本适用于本文件。凡是不注日期的引用文件,其最新版本(包括所有的修改单)适用于本文件。

GB/T 228.1 金属材料 拉伸试验 第1部分:室温试验方法

GB/T 26941.1—2011 隔离栅 第1部分:通则

YB/T 5294 一般用途低碳钢丝

3 分类及型号

3.1 分类

焊接网依据包装方式的不同,可分为片网和卷网;依据网孔是否变化,可分为等孔网和变孔网。

3.2 型号

产品型号表示方法如下。

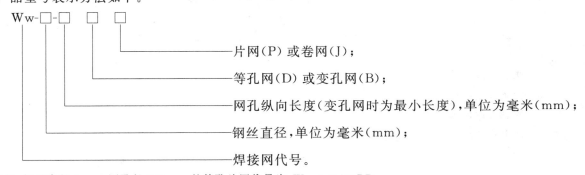

示例:钢丝直径 4 mm,网孔长 150 mm 的等孔片网代号为:Ww-4.0-150DP。

4 结构尺寸

4.1 片网

片网的结构尺寸应符合表1的规定,见图1。

表 1 片网结构尺寸

代号	钢丝直径 mm	网孔尺寸 (a×b)/mm	网面长度 L m	网面宽度 B m
Ww-3.5-75	3.5	75×75	1.9~3.0	1.5~2.5
Ww-3.5-100		100×50		
Ww-3.5-150		150×75		
Ww-3.5-195		195×65		
Ww-4.0-150	4.0	150×75		
Ww-4.0-195		195×65		
Ww-5.0-150	5.0	150×75		
Ww-5.0-200		200×75		
注：钢丝直径为防腐处理前。				

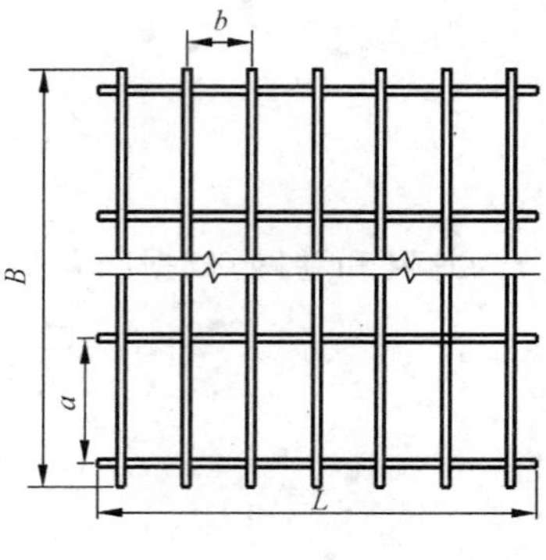

说明：

B ——网面高度；

L ——网面长度；

a ——网孔纵向长度；

b ——网孔横向宽度。

图 1 片网

4.2 卷网

卷网的结构尺寸应符合表2的规定,见图2。

表 2 卷网结构尺寸

代号	钢丝直径 mm	网孔尺寸 ($a×b$)/mm	网面长度 L m	网面宽度 B m
Ww-2.5-50	2.5	50×50	20～50	1.5～2.5
Ww-2.5-100		100×50		
Ww-2.95-50	2.95	50×50		
Ww-2.95-100		100×50		
Ww-2.95-150		150×75		
注：钢丝直径为防腐处理前。				

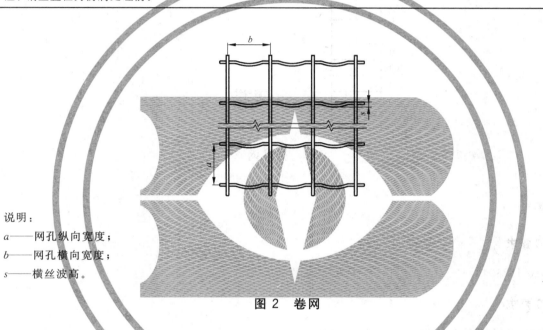

说明：
a——网孔纵向宽度；
b——网孔横向宽度；
s——横丝波高。

图 2 卷网

4.3 等孔网

等孔网的各网孔纵向长度与片网和卷网相同,结构尺寸应符合表1和表2的规定,见图1和图2。

4.4 变孔网

变孔网的结构尺寸应符合表3的规定,见图3。

表 3 变孔网结构尺寸

纵丝及中间横丝直径 mm	边缘横丝直径 mm	网孔纵向长度 mm	对应纵向网孔数量	网孔横向宽度 mm
2.5	3.0	75	3	150
		100	3	
2.7	3.0	150	3	
		200	3～6	
注：钢丝直径为防腐处理前。				

单位为毫米

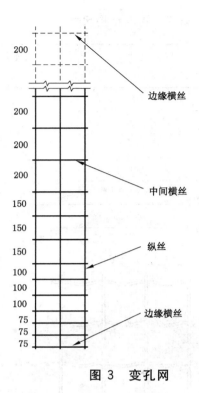

图 3 变孔网

5 技术要求

5.1 一般要求

按 GB/T 26941.1—2011 中 4.1.1 和 4.1.2 的规定执行。

5.2 精度要求

5.2.1 钢丝直径的允许偏差应符合表 4 的规定。

表 4 钢丝直径允许偏差

单位为毫米

钢丝直径 ϕ	$1.60 < \phi \leqslant 3.00$	$3.00 < \phi \leqslant 6.00$
允许偏差	± 0.04	± 0.05

5.2.2 网孔尺寸的允许偏差为网孔尺寸的 $\pm 4\%$。

5.2.3 卷网横丝波高不小于 2 mm。

5.2.4 片网网面长度、宽度允许偏差为 ± 5 mm；卷网网面长度、宽度允许偏差为网面长度、宽度的 $\pm 1\%$。

5.2.5 对于片网，焊点脱落数应小于焊点总数的 4%；对于卷网，任一面积为 15 m² 的网上焊点脱落数应小于此面积上焊点总数的 4%。

5.3 材料及加工要求

5.3.1 片网用金属丝，应采用低碳钢丝，其力学性能应符合 YB/T 5294 的规定。

5.3.2 卷网用横丝应用低碳钢丝，其力学性能应符合 YB/T 5294 的规定。

5.3.3 卷网用纵丝应用高强度钢丝，其强度应不低于 650 MPa～850 MPa。

5.3.4 焊点抗拉力应符合表5的规定。

表 5 焊点抗拉力

钢丝直径/mm	2.5	2.7	2.95	3.0	3.5	4.0	5.0
焊点抗拉力/N	520	600	720	750	1 010	1 320	2 060

5.4 防腐层质量

按 GB/T 26941.1—2011 中 4.2 的规定执行。

6 试验方法

6.1 试验环境条件

按 GB/T 26941.1—2011 中 5.1 的规定执行。

6.2 试剂

按 GB/T 26941.1—2011 中 5.2 的规定执行。

6.3 试验仪器和设备

按 GB/T 26941.1—2011 中 5.3 的规定执行。

6.4 试验程序及结果

6.4.1 一般要求

按 GB/T 26941.1—2011 中 5.4.1 的规定执行。

6.4.2 结构尺寸

结构尺寸的试验方法按表6的规定执行。

表 6 结构尺寸的试验方法

序号	项目	试验方法
1	钢丝直径	用分辨率不低于 0.02 mm 的游标卡尺在网面的上、中、下三个部位的横丝和纵丝上进行量取,每根钢丝量取两个相互垂直方向的钢丝直径,分别计算横丝钢丝直径和纵丝钢丝直径的平均值
2	网面长度	用分辨率不低于 1 mm 的钢卷尺在网面的左、中、右三个部位各量取一个网面长度,计算平均值
3	网面宽度	用分辨率不低于 1 mm 的钢卷尺在网面的上、中、下三个部位各量取一个网面宽度,计算平均值
4	网孔纵向长度	用分辨率不低于 0.5 mm 的量尺在网面的上、中、下三个部位各量取一个网孔的纵向长度,计算平均值
5	网孔横向宽度	用分辨率不低于 0.5 mm 的量尺在网面的左、中、右三个部位各量取一个网孔的横向宽度,计算平均值

注:此表为单一网面结构尺寸的试验方法。

6.4.3 原材料力学性能

按 GB/T 228.1 的规定执行。

6.4.4 焊点抗拉力

焊点抗拉力的拉伸卡具如图 4 所示。在网上任取 3 个焊点,按图示进行拉伸,拉伸试验机拉伸速度为 5 mm/min,拉断时的拉力值计算平均值。

单位为毫米

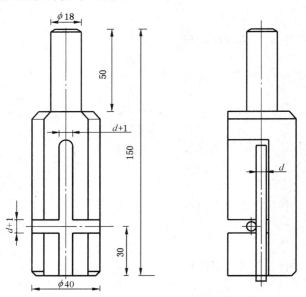

图 4　焊点抗拉力测试装置

6.4.5 防腐层质量

按 GB/T 26941.1—2011 中 5.4.2 的规定执行。

7 检验规则

7.1 型式检验

按 GB/T 26941.1—2011 中 6.1 的规定执行。

7.2 出厂检验

按 GB/T 26941.1—2011 中 6.2 的规定执行。

7.3 检验项目

型式检验项目为第 4 章和第 5 章中规定的全部项目。

出厂检验项目为第 4 章和第 5 章中除涂塑层耐磨性能、涂塑层耐化学药品,涂塑层耐候性能、涂塑层耐低温脆化性能以外的全部项目。

8 标志、包装、运输、贮存和随行文件

按 GB/T 26941.1—2011 中第 7 章的规定执行。

ICS 03.220.20
R 80

中华人民共和国国家标准

GB/T 26941.4—2011

隔 离 栅
第 4 部分：刺钢丝网

Fences—Part 4:Barbed steel wire fences

2011-09-29 发布

2012-05-01 实施

中华人民共和国国家质量监督检验检疫总局
中国国家标准化管理委员会 发布

前　　言

GB/T 26941《隔离栅》分为 6 个部分：
——第 1 部分：通则；
——第 2 部分：立柱、斜撑和门；
——第 3 部分：焊接网；
——第 4 部分：刺钢丝网；
——第 5 部分：编织网；
——第 6 部分：钢板网。

本部分为 GB/T 26941 的第 4 部分。

本部分按照 GB/T 1.1—2009 给出的规则起草。

本部分由全国交通工程设施（公路）标准化技术委员会（SAC/TC 223）提出并归口。

本部分起草单位：交通运输部公路科学研究院、BETAFENCE 金属制品（天津）有限公司、江苏华夏交通工程集团有限公司、北京中交华安科技有限公司。

本部分主要起草人：王成虎、周志伟、韩文元、唐玎玎、安玉宏、张建平、夏咸旺、王东。

隔 离 栅
第 4 部分：刺钢丝网

1 范围

GB/T 26941 的本部分规定了刺钢丝网产品的分类及型号、技术要求、试验方法、检验规则、标志、包装、运输、贮存和随行文件。

本部分适用于道路用刺钢丝网产品。机场、铁路、体育场等场所可参照使用。

2 规范性引用文件

下列文件对于本文件的应用是必不可少的。凡是注日期的引用文件,仅注日期的版本适用于本文件。凡是不注日期的引用文件,其最新版本(包括所有的修改单)适用于本文件。

GB/T 228.1 金属材料 拉伸试验 第 1 部分:室温试验方法

GB/T 26941.1—2011 隔离栅 第 1 部分:通则

YB/T 5294 一般用途低碳钢丝

3 分类及型号

3.1 分类

刺钢丝网依据钢丝强度分为普通型和加强型,结构见图 1。

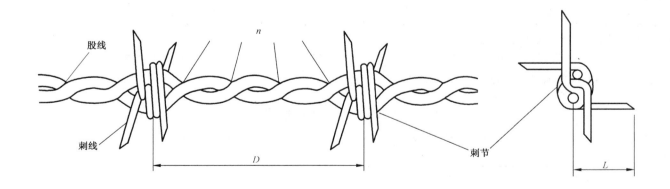

说明:

n ——捻数;

D ——刺矩;

L ——刺长。

图 1 刺钢丝

3.2 型号

产品型号表示如下。

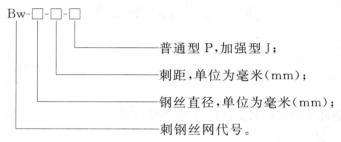

Bw-□-□-□

普通型 P,加强型 J;

刺距,单位为毫米(mm);

钢丝直径,单位为毫米(mm);

刺钢丝网代号。

示例:钢丝直径 2.8 mm,刺距长 102 mm 的普通型刺钢丝网代号为:Bw-2.8-102P。

4 结构尺寸

4.1 普通型刺钢丝网的结构尺寸应符合表 1 的规定。

表 1 普通型刺钢丝网的结构尺寸

代　号	钢丝直径/mm	刺距 D/mm	捻数 n(不少于)
Bw-2.5-76	2.5	76	3
Bw-2.5-102		102	4
Bw-2.5-127		127	5
Bw-2.8-76	2.8	76	3
Bw-2.8-102		102	4
Bw-2.8-127		127	5
注:钢丝直径为防腐处理前。			

4.2 加强型刺钢丝网的结构尺寸应符合表 2 的规定。

表 2 加强型刺钢丝网的结构尺寸

代　号	钢丝直径/mm	刺距 D/mm	捻数 n(不少于)
Bw-1.7-102	1.7	102	7
注:钢丝直径为防腐处理前。			

5 技术要求

5.1 一般要求

按 GB/T 26941.1—2011 中 4.1.1 和 4.1.2 的规定执行。

5.2 精度要求

5.2.1 钢丝直径的允许偏差应符合表3的规定。

表 3 钢丝直径允许偏差

单位为毫米

钢丝直径	1.7	2.2	2.5	2.8
允许偏差	±0.04	±0.04	±0.04	±0.04

5.2.2 刺距的允许偏差为±13 mm。

5.2.3 刺钢丝每个结有四个刺,刺形应规整,刺长 L 为 16 mm±3 mm,刺线缠绕股线不应少于1.5圈,捻扎应牢固,刺型应均匀。

5.2.4 刺钢丝每捆质量应为 25 kg 或 50 kg,每捆质量允许误差为 0 kg~2 kg。

5.2.5 每捆质量 25 kg 的刺钢丝股线不可超过一个接头,每捆质量 50 kg 的刺钢丝股线不可超过两个接头。接头应平行对绕在拧花处,不应挂钩。

5.3 材料及加工要求

普通型刺钢丝网股线及刺线应采用低碳钢丝,其力学性能应符合 YB/T 5294 的规定。加强型刺钢丝网股线及刺线应采用高强度低合金钢丝,其抗拉强度应不低于 700 MPa~900 MPa。各种规格刺钢丝的整股破断拉力不应低于 4 230 N。

5.4 防腐层质量

按 GB/T 26941.1—2011 中 4.2 的规定执行。

6 试验方法

6.1 试验环境条件

按 GB/T 26941.1—2011 中 5.1 的规定执行。

6.2 试剂

按 GB/T 26941.1—2011 中 5.2 的规定执行。

6.3 试验仪器和设备

按 GB/T 26941.1—2011 中 5.3 的规定执行。

6.4 试验程序及结果

6.4.1 一般要求

按 GB/T 26941.1—2011 中 5.4.1 的规定执行。

6.4.2 结构尺寸

结构尺寸的试验方法按表 4 的规定执行。

表 4 结构尺寸的试验方法

序号	项 目	试 验 方 法
1	钢丝直径	用分辨率不低于 0.02 mm 的游标卡尺在三段 1 m 长刺钢丝的股线和刺线上量取,每段刺钢丝量取两根股线和两根刺线钢丝,每根钢丝量取两个相互垂直方向的钢丝直径,分别计算股线钢丝直径和刺线钢丝直径的平均值
2	刺距	用分辨率不低于 0.5 mm 的量尺在三段 1 m 长刺钢丝上各量取一个刺距,计算平均值
3	刺长	用分辨率不低于 0.5 mm 的量尺在三段 1 m 长的钢丝上各量取一个刺节的两个刺长,计算平均值
4	捻数	目测
5	刺线缠绕股线圈数	目测
6	每结刺数	目测
7	捆重	用分辨率不低于 0.2 kg 的衡器对刺钢丝称重三次,计算平均值
8	每捆接头数	目测

6.4.3 原材料力学性能

按 GB/T 228.1 的规定执行。

6.4.4 防腐层质量

按 GB/T 26941.1—2011 中 5.4.2 的规定执行。

7 检验规则

7.1 型式检验

按 GB/T 26941.1—2011 中 6.1 的规定执行。

7.2 出厂检验

按 GB/T 26941.1—2011 中 6.2 的规定执行。

7.3 检验项目

型式检验项目为第 4 章和第 5 章中规定的全部项目。

出厂检验项目为第 4 章和第 5 章中除涂塑层耐磨性能、涂塑层耐化学药品,涂塑层耐候性能、涂塑层耐低温脆化性能以外的全部项目。

8 标志、包装、运输、贮存和随行文件

按 GB/T 26941.1—2011 中第 7 章的规定执行。

———————

ICS 03.220.20
R 80

GB/T 26941.5—2011

隔离栅 第 5 部分:编织网

Fences—Part 5：Woven steel wire fences

2011-09-29 发布 2012-05-01 实施

中华人民共和国国家质量监督检验检疫总局
中国国家标准化管理委员会 发布

前　言

GB/T 26941《隔离栅》分为 6 个部分:
——第 1 部分:通则;
——第 2 部分:立柱、斜撑和门;
——第 3 部分:焊接网;
——第 4 部分:刺钢丝网;
——第 5 部分:编织网;
——第 6 部分:钢板网。

本部分为 GB/T 26941 的第 5 部分。

本部分按照 GB/T 1.1—2009 给出的规则起草。

本部分由全国交通工程设施(公路)标准化技术委员会(SAC/TC 223)提出并归口。

本部分起草单位:交通运输部公路科学研究院、BETAFENCE 金属制品(天津)有限公司、北京中交华安科技有限公司。

本部分主要起草人:王成虎、韩文元、唐玮玮、周志伟、侯德藻、张帆、夏咸旺。

隔离栅 第5部分:编织网

1 范围

GB/T 26941 的本部分规定了编织网产品的组成及型号、技术要求、试验方法、检验规则、标志、包装、运输、贮存和随行文件。

本部分适用于道路用编织网产品。机场、铁路、体育场等场所可参照使用。

2 规范性引用文件

下列文件对于本文件的应用是必不可少的。凡是注日期的引用文件,仅注日期的版本适用于本文件。凡是不注日期的引用文件,其最新版本(包括所有的修改单)适用于本文件。

GB/T 228.1 金属材料 拉伸试验 第1部分:室温试验方法

GB/T 26941.1—2011 隔离栅 第1部分:通则

YB/T 5294 一般用途低碳钢丝

3 产品组成及型号

3.1 组成

编织网由网片钢丝和张力钢丝组成,共用三根张力钢丝,将编织网串连成整体。底部一根靠近地面,顶部一根靠近网边。

3.2 型号

产品型号表示方法如下。

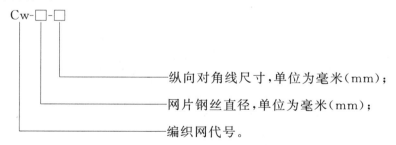

示例:网片钢丝直径 3.5 mm,纵向间距 160 mm 的编织网代号为:Cw-3.5-160。

4 结构尺寸

编织网的结构尺寸应符合表1的规定,见图1。

表 1 编织网的结构尺寸

代 号	钢丝直径 mm	网孔尺寸/mm (a×b)	网面长度 L m	网面宽度 B m
Cw-2.2-50	2.2	50×50	3,4,5,6,10,15 或 30	1.5~2.5
Cw-2.2-100		100×50		
Cw-2.2-150		150×75		
Cw-2.8-50	2.8	50×50		
Cw-2.8-100		100×50		
Cw-2.8-150		150×75		
Cw-3.5-50	3.5	50×50		
Cw-3.5-100		100×50		
Cw-3.5-150		150×75		
Cw-3.5-160		160×80		
Cw-4.0-50	4.0	50×50		
Cw-4.0-100		100×50		
Cw-4.0-150		150×75		
Cw-4.0-160		160×80		

注 1：钢丝直径为防腐处理前。

注 2：其他规格片网由供需方参照此表商议协定。

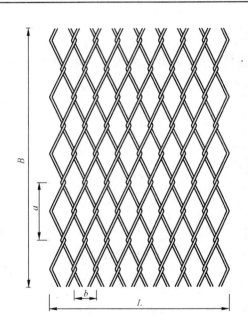

说明：

B——网面长度；

L——网面宽度；

a——纵向对角线；

b——横向对角线。

图 1 编织网

5 技术要求

5.1 一般要求

按 GB/T 26941.1—2011 中 4.1.1 和 4.1.2 的规定执行。

5.2 精度要求

5.2.1 网片钢丝直径的允许偏差应符合表 2 的规定。

表 2 钢丝直径允许偏差

单位为毫米

钢丝直径	2.2	2.8	3.5	4.0
允许偏差	±0.04	±0.04	±0.05	±0.05

5.2.2 网孔尺寸的允许偏差应符合表 3 的规定。

表 3 网孔尺寸

单位为毫米

网孔尺寸	允许偏差	网孔尺寸	允许偏差	网孔尺寸	允许偏差
50	±3	80	±4	150	±8
75	±3	100	±5	160	±8

5.2.3 网面长度、宽度的允许偏差为网面长度、宽度的 ±1%。

5.2.4 张力钢丝直径不小于 3.0 mm,允许偏差应符合 YB/T 5294 的规定。

5.3 材料及加工要求

5.3.1 编织网钢丝及张力钢丝,应采用低碳钢丝,其力学性能应满足 YB/T 5294 的规定。

5.3.2 编织网应采用纵向编织。

5.4 防腐层质量

按 GB/T 26941.1—2011 中 4.2 的规定执行。

6 试验方法

6.1 试验环境条件

按 GB/T 26941.1—2011 中 5.1 的规定执行。

6.2 试剂

按 GB/T 26941.1—2011 中 5.2 的规定执行。

6.3 试验仪器和设备

按 GB/T 26941.1—2011 中 5.3 的规定执行。

6.4 试验程序及结果

6.4.1 一般要求

按 GB/T 26941.1—2011 中 5.4.1 的规定执行。

6.4.2 结构尺寸

结构尺寸的试验方法按表 4 的规定执行。

表 4 结构尺寸的试验方法

序号	项 目	试 验 方 法
1	钢丝直径	用分辨率不低于 0.02 mm 的游标卡尺在网面的左、中、右三个部位的三根钢丝上进行量取,每根钢丝量取两个相互垂直方向的钢丝直径,计算平均值
2	网面长度	用分辨率不低于 1 mm 的钢卷尺在网面的左、中、右三个部位各量取 1 个网面长度,计算平均值
3	网面宽度	用分辨率不低于 1 mm 的钢卷尺在网面的上、中、下三个部位各量取一个网面宽度,计算平均值
4	网孔纵向对角线长度	用分辨率不低于 0.5 mm 的量尺在网面的上、中、下三个部位各量取一个网孔纵向对角线长度,计算平均值
5	网孔横向对角线宽度	用分辨率不低于 0.5 mm 的量尺在网面的左、中、右三个部位各量取一个网孔横向对角线宽度,计算平均值

注:此表为单一网面的结构尺寸试验方法。

6.4.3 原材料力学性能

按 GB/T 228.1 的规定执行。

6.4.4 防腐层质量

按 GB/T 26941.1—2011 中 5.4.2 的规定执行。

7 检验规则

7.1 型式检验

按 GB/T 26941.1—2011 中 6.1 的规定执行。

7.2 出厂检验

按 GB/T 26941.1—2011 中 6.2 的规定执行。

7.3 检验项目

型式检验项目为第 4 章和第 5 章中规定的全部项目。

出厂检验项目为第 4 章和第 5 章中除涂塑层耐磨性能、涂塑层耐化学药品,涂塑层耐候性能、涂塑层耐低温脆化性能以外的全部项目。

8 标志、包装、运输、贮存和随行文件

按 GB/T 26941.1—2011 中第 7 章的规定执行。

———————

ICS 03.220.20
R 80

中华人民共和国国家标准

GB/T 26941.6—2011

隔 离 栅

第 6 部分：钢板网

Fences—Part 6：Expanded steel fences

2011-09-29 发布

2012-05-01 实施

中华人民共和国国家质量监督检验检疫总局
中国国家标准化管理委员会　发布

前　言

GB/T 26941《隔离栅》分为 6 个部分：
——第 1 部分：通则；
——第 2 部分：立柱、斜撑和门；
——第 3 部分：焊接网；
——第 4 部分：刺钢丝网；
——第 5 部分：编织网；
——第 6 部分：钢板网。

本部分为 GB/T 26941 的第 6 部分。

本部分按照 GB/T 1.1—2009 给出的规则起草。

本部分由全国交通工程设施（公路）标准化技术委员会（SAC/TC 223）提出并归口。

本部分起草单位：交通运输部公路科学研究院、上海申宝丝网有限公司、北京中交华安科技有限公司。

本部分主要起草人：王成虎、韩文元、唐珍珍、周志伟、陆宇红、詹德康、李勇。

隔 离 栅
第6部分:钢板网

1 范围

GB/T 26941 的本部分规定了钢板网产品的型号、结构尺寸、技术要求、试验方法、检验规则、标志、包装、运输、贮存和随行文件。

本部分适用于道路用钢板网产品。机场、铁路、体育场等场所可参照使用。

2 规范性引用文件

下列文件对于本文件的应用是必不可少的。凡是注日期的引用文件,仅注日期的版本适用于本文件。凡是不注日期的引用文件,其最新版本(包括所有的修改单)适用于本文件。

GB/T 228.1 金属材料 拉伸试验 第1部分:室温试验方法

GB 912 碳素结构钢和低合金结构钢热轧薄钢板和钢带

GB/T 11253 碳素结构钢冷轧薄钢板及钢带

GB/T 26941.1—2011 隔离栅 第1部分:通则

QB/T 2959 钢板网

3 产品型号

产品型号表示方法如下。

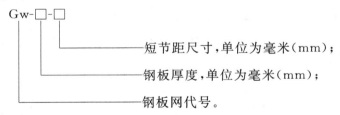

示例:板材厚度 2.5 mm,短节距 36 mm 的钢板网代号为:Gw-2.5-36。

4 结构尺寸

钢板网的结构尺寸应符合表 1 的规定,见图 1。

表 1 钢板网的结构尺寸

代号	钢板厚度 d mm	网孔尺寸			网面尺寸	
		短节距 TL mm	长节距 TB mm	丝埂宽度 b mm	网面长度 L m	网面宽度 B m
Gw-2.0-18	2.0	18	50	2.03	1.9~3.0	1.5~2.5
Gw-2.0-22		22	60	2.47		
Gw-2.0-29		29	80	3.26		
Gw-2.0-36		36	100	4.05		
Gw-2.0-44		44	120	4.95		
Gw-2.5-29	2.5	29	80	3.26		
Gw-2.5-36		36	100	4.05		
Gw-2.5-44		44	120	4.95		
Gw-3.0-36	3.0	36	100	4.05		
Gw-3.0-44		44	120	4.95		
Gw-3.0-55		55	150	4.99		
Gw-4.0-24	4.0	24	60	4.5		
Gw-4.0-32		32	80	5.0		
Gw-4.0-40		40	100	6.0		
Gw-5.0-24	5.0	24	60	6.0		
Gw-5.0-32		32	80	6.0		
Gw-5.0-40		40	100	6.0		
Gw-5.0-56		56	150	6.0		

注：板材厚度及丝梗宽度为防腐处理前。

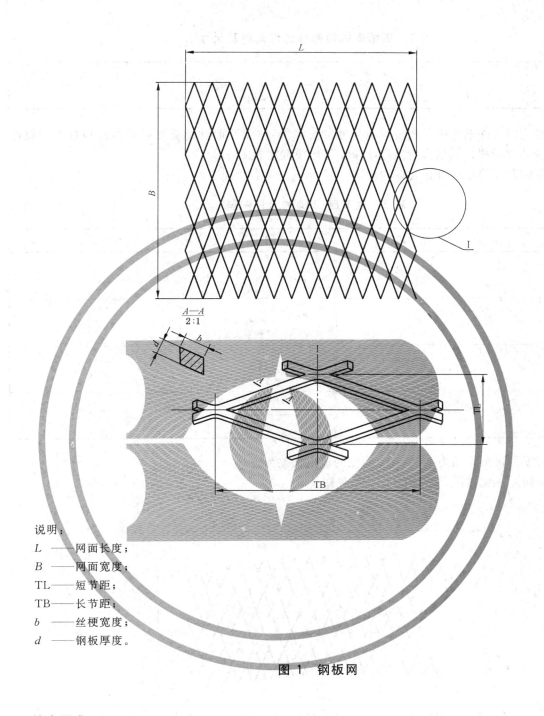

说明：

L ——网面长度；

B ——网面宽度；

TL——短节距；

TB——长节距；

b ——丝梗宽度；

d ——钢板厚度。

图 1 钢板网

5 技术要求

5.1 一般要求

按 GB/T 26941.1—2011 中 4.1.1 和 4.1.2 的规定执行。

5.2 精度要求

5.2.1 钢板厚度及允许偏差应符合表 2 的规定。

表 2 钢板网钢板厚度允许偏差及尺寸 单位为毫米

钢板厚度	2.0	2.5	3.0	4.0	5.0
允许偏差	±0.19	±0.21	±0.22	±0.24	±0.26

5.2.2 丝梗宽度的允许偏差应不超过基本尺寸的±10%,整张网面丝梗宽度超偏差的根数不应超过4根(连续不应超过两根),其最大宽度应小于相邻丝梗宽度的125%。

5.2.3 短节距的允许偏差应符合表3的规定。

表 3 短节距(TL)的允许偏差 单位为毫米

TL	允许偏差	TL	允许偏差
18	+1.1 / −1.0	36	+2.0 / −1.6
22	+1.3 / −1.1	40	+2.1 / −2.8
24			
29	+1.8 / −1.6	44	+2.2 / −2.0
32	+1.9 / −1.6	55	+2.7 / −2.2
		56	

5.2.4 网面长度的极限偏差为±60 mm、宽度的极限偏差为±12.5 mm。

5.2.5 网面长短差不超过网面长度的1.3%,见图2。

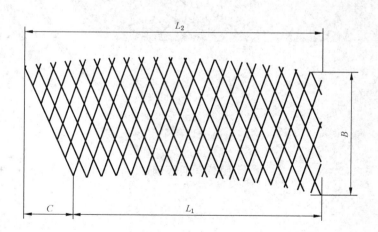

说明:

B——网面宽度;

C——网面长短差,$C=L_2-L_1$。

图 2 网面长短差

5.2.6 钢板厚度 d 不大于3.0 mm,网面平整度应符合表4的规定,见图3。

表 4　网面平整度
单位为毫米

d	TL	TB 方向平整度 h	TL 方向平整度	
			h_1（两边）	h_2（中间）
2.0	18	75	46	30
	22			
	29	63		
	36			
	44	60		
2.5	29	63	35	25
	36			
	44	57		
3.0	36			
	44			
	55	50		

5.2.7　钢板厚度 d 大于 3.0 mm，网面平整度应符合表 5 规定。

表 5　网面平整度
单位为毫米

d	TL	TB 方向平整度 h
4.0	24	60
	32	80
	40	100
5.0	24	50
	32	60
	40	80
	56	100

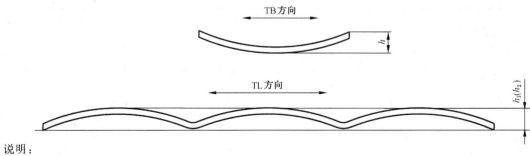

说明：
h ——长节距方向平整度；
h_1 ——网面两边短节距方向平整度；
h_2 ——网面中间短节距方向平整度。

图 3　网面平整度

5.3 材料及加工要求

5.3.1 钢板网的材料应采用低碳钢板,其化学性能和机械性能应能满足 GB 912、GB/T 11253 的规定。

5.3.2 钢板网弯曲性能

钢板网(厚度大于 3 mm 的除外)弯曲 90°无折断现象。

5.4 防腐层质量

按 GB/T 26941.1—2011 中 4.2 的规定执行。

6 试验方法

6.1 试验环境条件

按 GB/T 26941.1—2011 中 5.1 的规定执行。

6.2 试剂

按 GB/T 26941.1—2011 中 5.2 的规定执行。

6.3 试验仪器和设备

按 GB/T 26941.1—2011 中 5.3 的规定执行。

6.4 试验程序及结果

6.4.1 一般要求

按 GB/T 26941.1—2011 中 5.4.1 的规定执行。

6.4.2 结构尺寸

结构尺寸的试验方法按表 6 的规定执行。

表 6 结构尺寸的试验方法

序号	项目	试 验 方 法
1	钢板厚度	用分辨率不低于 0.01 mm 的板厚千分尺在网面的上、中、下三个部位各量取一个钢板厚度,计算平均值
2	丝梗宽度	用分辨率不低于 0.02 mm 的游标卡尺在网面的上、中、下三个部位各量取一个丝梗宽度,计算平均值
3	网面长度	用分辨率不低于 1 mm 的钢卷尺在网面的左、中、右三个部位各量取一个网面长度,计算平均值
4	网面宽度	用分辨率不低于 1 mm 的钢卷尺在网面的上、中、下三个部位各量取一个网面宽度,计算平均值
5	网面长短差	用分辨率不低于 1 mm 的钢卷尺在网面上量取网面长度的最大值和最小值并计算差值,每张网面量取三次,取最大值

表 6（续）

序号	项目	试 验 方 法
6	网孔短节距	用分辨率不低于 0.5 mm 的量尺在网面的上、中、下三个部位各量取一个网孔短节距，计算平均值
7	网面平整度	用分辨率不低于 0.5 mm 的量尺对 TB 方向平整度和 TL 方向两边、中间的平整度分别进行量取（所测得的值应减去钢板厚度），每张网面各量取三次，分别取最大值

注：此表为单一网面结构尺寸的试验方法。

6.4.3 材料及加工要求

原材料力学性能按 GB/T 228.1 的规定执行，钢板网弯曲性能按 QB/T 2959 的规定执行。

6.4.4 防腐层质量

按 GB/T 26941.1—2011 中 5.4.2 的规定执行。

7 检验规则

7.1 型式检验

按 GB/T 26941.1—2011 中 6.1 的规定执行。

7.2 出厂检验

按 GB/T 26941.1—2011 中 6.2 的规定执行。

7.3 检验项目

型式检验项目为第 4 章和第 5 章中规定的全部项目。

出厂检验项目为第 4 章和第 5 章中除涂塑层耐磨性能、涂塑层耐化学药品，涂塑层耐候性能、涂塑层耐低温脆化性能以外的全部项目。

8 标志、包装、运输、贮存和随行文件

按 GB/T 26941.1—2011 中第 7 章的规定执行。

ICS 65.040.10
B 92
备案号：21497—2007

中华人民共和国机械行业标准

JB/T 7137—2007
代替 JB/T 7137—1993

镀锌钢丝围栏网 基本参数

Wire fences—Basic parameters

2007-08-01 发布　　　　　　　　　　　　　　2008-01-01 实施

中华人民共和国国家发展和改革委员会 发 布

前　言

本标准代替 JB/T 7137—1993《镀锌钢丝围栏网　基本参数》。

本标准与 JB/T 7137—1993 相比,主要变化如下:

——将原引用标准改为规范性引用文件,并确认其有效性。

本标准由中国机械工业联合会提出。

本标准由中国农业机械化科学研究院呼和浩特分院归口。

本标准起草单位:中国农业机械化科学研究院呼和浩特分院。

本标准主要起草人:杨铁军。

本标准所代替标准的历次版本发布情况为:

——JB/T 7137—1993。

镀锌钢丝围栏网 基本参数

1 范围

本标准规定了网栏用镀锌钢丝网制品的规格及基本参数。

本标准适用于镀锌钢丝编结网、刺钢丝、绞织网。

2 规范性引用文件

下列文件中的条款通过本标准的引用而成为本标准的条款。凡是注日期的引用文件,其随后所有的修改单(不包括勘误的内容)或修订版均不适用于本标准。然而,鼓励根据本标准达成协议的各方研究是否可使用这些文件的最新版本。凡是不注日期的引用文件,其最新版本适用于本标准。

JB/T 9705 围栏 术语

3 术语和定义

JB/T 9705 中确定的术语和定义适用于本标准。

4 围栏网的规格及基本参数

4.1 编结网

4.1.1 编结网的基本参数为纬线根数、网宽,经线间距和所用钢丝公称直径,其规格与基本参数应符合表 1 的规定。

表 1 编结网规格与基本参数

单位:mm

规格	纬线根数	网宽公称尺寸	经线间距	钢丝公称直径			自上而下相邻两纬线间距
				边纬线	中纬线	经线	
91L5/70/15	5	700	150				180,180,180,160
91L8/110/15	8	1 100	150				180,180,180,150,130,130,130
91L5/70/30	5	700	300				180,180,180,160
91L6/70/30	6	700	300				180,130,130,130,130
91L6/90/30	6	900	300				200,180,180,180,150
91L7/90/30	7	900	300				180,180,150,130,130,130
91L8/110/30	8	1 100	300				180,180,180,150,150,130,130
91L5/70/60	5	700	600	2.8	2.5	2.5	180,180,180,160
91L6/90/60	6	900	600				210,210,180,160,140
91L6/100/60	6	1 000	600				240,220,200,180,160
91L7/90/60	7	900	600				180,180,150,130,130,130
91L7/100/60	7	1 000	600				150,180,180,180,180,150
91L7/110/60	7	1 100	600				200,200,180,180,180,160
91L8/110/60	8	1 100	600				200,180,180,150,130,130,130

4.1.2 编结网的规格、基本参数及扣结型式也可按供需双方的协议而定。

4.2 刺钢丝

4.2.1 刺钢丝的基本参数为钢丝直径、刺距和刺长等。

4.2.2 双股刺钢丝的规格与基本参数应符合表 2 的规定。

表 2　双股刺钢丝的规格与基本参数

规　格	钢丝公称直径 mm		刺距 mm	刺长 mm	刺线头数	捻数
	股线	刺线				
91L—双2.8×2.2	2.8	2.2	102±13	16±3	4	≥4
91L—双2.5×2.0	2.5	2.0				
91L—双2.0×1.6	2.0	1.6				
91L—双1.8×1.6	1.8	1.6	27±13	16±3	4	≥5

4.2.3 单股刺钢丝的规格与基本参数应符合表 3 的规定。

表 3　单股刺钢丝的规格与基本参数

规　格	钢丝公称直径 mm		刺距 mm	刺长 mm	刺线头数
	股线	刺线			
91L—单2.8×2.0	2.8	2.0	102±13	16±3	4
91L—单异2.8×2.0					

4.3 绞织网

绞织网的基本参数为网孔尺寸、网宽和钢丝直径，其规格与基本参数应符合表 4 的规定。

表 4　绞织网的规格与基本参数

网孔尺寸 mm	网孔尺寸偏差 mm	钢丝公称直径 mm	网　宽 m						
25	±3	2.0					—	—	—
36	±3	2.8							3.6
40	±3	2.0							—
		2.5	0.9	1.2			2.4	2.8	—
		3.0							3.6
50	±4	2.0			1.4	1.8			—
		2.5							—
		3.0					2.4	2.8	3.6
		3.5							—
		4.0	—	—					—
70	±4	2.5	0.9	1.2			—	—	—
		3.0					—	—	—

注：网孔尺寸是指网孔中平行钢丝之间的距离。

ICS 65.040.10
B 92
备案号：28499—2010

中华人民共和国机械行业标准

J B/T 7138—2010
代替 JB/T 7138.1～7138.4—1993

编 结 网 围 栏

Woven wire fencing

2010-02-11 发布   2010-07-01 实施

中华人民共和国工业和信息化部 发 布

前　言

本标准代替 JB/T 7138.1—1993《编结网围栏　编结网技术条件》、JB/T 7138.2—1993《编结网围栏
刺钢丝技术条件》、JB/T 7138.3—1993《编结网围栏　支撑件和连接件技术条件》、JB/T 7138.4—1993
《编结网围栏　试验方法》。

本标准与 JB/T 7138.1～7138.4—1993 相比，主要变化如下：

——对四个标准的内容进行了整合；

——将原引用标准改为规范性引用文件，并确认其有效性。

本标准的附录 A 为资料性附录。

本标准由中国机械工业联合会提出。

本标准由中国农业机械化科学研究院呼和浩特分院归口。

本标准起草单位：中国农业机械化科学研究院呼和浩特分院。

本标准主要起草人：杨铁军。

本标准所代替标准的历次版本发布情况为：

——JB/T 7138.1～7138.4—1993。

编 结 网 围 栏

1 范围

本标准规定了编结网围栏的技术指标、试验方法、检验规则和标志、包装、运输及贮存。

本标准适用于编结网围栏(以下简称网围栏)。

2 规范性引用文件

下列文件中的条款通过本标准的引用而成为本标准的条款。凡是注日期的引用文件,其随后所有的修改单(不包括勘误的内容)或修订版均不适用于本标准,然而,鼓励根据本标准达成协议的各方研究是否可使用这些文件的最新版本。凡是不注日期的引用文件,其最新版本适用于本标准。

GB/T 228 金属材料 室温拉伸试验方法(GB/T 228—2002,eqv ISO 6892:1998)

GB/T 1839 钢产品镀锌层质量试验方法(GB/T 1839—2008,ISO 1460:1992,MOD)

GB/T 2828.1 计数抽样检验程序 第1部分:按接收质量限(AQL)检索的逐批检验抽样计划(GB/T 2828.1—2003,ISO 2859-1:1999,IDT)

GB/T 2976 金属材料 线材 缠绕试验方法(GB/T 2976—2004,ISO 7802:1983,IDT)

GB/T 9787 热轧等边角钢 尺寸、外形、重量及允许偏差(GB/T 9787—1988,neq ГОСТ 8509:1972)

GB 13013 钢筋混凝土用热轧光圆钢筋

JB/T 7137 镀锌钢丝围栏网基本参数

JB/T 9705 围栏 术语

JB/T 10129 编结网围栏 架设规范

3 术语和定义

JB/T 9705中确立的术语和定义适用于本标准。

4 技术要求

网围栏应符合本标准的规定,并按经规定程序批准的图样及技术文件制造。

4.1 编结网的技术要求

4.1.1 在不影响产品质量和使用寿命的情况下,允许采用其他镀层的钢丝生产。

4.1.2 编结网用镀锌钢丝应符合下列规定:

4.1.2.1 钢丝直径及锌层重量应符合表1的规定。

4.1.2.2 钢丝在等于自身直径4倍的芯棒上紧密缠绕六圈后,锌层不得开裂及不能用裸手指擦掉。

4.1.2.3 钢丝力学性能应符合下列要求:

    a) 纬线钢丝抗拉强度应不小于900 MPa,经线、环扣线抗拉强度应不小于550 MPa;

    b) 钢丝在等于自身直径的芯棒上紧密缠绕六圈后,钢丝不得断裂。

4.1.2.4 编结网的规格应符合JB/T 7137的规定。

4.1.2.5 编结网应成卷供货,每卷展开长度不得少于200 m,两端不含经线长为400~500 mm。

4.1.2.6 在长200 m编结网中,每根纬线允许有一处挽结式接头,经线不允许有接头。

4.1.2.7 编结网的技术指标应能满足下列要求：

a) 编结网各纬线张紧力的最大差值不得超过 400 N。

b) 编结网弹性试验后，张紧力的变化率不得大于 30%。

c) 编结网纬线上波距为(150＋30)mm。

d) 编结网网宽及纬线间距应符合 JB/T 7137 或供需双方合同的规定；编结网宽尺寸偏差为 ±20 mm。除上边纬线间距外，编结网自下而上各纬线间距尺寸偏差为 8 mm。

e) 各项技术指标应符合表 2 的规定。

表 1 编结网用钢丝及镀锌层

名　　称	钢丝直径及允许偏差/mm	锌层重量/(g/m²)	
		热镀锌	电镀锌
边纬线	2.8±0.08	≥90	≥45
中纬线	2.5±0.07	≥80	≥40
经线,环扣线			

表 2 编结网技术指标

检测项目		单项指标	统计指标合格率/% ≥
波深		不小于 1.8 mm	85
扣结	沿经线位移	在 100 N 力作用下位移不大于 10 mm	95
	沿纬线位移	在 100 N 力作用下位移不大于 10 mm	90
边线绕结	沿纬线位移	在 100 N 力作用下位移不大于 10 mm	85
	绕结圈数	不少于 2 圈	
经线间距		经线间距偏差为 ±20 mm	

4.2 刺钢丝的技术要求

4.2.1 在不影响产品质量和使用寿命的情况下，允许采用其他镀层的钢丝生产。

4.2.2 刺钢丝的规格与基本参数应符合 JB/T 7137 的规定。

4.2.3 刺钢丝应成卷供货，每卷展开长度不得少于 200 m 或按供需双方协议确定。在 200 m 长度内允许有一处挽结式接头。

4.2.4 刺距应均匀，在长 7.6 m 的刺钢丝上，刺距合格率不得低于 90%。

4.2.5 在连续测量的 30 个刺钉线中，刺长合格率不得低于 90%。

4.2.6 刺钉线应紧密缠绕在股线上，缠绕圈数不得少于两圈。

4.2.7 双股刺钢丝的相邻两刺钉线间应该有规定的捻数，在连续测量的 40 个刺距中，少于规定捻的个数不得超过两个。

4.2.8 单股刺钢丝的刺线不应沿股线窜动，在连续测量的 30 个刺钉线中，窜动的个数不得超过两个。

4.2.9 刺钢丝用镀锌钢丝的直径、力学性能及锌层重量应符合表 3 的规定。

表 3 刺钢丝用钢丝

名　　称		钢丝直径及允许偏差/mm		抗拉强度/MPa	锌层重量/(g/m²) ≥	
		直径	偏差		热镀锌	电镀锌
双股刺钢丝	股线及刺钉线	2.8	±0.08	350～660	90	45
		2.5,2.2,2.0	±0.07		80	40
		1.8,1.6			70	30
单股刺钢丝	股线	2.8±0.08		900～1 500	90	45
	刺钉线	2.0±0.07		350～660	80	40

4.2.10　镀锌钢丝在等于自身直径4倍的芯棒上紧密缠绕6圈后,锌层不得开裂及不能用裸手指擦掉。

4.2.11　镀锌钢丝在等于自身直径的芯棒上紧密缠绕6圈后,钢丝不得断裂。

4.3　支撑件的技术要求

4.3.1　钢制支撑件

a)　钢制支撑件采用的材料应符合GB/T 9787的规定;

b)　各立柱及支撑杆焊接部位应无灰渣、虚焊和烧伤,焊缝应平整;

c)　各立柱及支撑杆应涂防锈漆,涂层应均匀,无裸露和明显皱皮;

d)　各立柱及支撑杆的材料及长度应符合表4的规定。

表 4　编结网围栏钢制支撑件　　　　单位:mm

网宽公称尺寸	角柱、门柱		中间柱		小立柱		支撑杆	
	材料规格	长度≥	材料规格	长度≥	材料规格	长度≥	材料规格	长度≥
700	热轧等边角钢 90×90×8	1 750	热轧等边角钢 70×70×7	1 750	热轧等边角钢 40×40×4	1 500	电焊钢管 50	2 100
900		1 950		1 950		1 700		2 500
1 000		2 000		2 000		1 800		2 700
1 100		2 150		2 150		1 900		3 000

4.3.2　水泥制支撑件

本条只适用于钢筋——抗碱玻璃纤维增强水泥编结网围栏用小立柱。

4.3.2.1　原材料技术要求

a)　水泥应检验合格;

b)　砂石采用半径小于5 mm、含泥量小于3%的河砂;

c)　玻璃纤维是含铝的抗碱玻璃纤维;

d)　钢筋的材料应符合GB 13013的规定,为直径6 mm的热轧光圆钢筋。

4.3.2.2　支撑件技术要求

a)　小立柱的外表面应光滑,没有裸露的玻璃纤维和钢筋,没有肉眼可见的贯穿裂纹,预留孔不得堵塞;

b)　小立柱的抗弯强度应能满足:把小立柱入土端的长600 mm部分固定,使之成为悬臂梁,在每一个预留孔处吊挂5 kg重物,在最大弯矩处无贯穿裂纹;

c)　小立柱的抗冲击强度应能满足:当用打桩器安装小立柱时,在小立柱外表面不得有贯穿裂纹;

d)　小立柱横截面积下偏差为1 cm²,长度偏差为±2 cm,杆件直线度公差为1 cm。

4.3.2.3　小立柱的尺寸要求

小立柱的尺寸应符合表5的规定。

表 5　编结网小立柱尺寸

网宽公称尺寸/mm	小立柱长度/mm ≥	小立柱横截面积/cm² ≥
700	1 520	22
900	1 720	
1 000	1 820	
1 100	1 920	

4.4 连接件的技术要求

4.4.1 绑钩

绑钩的材料应为抗拉强度不低于 350 MPa、直径为 2.5 mm 的镀锌钢丝。

4.4.2 挂钩

挂钩的材料应为抗拉强度不低于 350 MPa、直径为 2.5 mm 的镀锌钢丝。

4.4.3 围栏门

4.4.3.1 围栏门的框架和框架加强筋的材料口径分别为 25 mm 和 20 mm 的电焊钢管。

4.4.3.2 围栏门应焊接牢固,焊缝平整,无烧伤、虚焊。

4.4.3.3 围栏门应涂防锈漆和银粉,涂层均匀,无裸露和堆积表面。

4.4.3.4 门网为直径 2.5 mm、抗拉强度为 350 MPa～660 MPa 镀锌钢丝制作的网孔尺寸(70±4)mm 的绞织网,门网应与门框绑接牢固。

4.4.3.5 围栏门的尺寸应按规定图样或供需双方协议制造。

5 试验方法

5.1 试验用仪器、设备及工具

试验所用仪器、设备及工具见附录 A,并必须在检定周期内。

5.2 编结网的技术测定

各项技术测定共测三次,取算术平均值。

5.2.1 测量编结网卷的展开长度。

5.2.2 测量一卷编结网中单根纬线的接头数。

5.2.3 在选取的编结网样品中,每卷编结网架设 30 m 作为测量区。架设时,使每根纬线上的平均张紧力为 600 N～800 N,两端立柱应安装牢固、可靠。测量以下项目:

 a) 测量波深,在测量区内任取 15 m,逐个对波深进行测量,波深不得小于 1.80 mm,统计合格率。

 b) 测定扣结位移,在测量区内任取 6 m,逐个用 100 N 的力,分别沿纬线方向和经线方向作用在扣结上,其位移不得超过 10 mm,分别统计合格率。

 c) 测定边线绕结,在测量区内任取 10 m,逐个用 100 N 的力沿纬线方向作用在绕结点上,其位移不得超过 10 mm,统计合格率;并检查绕结圈数,统计合格率。

 d) 测定波距,在测量区内任取 6 m,逐个测量波距。

 e) 测定经线间距,在测量区内连续测量 30 个经线间距,统计合格率。

 f) 测网宽并同时自下而上测各纬线间距(上边纬线间距除外)。

 g) 测量每根纬线张紧力,并计算纬线的最大张紧力与最小张紧力之差。

5.3 刺钢丝技术测定

共测三次,取算术平均值。

5.3.1 测量刺钢丝网卷的展开长度。

5.3.2 测量一卷刺钢丝中的接头数。

5.3.3 测量刺钉线绕股线的圈数。

5.3.4 在选取的刺钢丝盘卷中,每卷刺钢丝任选长 7.6 m,测量以下项目:

 a) 测量刺距,并统计刺距合格率。

 b) 连续测量 20 个刺钉线的刺长,统计合格率。

 c) 在双股刺钢丝上连续测量 40 个刺钉线间距的捻数,记录少于规定捻的个数。在单股刺钢丝上连续测

30个刺钉线,用50 N的力沿股线方向作用在刺钉线上,位移不大于10 mm,记录窜动个数。

5.4 编结网及刺钢丝张紧力的测定

5.4.1 测定张紧力的目的

考核编结网的架设是否满足使用要求。

5.4.2 测量装置及测量方法

用图1所示的测力装置在张紧区内任选三个测量点进行测量,共测三次,取算术平均值。当编结网单根纬线或刺钢丝被拉至A点时,记录管形测力计的读数,并用式(1)计算单根纬线或刺钢丝的张紧力:

$$F=KT \qquad\qquad\qquad\qquad\qquad\cdots\cdots\cdots\cdots\cdots\cdots\cdots\cdots\cdots(1)$$

式中:

F——纬线或刺钢丝的张紧力,单位为N;

T——管形测力计读数,单位为N;

K——常数,$K=13.5$。

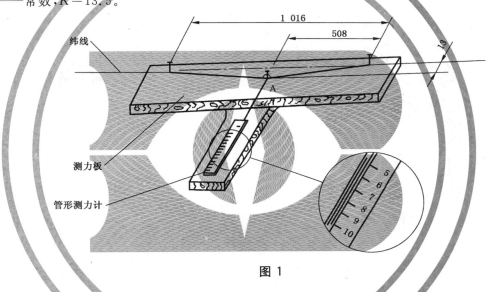

图1

5.5 编结网弹性试验

5.5.1 编结网弹性试验的目的是考核编结网恢复变形的能力。

5.5.2 测量装置与测量方法如图2所示。按JB/T 10129和本标准5.4.2的规定,架设30 m编结网,测量编结网每根纬线的张紧力。按编结网的纬线根数 n,分别用143nN、214nN、286nN的力作用在编结网上,持续1 min后,去掉外力,重新测出每根纬线的张紧力。共测三次,取算术平均值,并用式(2)计算编结网张紧力的变化率:

$$\alpha=\left(1-\frac{\sum f'_i}{\sum f_i}\right)\times100 \qquad\qquad\cdots\cdots\cdots\cdots\cdots\cdots\cdots\cdots(2)$$

式中:

α——张紧力变化率,(%);

$\sum f'_i$——在外力作用后编结网各纬线的张紧力总和,单位为N;

$\sum f_i$——初始状态编结网各纬线张紧力总和,单位为N。

5.6 材料试验

5.6.1 材料试验的目的

通过试验,检测编结网及刺钢丝用钢丝的力学性能和镀锌质量。

5.6.2 试样的选取

5.6.2.1 编结网用钢丝试样是从编结网卷样品端部截取包含四根经线的一段网子。

5.6.2.2 刺钢丝的钢丝试样是从刺钢丝卷样品端部截取 1.5 m 的刺钢丝。

5.6.3 试验项目

各试验项目测量三次,取算术平均值。

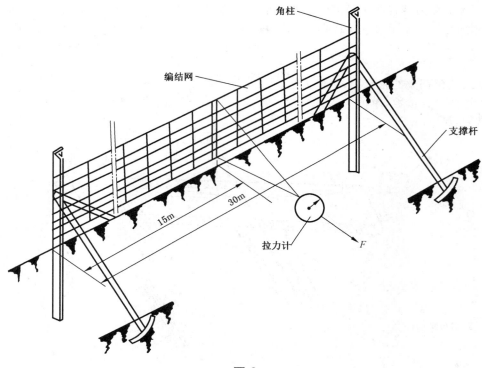

图 2

5.6.3.1 镀锌钢丝直径的测定:用精度为 0.01 mm 的量具,在试样的任意部位,沿相互垂直的两个方向测量钢丝直径。

5.6.3.2 抗拉强度的测定按 GB/T 228 的规定进行。

5.6.3.3 钢丝的缠绕试验按 GB/T 2976 的规定进行。考核钢丝力学性能时,钢丝在等于自身直径的芯棒上紧密缠绕六圈;考核锌层牢固性时,钢丝在等于 4 倍钢丝直径的芯棒上紧密缠绕六圈,缠绕速度不大于 20 r/min。

5.6.3.4 钢丝镀锌层重量试验按 GB/T 1839 的规定进行。当有争议时,用重量法做仲裁试验。

5.7 试验报告

试验结束后应提出试验报告,其内容如下:

a) 试验目的;

b) 试验时间、地点、主持单位及参加单位;

c) 围栏的简介及技术特征;

d) 试验情况概述;

e) 试验结果分析;

f) 用户意见及存在问题;

g) 结论。

6 检验规则

6.1 出厂检验

6.1.1 网围栏应经制造厂质量检验部门检验合格后,方可出厂。

6.1.2 编结网出厂检验的项目应包括 4.1.2.6 和第 7 章的内容。

6.1.3 刺钢丝出厂检验的项目应包括 4.2.2 和第 7 章的内容。

6.1.4 支撑件出厂检验的项目应为 4.3.1d)、4.3.2.3 的内容。

6.2 型式检验

6.2.1 型式检验要求

有下列情况之一时应进行型式检验:

a) 新产品或老产品转厂生产的试制定型鉴定;

b) 正式生产后,如结构、材料、工艺有较大改变,可能影响产品性能时;

c) 正常生产时,每一年进行一次型式检验;

d) 产品长期停产后,恢复生产时;

e) 国家质量监督机构提出型式检验要求时。

6.2.2 编结网型式检验

6.2.2.1 按 GB/T 2828.1 规定,采用正常检查一次抽样方案,批量范围为编结网卷数 $N＝91～150$。型式检验判定规则见表 6。

表 6 编结网型式检验判定规则

		A 类不合格	B 类不合格
抽样方案	项目名称	1. 锌层牢固性 2. 钢丝力学性能 3. 镀锌层重量 4. 编结网弹性试验后张紧力的变化率 5. 波深合格率 6. 扣结沿纬线位移合格率	1. 钢丝直径 2. 网卷展开长度 3. 网宽及纬线间距 4. 单根纬线上的接头数 5. 波距 6. 各纬线张紧力的最大差值 7. 扣结沿经线位移合格率 8. 边线绕结位移合格率 9. 边线绕结圈数合格率 10. 经线间距合格率 11. 标志与包装
	项目数	6	11
	检查水平	S-2	S-2
	样本字码	B	B
	样本数	3	3
判定规则	AQL	25	65
	Ac,Re	2,3	5,6

6.2.2.2 当被检查的不合格数小于或等于 Ac 时,该批产品被判为合格;当被检查的不合格数大于或等于 Re 时,则该批产品被判为不合格。

6.2.3 刺钢丝型式检验

6.2.3.1 按 GB/T 2828.1 规定,采用正常检查一次抽样方案,批量范围为刺钢丝卷数 $N＝71～1\,450$。型式检验判定规则见表 7。

6.2.3.2 当被检查的不合格数小于或等于 Ac 时,该批产品被判为合格;当被检查的不合格数大于或等于 Re 时,则该批产品被判为不合格。

6.2.4 支撑件型式检验

6.2.4.1 检验项目:钢制支撑件检验项目为 4.3.1 的内容;水泥制小立柱检验项目为 4.3.2.2、4.3.2.3 的内容;围栏门检验项目为 4.4.3 的内容。

6.2.4.2 检验批为:支撑件各为 26 件～50 件,从中随机抽取 3 件;围栏门为 7 件～15 件,从中随机抽取 2 件。

表 7 刺钢丝型式检验判定规则

<table>
<tr><td colspan="2" rowspan="2">抽样
方案</td><td rowspan="2">项目
名称</td><td>A 类不合格</td><td>B 类不合格</td></tr>
<tr><td>1. 锌层牢固性
2. 钢丝力学性能
3. 镀锌层重量
4. 刺距合格率
5. 刺长合格率</td><td>1. 钢丝直径
2. 网卷展开长度
3. 每卷内的接头数
4. 刺钉线缠绕股线圈数
5. 双股刺钢丝不合格的捻数或单股刺钢
丝刺钉线沿股线窜动个数
6. 标志与包装</td></tr>
<tr><td colspan="2"></td><td>项目数</td><td>5</td><td>6</td></tr>
<tr><td colspan="2"></td><td>检查水平</td><td>S-2</td><td>S-2</td></tr>
<tr><td colspan="2"></td><td>样本字码</td><td>B</td><td>B</td></tr>
<tr><td colspan="2"></td><td>样本数</td><td>3</td><td>3</td></tr>
<tr><td rowspan="2">判定
规则</td><td></td><td>AQL</td><td>25</td><td>40</td></tr>
<tr><td></td><td>Ac,Re</td><td>2,3</td><td>3,4</td></tr>
</table>

6.2.4.3 判定规则:在 6.2.4.1 规定的检测项目中,若所有项目均合格,则该批产品被判为合格;若有一项不合格,则该批产品被判为不合格。

7 标志、包装、运输及贮存

7.1 每卷编结网和刺钢丝都应有标牌,标牌上应注明:
   a) 制造厂名;
   b) 产品名称;
   c) 产品规格及标记;
   d) 生产日期;
   e) 出厂编号。

7.2 编结网卷外径不得大于 800 mm,用直径不小于 2.0 mm 的钢丝捆绑牢固,钢丝头不得外翘。用直径不小于 2.0 mm 的钢丝在刺钢丝盘卷四周均匀捆绑四处,钢丝头不得外翘。钢制小立柱每 10 根一捆,水泥制小立柱每 5 根一捆,用直径不小于 2.0 mm 的钢丝捆绑牢固,水泥小立柱捆还应用草绳捆绑牢固。

7.3 网围栏出厂时,应附下列文件:
   a) 产品合格证书;
   b) 用户意见反馈单;
   c) 网围栏架设说明书。

7.4 运输及贮存时,应避免与酸、碱、盐类物质接触,以防被腐蚀。

7.5 运输及贮存时,应码放整齐,防止滚落,避免砸伤人或物。

附　录　A

（资料性附录）

试验用仪器、设备及工具

管形测力计（0 N～100 N）	1 台
拉力计（0 N～5 000 N）	1 台
游标卡尺（0.05～125）	1 把
金属直尺（300 mm）	1 把
钢卷尺（3 m）	1 个
米尺（0 m～50 m）	1 个
计算器	1 个
铁链（3 m）	2 根
拉力试验机	1 台
分度值 0.01 mm 的量具	1 把
测力板	1 个
张紧器	2 个

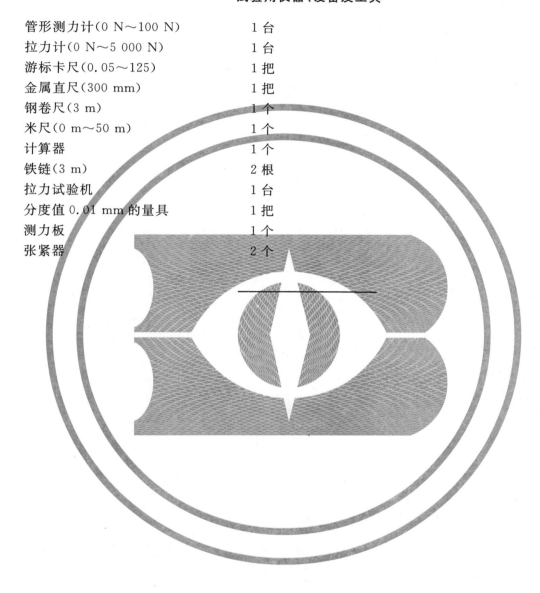

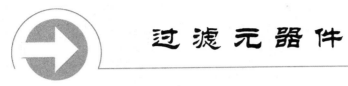

过滤元器件

ICS 77.160
H 72

中华人民共和国国家标准

GB/T 6886—2008
代替 GB/T 6886—2001

烧结不锈钢过滤元件

Sintered stainless steel filter elements

2008-03-31 发布

2008-09-01 实施

中华人民共和国国家质量监督检验检疫总局
中国国家标准化管理委员会 发布

前　言

本标准代替 GB/T 6886—2001《烧结不锈钢过滤元件》。

本标准与 GB/T 6886—2001 相比,主要有如下变化:

——采用国际标准 ISO 16889 检测特定过滤效率值时所阻挡的颗粒尺寸值作为过滤元件等级的区分标准。

——本标准牌号与原标准牌号的对应关系如下:

SG005 对应原标准中的 SG003;

SG007 对应原标准中的 SG006;

SG015 对应原标准中的 SG016;

SG022 对应原标准中的 SG025;

SG030 对应原标准中的 SG035;

SG045 对应原标准中的 SG050;

SG065 对应原标准中的 SG080;

SG010 不变。

——将元件牌号、规格及尺寸偏差进行了调整,增加了 A4 型元件。

本标准的附录 A 是规范性附录。

本标准由中国有色金属工业协会提出。

本标准由全国有色金属标准化技术委员会归口。

本标准起草单位:西北有色金属研究院、西安宝德粉末冶金有限责任公司。

本标准主要起草人:董领峰、吴引江、朱梅生、袁英、周济、艾建玲、张旭。

本标准所代替标准的历次版本发布情况为:

——GB 6886—1986、GB/T 6886—2001。

烧 结 不 锈 钢 过 滤 元 件

1 范围

本标准规定了烧结不锈钢过滤元件的要求、试验方法、检验规则和标志、包装、运输、贮存及订货单或合同内容。

本标准适用于粉末冶金方法生产的用于气体和液体净化与分离的不锈钢过滤元件。

2 规范性引用文件

下列文件中的条款通过本标准的引用而成为本标准的条款。凡是注日期的引用文件,其随后所有的修改单(不包括勘误的内容)或修订版均不适用于本标准,然而,鼓励根据本标准达成协议的各方研究是否可使用这些文件的最新版本。凡是不注日期的引用文件,其最新版本适用于本标准。

GB/T 223.5 钢铁及合金化学分析法 还原型硅铝钼酸盐光度法测定酸溶硅含量

GB/T 223.11 钢铁及合金化学分析法 过硫酸铵氧化容量法测定铬量

GB/T 223.17 钢铁及合金化学分析法 二安替吡啉甲烷光度法测定钛量

GB/T 223.25 钢铁及合金化学分析法 丁二酮肟重量法测定镍量

GB/T 223.26 钢铁及合金化学分析法 硫氰酸盐直接光度法测定钼量

GB/T 223.62 钢铁及合金化学分析法 乙酸丁酯萃取光度法测定磷量

GB/T 223.63 钢铁及合金化学分析法 高碘酸钠(钾)光度法测定锰量

GB/T 1220 不锈钢棒

GB/T 5250 可渗透性烧结金属材料 流体渗透性的测定

GB/T 14265 金属材料中氢、氧、氮、碳和硫分析方法通则

ISO 16889:1999 液压传动 过滤器 测定过滤特性的多次通过法

3 术语

3.1

过滤效率(η_X) filtration efficiency

在给定固体粒子浓度和流量的流体通过过滤元件时,过滤元件对大于某给定尺寸(X)固体颗粒的滤除百分率。

即:

$$\eta_X(\%) = \frac{N_1 - N_2}{N_1} \times 100\%$$

式中:

N_1——过滤性元件上游单位液体容积中大于某给定尺寸(X)的固体颗粒数;

N_2——过滤性元件下游单位液体容积中大于相同尺寸(X)的固体颗粒数。

3.2 渗透性 permeability

在压力梯度下,流体透过过滤元件的能力。

3.3 粘性渗透系数(Ψ_V) viscous permeability coefficient

当流体阻力仅由黏性损失形成时,单位压力梯度下,单位动力黏度的流体透过过滤元件单位面积的体积流量。

在本标准中,用黏性渗透系数表征渗透性。

4 要求

4.1 过滤元件分类及性能

4.1.1 过滤元件牌号

过滤元件参照 ISO 16889 的规定,按照在液体中过滤效率为 98% 时所阻挡的固体颗粒尺寸值进行分类,烧结不锈钢过滤元件分为 8 个牌号,见表 1。

表 1 烧结不锈钢过滤元件的牌号

牌号	SG005	SG007	SG010	SG015	SG022	SG030	SG045	SG065
注:牌号中的 S 代表材质不锈钢,G 代表过滤。								

4.1.2 过滤元件型号

4.1.2.1 管状元件分为 A1、A2、A3、A4 四种型号(见图 1 ～ 图 4),其中 A1、A3 型元件的底部(图中右端)可以采用焊接或一次成型两种方法,顶部法兰(图中左法兰)为焊接法兰。

4.1.2.2 片状元件见图 5。

4.1.2.3 图中各字母的含义分别见表 4～表 8。

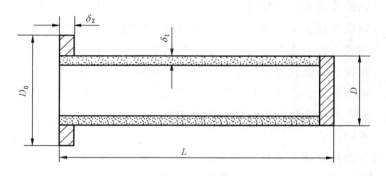

图 1 A1 型

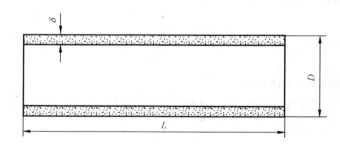

图 2 A2 型

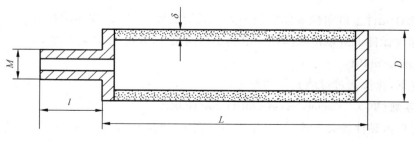

图 3 A3 型

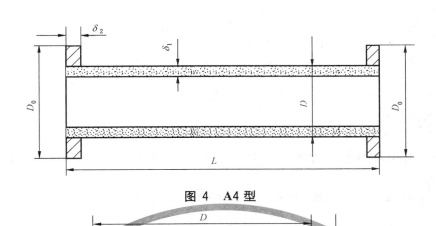

图 4   A4 型

图 5   片状元件

4.1.3   过滤元件性能

各种牌号烧结不锈钢过滤元件的性能应符合表 2 的规定。

表 2   不锈钢过滤元件的性能

牌 号	液体中阻挡的颗粒尺寸值/μm		渗透性（不小于）		耐压破坏强度（不小于）
	过滤效率（98%）	过滤效率（99.9%）	渗透系数/（10^{-12} m²）	相对透气系数/ [m³/(h·kPa·m²)]	MPa
SG005	5	7	0.18	18	3.0
SG007	7	10	0.45	45	3.0
SG010	10	15	0.90	90	3.0
SG015	14	22	1.81	180	3.0
SG022	22	30	3.82	380	3.0
SG030	30	40	5.83	580	2.5
SG045	45	60	7.54	750	2.5
SG065	65	75	12.10	1 200	2.5

注 1：管状元件耐压强度为外压试验值。

注 2：表中的"渗透系数"值对应的元件厚度为 2 mm。

4.1.4   过滤元件标记

4.1.4.1   过滤元件标记方法

管状元件：

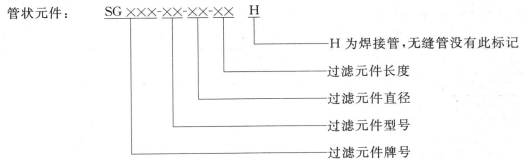

H 为焊接管，无缝管没有此标记

过滤元件长度

过滤元件直径

过滤元件型号

过滤元件牌号

片状元件： SG×××- D(直径)- δ(厚度)

过滤元件牌号

4.1.4.2 标记示例

示例1：

过滤效率为98％时的阻挡颗粒尺寸值为 10 μm,外径为 20 mm、长度为 200 mm 的 A1 型焊接烧结不锈钢过滤元件标记为：

SG010-A1-20-200H,相同条件的无缝不锈钢过滤元件标记为：SG010-A1-20-200。

示例2：

过滤效率为98％时的阻挡颗粒尺寸值为 15 μm,直径为 30 mm、厚度为 3 mm 的片状烧结不锈钢过滤元件标记为：SG015-30-3。

4.2 材质要求

烧结不锈钢过滤元件材质的牌号要求见表3。

表 3 烧结不锈钢过滤元件及材料的牌号

材质牌号	化学成分
1Cr18Ni9	
0Cr18Ni9	
00Cr19Ni10	应符合 GB/T 1220 的规定
0Cr17Ni12Mo2	
00Cr17Ni14Mo2	

4.3 尺寸及其允许偏差

不同型号过滤元件的尺寸及其允许偏差应符合表4～表8的规定。

4.4 外观质量

过滤元件表面不应有凹坑、浮粉、裂纹、斑点及过烧等缺陷,焊接元件焊缝应没有严重氧化现象。

4.5 其他

需方对过滤元件的规格、尺寸、性能有特殊要求时,由供需双方商定。

5 试验方法

5.1 烧结不锈钢过滤元件的化学成分按 GB/T 223.5、GB/T 223.11、GB/T 223.17、GB/T 223.25、GB/T 223.26、GB/T 223.62、GB/T 223.63 及 GB/T 14265 的规定进行分析。

5.2 在特定过滤效率值下阻挡固体颗粒尺寸值的测定按 ISO 16889 进行。

表 4 A1 型过滤元件的尺寸及其允许偏差　　　　单位为毫米

直径 D		长度 L		壁厚 δ_1		法兰直径 D_0		法兰厚度 δ_2
公称尺寸	允许偏差	公称尺寸	允许偏差	公称尺寸	允许偏差	公称尺寸	允许偏差	
20	±0.5	200	±2			30	±0.2	3～4
30	±1.0	200	±2	2.3	±0.4	40	±0.2	3～4
30	±1.0	300	±2					

表4（续）
单位为毫米

直径 D		长度 L		壁厚 δ_1		法兰直径 D_0		法兰厚度 δ_2
公称尺寸	允许偏差	公称尺寸	允许偏差	公称尺寸	允许偏差	公称尺寸	允许偏差	
40	±1.0	200	±2	2.3	±0.4	52	±0.3	3～5
40	±1.0	300	±2					
40	±1.0	400	±3					
50	±1.5	300	±2			62	±0.3	4～6
50	±1.5	400	±3					
50	±1.5	500	±2					
60	±1.5	300	±2	2.5		72	±0.3	4～6
60	±1.5	400	±2					
60	±1.5	500	±2					
60	±1.5	600	±3					
60	±1.5	700	±3					
60	±1.5	750	±3					
90	±2.0	800	±4	3.5	±0.5	110	±1.0	5～12

表5　A2型过滤元件的尺寸及其允许偏差
单位为毫米

直径 D		长度 L		壁厚 δ	
公称尺寸	允许偏差	公称尺寸	允许偏差	公称尺寸	允许偏差
20	±0.5	200	±2	2.3	±0.4
30	±1.0	200	±2		
30	±1.0	300	±2		
40	±1.0	200	±2		
40	±1.0	300	±2		
40	±1.0	400	±2		
50	±1.5	300	±2		
50	±1.5	400	±2		
50	±1.5	500	±2		
60	±1.5	300	±2	2.5	
60	±1.5	400	±2		
60	±1.5	500	±2		
60	±1.5	600	±3		
60	±1.5	700	±3		
60	±1.5	750	±3		
90	±2.0	800	±4	3.5	±0.5

表 6　A3 型过滤元件的尺寸及偏差 单位为毫米

直径 D		长度 L		壁厚 δ		管接头	
公称尺寸	允许偏差	公称尺寸	允许偏差	公称尺寸	允许偏差	螺纹尺寸	长度 l
20	±1.0	200	±2	2.3	±0.4	M12×1.0	28
30	±1.0	200	±2				
30	±1.0	300	±2				
40	±1.0	200	±2				
40	±1.0	300	±2				
40	±1.0	400	±2				
50	±1.5	300	±2			M20×1.5	
50	±1.5	400	±2				
50	±1.5	500	±2				
60	±1.5	300	±2	2.5		M30×2.0	40
60	±1.5	400	±2				
60	±1.5	500	±2				
60	±1.5	600	±2				
60	±1.5	700	±3			M36×2.0	100
60	±1.5	750	±3				
60	±1.5	1 000	±4				
70	±1.5	500	±2			M36×2.0	40
70	±1.5	600	±3				
70	±1.5	800	±3			M36×2.0	100
70	±1.5	1 000	±4				
90	±2.0	600	±2	3.5	±0.5	M36×2.0	40
90	±2.0	800	±4			M48×2.0	140
90	±2.0	1 000	±4				

表 7　A4 型过滤元件的尺寸及偏差 单位为毫米

直径 D		长度 L		壁厚 δ₁		法兰直径 D₀		法兰厚度 δ₂
公称尺寸	允许偏差	公称尺寸	允许偏差	公称尺寸	允许偏差	公称尺寸	允许偏差	
20	±0.5	200	±2	2.3	±0.4	30	±0.2	3~4
30	±1.0	200	±2			40	±0.2	3~4
30	±1.0	300	±2					
40	±1.0	200	±2			52	±0.3	3~5
40	±1.0	300	±2					
40	±1.0	400	±2					
50	±1.5	300	±2			62	±0.3	4~6
50	±1.5	400	±2					

表 7（续）

单位为毫米

直径 D		长度 L		壁厚 δ_1		法兰直径 D_0		法兰厚度 δ_2
公称尺寸	允许偏差	公称尺寸	允许偏差	公称尺寸	允许偏差	公称尺寸	允许偏差	
50	±1.5	500	±2	2.3		62	±0.3	4～6
60	±1.5	300	±2					
60	±1.5	400	±2					
60	±1.5	500	±2	2.5	±0.4	72	±0.3	4～6
60	±1.5	600	±3					
60	±1.5	700	±3					
60	±1.5	750	±3					
90	±2.5	800	±4	3.5	±0.5	110	±1.0	5～12

表 8 片状元件过滤元件的尺寸及其允许偏差

单位为毫米

直径 D		厚度 δ	
公称尺寸	允许偏差	公称尺寸	允许偏差
10	±0.2	1.5 2.0、2.5、3.0	±0.1
30	±0.2	1.5 2.0、2.5、3.0	±0.1
50	±0.5	1.5 2.0、2.5、3.0	±0.1
80	±0.5	2.5、3.0、3.5、4.0、5.0	±0.2
100	±1.0	2.5、3.0、3.5、4.0、5.0	±0.2
200	±1.5	3.0、3.5、4.0、5.0	±0.3
300	±2.0	3.0、3.5、4.0、5.0	±0.3
400	±2.5	3.0、3.5、4.0、5.0	±0.3

5.3 渗透性的测定按 GB/T 5250 进行。

5.4 耐压破坏强度的测定按附录 A 的规定进行。

5.5 外观质量目视检查。

5.6 过滤元件的尺寸用相应精度的量具测量。

6 检验规则

6.1 检查及验收

6.1.1 产品应由供方质量检验部门进行检查,保证产品质量符合本标准或订货合同的规定,并附质量证明书。

6.1.2 需方可对收到的产品按本标准或订货合同规定进行检查,如果检验结果与本标准或订货合同的规定不符时,应在产品收到之日起三个月内向供方提出,由供需双方协商解决。

6.2 组批

产品应成批提交检验,每批由同一批粉末按相同工艺生产的产品组成。

6.3 检验项目及取样数量

过滤元件检验项目及取样数量见表 9。

表 9 过滤元件的检验项目及取样数量

检验项目	取样数量	要求的章条号	试验方法章条号
渗透性	每批 3%,但不少于 3 个	4.1.3	5.3
过滤元件尺寸	逐件检验	4.3	5.6
外观质量		4.4	5.5

注:需方要求进行化学成分、过滤效率、耐压破坏强度的检验时,应在合同中注明。检验时,每批产品各项性能随机抽取试样,试样数量由供需双方协商。

6.4 检验结果判定

过滤元件尺寸和表面质量检验不合格时,按件报废。其余项目的检验结果如有一项不符合本标准规定时,则在该批产品中对该项加倍取样进行重复试验,若仍有一项不符合本标准要求时,则该批产品为不合格。

7 标志、包装、运输、贮存

7.1 标志

7.1.1 检验合格的产品应有如下标志或标签:

a) 产品牌号;

b) 生产日期;

c) 产品型号;

d) 产品规格;

e) 产品批号;

f) 供方质量检验部门的检印。

7.1.2 包装箱上应注明:

a) 供方名称;

b) 产品名称;

c) 订货单位及地址;

d) 防潮、防震等字样或标志。

7.2 包装、运输、贮存

7.2.1 产品以塑料袋或纸盒包装,包装好的产品置于运输包装箱内,以软质物隔开并填紧。

7.2.2 产品运输过程中,不得受潮、撞击和滚动。

7.3 质量证明书

每批过滤元件应附有产品质量证明书,注明:

a) 供方名称;

b) 产品名称;

c) 产品牌号;

d) 产品型号;

e) 产品规格;

f) 产品批号;

g) 件数或净重;

h) 各项分析检验结果和质量检验部门检印;

i) 本标准编号;

j) 出厂日期。

8 订货单(或合同)内容

订购本标准所列材料的订货单(或合同)应包括以下内容:

a) 产品名称;

b) 产品牌号;

c) 产品型号;

d) 产品规格;

e) 重量或件数;

f) 本标准要求的"应在合同中注明"的事项;

g) 本标准编号;

h) 增加本标准以外的协商结果。

附　录　A

（规范性附录）

烧结金属过滤元件耐压强度试验

A.1　适用范围

本方法适用于管状和片状烧结金属过滤元件,在其孔隙被石蜡堵塞的情况下,测定其承受流体压强的能力。管状元件有耐内压、外压两种强度,一般情况下,优先测量耐内压强度值。

A.2　试验方法

将过滤元件试样置于液压系统管路中,逐渐均匀地向试样加压,直至破裂或达到某特定值,试验系统所示负荷值为试样耐压强度值。

A.3　设备

A.3.1　耐压强度试验系统

试验系统如图 A.1 所示。

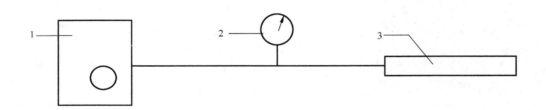

1——液压泵;
2——压力表;
3——试样。

图 A.1　液压强度试验系统示意图

A.3.2　液压泵

液压泵的性能应能保证流体压强大于试验所需的过滤元件的爆破压强,并保证均匀的流速,使压力稳定上升。

A.3.3　压力表

测试精度不低于 1 级的压力表。

A.3.4　试样夹具

有三种结构:分别适用于片状、管状试样外压、内压强度。如图 A.2 所示。

A.4　试样

管状试样长度为 150 mm 片状试样直径为 φ50 mm。

A.5　试验步骤

A.5.1　试验样品先作外观检查,不允许有裂纹等缺陷。

A.5.2　将石蜡熔化,保持温度为 60℃～66℃。

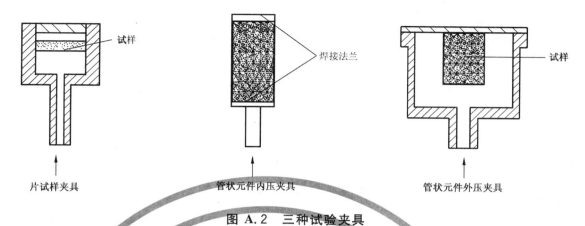

片试样夹具   管状元件内压夹具   管状元件外压夹具

图 A.2 三种试验夹具

A.5.3 将试样浸入熔融石蜡中,3 min 后提出试样冷却,凝固的石蜡在试样表面应当均匀,且保证孔洞全部堵塞封闭。

A.5.4 压力试验的介质为水或液压油等液体,试验液体温度为 15℃～30℃。

A.5.5 将试样固定在夹具上。

A.5.6 启动液压泵,逐步提高压力,升压速度保持在 0.1 MPa/min 左右,观察并记录破坏的压强或是否达到预期的压强。

A.5.7 卸下试样,清洗夹具和管路系统。

A.6 试验报告

试验报告应包括下列项目:

a) 注明本标准号;

b) 必须的详细说明;

c) 测试结果。

ICS 77.160
H 72

中华人民共和国国家标准

GB/T 6887—2007
代替 GB/T 6887—1986,GB/T 6888—1986,GB/T 6889—1986

烧结金属过滤元件

Sintered metal filter elements

2007-04-30 发布　　　　　　　　　　　　　2007-11-01 实施

中华人民共和国国家质量监督检验检疫总局
中国国家标准化管理委员会　发 布

前　言

本标准是对 GB/T 6887—1986《烧结钛过滤元件及材料》、GB/T 6888—1986《烧结镍过滤元件》及 GB/T 6889—1986《烧结镍铜合金过滤元件》的整合修订。

本部分与 GB/T 6887—1986、GB/T 6888—1986、GB/T 6889—1986 相比，主要变化如下：

——采用 ISO 16889 检测过滤元件特定过滤效率所对应的颗粒尺寸值作为元件牌号划分依据；

——本标准规定的牌号名称替代原按"粉末冶金材料分类和牌号表示方法"的定义；将法兰的尺寸及联接形式作了适当变动，对元件型号、规格及尺寸偏差作了适当调整。

本标准自实施之日起，同时代替 GB/T 6887—1986、GB/T 6888—1986、GB/T 6889—1986。

本标准由中国有色金属工业协会提出。

本标准由全国有色金属标准化技术委员会归口。

本标准起草单位：西北有色金属研究院。

本标准主要起草人：董领锋、汤慧萍、刘延昌、吴全兴、吴引江、朱梅生、袁英、张江峰。

本标准由全国有色金属标准化技术委员会负责解释。

本标准所代替标准的历次版本发布情况为：

——GB/T 6887—1986；

——GB/T 6888—1986；

——GB/T 6889—1986。

烧结金属过滤元件

1 范围

本标准规定了烧结钛、烧结镍及镍合金过滤元件的要求、试验方法、检验规则和标志、包装、运输、贮存。

本标准适用于粉末冶金方法生产的用于气体和液体净化与分离的钛、镍及镍合金过滤元件。

2 规范性引用文件

下列文件中的条款通过本标准的引用而成为本标准的条款。凡是注日期的引用文件,其随后所有的修改单(不包括勘误的内容)或修订版均不适用于本标准,然而,鼓励根据本标准达成协议的各方研究是否可使用这些文件的最新版本。凡是不注日期的引用文件,其最新版本适用于本标准。

GB/T 2524—2002 海绵钛

GB/T 4698(所有部分) 海绵钛、钛及钛合金化学分析方法

GB/T 5235 加工镍及镍合金 化学成分和产品形状

GB/T 5250 可渗透烧结金属材料 流体渗透性的测定

GB/T 6886—2001 烧结不锈钢过滤元件

GB/T 8647(所有部分) 镍化学分析方法

YS/T 325 镍铜合金(NCu28-2.5-1.5)化学分析方法

ISO 16889 液压传动过滤器 评价过滤特性的多次通过法

3 术语

本标准中采用的术语:过滤效率、渗透性、粘性渗透系数的定义见GB/T 6886—2001。

4 要求

4.1 过滤元件分类及性能

4.1.1 过滤元件型号

过滤元件按形状分为管状元件和片状元件。

管状元件:A1、A2、A3型(见图1～图3),其中A1、A3型元件的底部(图中右法兰)可以采用焊接或一次成型两种方法,顶部法兰(图中左法兰)为焊接法兰。

片状元件:B1型(见图4)。

图中各字母的含义分别见表5～表8。

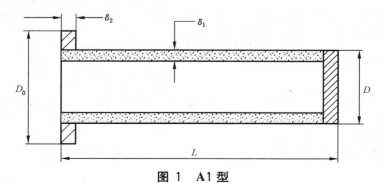

图1 A1型

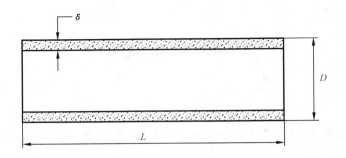

图 2 A2 型

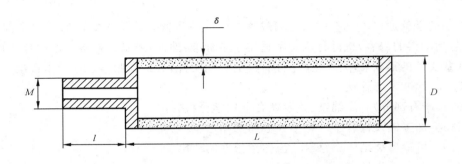

图 3 A3 型

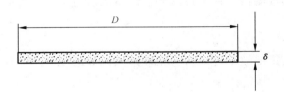

图 4 B1 型

4.1.2 过滤元件牌号

过滤元件参照 ISO 16889 标准的规定,按照在液体中过滤效率为98%时所阻挡的固体颗粒尺寸值进行分类。烧结钛过滤元件分为 6 种牌号,见表 1;烧结镍及镍合金过滤元件分为 5 种牌号,见表 2。

表 1 烧结钛过滤元件的牌号

牌　　号	TG003	TG006	TG010	TG020	TG035	TG060
注:牌号中的 T 代表材质钛,G 代表过滤,后三位代表过滤效率为98%时阻挡的颗粒尺寸值。						

表 2 烧结镍及镍合金过滤元件的牌号

牌　　号	NG003	NG006	NG012	NG022	NG035
注:牌号中的 N 代表材质镍及镍合金,G 代表过滤,后三位代表过滤效率为98%时阻挡的颗粒尺寸值。					

4.1.3 过滤元件性能

各种牌号烧结钛过滤元件的性能应符合表 3 的规定,烧结镍及镍合金过滤元件的性能应符合表 4 的规定。

表 3 烧结钛过滤元件的性能

牌 号	液体中阻挡的颗粒尺寸值/μm		渗透性,不小于		耐压破坏强度/MPa 不小于
	过滤效率(98%)	过滤效率(99.9%)	渗透系数/10^{-12} m²	相对透气系数/[m³/(h·kPa·m²)]	
TG003	3	5	0.04	8	3.0
TG006	6	10	0.15	30	3.0
TG010	10	14	0.40	80	3.0
TG020	20	32	1.01	200	2.5
TG035	35	52	2.01	400	2.5
TG060	60	85	3.02	600	2.5

注1:轧制成型的过滤元件,其耐压破坏强度不小于0.3 MPa。管状元件需进行耐内压破坏强度试验。

注2:表中的"渗透系数"值对应的元件厚度为1 mm。

表 4 烧结镍及镍合金过滤元件的性能

牌 号	液体中阻挡的颗粒尺寸值/μm		渗透性,不小于		耐压破坏强度/MPa 不小于
	过滤效率(98%)	过滤效率(99.9%)	渗透系数/10^{-12} m²	相对透气系数/[m³/(h·kPa·m²)]	
NG003	3	5	0.08	8	3.0
NG006	6	10	0.40	40	3.0
NG012	12	18	0.71	70	3.0
NG022	22	36	2.44	240	2.5
NG035	35	50	6.10	600	2.5

注1:管状元件优先进行耐内压破坏强度试验。

注2:表中的"渗透系数"值对应的元件厚度为2 mm。

4.1.4 过滤元件标记

4.1.4.1 过滤元件标记方法

管状元件：TG(或 NG)××-××-××-×× H

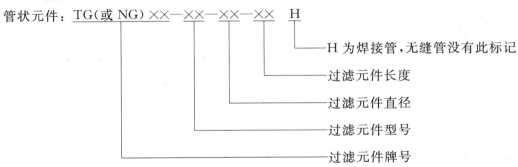

片状元件：TG(或 NG)×××-B1-直径-厚度

4.1.4.2 标记示例

示例1：

过滤效率为98％时的阻挡颗粒尺寸值为10 μm，外径为20 mm、长度为200 mm的A1型焊接烧结钛过滤元件标记为：

TG010-A1-20-200H

相同条件的无缝钛过滤元件标记为：

TG010-A1-20-200

示例2：

过滤效率为98％时的阻挡颗粒尺寸值为12 μm，直径为30 mm、厚度为3 mm的片状烧结镍及镍合金过滤元件标记为：

NG012-B1-30-3

4.2 化学成分

各种牌号烧结钛过滤元件的化学成分，除氧含量≤1.0％以外，其余化学成分应符合GB/T 2524中对牌号为MHT-160的海绵钛的要求。各种牌号烧结镍及镍合金过滤元件的化学成分应符合GB/T 5235中N6、NCu28-2.5-1.5的规定。

4.3 尺寸及其允许偏差

不同型号过滤元件的尺寸及其允许偏差应符合表5～表8的规定。

表5 A1型过滤元件的尺寸及其允许偏差 单位为毫米

直径 D		长度 L		壁厚 δ_1		法兰直径 D_0		法兰厚度 δ_2
公称尺寸	允许偏差	公称尺寸	允许偏差	公称尺寸	允许偏差	公称尺寸	允许偏差	
20	±1.0	200	±2	2.5	±0.5	30	±0.2	3～4
30	±1.0	200	±2	2.5	±0.5	40	±0.2	3～4
30	±1.0	300	±2	2.5	±0.5			
40	±1.0	200	±2	1.0	±0.1	52	±0.3	3～5
				1.5	±0.2			
				2.5	±0.5			
40	±1.0	300	±2	1.0	±0.1			
				1.5	±0.2			
				2.5	±0.5			
40	±1.0	400	±3	1.0	±0.1			
				1.5	±0.2			
				2.5	±0.5			
50	±1.5	300	±2	1.0	±0.1	62	±0.3	4～6
				1.5	±0.2			
				2.5	±0.5			
50	±1.5	400	±3	1.5	±0.2			
				2.0	±0.3			
				2.5	±0.5			
50	±1.5	500	±3	1.0	±0.1			
				1.5	±0.2			
				2.5	±0.5			

表 5（续）

单位为毫米

直径 D		长度 L		壁厚 δ_1		法兰直径 D_0		法兰厚度 δ_2
公称尺寸	允许偏差	公称尺寸	允许偏差	公称尺寸	允许偏差	公称尺寸	允许偏差	
60	±1.5	300	±2	1.0	±0.1			
				1.5	±0.2			
				3.0	±0.5			
60	±1.5	400	±3	1.0	±0.1			
				1.5	±0.2			
				3.0	±0.5	72	±0.3	4～6
60	±1.5	500	±3	1.0	±0.1			
				1.5	±0.2			
				3.0	±0.5			
60	±1.5	600	±4	3.0	±0.5			
60	±1.5	700	±4	3.0	±0.5			
90	±2.0	800	±5	5.5	±0.8	110	±0.5	5～12

注：壁厚公称尺寸为 1.0 mm、1.5 mm 的管状过滤元件由轧制板材卷焊而成。

表 6　A2 型过滤元件的尺寸及其允许偏差

单位为毫米

直径 D		长度 L		壁厚 δ	
公称尺寸	允许偏差	公称尺寸	允许偏差	公称尺寸	允许偏差
20	±1.0	200	±2	2.5	±0.5
30	±1.0	200	±2	2.5	±0.5
30	±1.0	300	±2	2.5	±0.5
40	±1.0	200	±2	1.0	±0.1
				1.5	±0.2
				2.5	±0.5
40	±1.0	300	±2	1.0	±0.1
				1.5	±0.2
				2.5	±0.5
40	±1.0	400	±3	1.0	±0.1
				1.5	±0.2
				2.5	±0.5
50	±1.5	300	±2	1.0	±0.1
				1.5	±0.2
				2.5	±0.5
50	±1.5	400	±3	1.5	±0.2
				2.0	±0.3
				2.5	±0.5

表6（续）

单位为毫米

直径 D		长度 L		壁厚 δ	
公称尺寸	允许偏差	公称尺寸	允许偏差	公称尺寸	允许偏差
50	±1.5	500	±3	1.0	±0.1
				1.5	±0.2
				2.5	±0.5
60	±1.5	300	±2	1.0	±0.1
				1.5	±0.2
				3.0	±0.5
60	±1.5	400	±3	1.0	±0.1
				1.5	±0.2
				3.0	±0.5
60	±1.5	500	±3	1.0	±0.1
				1.5	±0.2
				3.0	±0.5
60	±1.5	600	±4	3.0	±0.5
60	±1.5	700	±4	3.0	±0.5
90	±2.0	800	±5	5.5	±0.8

注：壁厚公称尺寸为 1.0 mm、1.5 mm 的管状过滤元件由轧制板材卷焊而成。

表7　A3型过滤元件的尺寸及偏差

单位为毫米

直径 D		长度 L		壁厚 δ		管接头	
公称尺寸	允许偏差	公称尺寸	允许偏差	公称尺寸	允许偏差	螺纹尺寸	长度 1
20	±1.0	200	±2	2.5	±0.5		
30	±1.0	200	±2	2.5	±0.5		
30	±1.0	300	±2	2.5	±0.5		
40	±1.0	200	±2	1.0	±0.1		
				1.5	±0.2		
				2.5	±0.5		
40	±1.0	300	±2	1.0	±0.1	M12×1.0	28
				1.5	±0.2		
				2.5	±0.5		
40	±1.0	400	±3	1.0	±0.1		
				1.5	±0.2		
				2.5	±0.5		

表 7（续）
单位为毫米

直径 D		长度 L		壁厚 δ		管接头	
公称尺寸	允许偏差	公称尺寸	允许偏差	公称尺寸	允许偏差	螺纹尺寸	长度1
50	±1.5	300	±2	1.0	±0.1		
				1.5	±0.2		
				2.5	±0.5		
50	±1.5	400	±3	1.5	±0.2	M20×1.5	40
				2.0	±0.3		
				2.5	±0.5		
50	±1.5	500	±3	1.0	±0.1		
				1.5	±0.2		
				2.5	±0.5		
60	±1.5	300	±2	1.0	±0.1		
				1.5	±0.2		
				3.0	±0.5		
60	±1.5	400	±3	1.0	±0.1	M30×2.0	40
				1.5	±0.2		
				3.0	±0.5		
60	±1.5	500	±3	1.0	±0.1		
				1.5	±0.2		
				3.0	±0.5		
60	±1.5	600	±4	3.0	±0.5		
60	±1.5	700	±4	3.0	±0.5	M30×2.0	50

注：壁厚公称尺寸为 1.0 mm、1.5 mm 的管状过滤元件由轧制板材卷焊而成。

表 8　B1 型过滤元件的尺寸及其允许偏差
单位为毫米

直径 D		厚度 δ	
公 称 尺 寸	允 许 偏 差	公 称 尺 寸	允 许 偏 差
10	±0.2	1.0、1.5、2.0、2.5、3.0	±0.1
30	±0.5	1.0、1.5、2.0、2.5、3.0	±0.1
50	±1.0	1.0、1.5、2.0、2.5、3.0	±0.1
80	±1.5	1.0、1.5、2.0、2.5、3.0	±0.2
100	±2.0	1.0、1.5、2.0、2.5、3.0	±0.2
200	±2.5	2.5、3.0、3.5、4.0、5.0	±0.3
300	±2.5	3.0、3.5、4.0、5.0	±0.3
400	±2.5	3.0、3.5、4.0、5.0	±0.3

注：厚度公称尺寸为 1.0 mm、1.5 mm 的片状过滤元件由轧制板材机加工而成。

4.4　需方对过滤元件的规格、尺寸、性能有特殊要求时，由供需双方商定。

4.5 过滤元件表面不应有浮粉、裂纹、斑点及过烧等缺陷,焊接元件焊缝应没有严重氧化现象。

5 试验方法

5.1 烧结钛过滤元件的化学成分按 GB/T 4698.1～4698.25 进行分析;烧结镍及镍合金过滤元件的化学成分按 GB/T 8647、YS/T 325 的规定进行分析。

5.2 在特定过滤效率值下阻挡固体颗粒尺寸值的测定按 ISO 16889 进行。

5.3 渗透性的测定按 GB/T 5250 进行。

5.4 耐压破坏强度的测定按 GB/T 6886—2001 附录 A 的规定进行。

5.5 表面缺陷目视检查。

5.6 外形尺寸用足够精度的量具测量。

6 检验规则

6.1 产品应由供方技术监督部门进行检查,保证产品质量符合本标准或订货合同的规定,并附质量证明书。

6.2 需方可对收到的产品按本标准或订货合同规定进行验收,如果检验结果与本标准或订货合同的规定不符时,应在产品收到之日起三个月内向供方提出,由供需双方协商解决。

6.3 产品应成批提交检验,每批由同一合批粉末按相同工艺参数生产的产品组成。

6.4 检验项目、取样规则及数量按表9规定进行。

表 9 过滤元件的检验项目及数量

检 验 项 目	取样规则及样品数量
渗透性	每批 3%,但不少于 3 个
外型尺寸	逐件检验
外观	
注:化学成分、过滤效率、耐压破坏强度合同中注明时方予检测。检验时,每批产品各项性能随机抽取试样,试样数量由供需双方协商。	

6.5 尺寸偏差和表面质量检验不合格时,按件报废。其余项目的检验结果如有一项不符合本标准规定时,则在该批产品中对该项加倍取样进行重复试验,若仍有一项不符合本标准要求时,则该批产品为不合格。

7 标志、包装、运输、贮存

7.1 标志

7.1.1 检验合格的产品应有如下标志或标签:

    a) 产品牌号;

    b) 生产日期;

    c) 产品型号;

    d) 产品规格;

    e) 产品批号;

    f) 供方技术监督部门的检印。

7.1.2 包装箱上应注明:

    a) 供方名称;

    b) 产品名称;

    c) 订货单位及地址;

d)　防潮、防震等字样或标志。

7.2　包装、运输、贮存

7.2.1　产品以塑料袋或纸盒包装,包装好的产品置于运输包装箱内,以软质物隔开并填紧。

7.2.2　产品运输过程中,不得受潮、撞击和滚动。

7.2.3　产品应存放于干燥处,以免受潮。

7.3　质量证明书

每批过滤元件应附有产品质量证明书,注明:

a)　供方名称;

b)　产品名称;

c)　产品牌号;

d)　产品型号;

e)　产品规格;

f)　产品批号;

g)　件数或净重;

h)　各项分析检验结果和技术监督部门检印;

i)　本标准编号;

j)　出厂日期。

8　订货单(或合同)内容

订购本标准所列材料的订货单(或合同)应包括以下内容:

a)　产品名称;

b)　产品牌号;

c)　产品型号;

d)　产品规格;

e)　重量或件数;

f)　本标准要求的"应在合同中注明的"事项;

g)　本标准编号;

h)　增加本标准以外的协商结果。

ICS 13.060.30
Z 64

中华人民共和国国家标准

GB/T 12917—2009
代替 GB/T 12917—1991

油污水分离装置

Oily water separating equipment

2009-03-09 发布

2009-11-01 实施

中华人民共和国国家质量监督检验检疫总局
中国国家标准化管理委员会　发布

前　言

本标准代替 GB/T 12917—1991《油污水分离装置》。

本标准与 GB/T 12917—1991 相比主要变化如下：

——范围由"处理油性污水的分离装置"改为"处理矿物油性污水的装置"；

——修改了引用标准；

——对试验用油的密度进行了修改,删去了分油元件部分；

——删去分油元件浸泡试验和耐久考核试验。

本标准由中国船舶重工集团公司提出。

本标准由全国船用机械标准化技术委员会归口。

本标准起草单位:中国船舶重工集团公司第七○四研究所。

本标准主要起草人:顾培韵、陈志斌。

本标准所替代标准的历次版本发布情况为：

——GB/T 12917—1991。

油污水分离装置

1 范围

本标准规定了油污水分离装置(以下简称:装置)的要求、试验方法和检验规则,以及标志、包装、运输和贮存等。

本标准适用于处理矿物油性污水的装置的设计、制造和验收。

2 规范性引用文件

下列文件中的条款通过本标准的引用而成为本标准的条款。凡是注日期的引用文件,其随后所有的修改单(不包括勘误的内容)或修订版均不适用于本标准,然而,鼓励根据本标准达成协议的各方研究是否可使用这些文件的最新版本。凡是不注日期的引用文件,其最新版本适用于本标准。

GB 150 钢制压力容器

GB/T 191 包装储运图示标志(GB/T 191—2008,ISO 780:1997,MOD)

GB/T 9065.3 液压软管接头 连接尺寸 焊接式或快换式

GB/T 11914—1989 水质 化学需氧量的测定 重铬酸盐法

GB 14048.1 低压开关设备和控制设备 第 1 部分:总则(GB 14048.1—2006,IEC 60947-1:2001,MOD)

GB/T 16488—1996 水质 石油类和动植物油的测定 红外光度法

3 额定处理量系列

装置额定处理量指装置每小时所处理的含油污水量。其系列值应符合表 1 的规定。

表 1 额定处理量系列　　　　　　　　　　　　　　单位为立方米每小时

0.10	0.25	0.50	1.00	2.00	3.00	4.00	5.00
10.00	15.00	20.00	25.00	50.00	100.00	150.00	200.00

4 要求

4.1 设计与结构

4.1.1 装置应能自动排油或配置应急手动排油系统。对多级处理的装置允许除第一级外,后面各级可采用手动排油。

4.1.2 装置自动或手动排油系统中,同油水界面传感器相齐的水平面上应设置探试旋塞或油水界面观察器。

4.1.3 装置的进出水管的垂直部分应设置取样装置。

4.1.4 装置应考虑设置供冲洗用的清水进入接口。

4.1.5 装置底部应设置有效的、操作简便的泄放阀。

4.1.6 用于接收船舶污水的装置,外接法兰应采用国际通用的通岸接头。对一般用途装置,外接法兰可按 GB/T 9065.3 的有关规定。

4.1.7 装置电控箱应符合 GB 14048.1 的有关规定。

4.1.8 装置的排出水可用油分计进行监控;当排出水含油量超过国家规定的排放标准时,应停止向外排放。

GBプロ

4.1.9 在油水分离过程中,采用的化学品不得对环境产生二次污染。

4.1.10 装置应尽量设在安全区内;若设在危险区,应符合该处安全要求。

4.2 性能

4.2.1 经装置处理后的排出水中含油量应不大于 10 mg/L。

4.2.2 装置应能分离油污水中含(在 15 ℃时)密度为 0.83 g/cm³～0.98 g/cm³ 的矿物油范围内的物品,经处理后排出水中含油量应符合 4.2.1 的规定。其他密度油品可参照本标准规定。

4.2.3 装置应能分离含油量在 0%～100% 的油污水,且当分离装置的供入液发生从含油的水到油或从油到空气或从水到空气的变化时,其排出水含油量仍应符合 4.2.1 的规定。

4.2.4 凡加药的处理装置,处理后的排水除符合 4.2.1 规定外,还应满足化学需氧量(CODcr)不大于 100 mg/L 的要求。

4.2.5 装置应设计成不仅在额定处理量时,且在 110% 额定处理量时,装置的排出水中含油量仍符合 4.2.1 的规定。

4.2.6 装置排出水流量不得低于装置额定处理量。

4.3 强度与密性

4.3.1 装置的受压容器应能承受 1.5 倍设计压力的强度,无结构损坏和永久变形。

4.3.2 装置组装后应能承受 1.25 倍设计压力的液压密性,各部件应无渗漏。

4.4 安全性

4.4.1 对压力式装置,容器设计应参照压力容器规范规定,并设置安全阀或超压保护装置,其开启压力可略大于最高工作压力,不得超过受压容器的设计压力。

4.4.2 对设置加热器的装置应设置超温保护设施。电加热器的热态绝缘电阻应不低于 0.5 MΩ。

5 试验方法

5.1 性能试验

5.1.1 试验应具备如下条件。

　　a) 试验使用下列试验液体进行:
　　　　——试验液体 A,一种在 15 ℃时密度约为 0.98 g/cm³ 的矿物油;
　　　　——试验液体 B,一种在 15 ℃时密度约为 0.83 g/cm³ 的矿物油;
　　　　——试验液体 C,一种在 4.2.2 规定范围内其他密度的油品。

　　b) 试验用的淡水,在 15 ℃时的密度约为 0.998 2 g/cm³。

5.1.2 试验要求如下:

　　a) 输入装置的油水混合液温度应在 10 ℃～40 ℃ 范围内。

　　b) 在整个试验期间,不得中途停顿,维修或更换零部件。

　　c) 输入装置的油水混合液在处理过程中不得进行稀释。

　　d) 输入装置的油水比例可从装置前供液管路上的取样装置上,将混合液放入量杯静止片刻后,校验油水比例。

　　e) 每次取样前,应将取样旋塞打开,放泄 1 min,然后按等动力方式取样。

　　f) 取样瓶应为带密封盖细口径玻璃瓶,取样后贴标记。如果样品不能在 24 h 内进行分析,应在试样中加入 5 mL、1∶1 盐酸保存,保存期不得超过 7 d。

5.1.3 试验步骤如下:

　　a) 向装置供水,待各腔室充满淡水后,核定泵流量,不应超过额定处理量的 1.1 倍,并不低于额定处理量。

　　b) 向装置供入 100% 的试验液体 A,待排油阀自动开启后,持续 5 min 以上。

　　c) 向装置供入含油量为 10% 的油水混合液,使其达到稳定状态。稳定状态应为通过装置的油水混合液不少于装置容积的两倍之后所形成的状态。然后在此状态下试验 30 min,在第 10 min、第 20 min 和第 30 min 结束时,从装置排水管的取样装置上取样。

    d) 向装置供入 100% 的水。达到稳定状态后,用 5.1.1a)规定的 100% 试验液体 B 待排油阀开启后,持续 5 min 以上;然后重复 5.1.3c)规定的试验。

5.1.4 对于其他密度油品的处理装置或额定处理量为 5 m³/h 以上的装置或加药的处理装置可按 5.1.1a)规定的试验液体 C 进行性能试验。

5.1.5 型式试验结束后应用法定计量单位报告下列数据:

    a) 15 ℃时油的密度或 37.8 ℃时黏度(m²/s),闪点、灰分、含水量;

    b) 15 ℃时水的密度及固体杂质情况;

    c) 进出口水温度;

    d) 分析结果、含油浓度及 CODcr 值。

5.1.6 水样分析

5.1.6.1 水中含油量的测定分析方法按 GB/T 16488—1996 中规定的红外分光光度法测定。结果应符合 4.2.1 的要求。

5.1.6.2 CODcr 测定按 GB/T 11914—1989 规定的重铬酸盐法进行。结果应符合 4.2.4 的要求。

5.2 **强度和密性试验**

5.2.1 强度试验按 GB 150 的有关规定进行。结果应符合 4.3.1 的要求。

5.2.2 强度试验合格后方可进行密性试验。密性试验按 GB 150 的有关规定进行。结果应符合 4.3.2 的要求。

5.3 **安全阀试验**

5.3.1 **安全阀动作试验**

    试验时将分离器灌满水,启动泵,将分离器出口截止阀调至压力表指示为预定动作值时,检查安全阀起跳情况,连续三次。结果应符合 4.4.1 的要求。

5.3.2 **电加热器热态电阻试验**

    用 500 V 兆欧表对电加热器进行绝缘测试。结果应符合 4.4.2 的要求。

5.4 **额定处理量试验**

    测定排出水的流量,用称量法或精度为 2.5 级的流量计核定装置流量。结果应符合 4.2.6 的要求。

6 检验规则

6.1 检验分类

本标准规定的检验分类如下:

    a) 型式检验;

    b) 出厂检验。

6.2 型式检验

6.2.1 检验时机

属下列情况之一者,应进行型式检验:

    a) 新产品或老产品转厂生产的试制定型鉴定;

    b) 正式生产后,如结构、材料、工艺有较大改变可能影响产品性能时;

    c) 出厂检验结果与上次型式检验有较大差异时;

    d) 成批生产每 4 a 进行一次。

6.2.2 检验项目和顺序

型式检验的项目和顺序按表 2。

表 2　检验项目和顺序表

序号	检验项目	型式检验	出厂检验	要求章条号	试验方法章条号
1	含油量测定	●	●	4.2.1	5.1.6.1
2	100%的试验液体 A 试验	●	●	4.2.2、4.2.3、4.2.5	5.1.3b)
3	10%的试验液体 A 试验	●	●	4.2.2、4.2.3、4.2.5	5.1.3c)
4	100%试验液体 B 试验	●	●	4.2.2、4.2.3、4.2.5	5.1.3d)
5	10%的试验液体 B 试验	●	—	4.2.2、4.2.3、4.2.5	5.1.3d)
6	CODcr 测定	●	—	4.2.4	5.1.6.2
7	额定处理量试验	●	—	4.2.6	5.4
8	强度试验	●	—	4.3.1	5.2.1
9	密性试验	●	—	4.3.2	5.2.2
10	安全阀动作试验	●	—	4.4.1	5.3.1
11	电加热器热态电阻试验	●	●	4.4.2	5.3.2

注：●表示必检项目；—表示不检项目。

6.2.3　受检样品数

对设计相同而处理量不同的系列产品，可以其中两档规格（处理量）的装置进行试验，以代替每个规格都进行试验；这两档装置是系列中最低 1/4 和最高 1/4 的规格范围内的装置，主管机关认为有必要时可任选两档规格进行试验。

6.2.4　合格判据

当装置所有检验项目均符合要求时，则判定该装置为型式检验合格；当装置未通过型式检验项目中的任何一项，允许加倍取样进行复验。若复验符合要求，仍判定该装置为型式检验合格。若复验仍不符合要求，则判定该装置为型式检验不合格。

6.3　出厂检验

6.3.1　检验项目

出厂检验项目按表 2。

6.3.2　合格判据

当装置所有检验项目均符合要求时，则判定该装置为出厂检验合格；当装置未通过出厂检验项目中的任何一项，允许采取纠正措施后重新进行全部项目检验或只对不合格项目进行检验。若复验符合要求，仍判定该装置为出厂检验合格。若复验仍不符合要求，则判定该装置为出厂检验不合格。

7　标志、包装、运输和贮存

7.1　检查合格的产品经清洗后用压缩空气吹干。

7.2　每台装置应在醒目部位设置铭牌，铭牌上应标明下列内容：

　　a)　制造厂名、产品名称、商标；

　　b)　产品型号或标记；

　　c)　制造日期（或编号）或生产批号；

　　d)　额定处理量、分油效果、最高工作压力。

7.3　配套电机应标明转向。

7.4　每台产品应箱装，箱上需标上"↑"记号。装箱后切忌受潮。

7.5　下列文件需随机封存在不透水的袋内：

　　a)　产品合格证；

b) 产品说明书；

c) 装箱单；

d) 随机附件清单；

e) 电控箱原理图。

7.6 运输

7.6.1 装箱完毕的装置应能用汽车、火车或船舶等运输工具运输。

7.6.2 应按 GB/T 191 的有关规定对装置进行包装储运图示标志。

7.7 贮存

7.7.1 产品中转时，应堆放在库房内，临时露天堆放时应用毡布覆盖。

7.7.2 产品应贮存于干燥、清洁、通风的库房内。

7.7.3 产品入库后应及时检查是否完好，并按产品制造厂使用说明书有关规定对产品进行定期保养。

ICS 71.120
Q 76

中华人民共和国国家标准

GB/T 13554—2008
代替 GB/T 13554—1992

高效空气过滤器

High efficiency particulate air filter

2008-11-04 发布

2009-06-01 实施

中华人民共和国国家质量监督检验检疫总局
中国国家标准化管理委员会 发 布

前　言

本标准代替 GB/T 13554—1992《高效空气过滤器》。

本标准与 GB/T 13554—1992 相比主要变化如下：

——将"4　分类"改为"4　分类和标记"。将过滤器常用规格的内容作为参考资料放在附录 A 中；

——将超高效过滤器的分类改为按效率的高低分为三类；

——将"5.1　材料"中增加了对几种常见材料的要求；

——在"5.1.2b)"中滤纸的抗张强度分为有隔板过滤器滤纸和无隔板过滤器滤纸两种不同要求。原来的抗张强度值作为对有隔板过滤器滤料的要求，对无隔板过滤器则提出了应有的更高要求；

——在"5.1.2c)"中增加了对滤料厚度的要求；

——在"5.1.6　密封垫"中提出了密封垫材料应达到的硬度标准；

——在"5.2　结构"中提出对过滤器各组成部分结构的详细要求；

——在"5.3　生产环境条件"中分别提出对高效过滤器和超高效过滤器生产环境的不同要求；

——在"6.3　检漏"中，增加了对 D 类、E 类、F 类超高效过滤器及对生物工程使用的 A 类、B 类高效过滤器的检漏要求，并给出渗漏的不合格判定方法；

——在"7.3　检漏"中增加了对不同检漏方法的说明；

——在"7.8　耐振动"中用 GB/T 4857.23 的方法作为标准试验方法；

——在"8　检验规则"中提高了对产品的质量要求。

本标准附录 B、附录 C 为规范性附录，附录 A 为资料性附录。

本标准由中华人民共和国住宅和城乡建设部提出。

本标准负责起草单位：中国建筑科学研究院。

本标准参加起草单位：(排名不分前后)清华大学核能与新能源技术研究院、苏州华泰空气过滤器有限公司、河南核净洁净技术有限公司、北京市信都净化设备有限责任公司、北京同创空气净化设备厂、北京亚都科技股份有限公司、北京昌平长城空气净化设备工程公司、苏州蓝林净化空调设备制造有限公司、烟台宝源净化有限公司、河南省米净瑞发净化设备有限公司、天津市津航净化空调工程公司、山西新华化工有限责任公司、上海松华空调净化设备有限公司、重庆造纸工业研究设计院有限责任公司。

本标准的主要起草人：张益昭、江锋、冯朝阳、刘卫洪、冯昕、李剑峰、邢新铭、陈卉、朱增恒、李同山、杨云涛、吴松山、樊宝仁、史洪涛、汪世云、孙骏。

本标准所代替标准的历次版本发布情况为：

——GB/T 13554—1992。

高效空气过滤器

1 范围

本标准规定了高效空气过滤器和超高效空气过滤器(以下简称过滤器)的分类、技术要求、质量检验规则以及产品标志、包装、运输、存放等的基本要求。

本标准适用于常温、常湿条件下送风及排风净化系统和设备使用的高效空气过滤器和超高效空气过滤器。

本标准不适用于军用、核工业及其他有特殊要求的过滤器。

2 规范性引用文件

下列文件中的条款通过本标准的引用而成为本标准的条款。凡是注日期的引用文件,其随后所有的修改单(不包括勘误的内容)或修订版均不适用于本标准,然而,鼓励根据本标准达成协议的各方研究是否可使用这些文件的最新版本。凡是不注日期的引用文件,其最新版本适用于本标准。

GB/T 191 包装储运图示标志

GB/T 451.3 纸和纸板厚度的测定法

GB/T 453 纸和纸板抗张强度的测定(恒速加荷法)

GB/T 912 碳素结构钢和低合金结构钢热轧薄钢板及钢带

GB/T 3198 铝及铝合金箔

GB/T 3280 不锈钢冷轧钢板和钢带

GB/T 3880.1 一般工业用铝及铝合金板、带材 第1部分:一般要求

GB/T 3880.2 一般工业用铝及铝合金板、带材 第2部分:力学性能

GB/T 4857.23 包装 运输包装件 随机振动试验方法

GB/T 5849 细木工板

GB/T 6165 高效空气过滤器性能试验方法 效率和阻力

GB 8624 建筑材料及制品燃烧性能分级

GB/T 9846.3 胶合板 第3部分:普通胶合板通用技术条件

3 术语、定义和缩略语

3.1 术语和定义

下列术语和定义适用于本标准。

3.1.1

高效空气过滤器 high efficiency particulate air filter

用于进行空气过滤且使用 GB/T 6165 规定的钠焰法检测,过滤效率不低于 99.9% 的空气过滤器。

3.1.2

超高效空气过滤器 ultra low penetration air filter

用于进行空气过滤且使用 GB/T 6165 规定的计数法检测,过滤效率不低于 99.999% 的空气过滤器。

3.1.3

粒径 particle diameter

指用某种测定方法测出的粒子名义直径。单位以 μm 表示。

3.1.4

中值直径 median diameter

指气溶胶粒径累计分布占总量 50% 时所对应的粒径值。实用中常用计数中值直径和质量中值直径。

3.1.5

效率 efficiency

指过滤器捕集气溶胶微粒的能力。被过滤器过滤掉的气溶胶浓度与原始气溶胶浓度之比,以百分数表示。

3.1.6

透过率 penetration

指过滤器过滤后的气溶胶浓度与原始气溶胶浓度之比,以百分数表示。效率 E 与透过率 P 的关系为:

$$E = 1 - P$$

3.1.7

有隔板过滤器 separator-style filter

其滤芯是按所需深度将滤料往返折叠制成,在被折叠的滤料之间靠波纹状分隔板支撑着,形成空气通道的过滤器。

3.1.8

无隔板过滤器 minipleat-style filter

其滤芯是按所需深度将滤料往返折叠制成,在被折叠的滤料之间用线状粘结剂或其他支撑物支撑着,形成空气通道的过滤器。

3.1.9

额定风量 rated air volume flow rate

由过滤器生产厂家所规定,标识过滤器工作能力的技术参数,表示过滤器在单位时间内所处理的最大空气体积流量,单位为 m^3/h。

3.1.10

阻力 resistance

指过滤器通过额定风量时,过滤器前、后的静压差。单位以 Pa 表示。

3.1.11

单分散气溶胶 monodisperse aerosol

用分布方程描述时,粒径几何标准差 $\sigma_g \leqslant 1.15$ 的为单分散气溶胶。几何标准差 $1.15 < \sigma_g \leqslant 1.5$ 的气溶胶为准单分散气溶胶。

3.1.12

多分散气溶胶 polydisperse aerosol

用分布方程描述时,粒径几何标准差 $\sigma_g > 1.5$ 的气溶胶为多分散气溶胶。

3.2 符号与缩略语

下列符号与略缩语适用于本标准。

CNC 凝结核计数器

DEHS 癸二酸二辛酯,Sebacic acid-bis(2-ethyl-)ester(通用名 di-ethyl-hexyl-sebacate)

DOP 邻苯二甲酸二辛酯,Phthalic acid-bis(2-ethyl-)ester(通用名 di-octyl-phthalate)

OPC 光学粒子计数器

PSL 聚苯乙烯乳胶球

GB/T 13554—2008

4 分类和标记

4.1 按结构分类

按过滤器滤芯结构分类可分为有隔板过滤器和无隔板过滤器两类(见图1)。

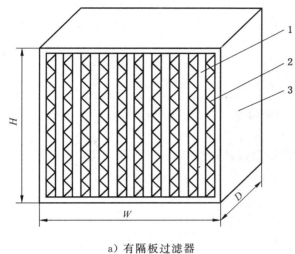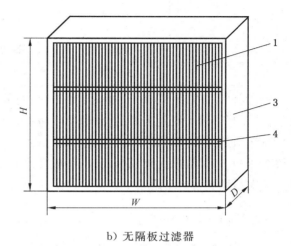

a) 有隔板过滤器　　　　　　　　　　　　　　b) 无隔板过滤器

1——滤料；
2——分隔板；
3——框架；
4——分隔物。

图 1　有隔板过滤器和无隔板过滤器

4.2 按效率和阻力分类

4.2.1 高效空气过滤器的分类

按 GB/T 6165 规定的钠焰法检测的过滤器过滤效率和阻力性能,高效空气过滤器分为 A、B、C 三类。

4.2.2 超高效空气过滤器的分类

按 GB/T 6165 规定的计数法检测过滤器过滤效率和阻力性能,超高效空气过滤器分为 D、E、F 三类。

4.3 按耐火程度分类

根据 GB 8624 规定,过滤器按所使用材料的耐火级别分为 1、2、3 三级。

4.4 标记

型号规格代号见表1:

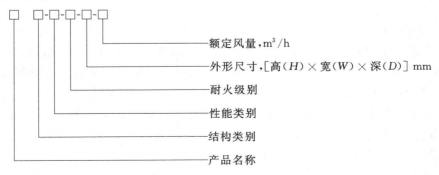

图 2　过滤器型号规格表示方法

495

表 1 规格型号代码

序 号	项目名称	含 义	代 号
1	产品名称	高效空气过滤器	G
		超高效空气过滤器	CG
2	结构类别	有分隔板过滤器	Y
		无分隔板过滤器	W
3	性能类别	按效率、阻力高低分六类	A、B、C、D、E、F
4	耐火级别	按结构耐火级别分三级	1,2,3

标记示例:GY-A-3-484×484×220-1000 表示有分隔板高效过滤器,性能类别为 A,额定风量下的效率≥99.9%,耐火级别为 3 级,外形尺寸为 484 mm×484 mm×220 mm。

标记示例:CGW-D-2-610×1220×80-2400 表示无隔板超高效过滤器,性能类别为 D,额定风量下的效率≥99.999%,耐火级别为 2 级,外形尺寸为 610 mm×1 220 mm×80 mm。

常用型号规格参见附录 A。

5 材料、结构与生产环境

过滤器的技术条件应符合本标准的要求,并按规定批准的图纸和技术文件进行生产。

5.1 材料

5.1.1 基本要求

材料的选用,应根据使用要求,本着适用经济的原则进行。

各种材料的耐火性能应符合同类过滤器性能要求,所使用的材料和过滤器制造、贮存、运输、使用环境中应保持性能稳定、不产尘。当有耐腐蚀要求时,所有材料都必须具有相应的防腐性能。

允许使用符合本标准的其他材料。

5.1.2 滤料

a) 透过率、阻力应符合本标准中同类过滤器滤料的性能要求;

b) 抗张强度:应按 GB/T 453 规定的方法测定。

  ——用于有隔板过滤器的滤纸:纵向大于等于 0.3 kN/m,横向大于等于 0.2 kN/m;

  ——用于无隔板过滤器的滤纸:纵向大于等于 0.7 kN/m,横向大于等于 0.5 kN/m;

c) 厚度应按 GB/T 451.3 规定的方法测量,不宜超过 0.40 mm,滤料应均匀,不应含有硬块,表面不应有裂纹、擦伤、针孔、色斑等;

d) 其他性能应符合有关标准的要求。

5.1.3 边框

制做边框的材料应有一定的强度和刚度。材料的厚度应根据材质和边长选定,以满足边框强度和刚度的要求。当采用以下材料时,应符合相关标准,并根据需要,采取相应的防锈或防腐措施。

a) 冷轧钢板,厚度应为 1.0 mm~2 mm,成型焊接后镀锌、喷塑或采取其他防锈措施。材料符合 GB/T 912 的规定;

b) 铝合金板,厚度宜为 1.5 mm~2 mm。材料应符合 GB/T 3880.1 和 GB/T 3880.2 的规定;

c) 木板、胶合板,厚度应为 15 mm~20 mm。应根据用户要求进行刷漆等相应防腐处理。材料符合 GB/T 5849 及 GB/T 9846.3 的规定;

d) 不锈钢板,厚度应为 1.0 mm~2 mm。材料应符合 GB/T 3280 的规定;

e) 其他强度和刚度符合要求的材料。

5.1.4 分隔物

有隔板过滤器的分隔板,可采用铝箔、塑料板、胶版印刷纸等;无隔板过滤器的分隔物,可采用热溶胶、玻璃纤维纸条、阻燃丝线等。

用于高效及超高效过滤器分隔物的材料应满足:

a) 铝箔应符合 GB/T 3198 的规定;

b) 采用纸隔板时,可采用表面经浸胶处理的纸隔板或 120 g/m² 的双面胶版印刷纸;

c) 采用塑料隔板时,耐温应不低于 50°;

d) 其他符合要求的材料。

5.1.5 粘结剂和密封胶

粘结剂用于滤料的拼接、修补及密封垫与框架的粘接,其剪力强度和拉力强度应高于滤料。密封胶用于滤芯与框架的密封,应能在常温、常压下固化,且能保证过滤器在 10 倍初阻力条件下运行时不开裂、不脱胶并具有弹性,粘结剂和密封胶的耐火性能应满足同类过滤器性能要求。当客户对于过滤器产品中的有机物释气性能有特殊要求时,粘结剂与密封胶的释气性能应能满足客户要求。

5.1.6 密封垫

a) 密封垫应选用有弹性不易老化的闭孔材料;

b) 密封垫硬度(用邵氏硬度 W 性硬度计测试)为 33±2,压缩永久变形:≤60%(40% 130 ℃ 24);

c) 当客户对于过滤器产品中的有机物释气性能有特殊要求时,密封垫的释气性能应能满足客户要求。

5.1.7 防护网

可用不锈钢拉板网、冲孔板、点焊镀锌铁丝网、点焊不锈钢丝网或喷塑钢板网。

5.2 结构

5.2.1 滤芯

a) 有隔板过滤器的滤芯

当滤芯固定在框架中时,分隔板应露出滤料褶痕为 3 mm～5 mm,分隔板缩入框架端面为 5 mm～8 mm。分隔板应平行于框架中心线,分隔板与中心线倾斜偏差不大于 6 mm,且不得发生突变性偏差。

滤料的褶纹和分隔板应垂直于框架的上下端板,从任一褶或分隔板的一端引一铅垂线,该褶或分隔板另一端偏离铅垂线不大于 9 mm。褶纹和分隔板不应弯曲,从任一褶或分隔板两端连一直线检查,弯曲造成的偏离不大于 6 mm。

b) 无隔板过滤器的滤芯

当滤芯固定在框架中时,滤料和分隔物应缩入框架端面为 3 mm～5 mm。相邻褶幅高度偏差不大于 0.5 mm。在 300 mm 范围内分隔物的直线度偏差不大于 1 mm。分隔物应与褶痕垂直,每条分隔物形成的直线与褶痕垂直度偏差不大于 2 mm;分隔物间距的偏差不大于 3 mm。

5.2.2 边框

5.2.2.1 边框结构应坚固,应有足够的刚性和整体稳定性。

5.2.2.2 边框的四个角和拼接处不得松动,粘结剂和密封胶不应脱胶、开裂,滤料在边框中不应松动和变形。边框边宽 15 mm～20 mm。对边长小于 600 mm 的过滤器,边框宽度宜大于等于 15 mm,对边长大于或等于 600 mm 的过滤器,框架边框宽度宜为 20 mm。

5.2.3 密封垫

a) 密封垫断面采用长方形(宽度宜大于 15 mm 且不超出边框,厚度 5 mm～8 mm)或半圆形(直径宜为 15 mm),长方形断面密封垫的粘接面和密封面应去皮;

b) 密封垫用整体或拼接成形,拼接应在拐角处,拼接时宜采用 Ω 型或燕尾型连接等方式,连接处应用粘接剂粘接牢固。整个密封垫的拼接不应超过四处;

c) 密封垫与边框应粘接牢固,密封垫的内外边缘不得超过边框的内外边缘。

5.2.4 液槽密封

对采用液槽密封方式的过滤器,过滤器边框的一面应沿周长设一圈刀口。固定过滤器的框架上根据过滤器密封面尺寸设一圈沟槽。安装时,将刀口插入填充非牛顿流体材料的沟槽中进行密封。非牛顿流体密封材料(如:凝胶状石油混合物、硅酮、聚氨酯等)性能应保证在工作温度下不流淌,柔韧。刀口高度应与液槽深度相匹配,以保证密封的严密性。刀口高度、液槽深度由过滤器使用情况下的面风速或过滤器终阻力确定。

5.2.5 滤料拼接和修补

a) 有分隔板的 A 类、B 类过滤器,每台过滤器的滤料允许有一个拼接接头;C 类、D 类、E 类、F 类过滤器的滤料不允许有拼接接头;

b) 用搭接方式拼接两块滤料,搭接宽度不应小于 13 mm;

c) 搭接接口不应设置在滤料折叠的转弯处;

d) 每个修补面积一般不宜超过$(2\times2)cm^2$,修补的总面积不应超过过滤器端面净面积的 1%。

5.3 生产环境

过滤器的生产环境条件应保证过滤器生产全过程(至装箱时)不受污染。高效过滤器组装车间室内的空气洁净度宜达到 ISO 8 级。超高效过滤器组装车间室内的空气洁净度宜达到 ISO 7 级。

6 要求

6.1 外观

a) 过滤器上不应有污染物(泥、油、粘性物)和损伤,不允许出现框架凹凸、扭曲或破裂、涂料层不均匀及剥落;

b) 滤料、分隔物、防护网无变形、密封垫无松脱;

c) 密封胶齐整无裂纹,沿滤料和分隔板浸润高度不大于 5 mm;

d) 应具有符合本标准 9.1 的标志要求。

6.2 尺寸偏差

a) 端面

边长大于 500 mm 的,其偏差为 0,−3.2 mm;

边长小于或等于 500 mm 的,其偏差为 0,−1.6 mm。

b) 深度

深度尺寸的偏差为 +1.6 mm,0。

c) 对角线

过滤器每个端面的两对角线之差,当对角线长度大于 700 mm 时,其偏差应小于或等于 4.5 mm;当对角线长度小于或等于 700 mm 时,其偏差应小于或等于 2.3 mm。

d) 垂直度

框架端面应与侧面垂直,其偏差不应大于 ±3°。

e) 平面度

过滤器端面及侧板平面度应小于或等于 1.6 mm;两端面平行度偏差应小于或等于 1.6 mm。

f) 分隔板的倾斜度

滤芯分隔板和褶纹应垂直于框架的上下端板,其上下端板垂线偏差应小于或等于 6 mm。

6.3 检漏

对 C 类、D 类、E 类、F 类过滤器及用于生物工程的 A 类、B 类过滤器应在额定风量下检查过滤器的泄漏。过滤器厂商可选择定性试验(如大气尘检漏试验)或者定量试验(局部透过率试验)来确定过滤器是否存在局部渗漏缺陷。表 2 给出了定性以及定量试验下的过滤器渗漏的不合格判定标准:

表 2 定性以及定量试验下的过滤器渗漏的不合格判定标准

类　别	额定风量下的效率/%	定性检漏试验下的 局部渗漏限值粒/采样周期	定量试验下的 局部透过率限值/%
A	99.9（钠焰法）	下游大于等于 0.5 μm 的微粒采样计数超过 3 粒/min（上游对应粒径范围气溶胶浓度须不低于 3×10⁴/L）	1
B	99.99（钠焰法）		0.1
C	99.999（钠焰法）		0.01
D	99.999（计数法）	下游大于等于 0.1 μm 的微粒采样计数超过 3 粒/min（上游对应粒径范围气溶胶浓度须不低于 3×10⁶/L）	0.01
E	99.999 9（计数法）		0.001
F	99.999 99（计数法）		0.000 1

在大多数情况下,宜选择扫描检漏来判断过滤器是否存在局部渗漏缺陷。而当过滤器的形状不便于进行扫描检漏试验时,可采用其他方法(如检测 100% 风量和 20% 风量下的效率测试、烟缕目测检漏试验等)进行检漏试验。

6.4 效率

a) 应按 GB/T 6165 的要求进行检验,高效及超高效过滤效率应符合表3、表4的规定。

表 3 高效空气过滤器性能

类　别	额定风量下的钠焰法效率/%	20%额定风量下的钠焰法效率/%	额定风量下的初阻力/Pa
A	99.99＞E≥99.9	无要求	≤190
B	99.999＞E≥99.99	99.99	≤220
C	E≥99.999	99.999	≤250

表 4 超高效空气过滤器性能

类　别	额定风量下的计数法效率/%	额定风量下的初阻力/Pa	备　注
D	99.999	≤250	扫描检漏
E	99.999 9	≤250	扫描检漏
F	99.999 99	≤250	扫描检漏

b) 若用户提出其所需 B 类过滤器不需检漏,则可按用户要求不检测 20% 额定风量下的效率。

6.5 阻力

按 GB/T 6165 的要求进行检验,阻力应符合表3、表4的规定。

6.6 滤芯紧密度

按本标准 7.6 的方法检验时,置于滤芯上的木块位移不得超过 3.2 mm。

6.7 耐压

高效过滤器经受 10 倍初阻力的风量通过过滤器并持续 60 min 后,应满足同类过滤器对外观质量、尺寸偏差、效率和阻力的要求。

6.8 耐振动

高效过滤器经包装运输试验后,应满足同类过滤器对外观质量、尺寸偏差、效率和阻力的要求。

6.9 耐火

各耐火级别过滤器所对应的滤料、分隔板及边框等材料的最低耐火级别见表5所示。用于制作过滤器耐火级别为 1 级的滤料、分隔板、边框,以及用于制作过滤器耐火级别为 2 级的滤料等材料的耐火级别应至少为 GB 8624 中所规定的 A2 级。用于制作耐火级别为 2 级的分隔板及边框等材料的耐火级别应至少为 GB 8624 中所规定的 E 级。

表 5 过滤器的耐火级别

级 别	滤料的最低耐火级别	框架、分隔板的最低耐火级别
1	A2	A2
2	A2	E
3	F	F

7 试验方法

7.1 外观

用目测检查。

7.2 尺寸偏差

应在稳固、平整的水平工作台上进行尺寸偏差的检查。

7.2.1 长度用钢板米尺检查,其分度值不大于 1 mm。

7.2.2 平面度用平板和塞尺检查,平板精度为 3 级,塞尺厚度范围为 0.02 mm～0.5 mm。

7.2.3 垂直度用角度规检查,其分度值不大于 0.5′。

7.3 检漏

7.3.1 检漏方法的选择

可用计数扫描法、光度计扫描法、烟缕目测法对过滤器进行检漏。计数扫描法适用于各类过滤器。光度计扫描法、烟缕目测法仅适用于高效过滤器的检漏。

7.3.2 计数扫描法

计数扫描法的试验装置及试验过程详见附录 B。

计数扫描法的尘源可采用液态或固态气溶胶。例如:DEHS、DOP、聚苯乙烯小球、大气尘等。

可对被试过滤器的局部透过率进行试验,通过衡量其是否超过所允许的限值来判断过滤器是否存在局部渗漏缺陷。

也可使用光学粒子计数器对高效及超高效过滤器进行定性扫描检漏。扫描过程中,光学粒子计数器计数显示任一点在所观察的粒径档(高效过滤器为$\geqslant 0.5\ \mu m$;超高效过滤器为$\geqslant 0.1\ \mu m$)出现"非零"读数(超过 3 粒/min),即说明此处为漏点。当大气尘浓度足够大时(对于高效过滤器,上游$\geqslant 0.5\ \mu m$ 的气溶胶浓度须大于等于 3×10^4 粒/L;对于超高效过滤器,上游$\geqslant 0.1\ \mu m$ 的气溶胶浓度须大于等于 3×10^6 粒/L。),可选择大气尘作为定性扫描检漏试验的测试气溶胶。

检漏试验应在过滤器额定风量下进行,采样口与过滤器端面应保持 1 cm～5 cm 的距离。当检漏采样流率大于 2.83 L/min 时,扫描速度不应超过 8 cm/s;当检漏采样流率小于等于 2.83 L/min 时,扫描速度不应超过 2 cm/s。对整个过滤器被检面扫描。

7.3.3 烟缕目测法

通过烟缕试验,可用目测观察高效过滤器有无渗漏。

将过滤器水平放在风口上,四周密封,用喷雾器发生气溶胶,使气溶胶粒子质量平均直径为 0.3 μm ～1.0 μm,质量浓度宜为 1.5 g/m³。使含气溶胶的气流以约 1.3 cm/s 的速度向上流过被试过滤器。

用灯光垂直照射过滤器出风面,过滤器四周及观察背景应是黑暗的,注意屏蔽掉过滤器周围的干扰气流。

观察出风面,若出现烟缕说明有渗漏,看不到烟缕说明无渗漏。

7.3.4 光度计扫描法

使用光度计扫描法,其试验装置及试验过程详见附录 C。

用喷雾器发生气溶胶,使气溶胶粒子质量中值直径约为 0.7 μm,其上风侧浓度应为 0 mg/m³～20 mg/m³。

7.3.5 局部渗漏缺陷的修复

可对扫描检漏试验发现的局部渗漏缺陷进行修复,但所进行修复应满足下列条件:

　　a) 用于修补渗漏缺陷的材料应为过滤器用户所接受;

　　b) 对每只过滤器,修补总面积不应大于过滤器滤芯面积的 1%,对于单点修补,修补面积不宜大于 2 cm×2 cm;

在修补完成,并且经足够时间供修补用密封胶充分固化后,应对渗漏处及临近区域再次进行扫描检漏试验。

7.4 效率

在效率试验前,C 类、D 类、E 类、F 类过滤器必须先在过滤器的额定风量下进行足够时间的空抽,以消除过滤器自身散发颗粒物对于效率测试的影响。

7.4.1 高效过滤器应按 GB/T 6165 规定的方法测定额定风量下的效率。

7.4.2 超高效过滤器应按 GB/T 6165 规定的方法,用固体或液体单分散气溶胶或多分散气溶胶为尘源;用凝结核计数器(CNC)或光学粒子计数器(OPC)测定过滤器额定风量下的效率。

7.5 阻力

应按 GB/T 6165 规定的方法试验。

7.6 滤芯紧密度

将组装好的过滤器端面向上平放在平台上,把一块 102 mm×152 mm 的木块背面粘上一块与木块同面积厚 6.4 mm 的闭孔海绵氯丁橡胶。粘橡胶的面放在过滤器滤芯的中心使 152 mm 的那一边与滤料褶痕平行。木块正面放一个 2.7 kg 的重物,在木块侧面中心处施加一个 15.7 N±0.9 N 的力,这个力平行于过滤器端面且与滤料褶痕垂直。测量施力后木块由原来位置的位移。

7.7 耐压

各类外观质量、尺寸偏差、效率和阻力检验合格的过滤器,应经受 10 倍初阻力的风量通过过滤器并持续 60 min,重新确认过滤器各部分没有损坏和变形后,再重复效率和阻力的试验。

7.8 耐振动

外观质量、尺寸偏差、效率和阻力检验合格的过滤器,应按 GB/T 4857.23 进行试验。经运输试验后的过滤器按外观质量、尺寸偏差、效率和阻力的要求复检。

7.9 耐火

用于制作耐火级别为 1 级和 2 级的滤料、分隔板及边框等材料,应按 GB 8624 进行试验。

8 检验规则

8.1 检验分类

8.1.1 出厂检验

每台产品必须进行出厂检验,出厂检验项目如表 6 所列序号 1~5 项。

表 6　过滤器检验项目

序　号	检验项目名称	本标准所属条款	备　注
1	外观	6.1、7.1	次项
2	尺寸偏差	6.2、7.2	次项
3	检漏(非用于生物工程的 A 类、B 类过滤器不需检漏)	6.3、7.3	主项
4	效率	6.4、7.4	主项
5	阻力	6.5、7.5	主项
6	滤芯紧密度	6.6、7.6	主项

表 6（续）

序 号	检验项目名称	本标准所属条款	备 注
7	耐压	6.7、7.7	主项
8	耐振动	6.8、7.8	主项
9	耐火	6.9、7.9	主项

8.1.2 型式检验

8.1.2.1 有下列情况之一,必须进行型式检验:

    a) 新产品或老产品转厂生产的试制定型鉴定;

    b) 产品结构和制造工艺、材料等的更改对性能有影响时;

    c) 产品停产超过一年后,恢复生产时;

    d) 出厂检验结果与上次型式检验有较大差异时;

    e) 批量生产时,每两年应进行一次;

    f) 国家质量监督机构提出进行型式检验的要求时。

8.1.2.2 型式检验项目如表 6 所列序号 1～9 项。

8.1.2.3 型式检验抽样方法

    在制造厂提供的合格产品中抽取,同一批次少于等于 100 台抽 3 台,多于 100 台抽 5 台。

8.2 判定规则

8.2.1 出厂检验

    次项均不合格或主项中任意一项不合格,则为不合格产品,否则为合格产品。

8.2.2 型式检验

    次项均不合格或主项中任意一项不合格,则为不合格产品,否则为合格产品。

9 标志、包装、运输和贮存

9.1 标志

    每台高效过滤器必须在垂直于褶和隔板的外框的表面明显处设有标志(标签或直接印刷体),标志应牢固固定于过滤器的外框,标志上字迹清楚,不易擦洗掉。标志的内容至少应包括:

    a) 制造商的名称及符号;

    b) 过滤器型号、规格尺寸及编号;

    c) 额定风量;以 m^3/h 表示;

    d) 额定风量下的效率或透过率;并注明其检测方法;

    e) 是否通过检漏实验;

    f) 额定风量下的初阻力;以 Pa 表示;

    g) 指示气流方向的箭头;

    h) 产品出厂(检测)年、月、日;

    i) 产品合格证。

9.2 包装

9.2.1 包装要求:

    包装应确实能保护出厂检验合格的过滤器在装卸、运输、搬运、存放直到用户安装就位前免受因外力引起的损伤和毁坏。

9.2.2 包装方法:

    装箱前过滤器应装在塑料袋中,过滤器的气流截面方向应增加硬纸板保护,外包装箱可采用硬纸板。

包装箱上应注明与所包装过滤器相一致的型号规格、制造厂名以及数量,并应按 GB/T 191 规定应用文字或图例标明"小心轻放"、"怕湿"、"向上"及堆码极限的标志。

9.3 运输

在运输过程中过滤器按包装箱上标志放置,堆放高度以不损坏或压坏过滤器为原则(最大堆放高度应不超过三层,或采用托盘),不宜跟其他货物混合运输。

过滤器在运输中应采取固定措施,当固定物跨过箱体折角时,应用软质材料将固定物与箱体隔开,保护好箱体。

在装卸或搬运过程中,操作人员应采取稳妥措施,防止搬运过程中过滤器滑落。

9.4 贮存

a) 过滤器存放地点,应在温度、湿度变化小,清洁干燥且通风系统良好的环境中,严禁露天堆放;

b) 贮存时应用垫仓板把过滤器与地面隔开,防止过滤器受潮;

c) 过滤器应按箱体标识放置,堆放高度以不损坏、压坏或造成倒塌危险为原则(最大堆放高度不宜超过三层),以免过滤器受重压变形和再次搬运时的损坏;

d) 贮存期超过三年以上的过滤器应进行重新测试。

附　录　A

（资料性附录）

高效过滤器常用规格型号

A.1　有隔板高效空气过滤器常用规格见表 A.1

表 A.1　有隔板高效空气过滤器常用规格表

序号	常用规格	额定风量/(m³/h)	序号	常用规格	额定风量/(m³/h)
1	484 mm×484 mm×220 mm	1 000	11	320 mm×320 mm×150 mm	300
2	484 mm×726 mm×220 mm	1 500	12	484 mm×484 mm×150 mm	700
3	484 mm×968 mm×220 mm	2 000	13	484 mm×726 mm×150 mm	1 050
4	630 mm×630 mm×220 mm	1 500	14	484 mm×968 mm×150 mm	1 400
5	630 mm×945 mm×220 mm	2 250	15	630 mm×630 mm×150 mm	1 000
6	630 mm×1 260 mm×220 mm	3 000	16	630 mm×945 mm×150 mm	1 500
7	610 mm×610 mm×292 mm	2 000	17	630 mm×1 260 mm×150 mm	2 000
8	610 mm×915 mm×292 mm	3 000	18	610 mm×610 mm×150 mm	1 000
9	610 mm×1 220 mm×292 mm	4 000	19	610 mm×915 mm×150 mm	1 500
10	320 mm×320 mm×220 mm	400	20	610 mm×1 220 mm×150 mm	2 000

A.2　无隔板高效空气过滤器常用规格见表 A.2

表 A.2　无隔板高效空气过滤器常用规格表

序号	常用规格	额定风量/(m³/h)	序号	常用规格	额定风量/(m³/h)
1	305 mm×305 mm×69 mm	250	9	610 mm×915 mm×90 mm	1 500
2	305 mm×305 mm×80 mm	250	10	570 mm×1 170 mm×69 mm	1 500
3	305 mm×305 mm×90 mm	250	11	570 mm×1 170 mm×80 mm	1 500
4	610 mm×610 mm×69 mm	1 000	12	570 mm×1 170 mm×90 mm	1 500
5	610 mm×610 mm×80 mm	1 000	13	610 mm×1 220 mm×69 mm	2 000
6	610 mm×610 mm×90 mm	1 000	14	610 mm×1 220 mm×80 mm	2 000
7	610 mm×915 mm×69 mm	1 500	15	610 mm×1 220 mm×90 mm	2 000
8	610 mm×915 mm×80 mm	1 500			

附　录　B

（规范性附录）

计数扫描检漏试验

B.1　计数扫描法试验过程描述

计数扫描检漏试验通过粒子计数来检测过滤元件（过滤器）是否存在局部渗漏缺陷。

计数扫描检漏试验中，被试过滤器被安装在试验台上，在额定风量下进行试验。被测过滤器应首先完成额定风量下的阻力测试并被清吹后进行本项试验。测试风道系统中应设有足够长的混合段，使得被引入的测试气溶胶与试验空气充分混合，进而实现气溶胶在扫描风道截面上的均匀分布。

过滤器厂商可根据自身情况或与用户之间的协议，选择对过滤器进行定性检漏试验或者定量检漏试验（局部透过率试验）。二者的试验装置基本一致，区别在于对试验参数以及对渗漏缺陷的判定方式。

计数扫描检漏试验中，可通过自动行走机构或者手动对被测过滤器出风侧的粒子浓度场进行扫描检测，并判断所测区域是否存在渗漏缺陷。如有渗漏，则应记录渗漏处的坐标位置。

在对被测过滤器出风侧进行扫描检漏时，应采用本标准所描述的采样头配合粒子计数器进行。试验过程中，探头在靠近过滤器出风侧的位置以确定的速度移动，扫描中探头所覆盖的轨迹间应无空隙或略有重叠。当采用多个并排的测量系统（多个探头与多台粒子计数器联合使用）同时测量时，可以缩短扫描的时间。

根据探头坐标以及探头移动速度，在扫描过程中通过对粒子浓度进行测定，就可以对可能存在的渗漏进行定位。而后将探头对该处及邻近区域进行重复试验，以判断该处是否存在渗漏缺陷。

当采用定量检漏试验时，可通过过滤器下游的局部透过率平均值来计算该过滤器的计数法效率。

计数扫描检漏试验可使用单分散相或多分散相气溶胶，但测试气溶胶粒径分布应满足本标准规定。

当采用单分散相气溶胶时，可使用总计数法，检测仪器为凝结核计数器（CNC）或光学粒子计数器（OPC）。

当采用多分散相气溶胶时，应使用光学粒子计数器进行检测。

B.2　试验装置

B.2.1　试验装置的构成

附图 B.1 为试验装置构成的示意图。这种装置既适用于单分散相气溶胶检漏试验也适用于多分散相气溶胶试验，二者之间的区别仅仅在于测试气溶胶的发生技术和测量方法。

B.2.2　试验风道系统

B.2.2.1　试验空气的调节

试验空气在与试验气溶胶混合前应经过预处理，应配置合适的预过滤器（如选用性能符合国标规定的粗效、中效以及高效过滤器）来保证其洁净度（不应低于 ISO 7 级）

B.2.2.2　风量调节

试验风道应有风量调节措施（如改变风机转速或者使用风量调节阀），测试过程中，试验风量应能维持在被测过滤器额定风量的±3%以内。

B.2.2.3　风量测试

风量测量应采用标准或经过标定的方法（如利用孔板、喷嘴、文丘里管的压降测试风量）。

最大测量误差不应超过测量值的 5%。

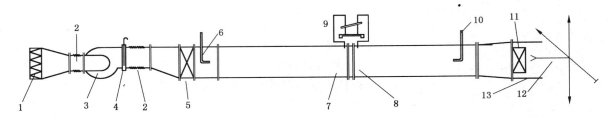

1——预过滤器；
2——软连接；
3——风机；
4——阀门；
5——高效过滤器(大气尘定性试验不需要)；
6——测试气溶胶注入；
7——稳定段；
8——孔板流量计；
9——压差计；
10——上游采样；
11——被试过滤器；
12——下游扫描采样机构；
13——围挡。

图 B.1　计数扫描法试验台原理示意图

B.2.2.4　气溶胶混合风道

试验风道中应设置混合段,混合段的长度应能保证测试气溶胶在测试段达到足够的浓度均匀性。在上游风道紧靠被测过滤器的断面上,至少布置 9 个均匀分布的测点上进行测量,其中任一点的气溶胶浓度不得偏离平均值超过 10%。

B.2.2.5　被测过滤器安装台

被测过滤器的安装机构应能保证过滤器的可靠密封。

B.2.2.6　被测过滤器

用于渗漏试验的过滤器不应存在任何可见损伤或其他异常,过滤器可以按要求装在试验台上并有良好密封。试验过程中,过滤器的温度应与试验空气的温度相同。被测过滤器的搬运与装卸要小心,被试过滤器上应有清晰的永久性标识,标识内容应包括:

　　a)　过滤器的名称；
　　b)　过滤器风向标记。

B.2.2.7　压差测量孔

压差测量孔所能测出的压差值为被试过滤器上游气流测量断面静压平均值与周围环境空气的压差,上游压力测量断面应位于流速均匀的区域。

B.3　测试气溶胶

B.3.1　测试气溶胶的种类

用于高效以及超高效过滤器计数扫描检漏的气溶胶可以为 DOP、DEHS、PSL 等,但不局限于这些物质。所发生的气溶胶可以为单分散相气溶胶也可以为多分散相气溶胶,但无论发生哪种气溶胶,应保证所发生气溶胶的浓度以及粒径分布在测试过程中保持稳定。

当采用单分散相气溶胶进行计数扫描检漏试验时,测试气溶胶的计数中径与滤料 MPPS 的偏差不应超过 10%。当采用多分散相气溶胶进行检漏试验时,测试气溶胶的计数中径与滤料 MPPS 的偏差可以达到 50%。当无法确知滤料的 MPPS 时,由过滤器买卖双方协商确认所采用的气溶胶计数中值直径。

B.3.2 测试气溶胶的浓度

为了获得具有统计意义的结果,在上游浓度不超过计数器浓度测量上限的前提下,下游的采样粒子数应足够大。当进行定量分析时,依据被测过滤器的效率以及所需下游最小计数(不低于 10 粒确定,但不应超过 1×10^7 粒/cm^3。

当进行定性分析时,对于高效过滤器,以大于等于 $0.5 \ \mu m$ 的微粒为准,上游气溶胶浓度须大于或等于 3×10^4 粒/L;当检测超高效过滤器时,以大于或等于 $0.1 \ \mu m$ 的微粒为准,气溶胶浓度需大于或等于 3×10^5 粒/L。

B.3.3 气溶胶测试仪器

当选用单分散相气溶胶进行计数扫描检漏试验时,既可选择光学粒子计数器,也可以选择凝结核粒子计数器对被测过滤器下游粒子浓度进行测量。

工作不正常的气溶胶发生器可能产生大量粒径远小于滤料 MPPS 的粒子,而这些粒子都将被凝结核计数器统计为正常粒子,这将导致实验结果的误差。因此,但当选用凝结核粒子计数器进行测量时,应保证不会出现这种情况。

当选用多分散相气溶胶进行检漏试验时,应选用离散式光散射粒子计数器(如:光学粒子计数器)对被测过滤器下游进行测试。

B.4 扫描系统

过滤器生产商可以选择自动扫描机构,也可以选择人工手动扫描的方式进行过滤器扫描检漏试验。

但是,手动扫描方式无法保证扫描过程的平稳和均匀,而对于扫描过程中粒子数的记录也比较麻烦。因而,手动扫描不宜用于需对测量结果进行定量分析的场合,本标准的介绍将以自动扫描装置为主。

B.4.1 下游采样探头

采样探头的开口面积为 $8 \ cm^2 \sim 10 \ cm^2$,形状宜为正方形。当采用矩形探头时,边长之比不应超过 15:1。选取探头的采样流量时,应保证探头开口处流速与过滤器面风速相差不大于 25%。

使用并列的几只探头(几台计数器并用)可缩短测量时间。

探头距过滤器出风表面 1 cm~5 cm。

B.4.2 探头臂

下游采样探头固定在一个可移动的探头臂上。

B.4.3 气溶胶输送管

下游的气溶胶输送管应尽快且无损失地将粒子送入粒子计数器的测量室。因此,输送管应尽可能短,沿途无死弯。管路材料表面光滑,不散发粒子。

B.4.4 扫描行走机构

扫描行走机构应包括驱动、导向与控制,他们使探头以垂直于气流的方向匀速移动。探头的移动速度可调,但最高不应超过 8 cm/s。实际行走速度与设定值的偏离不应超过 10%。扫描机构可以测定探头移动过程中的坐标及对漏点进行定位以及标记,探头机构在过滤器下游断面任一点的回位精度宜至少为 1 mm。

B.5 隔离措施

被测过滤器的下游应与周围环境的污浊空气隔离。此外,对过滤器边缘漏点定位时也需要隔离。隔离措施的实例包括:用足够长度的围挡包围被试过滤器。

B.6 检测报告

检测报告的内容应包括：

a) 被测过滤器：型号、尺寸、额定风量；

b) 试验气溶胶：物质、中值直径、几何标准偏差；

c) 上、下游粒子计数器：型号、操作数据；

d) 下游采样：探头形状及尺寸、探头移动速度、探头距离、轨迹重叠情况等；

e) 渗漏信号设定；

f) 试验空气的温度和相对湿度；

g) 确认被测过滤器无渗漏的证明；

h) 过滤器修补情况说明。

附　录　C
（规范性附录）
光度计扫描检漏试验

C.1　光度计扫描法试验过程描述

光度计扫描检漏试验适用于检测高效过滤器的泄漏和密封情况。

高效过滤器渗漏指认的标准透过率为 0.01%，即扫描探头在过滤器出风面某点处静止不动时测出的透过率大于 0.01% 即认为是渗漏。

气溶胶应与试验空气混合均匀,确保被测过滤器整个迎风面上的试验气溶胶浓度均匀(空间一致性),还要保持在整个试验期间气溶胶浓度恒定(时间一致性)。

C.2　试验装置与材料

C.2.1　试验装置的构成

试验装置主要包括气溶胶发生器、风机、管道、风量调节装置、静压箱和光度计等(试验系统的示意图见附图 C.1)。气溶胶发生器为一个或多个工作压力约为 133 kPa 的 Laskin 喷嘴,气溶胶物质可为 DOP、DEHOS 等,气溶胶的质量中值直径约 0.7 μm,几何标准差约 1.8。

C.2.2　试验装置的风道系统

风道系统进风量大小可通过调节风机频率或风量调节发开赌阀开度调解,若从室外进风宜设加热器。

C.2.3　屏蔽措施

试验装置中的静压箱在与被测过滤器连接时,要求接口处严密、不泄漏。同时被测过滤器出风面的边缘要求有屏蔽,防止扫描过程中,受到外界的气流干扰。(可采用一定高度的、带有密封垫片的矩形框架夹紧固定来进行屏蔽,某些场合也采用"风幕"方式来屏蔽。)

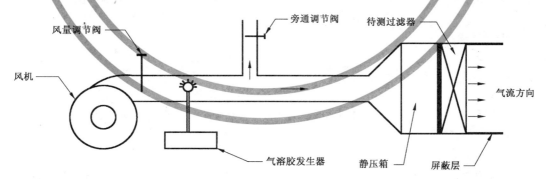

图 C.1　扫描检漏试验系统示意图

C.3　试验步骤

C.3.1　试验中通过调节风机转速或阀门,使被测过滤器的出风面的平均风速为 0.45 m/s±0.05 m/s。

C.3.2　使用线性或对数刻度光度计进行扫描检漏试验。

C.3.3　使用线性光度计时,将被测过滤器上游气溶胶的浓度调整到 10 mg/m³～20 mg/m³ 之间,用光度计采样,调整光度计指针至满刻度,然后,让光度计吸入无尘空气,调整零点。完成上述调整,即可以进行扫描试验。

C.3.4 使用对数光度计时,将被测过滤器上游气溶胶的浓度调整到零点之上最小刻度的 1.0×10^4 或更高,然后按厂家说明对光度计进行校准和调零。

C.3.5 光度计的采样流量为 28.3 L/min±10%。注意扫描探头的尺寸,保证采样口处的风速等于或略高于 0.45 m/s 的过滤器试验风速。

C.3.6 扫描探头的采样口距被测过滤器出风侧表面的距离约 1 cm~5 cm。

C.3.7 矩形扫描探头的扫描速度不大于 5 cm/s,矩形扫描探头的面积扫描速度不大于 1.55 cm/s。

C.3.8 扫描路线应覆盖整个被测过滤器的表面。沿过滤器周边另设一条独立的扫描路线,用于检查滤芯与边框的密封情况。探头往复行走的覆盖区域可略有重叠。

C.3.9 渗漏不合格的判定:透过率超过 0.01% 即判定为泄漏。

ICS 91.140.30
P 48

中华人民共和国国家标准

GB/T 14295—2008
代替 GB/T 14295—1993

空 气 过 滤 器

Air filters

2008-11-04 发布　　　　　　　　　　　　　　2009-06-01 实施

中华人民共和国国家质量监督检验检疫总局
中国国家标准化管理委员会　发布

前　言

本标准代替 GB/T 14295—1993《空气过滤器》。

本标准与 GB/T 14295—1993 相比主要变化如下：

——将"1　主题内容与适用范围"改为"1　范围"；

——将"2　引用标准"改为"2　规范性引用文件"，并增加了多个引用标准和规范；

——将"3　术语"改为"术语与定义"。并增加了多个术语的解释；

——将"4　分类与规格"改为"4　分类与标记"；

——将粗效过滤器的分类改为按效率的高低分为四类，将中效空气过滤器的分类按效率的高低分为三类；

——将原标准中关于过滤器的基本要求、滤料要求和结构要求单独分出来形成"5　基本规定、材料与结构"；

——在"6　要求"中，除了规定空气过滤器的要求外，还规定了静电空气过滤器的安全性能要求；

——在"6.6　清洗"中规定了空气过滤器清洗后的性能要求；

——在"6.7　防火"中规定空气过滤器的防火性能；

——在"6.8　储存"中规定了空气过滤器的储存试验；

——在"6.14　臭氧"中规定了静电空气过滤器 1 h 产生臭氧的平均浓度的最高限值；

——在"7　试验方法"中增加了对静电空气过滤器安全性能和臭氧发生量的检测方法；

——在"8.1　检验分类中"修改了出厂检测的检测项目，增加了静电空气过滤器的出厂检验项目；

——增加了相关的附录。

本标准自实施之日起，JG/T 22—1999《一般通风用空气过滤器性能试验方法》同时废止。

本标准的附录 A、附录 B、附录 C、附录 D、附录 E 和附录 F 为规范性附录，附录 G 为资料性附录。

本标准由中华人民共和国住房和城乡建设部提出。

本标准由全国暖通空调及净化设备标准化技术委员会归口。

本标准负责起草单位：中国建筑科学研究院。

本标准参加起草单位：北京工业大学、河南省米净瑞发净化设备有限公司、天津市津航净化空调工程公司、北京亚都科技股份有限公司、北京市信都净化设备有限责任公司、北京昌平长城空气净化设备工程公司、苏州华泰空气过滤器有限公司、北京动力源科技股份有限公司、山西新华化工有限责任公司。

本标准主要起草人：王智超、赵建成、吴松山、樊宝仁、陈卉、李剑峰、朱增恒、徐小浩、贾春生、孟繁毅。

本标准所代替标准的历次版本发布情况为：

——GB/T 14295—1993。

空 气 过 滤 器

1 范围

本标准规定了空气过滤器(简称过滤器)的术语与定义、分类与标记、要求、试验方法、检验规则以及产品的标志、包装、运输和贮存等。

本标准适用于常温、常湿、包括外加电场条件下的通风、空气调节和空气净化系统或设备的干式过滤器。

2 规范性引用文件

下列文件中的条款通过本标准的引用而成为本标准的条款。凡是注日期的引用文件,其随后所有的修改单(不包括勘误的内容)或修订版均不适用于本标准,然而,鼓励根据本标准达成协议的各方研究是否可使用这些文件的最新版本。凡是不注日期的引用文件,其最新版本适用于本标准。

GB/T 191 包装储运图示标志

GB/T 1236—2000 工业通风机用标准化风道进行性能试验

GB/T 2423.3—2006 电工电子产品环境试验 第 2 部分:试验方法 试验 Cab:恒定湿热试验

GB/T 2624.1—2006 用安装在圆形截面管道中的差压装置测量满管流体流量 第 1 部分:一般原理和要求

GB/T 2624.2—2006 用安装在圆形截面管道中的差压装置测量满管流体流量 第 2 部分:孔板

GB/T 2624.3—2006 用安装在圆形截面管道中的差压装置测量满管流体流量 第 3 部分:喷嘴和文丘里喷嘴

GB/T 2624.4—2006 用安装在圆形截面管道中的差压装置测量满管流体流量 第 4 部分:文丘里管

GB 4706.1—2005 家用和类似用途电器的安全 通用要求

GB/T 4857.23—2003 包装 运输包装件 随机振动试验方法

GB/T 6167 尘埃粒子计数器性能试验方法

GB/T 8170 数值修约规则

GB 8624 建筑材料及制品燃烧性能分级

GB/T 18883—2002 室内空气质量标准

GB 50243 通风与空调工程施工质量验收规范

3 术语与定义

以下术语与定义适于本标准。

3.1

干式过滤器 dry type filter

滤料既不浸油,也不喷其他液体的过滤器。

3.2

亚高效过滤器 sub-HEPA(high efficiency particulate air) filter

按本标准规定的方法检验,对粒径大于等于 0.5 μm 微粒的计数效率大于或等于 95% 而小于

99.9%的过滤器。

3.3

高中效过滤器 high efficiency filter

按本标准规定的方法检验,对粒径大于等于 0.5 μm 微粒的计数效率大于或等于 70%而小于 95%的过滤器。

3.4

中效过滤器 medium efficiency filter

按本标准规定的方法检验,对粒径大于等于 0.5 μm 微粒的计数效率小于 70%的过滤器。其中中效 1 型过滤器计数效率大于或等于 60%、中效 2 型过滤器计数效率大于或等于 40%而小于 60%,中效 3 型过滤器计数效率大于或等于 20%而小于 40%。

3.5

粗效过滤器 roughing filter

按本标准规定的方法检验,不满足中效及以上级别要求的过滤器。其中粗效 1 型过滤器计数效率大于或等于 50%,粗效 2 型过滤器计数效率大于或等于 20%而小于 50%,粗效 3 型过滤器标准人工尘计重效率大于或等于 50%,粗效 4 型过滤器标准人工尘计重效率大于或等于 10%而小于 50%。

3.6

静电过滤器 electric air filter

利用高压静电场使微粒荷电,然后被集尘板捕集的空气过滤器。

3.7

框架 frame

容纳滤料、保持过滤器外形、承受安装和使用时外力的壳体。

3.8

支撑体 underprop

支撑滤料或使滤料间空气通道保持一定形状的部件。

3.9

气溶胶发生器 aerosol generator

空气过滤器计数效率检测时,提供稳定的试验用气溶胶的发生装置。

3.10

额定风量 rated air flow

规定的过滤器在单位时间内设计处理的风量,或过滤器迎面风速乘以过滤器迎风面积,单位以 m³/h 表示。

3.11

粒径 particle size

用某种测定方法测出的表征粒子大小的名义尺寸,并不含有具体的几何形状的意义,单位以 μm 表示。

当用光散射粒子计数器测定时,粒径是指与标准粒子散射光强度作等效比较而获得的综合效果,代表着某一几何尺寸范围的粒子大小。

3.12

含尘浓度 dust concentration

指单位体积空气中所含悬浮粒子的数量或质量。当以 p/L 为单位表示时,称为计数浓度;当以 mg/m³ 为单位表示时,称为计重浓度。

3.13

粒径分组 particle size grouping

根据本标准的需要,将试验空气中所含的悬浮粒子按粒径大小分为 2 组,即大于或等于 0.5 μm 和大于或等于 2.0 μm。

3.14

计数效率 counting efficiency

指未积尘的受试过滤器上、下风侧气流中气溶胶计数浓度之差与其上风侧计数浓度之比,即受试过滤器捕集粒子数量的能力,该效率以百分数(%)表示。

3.15

人工尘 synthetic dust

指本标准使用的模拟大气尘的混合尘源。

3.16

人工尘发生器 synthetic dust generator

指把人工尘按一定要求发散到空气中去形成比较均匀的分散系的设备。

3.17

末端过滤器 final filter

指用来捕集透过受试过滤器的人工尘的过滤器。

3.18

计重效率 arrestance

指用人工尘试验过滤器,在任意一个试验周期内,受试过滤器集尘量与发尘量之比,即受试过滤器捕集灰尘粒子质量的能力,该效率以百分数(%)表示。

3.19

初始计重效率 initial arrestance

指用人工尘试验过滤器,第一个试验周期内中间状态的计重效率,该效率以百分数(%)表示。

3.20

平均计重效率 average arrestance

指用人工尘试验过滤器,在额定风量下阻力达到终阻力的期间内,若干次测得的计重效率的算术平均值,该效率以百分数(%)表示。

3.21

初阻力 initial pressure drop

指未积尘的受试过滤器通过额定风量时的空气阻力,单位以 Pa 表示。

3.22

终阻力 final pressure drop

指在额定风量下由于过滤器积尘,而使其阻力上升并达到的规定值。可以是表 3 规定的值,也可以由生产厂家推荐,单位以 Pa 表示。

3.23

容尘量 dust holding capacity

指在额定风量下,受试过滤器达到终阻力时所捕集的人工尘总质量,单位以 g 表示。

4 分类与标记

4.1 分类

4.1.1 按性能分类

a) 粗效过滤器,分成粗效 1 型过滤器、粗效 2 型、粗效 3 型、粗效 4 型过滤器;

b) 中效过滤器,分成中效 1 型过滤器、中效 2 型过滤器和中效 3 型过滤器;

c) 高中效过滤器;

d) 亚高效过滤器。

4.1.2 按型式分类

a) 平板式;

b) 折褶式;

c) 袋式;

d) 卷绕式;

e) 筒式;

f) 静电式。

4.1.3 按滤料更换方式分类

a) 可清洗;

b) 可更换;

c) 一次性使用。

4.2 按规格分类

过滤器的基本规格按额定风量表示。小于 1 000 m³/h 的规格代号为 0,1 000 m³/h 规格代号为 1.0,每增加 100 m³/h 即递增 0.1,增加不足 100 m³/h 的规格代号不变,见表 1。

4.3 标记

4.3.1 过滤器外形尺寸表示原则为:以气流通过方向为深度,以气流通过方向的垂直截面正确地安装时的垂直长度为高度,水平长度为宽度。标记如下(代号含义见表 1):

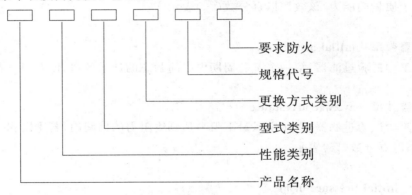

要求防火
规格代号
更换方式类别
型式类别
性能类别
产品名称

表 1 型号规格代号

序 号	项目名称	含 义	代 号
1	产品名称	空气过滤器	K
2	性能类别	粗效过滤器	C1、C2、C3、C4
		中效过滤器	Z1、Z2、Z3
		高中效过滤器	GZ
		亚高效过滤器	YG
3	型式类别	平板式	P
		折褶式	Z
		袋式	D
		卷绕式	J
		筒式	T
		静电式	JD

表 1（续）

序　号	项目名称	含　义	代　号
4	更换方式	可清洗、可更换	K
		一次性使用	Y
5	规格代号	额定风量 800 m³/h	0.8
		1 000 m³/h	1.0
		1 100 m³/h	1.1
		以下类推	以下类推
6	要求防火	有	H

4.3.2 标记示例

a) KZ2-Z-Y-1.5 即中效 2 型空气过滤器,折褶式,一次性使用的,额定风量为 1 500 m³/h,无防火要求;

b) KC3-P-K-2.0-H 即粗效 3 型空气过滤器,平板式,可清洗的,额定风量 2 000 m³/h,有防火要求。

5 基本规定、材料与结构

5.1 基本规定

5.1.1 过滤器按规定程序批准的图纸和技术文件进行生产。

5.1.2 框架或支撑体无凹凸疤痕、破损、外形完整规矩。

5.1.3 滤料无损伤。

5.1.4 静电空气过滤器单相额定电压不应大于 250 V,三相额定电压不应大于 480 V,额定频率应为 50 Hz 的静电空气过滤器机组。

5.1.5 静电过滤器应设置断电保护,保证在打开机组结构进行维修或维护时,其内部装置自动断电。

5.1.6 静电空气过滤器为公众易触及的器具,其防触电保护应符合 GB 4706.1—2005 规定的Ⅰ类器具的要求,即试验探棒不应触及带电和可能带电的部件。

5.2 材料

5.2.1 滤料

a) 效率、阻力、强度、容尘量等性能应满足同类过滤器性能要求;

b) 应符合国家颁布的卫生要求,并不产生二次污染;

c) 厚度、密度应均匀,不应含有硬块等明显杂物,表面不应有裂缝、空洞等外伤;

d) 可再生或可清洗的滤料,再生或清洗后的效率不应低于原指标的 85%,阻力不应高于原指标的 115%,强度仍应满足使用要求。

5.2.2 粘结剂和密封胶

a) 粘结剂的剪力强度和拉力强度应不低于滤料强度,其耐温耐湿应与滤料相同;

b) 密封胶应保证过滤器阻力在使用极限条件下,运行时不开裂,不脱胶,并且有弹性,其耐温耐湿应与滤料相同。

5.3 结构

5.3.1 框架或支撑体

a) 当框架或支撑体既当作滤料支撑体又当作过滤器密封端面框架时应有强度和刚度的要求;

b) 当框架或支撑体仅作为滤料支撑体用时,允许有一定的变形,但是不能影响过滤器的安装和正常使用。

5.3.2 密封措施

a) 滤芯与框架(或支撑体)压接应紧密,如用胶封,则粘接应牢固,无漏孔及脱开裂缝。粘结处、缝

接处在撕裂试验后不开裂;

 b) 框架(或支撑体)端面若有密封垫,密封垫应平整,具有弹性,与框架(或支撑体)粘接要牢固。

5.3.3 可清洗、可更换的过滤器应拆装方便,清洗方法简单。

5.3.4 卷绕式过滤器运转部件应灵活、滤料不偏斜、卷绕速度均匀。

6 要求

6.1 尺寸偏差

6.1.1 外形尺寸

外形尺寸允许偏差见表2。

表 2 外形尺寸允许偏差

单位为毫米

外形 \ 类别		粗效	中效	高中效	亚高效
端面	≤500	0 −1.6			
	>500	0 −3.2			
深度		—	—	—	+1.6 0
每端面两对角线之差	≤700	—	—	—	≤2.3
	>700	—	—	—	≤4.5

6.1.2 平面度

亚高效过滤器端面及侧板平面度应小于或等于1.6 mm。

6.2 效率、阻力

6.2.1 过滤器的效率、阻力应在额定风量下符合表3的规定;

6.2.2 未标注额定风量,应按表3规定的迎面风速推算额定风量,并按附录A和附录B进行试验;

6.2.3 在满足本标准规定的额定风量下的初阻力的情况下,过滤器的初阻力不得超过产品标称值的10%。

表 3 过滤器额定风量下的效率和阻力

性能类别 \ 性能指标	代号	迎面风速/ m/s	额定风量下的效率(E)/%		额定风量下的 初阻力(ΔP_i)/Pa	额定风量下的 终阻力(ΔP_f)/Pa
亚高效	YG	1.0	粒径≥0.5 μm	99.9>E≥95	≤120	240
高中效	GZ	1.5		95>E≥70	≤100	200
中效1	Z1	2.0		70>E≥60	≤80	160
中效2	Z2			60>E≥40		
中效3	Z3			40>E≥20		
粗效1	C1	2.5	粒径≥2.0 μm	E≥50	≤50	100
粗效2	C2			50>E≥20		
粗效3	C3		标准人工 尘计重效率	E≥50		
粗效4	C4			50>E≥10		
注:当效率测量结果同时满足表中两个类别时,按较高类别评定。						

6.3 容尘量

过滤器必须有容尘量指标,并给出容尘量与阻力关系曲线。过滤器实际容尘量指标不得小于产品标称容尘量的 90%。

6.4 抗撕裂

在抗撕裂试验中及试验后不得有滤芯撕裂,从框架(或支撑体)移位或其他的损坏。

6.5 耐振动

过滤器经振动试验后,效率和阻力仍应符合表 3 的规定。

6.6 清洗

过滤器清洗后的效率不应低于原指标的 85%,阻力不应高于原指标的 115%,强度仍应满足使用要求。

6.7 防火

过滤器如有防火要求,应满足 GB 8624 的相关规定。

6.8 储存

过滤器经过高温高湿储存后,阻力仍然满足表 3 的要求,效率不低于试验前的 90%,且要求外观不滋菌,不生酶。

6.9 绝缘电阻

机组按 7.9 的方法试验,其冷态绝缘电阻不应小于 2 MΩ。

6.10 电气强度

机组按 7.10 的方法试验,应无击穿。

6.11 泄漏电流

机组按 7.11 的方法试验,其外露金属部分和电源线间的泄漏电流值不应大于 1 mA。

6.12 接地电阻

机组在明显位置应有接地标识,接地端子和接地触点不应连接到中性接线端子。按 7.12 的方法试验,其外露金属部分和接地端子之间的电阻值应不大于 0.1 Ω。

6.13 湿热试验

机组湿热试验按 7.13 的方法进行试验,应符合:

a) 机组带电部分与非带电部分之间绝缘电阻值不小于 2 MΩ;

b) 施加表 4 规定电压 1 min,应无击穿。

6.14 臭氧

臭氧发生浓度 1 h 均值应低于 0.16 mg/m³。

7 试验方法

7.1 尺寸偏差

7.1.1 长度用分度值不大于 0.1 mm 的游标卡尺检查。

7.1.2 平面度用平板和塞尺检查,平板精度为 3 级,塞尺厚度范围为 0.02 mm～0.50 mm。

7.2 效率、阻力

应按附录 A 和附录 B 规定的方法测定额定风量下的效率和阻力。

7.3 容尘量

应按附录 B 规定的方法进行试验。

7.4 抗撕裂

额定风量下,在装置端面上均匀的添加棉纤维、飞尘、试验尘或者它们的任意混合物来增加阻力,达到 3 倍初阻力,并保持 3 min,而后 2 min 内通过降低风量把试验压差降低到初阻力的 10%。这个程序必须重复作 4 次。

7.5 耐振动

对亚高效过滤器经检验合格后,按规定进行包装和标志,并应按 GB/T 4857.23—2003 的相关要求进行耐振动试验,经过耐振动试验后的过滤器按 7.2 的规定复检效率和阻力,试验结果应符合 6.5 的规定。

7.6 清洗

按制造厂给出的清洗方法清洗后,按 7.2 的规定复检效率和阻力。

7.7 防火

有防火要求的过滤器,应按 GB 8624 的规定进行防火试验。

7.8 储存

将被检过滤器储存于(40±2)℃,相对湿度(93±2)%环境内 48 h,取出后立即进行效率、阻力试验。

7.9 绝缘电阻

常温、常湿条件下,用 500 V 绝缘电阻计测量机组带电部分和非带电金属部分之间的绝缘电阻。

7.10 电气强度

7.10.1 在机组带电部分和非带电金属部分之间施加额定频率的交流电压,开始施加电压应不大于规定值的一半,然后快速升为全值,持续时间 1 min。施加的电压见表 4:

表 4

单 相	三 相
1 250 V	1 500 V

7.10.2 大批量生产时,可用 1 800 V 电压及 1 s 时间进行测量。

7.11 泄漏电流

对于单相器具施加 1.06 倍的额定电压,对于三相器具施加 1.06 倍的额定电压除以 $\sqrt{3}$,在施加试验电压 5 s 内,测量机组外露的金属部分与电源线之间的泄漏电流。

7.12 接地电阻

用接地电阻仪测量机组外壳与接地端子之间的电阻。

7.13 湿热试验

按 GB/T 2423.3—2006 规定的试验条件,连续运行 48 h 后进行测量,并应符合 6.13 的规定。

7.14 臭氧

机组在额定风量下,应按附录 C 规定的方法进行测量。

8 检验规则

8.1 检验分类

8.1.1 出厂检验

过滤器必须进行出厂检验,检验结果填写在出厂合格证上方可出厂。粗效、中效、高中效过滤器出厂检验项目为表 5 所列序号 2 项;亚高效过滤器出厂检验项目为表 5 所列序号 1 项和 2 项;静电空气过滤器出厂检验项目为表 5 所列序号 2 项和 9~14 项。

8.1.2 型式检验

8.1.2.1 过滤器有下列情况之一者,必须进行型式检验:

    a) 试制的新产品定型或老产品转厂时;

    b) 产品结构和制造工艺,材料等更改对性能有影响时;

    c) 产品停产超过一年后,恢复生产时;

    d) 出厂检验结果与上次型式检验有较大差异时;

    e) 国家质量监督机构提出进行型式检验的要求时。

8.1.2.2 空气过滤器和静电空气过滤器的型式试验按表 5 中"√"的项目进行检验。

8.1.2.3 型式检验抽样方法

在制造厂提供的合格产品中抽取,同一批次不大于100台抽3台,大于100台抽5台。

8.2 判定原则

8.2.1 对所抽取的一台样品,检验项目中主项有一项或次项有二项不合格,则判该样品为不合格品;

8.2.2 在所抽取样品中有一台检验不合格,则按8.1.2.3规定加倍抽取。加倍抽取后检验均为合格,该批过滤器判为合格品;如检验仍有一台不合格,则该批过滤器判为不合格品;

8.2.3 若3台以上(含3台)过滤器都有同一个缺陷,整批产品也应判为不合格。

表5 空气过滤器检验项目

序号	检验项目名称	本标准所属条款	空气过滤器	静电空气过滤器	备注
1	尺寸偏差	6.1 7.1	√		次项
2	效率、阻力	6.2 7.2	√	√	主项
3	容尘量	6.3 7.3	√		主项
4	抗撕裂	6.4 7.4	√		次项
5	运输耐振动	6.5 7.5	√	√	次项
6	清洗[1]	6.6 7.6	√	√	主项
7	防火[2]	6.7 7.7	√	√	主项
8	储存	6.8 7.8	√		次项
9	绝缘电阻	6.9 7.9		√	主项
10	电气强度	6.10 7.10		√	主项
11	泄漏电流	6.11 7.11		√	主项
12	接地电阻	6.12 7.12		√	主项
13	湿热	6.13 7.13		√	主项
14	臭氧	6.14 7.14		√	主项

注1:仅限于可清洗过滤器;
注2:仅对于有防火要求的过滤器。

9 标志、包装、运输和贮存

9.1 标志

每台过滤器必须在明显部位设有标记,标签牢固固定于过滤器外框。若有需要还应标明气流方向,标志内容至少应包括:

a) 产品名称;
b) 本标准规定的过滤器型号规格;
c) 额定风量;
d) 额定风量下的计数过滤效率,或者计重效率;
e) 额定风量下的初阻力;
f) 容尘量;
g) 制造厂名称、产品出厂年、月、日。

9.2 包装

a) 包装应确实能保护出厂检验合格的过滤器在装卸、运输、搬运、存放直到用户安装就位前免受外因引起的损伤和毁坏；

b) 装箱前过滤器应包在塑料袋中,亚高效过滤器或者滤芯易破损的过滤器在两端面用与端面相同尺寸的硬板保护；

c) 包装箱上应注明过滤器型号规格、数量、制造厂名,并按 GB/T 191 规定应用文字或图例标明"小心轻放"、"怕湿",有必要时还应加"向上"。

9.3 运输

在过滤器运输过程中按包装箱上标志放置,并采取固定措施,堆放高度以不损坏或压坏过滤器为原则。

9.4 贮存

a) 存放时应按包装箱体上的标志堆放,堆放高度以不损坏、压坏或造成倒塌危险为原则；

b) 过滤器不得存放在潮湿或温湿度变化剧烈的地方,严禁露天堆放。

附　录　A

（规范性附录）

空气过滤器性能试验方法

　　本附录规定了空气过滤器性能试验的试验装置、试验方法和测量结果处理方法,用以评价通风、空调和空气净化系统或设备用空气过滤器的阻力和效率等主要特性。

　　本方法适用于测量对粒径大于或等于 0.5 μm 粒子的过滤效率小于或等于 99.9% 的空气过滤器。

A.1　试验装置

　　试验装置系统图及主要部件构造图见图 A.1～图 A.3。试验装置主要包括:风道系统、气溶胶发生装置和测量设备三部分。试验装置的结构允许有所差别,但试验条件应和本标准的规定相同,且同一受试过滤器的测量结果应与本标准所规定的试验装置的测量结果一致。

A.1.1　风道系统

A.1.1.1　构造

　　风道系统的构造及尺寸见图 A.1～图 A.3。风道系统的制作与安装应满足标准 GB 50243 的要求。各管段之间连接时,任何一边错位不应大于 1.5 mm。整个风道系统要求严密,投入使用前应进行打压检漏,其压力应不小于风道系统风机额定风压的 1.5 倍。

　　a)　用以夹持受试过滤器的管段长度应为受试过滤器长度的 1.1 倍,且不小于 1 000 mm。当受试过滤器截面尺寸与试验风道截面不同时,应采用变径管,其尺寸如图 A.2;

　　b)　测量计数效率时,采样管的安装孔应设在管段(5)、(10)上;

　　c)　静压环(9)的构造应符合 GB/T 1236—2000 的要求。

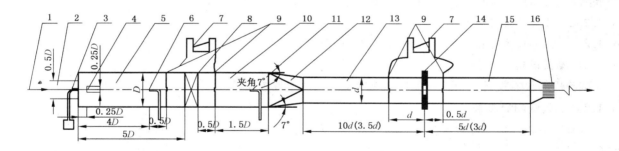

1——洁净空气进口;	9——静压环;
2——洁净空气进口风管;	10——被试过滤器后风管;
3——气溶胶发生装置;	11——过滤后采样管;
4——穿孔板;	12——天圆地方;
5——被试过滤器前风管;	13——流量测量装置前风管;
6——过滤前采样管;	14——流量测量装置;
7——压力测量装置;	15——流量测量装置后风管;
8——被试过滤器安装段;	16——风机进口风管。

图 A.1　试验风道尺寸示意图

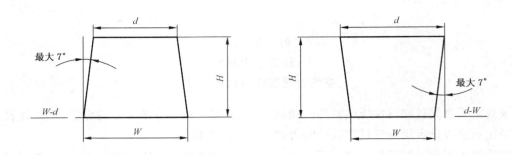

图 A.2 边截面风道管段

A.1.1.2 试验用空气的引入

试验用空气应保证洁净,风道中粒子的背景浓度不应超过气溶胶发生浓度的 1%。

   a) 风道应在吸入口设保护网和静压室。静压室的尺寸不小于 2 m×2 m×2 m,但其容积应不大于 10 m³;

   b) 静压室入口应安装 2~3 级空气过滤器,最后一级为高效过滤器,确保进入风道的空气洁净;

   c) 试验用空气的温度宜为 10 ℃~30 ℃,相对湿度宜为 30%~70%。

A.1.1.3 排气

风道系统的排气经过处理后排至室外,或排入风道系统吸入口以外的房间。

A.1.1.4 隔震

风道系统应与风机或试验室内其他震源隔离。

A.1.2 气溶胶发生器

气溶胶发生器应满足下述条文,有关气溶胶发生器的介绍见附录 D。

A.1.2.1 试验气溶胶为多分散固相氯化钾(KCl)粒子。气溶胶发生装置应能提供 $0.3~\mu m$~$10~\mu m$ 粒径范围内稳定的气溶胶。气溶胶的浓度不应超过粒子计数器的浓度上限。

A.1.2.2 要保证氯化钾粒子被引入试验管道之前是干燥的。

A.1.2.3 试验中发生的固相氯化钾粒子的粒径分布应满足表 D.1 的要求。

A.1.3 测量设备

试验用的仪器设备均应按有关标准或规定进行标定或校正。

A.1.3.1 风量测量设备

风量一般采用标准孔板或标准喷嘴等节流装置连接微压计进行测量。节流装置的设计和安装可参照 GB/T 2624.1~2624.4—2006 和 GB/T 1236—2000。微压计的分度值不应大于 2 Pa~5 Pa,风量小时用分度值小的微压计,风量大时用分度值大的微压计。

A.1.3.2 阻力测量设备

阻力一般采用微压计进行测量。微压计分度值不应大于 2 Pa。

A.1.3.3 计径计数效率测量设备

由图 A.1 中的上、下风侧采样管(6)、(11)用软管分别接到两台或一台粒子计数器上进行试验。当上风侧浓度高于粒子计数器量程范围时,应在采样管与粒子计数器之间附加稀释装置。

A.1.3.3.1 采样管

采样管应是内壁光滑、干净的管子,其构造如图 A.3。采样管口部直径的选择应考虑近似等动力流的条件,即采样管口的吸入速度与风道内风速应近似,最大偏差应小于±10%。当风道内风速与采样管口速度近似时,采样管采用图 A.3a 型式;当风道内风速低于采样管口速度时,采样管采用图 A.3b 型式;当风道内风速高于采样管口速度时,采样管采用图 A.3c 型式。

单位为毫米

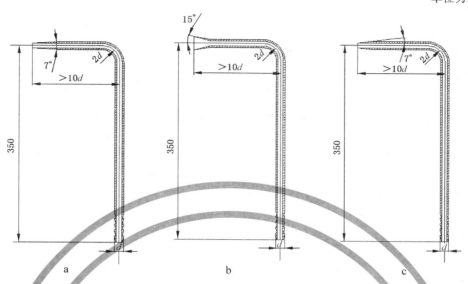

图 A.3 采样管

A.1.3.3.2 连接软管

连接采样管与粒子计数器的连接管应是干净的无接头软管。连接管应尽可能短,一般不应超过 1.5 m,其水平段一般不超过 0.5 m。

A.1.3.3.3 粒子计数器

一般采用光学粒子计数器,粒子计数器至少应有大于或等于 0.3 μm、大于或等于 0.5 μm、大于或等于 1.0 μm、大于或等于 2.0 μm 和大于或等于 5.0 μm 五个档次。PSL 小球对 0.3 μm 粒子的计数效率至少为 50%,并应按 GB/T 6167 的要求进行标定。当采用两台计数器时,两台应具有尽可能相同的灵敏度。

A.2 试验条件

A.2.1 试验用气溶胶满足 A.1.2 的规定,并在上游采样截面前与洁净空气充分混合。

A.2.2 检测台正常运行情况下,过滤前气溶胶取样断面上的气溶胶浓度的均匀性,按图 A.4 中的 16 点进行取样,用粒子计数器进行测量,要求各点之间气溶胶浓度的误差不大于 10%。

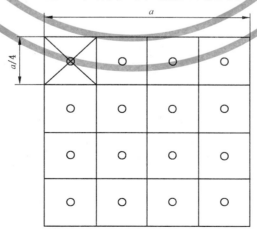

图 A.4 气溶胶均匀性测点布置图

A.2.3 检测台正常运行情况下,30 min 内过滤前气溶胶取样断面上的气溶胶浓度变化不超过 10%。

A.3 试验方法

A.3.1 阻力试验

A.3.1.1 确保受试过滤器安装边框处不发生泄漏。

A.3.1.2 启动风机,用微压计测出 50%、75%、100% 和 125% 额定风量下的阻力,并绘制风量阻力曲线。

A.3.2 气溶胶计径计数效率试验

在额定风量下,一般用两台粒子计数器同时测出受试过滤器上、下风侧粒径大于或等于 0.3 μm、大于或等于 0.5 μm、大于或等于 1.0 μm 和大于或等于 2.0 μm 的粒子计数浓度;当受试过滤器对 0.5 μm 粒径档的计数效率小于 90% 时,也可以用一台粒子计数器进行试验。受试过滤器的计数效率为其上、下风侧计数浓度之差与上风侧浓度之比,以百分数% 表示。

A.3.2.1 确保受试过滤器安装边框处不发生泄漏。

A.3.2.2 启动风机,检查是否保持受试过滤器的额定风量。

A.3.2.3 在发生试验用气溶胶之前应测量背景浓度,至少连续采样 5 次,每次采样时间 1 min。每次采样的粒子浓度均应满足 A.1.1.2 的要求。

A.3.2.4 背景浓度采样完成后,开始发生气溶胶。在受试过滤器上风侧的采样位置上,首先用事先经过校正的粒子计数器尽可能做到等速采样。待发尘稳定时,上、下风侧用粒子计数器正式采样。下游采样时,粒子计数器的显示值不低于 100。

A.3.2.5 当用 2 台粒子计数器试验时,对于试验的每一批过滤器,在试验开始前,2 台计数器应在下风侧采样点轮流采样各 10 次,设备自测得的平均浓度为 $\overline{N_1}$、$\overline{N_2}$,$\overline{N_1}$、$\overline{N_2}$ 分别和 $\dfrac{\overline{N_1}+\overline{N_2}}{2}$ 之差应在 ±20% 之内。以后对下风侧的每次测量值(设为 $\overline{N_2}$)皆应用 $\dfrac{\overline{N_1}}{\overline{N_2}}$ 这个值相乘进行修正。

A.3.2.6 当用 2 台粒子计数器试验时,待上、下风侧采样数字稳定后各取连续 3 次读数的平均值,求 1 次效率;再取连续 3 次读数的平均值,再求 1 次效率。

A.3.2.7 当只用 1 台计数器试验时,必须待数值稳定后,先下风侧,后上风侧各测 5 次,取 5 次平均值,求 1 次效率;当仪器从上风侧移向下风侧试验时,必须使仪器充分自净,然后重新操作,再取 5 次平均值,再求 1 次效率。

A.3.2.8 在上述两条中的各 2 次(任意粒径)计数效率值应满足表 A.1 规定。

表 A.1 计数效率值表

第一次效率值 E_1	第二次计数效率 E_2 和 E_1 之差
<40%	<0.3E_1
40%~<60%	<0.15E_1
60%~<80%	<0.08E_1
80%~<90%	<0.04E_1
90%~<99%	<0.02E_1
≥99%	<0.01E_1

A.3.2.9 用式(A.1)求出受试过滤器粒径分组计数效率,小数点后只取 1 位数。

$$E_i = \left(1 - \frac{N_{2i}}{N_{1i}}\right) \times 100 \qquad\cdots\cdots\cdots\cdots\cdots\cdots\cdots\cdots\cdots (\text{A.1})$$

式中:

E_i——粒径分组(≥0.3 μm,≥0.5 μm,≥1.0 μm,≥2.0 μm)计数效率,%;

N_{1i}——上风侧大于或等于某粒径粒子计数浓度的平均值,p/L;

N_{2i}——下风侧符合 A.3.2.4 的大于或等于某粒径粒子计数浓度的平均值,p/L。

附 录 B
（规范性附录）
空气过滤器计重效率和容尘量试验

本附录规定了进行空气过滤器的阻力、计重效率和容尘量试验的设备、条件和试验方法。

B.1 试验装置

试验装置系统图及主要部件构造图见图 B.1 和图 B.2。试验装置主要包括：风道系统、人工尘发生装置和测量设备三部分。试验装置的结构允许有所差别，但试验条件应和本标准的规定相同。

B.1.1 风道系统
B.1.1.1 构造

风道系统的构造及尺寸见图 B.1。风道系统的制作与安装应满足标准 GB 50243 的要求。各管段之间连接时，任何一边错位不应大于 1.5 mm。整个风道系统要求严密，投入使用前应进行打压检漏，其压力应不小于风道系统风机额定风压的 1.5 倍。

    a）用以夹持受试过滤器的管段长度应为受试过滤器长度的 1.1 倍，且不小于 1 000 mm。当受试过滤器截面尺寸与试验风道截面不同时，应采用变径管，其尺寸如图 B.2；

    b）测量计重效率时，将末端过滤器(10)安装在管段(9)、(11)之间；

    c）静压环(6)的构造应符合 GB/T 1236—2000 的要求。

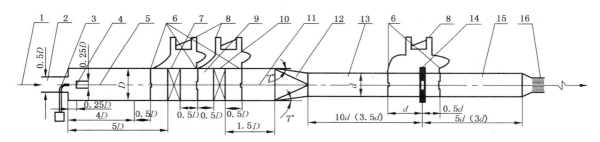

1——空气进口；
2——空气进口风管；
3——人工尘发生装置；
4——穿孔板；
5——被试过滤器前风管；
6——静压环；
7——被试过滤器安装段；
8——压力测量装置；
9——被试过滤器后风管；
10——末端过滤器；
11——末端过滤器后风管；
12——天圆地方；
13——流量测量装置前风管；
14——流量测量装置；
15——流量测量装置后风管；
16——风机进口风管。

图 B.1 试验风道尺寸示意图

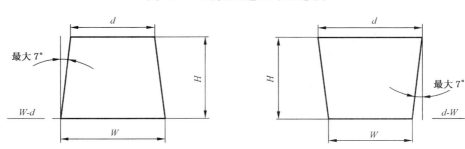

图 B.2 变截面风道管段

B.1.1.2 试验用空气的引入

试验用空气应保证洁净,空气中的含尘量不应影响计重效率的测量结果。

    a) 风道应在吸入口设保护网和静压室。静压室的尺寸不小于 2 m×2 m×2 m,但其容积应不大于 10 m³;

    b) 试验用空气的温度宜为 10 ℃～30 ℃,相对湿度宜为 30%～70%。

B.1.1.3 排气

风道系统的排气经过处理后排至室外,或排入风道系统吸入口以外的房间。

B.1.1.4 隔震

风道系统应与风机或试验室内其他震源隔离。

B.1.2 人工尘发生装置

人工尘发生装置应满足下述条文,有关人工尘发生装置的介绍见附录 E。

B.1.2.1 试验空气中含尘浓度应保持在(70±7)mg/m³。

B.1.2.2 要保证人工尘被引入试验管道之前是干燥的。

B.1.3 测量设备

测量用的仪器设备均应按有关标准或规定进行标定或校正。

B.1.3.1 风量测量设备

风量一般采用标准孔板或标准喷嘴等节流装置连接微压计进行测量。节流装置的设计和安装可按 GB/T 2624.1～2624.4—2006 和 GB/T 1236—2000 的规定进行。微压计的分度值不应大于 2 Pa,风量小时用分度值小的微压计,风量大时用分度值大的微压计。

B.1.3.2 阻力测量设备

阻力一般采用微压计进行测量。微压计分度值不应大于 2 Pa。

B.1.3.3 衡器

称量受试过滤器和末端过滤器用的衡器,其感量应达到 0.1 g。称量人工尘的天平,其感量也应达到 0.1 g。

B.2 试验条件

B.2.1 试验尘源

B.2.1.1 计重效率使用的尘源为本标准附录 F 中规定的人工尘。

B.2.1.2 将人工尘放入烘箱内,在 110 ℃温度下烘干(约 2 h～3 h),取出后晾至室温,再放在干燥器内保存待用。

B.2.2 末端过滤器

指用来捕集透过受试过滤器的人工尘的过滤器,要求框架为非吸湿性材料,过滤效率和阻力要求最低达到亚高效空气过滤器级别的要求。

常温常湿条件下,任何一次计重效率试验中,发生损坏、纤维损失或湿度改变时,末端过滤器可称重部分的质量增加或减少值不应大于 1 g。它在相当于一个试验周期的时间内,因环境条件(如相对湿度)的变化而引起的自身重量变化不应超过±1 g。

B.3 试验顺序

每一块过滤器的性能都应按以下顺序进行:

    a) 不同风量下过滤器的初阻力;

    b) 按标准规定的计数法测量被测过滤器对大于或等于 2.0 μm 粒子的计数效率。

B.4 试验方法

B.4.1 阻力试验

B.4.1.1 确保受试过滤器安装边框处不发生泄漏。

B.4.1.2 启动风机,用微压计测出 50%、75%、100%和 125%额定风量下的阻力,并绘制风量阻力曲线。

B.4.2 人工尘发尘方法

B.4.2.1 根据预先计算的发尘周期,称量必要的粉尘量(如 30 g),加入下进料斗。粉尘量的称量应精确到 0.1 g。

B.4.2.2 发尘应在试验风道的风量调节正常后方可开始。先启动和调节好压缩空气压力,然后开动螺旋发尘器。

每个发尘周期完毕后,应延续少许时间,使发尘器中的余尘被吹引干净。若无法吹引干净,则可将剩余粉尘清出、称重,然后在发尘量中减除。

B.4.3 人工尘计重效率、阻力和容尘量试验

将称量过的末端过滤器和受试过滤器安装在风道系统中(见图 B.1),用人工尘发生器向风道系统发生一定质量的人工尘,穿过受试过滤器的人工尘被末端过滤器捕集。然后取出末端过滤器和受试过滤器,重新称量。根据受试过滤器和末端过滤器增加的质量计算受试过滤器的人工尘计重效率。这样的过滤效率试验至少要进行四次。每个试验周期开始和结束都需要测量阻力、受试过滤器和末端过滤器的人工尘捕集量,以此确定受试过滤器的容尘量、阻力与容尘量的关系和计重效率与容尘量的关系。

B.4.4 计重效率和容尘量的试验步骤

B.4.4.1 先称量受试过滤器和末端过滤器的质量,精确到 0.1 g。每次加入粉尘的量一定要足够小,以保证容尘量试验结束之前,至少分四次加尘。在标准试验中,一次粉尘增量不应多于使过滤器达到额定终阻力所需粉尘。

B.4.4.2 将粉尘装入螺旋发生器的进料斗中,利用输送轴的转速调整发尘浓度,将试验空气中的粉尘浓度控制在(70±7)mg/m³。

B.4.4.3 确保受试过滤器安装边框处不发生泄漏。

B.4.4.4 启动风机,调整风量至被测过滤器的额定风量。

B.4.4.5 启动发尘装置,调节好压力。

B.4.4.6 保持额定风量和发尘的压缩空气压力,直至人工尘全部发完。

B.4.4.7 关闭发尘装置和压缩空气。

B.4.4.8 震动发生器,确保粉尘全部进入风道。

B.4.4.9 在保持原有风量情况下,用避开被测过滤器正面的一股压缩空气流,将沉积在受试过滤器上风侧风道内壁的粉尘沿与受试过滤器偏斜方向重新进入气流中。

B.4.4.10 测量该发尘期间结束时的受试过滤器阻力。

B.4.4.11 关闭风机,重新称量受试过滤器和末端过滤器质量,以测量被两者捕集到的人工尘的质量,注意不要使集尘掉落。此时的空气湿度条件应与称量末端过滤器自重时的条件相近。

B.4.4.12 用毛刷将可能沉积在受试过滤器与末端过滤器之间的人工尘收集起来称重,精确到 0.1 g。

B.4.4.13 将末端过滤器增加的质量与上述收集的人工尘的质量相加,得出未被受试过滤器捕集的人工尘的质量。

B.4.4.14 试验程序结束之后,如有可能,可称量受试过滤器的质量,受试过滤器所增加的质量与未被受试过滤器捕集的人工尘质量之和应等于发尘总质量,误差宜小于 3%。

B.5 数据处理

B.5.1 一个发尘阶段内的计重效率

先用式(B.1)计算任意一个发尘过程结束时的计重效率(A_i):

$$A_i = 100 \times \frac{W_{1i}}{W_i} = 100 \times \left(1 - \frac{W_{2i}}{W_i}\right) \quad\cdots\cdots\cdots\cdots\cdots\cdots (B.1)$$

式中:

W_{1i}——在该发尘过程中,受试过滤器的质量增量,g;

W_{2i}——在该发尘过程中,未被受试过滤器捕集的人工尘重量,g;

W_i——在该发尘过程中,人工尘发尘量,$W_i = W_{1i} + W_{2i}$,g。

每一个发尘阶段结束后,应在以计重效率为纵坐标,发尘量为横坐标绘制计重效率和发尘量的关系图中增加相应的点。

B.5.2 任意一个发尘过程的平均计重效率($\overline{A_i}$)

再把每一发尘过程终了时的计重效率点在横坐标为发尘量,纵坐标为计重效率的图上,向 A_i 方向延长 A_2A_1 与纵坐标相交,交点数值即作为 A_0(当 i 等于 1 时,$A_{i-1} = A_0$)。

于是可用式(B.2)计算任意一个发尘过程的平均计重效率:

$$\overline{A_i} = \frac{A_i + A_{i-1}}{2} \quad\cdots\cdots\cdots\cdots\cdots\cdots\cdots\cdots\cdots\cdots\cdots\cdots (B.2)$$

B.5.3 计算人工尘平均计重效率(A)见式(B.3)为:

$$A = \frac{1}{W}(W_1 \overline{A_1} + \cdots + W_k \overline{A_k} + \cdots + W_f \overline{A_f}) \quad\cdots\cdots\cdots\cdots (B.3)$$

式中:

W——发尘的总质量,g;

$$W = W_1 + \cdots + W_k + \cdots + W_f \quad\cdots\cdots\cdots\cdots\cdots\cdots (B.4)$$

W_k——第 k 次发尘量 g;

W_f——最后一次发尘直至达到终阻力时发尘的质量,g;

$\overline{A_k}$——第 k 次发尘阶段的初始计重效率,%;

$\overline{A_1}、\overline{A_2}、\cdots、\overline{A_f}$——各发尘阶段的平均计重效率,%;

A——被测过滤器达到终阻力后的平均计重效率,%。

B.5.4 容尘量(C)由受试过滤器的质量增量求得:

$$C = W_{11} + \cdots + W_{1k} + \cdots + W_{1f} \quad\cdots\cdots\cdots\cdots\cdots (B.5)$$

式中:

W_{11}——在第一次发尘过程中,受试过滤器的质量增量,g;

W_{1k}——在第 k 次发尘过程中,受试过滤器的质量增量,g;

W_{1f}——在最后一次发尘直至达到终阻力过程中,受试过滤器的质量增量,g。

B.5.5 数值修约

阻力、效率、容尘量的数值均取到小数点后 1 位,多于 1 位数时按 GB/T 8170 规定处理。

附　录　C
（规范性附录）
静电空气过滤器臭氧发生量性能要求及试验方法

本附录仅适用于静电空气过滤器，规定了静电空气过滤器最大臭氧发生量及测量方法。

C.1　性能要求

试验环境温度为(20±5)℃，相对湿度为(50±10)%。静电过滤器在额定风量下，臭氧发生浓度需要低于 0.16 mg/m³(1 h 均值)。

C.2　试验方法

臭氧发生量检测方法引用 GB/T 18883—2002 中规定的检测方法。

C.3　试验装置

试验用风道、流量测量装置的加工和安装应符合 GB/T 1236—2000 的相关要求。

试验装置原理图见图 C.1。试验装置主要包括：风道系统和测量设备两部分组成。试验装置的结构允许有所差别，但试验条件应和本标准的规定相同，且同一受试过滤器的测量结果应与本标准所规定的试验装置的测量结果一致。

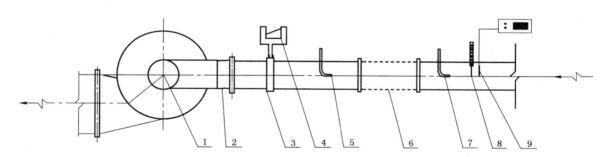

1——风机；
2——连接软管；
3——流量测量装置；
4——压力测量装置；
5——被试过滤器后采样管；
6——被试过滤器安装段；
7——被试过滤器前采样管；
8——温度计；
9——湿度测量装置。

图 C.1　风管式静电过滤器臭氧检测原理图

C.3.1　风道系统

风道系统的制作与安装应满足标准 GB 50243 要求。各管段之间连接时，任何一边错位不应大于 1.5 mm。整个风道系统要求严密，投入使用前应进行打压检漏，其压力应不小于风道系统风机额定风压的 1.5 倍。

用以夹持受试过滤器的管段长度应为受试过滤器长度的 1.1 倍，且不小于 1 000 mm。当受试过滤器截面尺寸与试验风道截面不同时，应采用变径管。

静电过滤器上游采样点及下游采样点在风道系统的位置如图 C.1 所示。

C.4　试验步骤

C.4.1　将受试过滤器安装在试验装置上,确保受试过滤器安装边框处不发生泄漏。

C.4.2　启动风机,调整风量至被测过滤器的额定风量。

C.4.3　开启受试过滤器,调节受试过滤器至正常使用状态。

C.4.4　依据 GB/T 18883—2002 中规定的臭氧检测方法,在过滤器上游采样点及下游采样点同时进行采样,分析采集样品,计算臭氧浓度。

C.4.5　试验完毕,关闭风机及受试过滤器,并整理原始记录及试验设备。

C.5　结果计算

臭氧发生量计算见式(C.1):

$$C = C_2 - C_1 \qquad\qquad\qquad (C.1)$$

式中:

C——臭氧发生浓度,mg/m³;

C_1——静电过滤器上游浓度,mg/m³;

C_2——静电过滤器下游浓度,mg/m³。

附　录　D

（规范性附录）

气溶胶发生器

本附录规定了空气过滤器计数效率用气溶胶发生器的类型、结构、工作原理和发生气溶胶的粒径分布。

D.1　气溶胶发生器的类型

空气过滤器计数法效率试验用气溶胶发生器为KCl固体气溶胶发生器。

D.2　气溶胶发生器的结构

KCl气溶胶发生器主要由雾化喷嘴、高塔、气源控制器、中和器和溶液泵等组成，气溶胶发生器系统示意图见图D.1。

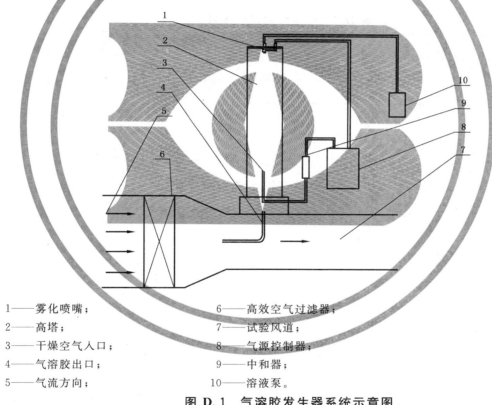

1——雾化喷嘴；　　　　　　　6——高效空气过滤器；

2——高塔；　　　　　　　　　7——试验风道；

3——干燥空气入口；　　　　　8——气源控制器；

4——气溶胶出口；　　　　　　9——中和器；

5——气流方向；　　　　　　　10——溶液泵。

图 D.1　气溶胶发生器系统示意图

D.2.1　雾化喷嘴

雾化喷嘴是一个对氯化钾（KCl）溶液进行雾化的装置。

D.2.2　高塔

高塔是起干燥雾化后的液滴和沉降大粒子的作用。

D.2.3　气源控制器

气源控制器是对压缩空气进行处理的设备。

D.2.4　中和器

中和器是将气溶胶的电荷降至波尔兹曼（Boltzman）电荷分布。其中波尔兹曼电荷分布为环境空气

GB/T 14295—2008

中的平均电荷分布。有关中和器的资料性介绍参见附录 G。

D.2.5 溶液泵

溶液泵是为雾化喷嘴提供恒定溶液的装置。

D.3 气溶胶发生器的工作原理

压缩空气进入气源控制器,通过气源控制器压缩空气进口处的油水分离器,去除压缩空气中的油和水分,然后通过压力调节阀,将压缩空气的压力调节到(0.5±0.02)MPa,然后进入气源控制器内部的高效空气过滤器进行过滤,过滤后的压缩空气一部分进入雾化喷嘴,作为雾化喷嘴的喷雾空气;另一部分经过加热器加热后,进入中和器,然后进入高塔底部。溶液经雾化喷嘴雾化后,形成微小液滴,液滴从高塔顶部向下运动,与从高塔底部向上运动的热的干燥空气相遇,使液滴蒸发,形成固态的气溶胶。

气溶胶的浓度可以通过调节喷雾压力来控制。

D.4 发生气溶胶的粒径分布

该气溶胶发生器工作时使用的气溶胶物质为质量浓度 10% 的氯化钾溶液,所发生气溶胶的粒径分布如 D.1 所示。

表 D.1 气溶胶粒径分布表

粒径分布/μm			
0.3～0.5	0.5～1.0	1.0～2.0	>2.0
(65±5)%	(30±3)%	(3±1)%	>1%

附 录 E
（规范性附录）
螺旋发尘器

本附录规定了进行计重法和容尘量试验用螺旋发尘器的结构形式、工作原理和技术参数。

E.1 螺旋发尘器的结构形式

E.1.1 螺旋发尘器是一种干式发尘机组，发尘器的用途是在试验过程中将人工尘均匀地送入试验
风道。

E.1.2 螺旋发尘器由载料管、螺旋输送轴、进料斗、混合管、电动机、出料口、进气口等组成。

E.1.3 螺旋发尘器的结构图如图 E.1 和图 E.2 所示：

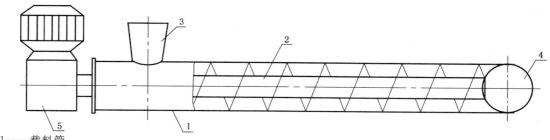

1——载料管；
2——螺旋输送轴；
3——进料斗；
4——混合管；
5——电动机。

图 E.1 螺旋发尘器正视图

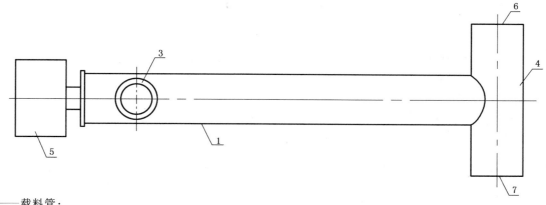

1——载料管；
3——进料斗；
4——混合管；
5——电动机；
6——出料口；
7——进气口。

图 E.2 螺旋发尘器俯视图

E.2 螺旋发尘器的工作原理

E.2.1 螺旋发尘器的工作原理是,通过螺旋输送轴将试验粉尘搅拌均匀,并且不断往前推送直至混合管,经由压缩空气送至出料口,从而进入试验系统中去。

E.2.2 螺旋发尘器的工作过程为把试验粉尘加入进料斗 3 中,然后开动机器,粉尘靠螺旋输送轴 2 的作用送至混合管 4 中,并在混合管 4 中与从进气口 7 进来的压缩空气混合—并从出料口 6 喷发出去。在发尘过程中,通过调整电动机 5 的调速器可以改变输送轴的转速,从而控制发尘量。

E.3 螺旋发尘器的技术参数

E.3.1 螺旋发尘器的发尘量为:0 g/h～500 g/h。

E.3.2 螺旋发尘器的工作压力 0.2 MPa～0.6 MPa 可调,压缩空气必须经过干燥和过滤,压缩空气流量为 1.0 m³/h ～2.5 m³/h(或 16.7 L/min ～41.7 L/min)。

E.3.3 发尘量可以通过调整电动机的调速器来控制。

E.3.4 发尘量的大小还可通过调节压缩空气的压力和流量来控制。

E.3.5 吹送粉尘用的压缩空气应干燥、无油、不含杂质。如有条件,可在压缩机自带贮气罐之后的管路上加一级压缩空气调节阀和流量计,以稳定发尘量。

附　录　F
（规范性附录）
人工尘性能特征

本附录规定了进行计重法和容尘量试验用人工尘的组分和物理化学特性。

F.1 本标准使用的人工尘是由道路尘、炭黑、短棉绒等三种粉尘按一定比例混合而成的模拟大气尘。

F.2 人工尘中三种成分所占的质量百分比、主要原料及其性能特征如表 F.1：

表 F.1　人工尘性能特征

成　分	质量比/%	原料规格	粒径分布		原料特征 化学组成如下
			粒径范围/μm	比例/%	
粗粒	72	道路尘	0~5	(36±5)%	SiO$_2$ Al$_2$O$_3$ Fe$_2$O$_3$ CaO MgO TiO$_2$ C
			5~10	(20±5)%	
			10~20	(17±5)%	
			20~40	(18±3)%	
			40~80	(9±3)%	
细粒	23	炭黑	0.08 μm~0.13 μm		吸碘量 10 mg/g~25 mg/g 吸油值 0.4 mg/g~0.7 mg/g
纤维	5	短棉绒	—		经过处理的棉质纤维落尘

附　录　G

（资料性附录）

气溶胶静电中和器

本附录规定了进行气溶胶中和作用的中和器的结构形式、工作原理和技术参数。

G.1　气溶胶静电中和器的结构形式

G.1.1　气溶胶静电中和器是一种将带电的试验气溶胶中的电荷通过正负离子中和消除的装置,使得通过静电中和器的气溶胶的带电量达到波尔兹曼分布(即大气尘的静电发布规律),减小由于试验气溶胶的荷电造成的过滤器测试效率的偏差。

G.1.2　气溶胶静电中和器由正负高压发生控制装置、电晕电极、气溶胶进气口、洁净空气入口、气溶胶出气口和混合小室组成。

G.1.3　气溶胶静电中和器的结构图如图 G.1 所示:

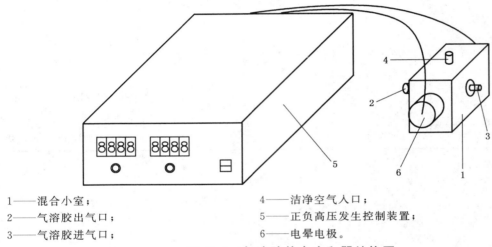

1——混合小室;	4——洁净空气入口;
2——气溶胶出气口;	5——正负高压发生控制装置;
3——气溶胶进气口;	6——电晕电极。

图 G.1　气溶胶静电中和器结构图

G.2　气溶胶静电中和器的工作原理

G.2.1　气溶胶静电中和器的工作原理是,通过正负高压发生控制装置产生高压电,在电晕电极上产生电晕放电,电晕区内产生大量的带电正、负离子,洁净空气通过电晕区将这部分带电离子带走,与通入的试验气溶胶在混合小室内混合,中和试验气溶胶中的多余电荷,使气溶胶达到波尔兹曼电荷分布后从气溶胶出口输出。

G.2.2　气溶胶静电中和器的操作过程为:首先将洁净空气通入洁净空气入口,然后打开静电中和器电源,调节电压输出达到指定的电压值,接着通入待中和的气溶胶,开始气溶胶的静电中和过程,中和后的气溶胶进入试验管道的发尘口进行发尘。

G.3　气溶胶静电中和器的技术参数

G.3.1　气溶胶静电中和器的气溶胶进气量为:$0 \ m^3/h \sim 4 \ m^3/h$;洁净空气流量为:$3 \ m^3/h \sim 36 \ m^3/h$。

G.3.2　气溶胶静电中和器的正负电压发生范围为:$(0 \sim \pm 10) kV$,使用过程中和电压范围为:$\pm(3.5 \sim 6) kV$。

G.3.3　试验用气溶胶的带电量越大时,调解正负电压的发生值越大。

G.3.4　气溶胶静电中和器的使用过程中要保持电源有良好的接地,防止高压对人体造成的可能伤害。

ICS 23.120
P 48

中华人民共和国国家标准

GB/T 17939—2008
代替 GB/T 17939—1999

核级高效空气过滤器

Nuclear grade high efficiency particulate air filter

2008-06-19 发布

2009-04-01 实施

中华人民共和国国家质量监督检验检疫总局
中国国家标准化管理委员会 发布

前　　言

本标准在修订过程中参照了美国机械工程师协会标准 ASME A G-1:2003《核空气和气体处理法规 FC 部分:高效粒子空气过滤器》。

本标准代替 GB/T 17939—1999《核级高效空气过滤器》。

本标准与 GB/T 17939—1999 相比的主要变化如下:

——4.2 中增加了核级高效空气过滤器的标准规格和产品结构形式;

——增加了 5.3.6;

——修改第 2 章"引用标准"中的内容;

——修改了 5.1.2 中 d) 对垂直度的要求;

——修改了 5.2.4.1 中对密封胶的要求;

——修改了 5.2.5 中对密封垫的要求;

——修改了 5.2.6 中对防护网的要求;

——修改了 5.3.1.2 中对核级密褶高效空气过滤器滤芯的要求;

——修改了 9.1.1 中对包装的要求;

——修改了 9.3.2 中对贮存的要求;

本标准由中国核工业集团公司提出。

本标准由全国核能标准化技术委员会归口。

本标准的起草单位:河南核净洁净技术有限公司。

本标准主要起草人:冯朝阳、刘歌、古现华、李后军、孙广宇、李玉玲。

本标准所代替标准的历次版本发布情况为:

——GB/T 17939—1999。

GB/T 17939—2008

核级高效空气过滤器

1 范围

本标准规定了核级高效空气过滤器的分类及规格、结构、材料、性能、试验、检验、标志、包装、运输和贮存等要求。

本标准适用于核设施空气净化系统中与核安全有关的高效空气过滤器的制造、检验、包装、运输和贮存。核设施空气净化系统中与核安全无关的高效空气过滤器可参照本标准执行。

2 规范性引用文件

下列文件中的条款通过本部分的引用而成为本部分的条款。凡是注日期的引用文件，其随后所有的修改单(不包含勘误的内容)或修订版均不适用于本标准，然而，鼓励根据本标准达成协议的各方研究是否可使用这些文件的最新版本。凡是不注日期的引用文件，其最新版本适用于本部分。

GB/T 531 橡胶袖珍硬度计压入硬度试验方法(GB/T 531—1999,idt ISO 7619:1986)

GB/T 2518 连续热镀锌钢板和钢带

GB/T 3198 铝及铝合金箔

GB/T 3280 不锈钢冷轧钢板和钢带

GB/T 6165 高效空气过滤器性能试验方法 透过率和阻力

GB/T 6669 软质泡沫聚合材料 压缩永久变形的测定

GB/T 9799 金属覆盖层 钢铁上的锌电镀层

GB/T 11253 碳素结构钢和低合金结构钢冷轧薄钢板及钢带

EJ/T 369 耐火高效空气过滤纸技术条件

3 术语和定义

下列术语和定义适用于本标准。

3.1

核级高效空气过滤器 nuclear grade high efficiency particulate air filter

由滤芯、边框、密封胶和密封垫组成，按本标准规定的试验方法检验，满足本标准所规定的参数和性能指标，用于核设施空气净化系统中与核安全有关的高效空气过滤器。

4 分类及规格

4.1 分类

4.1.1 核级有分隔板高效空气过滤器

按所需深度将滤料往返折叠，由不可燃波纹板状分隔物支撑被折叠的滤料制成滤芯，并用密封胶封于边框内的核级高效空气过滤器(见图1)。

4.1.2 核级密褶高效空气过滤器

按所需褶幅高度将滤料往返折叠，用细带状或线状分隔物支撑被折叠的滤料制成滤芯，滤芯装配形式为"V"型结构的核级高效空气过滤器(见图2)。

4.2 规格

核级高效空气过滤器常用规格及主要性能指标见表1。

541

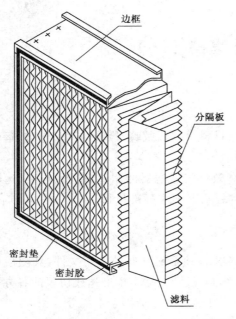

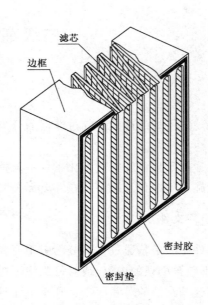

图 1 核级有分隔板高效空气过滤器 　　　　　图 2 核级密褶高效空气过滤器

表 1 核级高效空气过滤器常用规格及主要性能指标

序号	外形尺寸	结构形式	额定风量	阻力	透过率
	宽(mm)×高(mm)×深(mm)		m³/h	Pa	%
1	203×203×78	有隔板	42	≤325	≤0.01（钠焰法）
2	203×203×150		85	≤325	
3	305×305×150		212	≤325	
4	305×305×292		424	≤250	
5	610×610×150		850	≤250	
6	610×610×292		1 700	≤250	
7	610×610×292		2 125	≤250	
8	610×610×292		2 550	≤325	
9	610×610×292	密褶	3 400	≤325	

注：其他规格的核级高效空气过滤器,阻力应不大于 325 Pa,其他性能指标应满足本标准要求。

5 要求

5.1 基本要求

5.1.1 外观要求

过滤器上不允许有明显的污染物(泥、油、粘性物)和损伤(壳体扭曲或破裂、防护网变形、密封胶裂纹、密封垫松脱等)。

5.1.2 外形尺寸偏差

a) 端面

端面尺寸等于 610 mm×610 mm 时,其任一边长允许偏差为 $_{-3}^{0}$ mm;

端面尺寸小于 610 mm×610 mm 时,其任一边长允许偏差为 $_{-1.6}^{0}$ mm。

b) 深度

深度允许偏差为 $^{+1.6}_{0}$ mm。

c) 对角线

端面尺寸等于 610 mm×610 mm 时,过滤器每个端面的两条对角线长度差应不大于 3 mm;

端面尺寸小于 610 mm×610 mm 时,过滤器每个端面的两条对角线长度差应不大于 2 mm。

d) 垂直度

过滤器的端面与侧面、底面均应垂直,垂直度偏差应不大于 5 mm。

e) 平面度

过滤器的端面、侧面和底面平面度偏差应不大于 1.6 mm;两端面应互相平行,平行度偏差应不大于 1.6 mm。

上述尺寸偏差不包括密封垫。

5.2 材料要求

5.2.1 边框材料

5.2.1.1 核级有分隔板高效空气过滤器

核级有分隔板高效空气过滤器的边框,在符合本标准规定的产品性能要求的前提下,允许使用其他的金属或非金属材料。

a) 碳钢板

厚度应为 1.8 mm～2 mm,材料应符合 GB/T 11253 的规定;碳钢板应在折边、焊接后镀锌,镀锌应符合 GB/T 9799 的规定。

b) 不锈钢板

厚度应为 1.8 mm～2 mm,材料应符合 GB/T 3280 的规定。

5.2.1.2 核级密褶高效空气过滤器

a) 碳钢板

厚度应不小于 1 mm,冲压成型后镀锌或用镀锌钢板直接冲压成型,材料和镀锌应符合 GB/T 11253、GB/T 9799、GB/T 2518 的规定。

b) 不锈钢板

厚度应不小于 1 mm,冲压成型。材料应符合 GB/T 3280 的规定。

5.2.2 过滤材料

过滤材料应为超细玻璃纤维滤纸。材料应符合 EJ/T 369 的规定。

5.2.3 分隔物材料

5.2.3.1 核级有分隔板高效空气过滤器分隔物材料

a) 铝箔

厚度应为 0.04 mm,材料应符合 GB/T 3198 中的规定。

b) 不锈钢箔

厚度应为 0.02 mm～0.03 mm,材料应符合 GB/T 3280 的规定。

5.2.3.2 核级密褶高效空气过滤器分隔物材料

a) 滤纸条

用玻璃纤维滤纸条作分隔物,宽度应不大于 4 mm。材料应符合 EJ/T 369 的规定。

b) 不可燃纤维线

用不可燃纤维线作分隔物,线的直径为 1.0 mm～1.2 mm。

5.2.4 密封胶及粘接剂

5.2.4.1 密封胶

a) 密封胶用于滤芯与边框的密封;

b) 密封胶应有弹性、不产尘、耐老化,能在常温、常压下固化;

c) 按本标准 6.2.4 测试,具有自熄性;

d) 耐辐照:密封胶经吸收剂量率不大于 2×10^3 Gy/h,累积吸收剂量不小于 8×10^5 Gy 的 γ 射线辐照后,密封胶不应开裂和脱壳。

5.2.4.2 粘接剂

a) 粘接剂用于过滤材料的拼接及密封垫与过滤器边框的粘接。

b) 粘接剂应使被粘接材料粘接牢固。

5.2.5 密封垫

密封垫可采用闭孔海绵氯丁橡胶、闭孔海绵硅橡胶或其他材料。但其性能应满足:

a) 参照 GB/T 531,用邵尔 W 型硬度计测得硬度 33 ± 2;

b) 按 GB/T 6669 测试,压缩永久变形应小于 60%(40%,130 ℃,24 h);

c) 按本标准 6.2.4 测试,具有自熄性;

d) 耐辐照:密封垫经过吸收剂量率不大于 2×10^3 Gy/h,累积吸收剂量不小于 8×10^5 Gy 的 γ 辐照后,其物理性能应满足本条 a)、b)的规定。

5.2.6 防护网

核级有分隔板高效空气过滤器进出风面均应装防护网,防护网用丝径为 0.5 mm、6.35 mm 正方形(4 目)的点焊镀锌铁丝网或点焊不锈钢丝网制成。

核级密褶高效空气过滤器可以根据需要在出风面装镀锌钢板网或不锈钢板网作为防护网,防护网应张紧,且四周都应牢固地镶嵌在壳体内,不允许有金属丝头露在外面。

5.3 结构要求

5.3.1 滤芯

5.3.1.1 核级有分隔板高效空气过滤器滤芯

核级有分隔板高效空气过滤器的滤芯,其分隔板应露出滤料折线 5 mm,当滤料固定在边框中时,分隔板距边框边缘至少 5 mm。滤料在边框中不应松动和变形。滤料的褶纹和分隔板应垂直于壳体板,从任一褶或分隔板的一端引一铅垂线,该褶或分隔板另一端偏离铅垂线不应大于 9 mm。褶纹和分隔板不应弯曲,从任一折或分隔板两端连一直线检查,弯曲造成的偏离应不大于 6 mm。各偏差按本标准 6.1.4 进行测量。

5.3.1.2 核级密褶高效空气过滤器滤芯

核级密褶高效空气过滤器的滤芯,最大褶幅应不大于 35 mm,相邻褶幅的高度偏差不应大于 0.5 mm;在 300 mm 范围内分隔物的直线度偏差不应大于 1 mm;分隔物应与褶痕垂直,每条分隔物形成的直线与褶痕垂直度偏差不应大于 2 mm;分隔物的间距偏差不应大于 3 mm。滤料在边框中不应松动和变形。各偏差按本标准 6.1.5 进行测量。

5.3.2 边框

5.3.2.1 边框的四个角和拼接处不应松动,边框上的粘接剂和密封胶不应出现脱胶开裂现象。核级有分隔板高效空气过滤器边框边宽为 19 mm,核级密褶高效空气过滤器边框进风面边宽应不小于 19 mm。

5.3.2.2 边框应具有足够的强度、刚性和稳定性。

5.3.3 密封垫

a) 密封垫断面采用长方形(宽度为 17 mm±1 mm,厚度为 7 mm)或半圆形(直径为 15 mm)。长方形断面密封垫的粘接面和密封面应去皮。

b) 密封垫用整体或拼接成形,但拼接应在拐角处;拼接时应采用 Ω 型或燕尾型连接,连接处应粘接牢固;每台过滤器密封垫拼接不超过 4 处。

c) 密封垫与边框粘接应牢固,且密封垫的内、外边缘均不应超出边框的内外边缘。

5.3.4 滤料的拼接

核级有分隔板高效空气过滤器,额定风量小于 850 m³/h 时,滤料不允许有拼接;额定风量大于或等于 850 m³/h 时,只允许有一处拼接,但拼接缝应顺气流方向,且两块滤料搭接宽度至少 13 mm,两块滤料搭接面应全部涂胶。

核级密褶高效空气过滤器的滤料不允许有拼接。

5.3.5 滤速

不论核级有分隔板高效空气过滤器或核级密褶高效空气过滤器,通过滤料的滤速都不应超过 2.5 cm/s。

5.3.6 修补

不允许对滤料进行贴补修补。

5.4 性能要求

5.4.1 气流阻力

按 GB/T 6165 进行试验,气流阻力应符合本标准表 1 的规定。

5.4.2 透过率

按 GB/T 6165 进行试验,在 100%和 20%额定风量下,钠焰法透过率应不大于 0.01%。

5.4.3 耐超压

5.4.3.1 耐干超压

按本标准 6.2.2.1 的方法进行试验,试验结束后,额定风量下的钠焰法透过率应不大于 0.01%。

5.4.3.2 耐湿超压

按本标准 6.2.2.2 的方法进行试验,试验结束后,20%额定风量下的钠焰法透过率应不大于 0.01%。

5.4.4 耐热气流

按本标准 6.2.3 进行试验,试验结束后额定风量下的钠焰法透过率应不大于 3%。

5.4.5 耐振动

按本标准 6.2.1 进行试验。试验结束后,外观应符合本标准 5.1.1 的规定;同时,气流阻力和额定风量下的钠焰法透过率应分别符合本标准 5.4.1、5.4.2 的规定。

5.4.6 耐明火

按本标准 6.2.4 进行。在灼烧过程中,过滤器出风面不应有火焰出现,被试面不应有火焰蔓延燃烧;当火焰从每个点上移去后,在过滤器进出风面上皆不应出现继续燃烧的现象。

5.4.7 耐辐照

按本标准 6.2.5 进行。试验结束后,测试额定风量下的透过率,其钠焰法透过率应不大于 0.01%。

5.4.8 抗震

核级高效空气过滤器,按其所处楼面要求的反应谱进行抗震分析计算或做抗震试验,应符合抗震要求。

6 试验方法

6.1 尺寸与装配公差测量

6.1.1 过滤器的端面、深度和端面对角线尺寸测量

用游标卡尺(最小刻度 0.1 mm)测量。

6.1.2 过滤器的平面度测量

用平板和塞尺检查,平板精度为 3 级,塞尺厚度范围为 0.02 mm~0.5 mm。

6.1.3 过滤器壳体板与密封端面的垂直度测量

用 3 级平台、3 级方箱和百分表检查。

6.1.4 有分隔板过滤器的滤芯技术参数的测量

a) 滤料褶和分隔板垂直于壳体板的测量：从褶（或分隔板）的一端引一铅垂线，用直尺测量垂线与该褶（或分隔板）另一端的偏离距离。

b) 滤料褶和分隔板的弯曲测量：从两端连一直线，用直尺检查弯曲造成的偏离，若是又弯曲又偏离者，取其中距直线的最大值。

6.1.5 密褶过滤器的滤芯技术参数的测量

a) 最大褶幅和相邻褶幅高度差测量：将密褶过滤器的滤芯进出风面中的任一面平放在平台上，用高度游标卡尺测量。

b) 分隔物垂直度偏差测量：将密褶过滤器的滤芯进出风面垂直于水平面、滤纸褶平行于水平面放置，从分隔物的一端引一铅垂线，用直尺测量垂线与该分隔物另一端的偏离距离。

c) 分隔物的直线度偏差测量：从分隔物两端连一直线，在 300 mm 范围内用直尺测量分隔物偏离直线的最大距离。

d) 分隔物间距偏差测量：用直尺测量分隔物的间距，用最大间距减去最小间距。

6.2 性能试验方法

6.2.1 过滤器耐振动试验

6.2.1.1 试验前的准备

按 GB/T 6165 进行额定风量下的阻力和透过率试验。

做耐振动试验的过滤器不应有包装，为防尘可装入透明的薄塑料袋内。过滤器放置时，有隔板过滤器使其进出风面和滤纸褶都垂直于振动台面，密褶过滤器使其进出风面垂直于振动台面、滤纸褶平行于振动台面，将过滤器牢固地固定在振动台面上，将振幅调至 19 mm，并保证在振动下落时过滤器以自由落体状态下落。

6.2.1.2 试验

振幅 19 mm，每分钟振动 200 次，振动 15 min。

振动后的过滤器采用目测方法进行外观检查；

按 GB/T 6165 进行额定风量下的阻力和透过率试验。

6.2.2 过滤器耐超压试验

6.2.2.1 耐干超压试验

过滤器应先按 GB/T 6165 进行额定风量下的阻力、透过率试验。然后在室温条件下，以达到 10 倍于过滤器初阻力的风量，试验 15 min，此后按 GB/T 6165 进行额定风量下的透过率试验。

6.2.2.2 耐湿超压试验

过滤器应先按 GB/T 6165 进行额定风量下的阻力、透过率试验。在做耐湿超压试验前，过滤器应放置在温度为 35 ℃±3 ℃和相对湿度为 95%±5% 的恒温恒湿箱里至少 24 h，然后由恒温恒湿箱里取出过滤器，装入保温袋中，至开始试验不应超过 15 min。

通过被试过滤器的空气夹带水雾量为 [(2.2 kg±0.6 kg)/min]/(1 700 m³/h)，相当于 77.6 g/m³±21.2 g/m³。夹带水雾量的计算，应以喷头喷出的水量减去由喷头处到过滤器前 25mm 之间风管壁上排走的水量作为通过过滤器空气夹带的水雾量。试验应在通风状态下进行，从开始喷水 30 s 内压差应达到 2 490 Pa±50 Pa。运行风量要求是产生 2 490 Pa±50 Pa 压差时的风量，在连续喷水的情况下保持此压差运行至少 1 h。然后卸下过滤器，在 15 min 内按 GB/T 6165 测其 20% 额定风量下的透过率。

6.2.3 过滤器耐热气流试验

过滤器耐热气流试验应包括密封垫在内。过滤器进气端的密封垫应与试验装置中的密封面压紧，热气流只允许通过过滤器芯子内部，其壳体压紧表面不应有热气流通过。试验风量为被试过滤器的额定风量。当试验系统空气温度加热到 370 ℃±25 ℃时，开始试验。试验至少进行 5 min。耐热气流试验后，过滤器再按 GB/T 6165 做包括密封垫在内的额定风量下的透过率试验。

6.2.4 过滤器耐明火试验
6.2.4.1 试验前的准备
用火管(或用喷灯),将其蓝色焰芯调至长约63 mm,焰芯尖端温度为955 ℃±25 ℃,风量调到被试过滤器的额定风量。

6.2.4.2 试验
在额定风量通过过滤器的条件下,明火火焰在过滤器进风方向以蓝色焰芯尖端接触过滤器端面,在距过滤器边框大于51 mm的范围内,分别在三个点上持续试验5 min,然后再以蓝色焰芯端接触过滤器的两个顶角,各持续5 min,焰芯尖端应与过滤器的边框、滤芯和密封胶接触。在试验过程中用目测方法进行检查。

6.2.5 过滤器耐辐照试验
先按GB/T 6165对参加试验的过滤器进行额定风量下的阻力和透过率以及20%额定风量的透过率试验,然后进行辐照试验。吸收剂量率不大于2×10^3 Gy/h,累积吸收剂量不小于8×10^5 Gy。辐照后的过滤器再按GB/T 6165做包括密封垫在内的额定风量下的透过率试验。

注:试验所用到的测量仪表应经有关法定计量部门检定合格,且在有效期内。

7 检验规则

7.1 检验分类
核级高效空气过滤器的检验分为出厂检验、验收检验和型式检验。

出厂检验由生产厂质检部门负责,验收检验由用户到生产厂抽查检验,型式检验由国家或省部级质量技术监督部门认定的质量检验机构(包括试制单位和生产单位的试验室)负责。核级高效空气过滤器应符合本标准规定,并获得产品型式检验合格证及生产许可证后方可生产。

7.2 出厂检验
7.2.1 抽样方案与检验项目
成批生产的核级高效空气过滤器,每台均应按表2的规定进行检验。

表2 出厂检验项目表

序号	检验分额	检验项目	验收标准
1	100%	外观检查	见5.1.1
2	100%	外形尺寸偏差(端面、深度、对角线)	见5.1.2[a)、b)、c)]
3	100%	额定风量下气流阻力	见5.4.1
4	100%	额定风量和20%额定风量下的透过率	见5.4.2

7.2.2 合格或不合格判定规则
出厂检验中不符合本标准7.2.1中任何一项验收标准的过滤器均应判为不合格。

7.3 验收检验
7.3.1 抽样方案及检验项目
一般按照产品批量的5%在出厂检验合格的产品中随机抽样(但最少不得少于5台,少于5台全部抽取),检验项目按本标准7.2.1执行。

7.3.2 合格或不合格判定规则
如抽样产品全部满足本标准7.2.1规定的各项要求,则整批产品判为合格;如有不合格品,则整批产品应做全部复检,合格品允许出厂,不合格品应返修或报废。

7.4 型式检验
7.4.1 检验条件
有下列情况之一时,应进行型式检验;

a) 新产品或老产品转厂生产的试制定型鉴定；

b) 正式生产后如结构、材料、工艺有较大改变，可能影响产品性能时；

c) 正常生产每 5 年检验一次；

d) 产品停产 2 年（含 2 年）以上后恢复生产时；

e) 阻力和透过率检验结果与上次型式检验结果有较大差异时；

f) 国家监管机构提出进行型式检验的要求时；

g) 合同规定要求时。

7.4.2 抽样方案与检验项目

用于型式检验生产的产品数量至少为需抽样品数量的两倍。型式检验样品应从近期（半年内）所生产产品中随机抽取，数量为 11 台。

型式检验除包括出厂检验的全部项目外，还应对表 3 所列各项进行检验。另外，还应根据合同要求，进行抗震试验或抗震分析计算。

7.4.3 合格或不合格判定规则

在型式检验中任何一台过滤器样品不符合本标准 7.4.2 中任何一项试验的任何一项要求，所有的过滤器均定为不合格。

表 3　型式检验试验程序表

分组	数量	检验项目	检验方法及验收标准章条号
Ⅰ	4	额定风量下阻力	见 5.4.1
		额定风量和 20% 额定风量下透过率	见 5.4.2
		耐超压	见 6.2.2、5.4.3
Ⅱ	4	额定风量下阻力	见 5.4.1
		额定风量和 20% 额定风量下透过率	见 5.4.2
		耐振动试验	见 6.2.1、5.4.5
		耐热气流试验	见 6.2.3、5.4.4
Ⅲ	1	耐明火试验	见 5.2.4、5.4.6
Ⅳ	2	额定风量下阻力	见 5.4.1
		额定风量和 20% 额定风量下透过率	见 5.4.2
		耐辐照试验	见 6.2.5、5.4.7

8 标志

8.1 标志要求

每台过滤器都应有标志。标志应位于过滤器边框的上底面。标志上字迹清晰，不易擦洗掉。

8.2 标志内容

a) 产品名称；

b) 过滤器型号规格（应注明过滤器外形尺寸）；

c) 额定风量，m³/h；

d) 额定风量下的阻力，Pa；

e) 额定风量下透过率（注明检验方法）；

f) 20% 额定风量下透过率（注明检验方法）；

g) 气流方向；

h) 批号；

i) 制造厂名称、标志、出厂日期。

9 包装、运输和贮存

9.1 包装

9.1.1 包装应确实能保护出厂检验合格的过滤器在正常装卸、运输、搬运、贮存直到用户指定的交货验收地点免受外因引起的损伤和毁坏。

9.1.2 过滤器单台装入透明塑料袋内,袋口热压或用胶带封好。

9.1.3 把封装好的过滤器按标志在上装入瓦楞纸箱中,保证有隔板过滤器的进出风面和滤纸褶都垂直于水平面、密褶过滤器的进出风面垂直于水平面且滤纸褶平行水平面,然后在过滤器端面的纸箱与塑料袋之间插入保护板。

9.1.4 单台包装完的过滤器若以一定数量合装在一个包装箱内,数量则依运输情况定。包装箱用油毡衬里的木箱,箱体内不允许有突出的钉子。

9.1.5 合装箱应用钢带打好,箱体外应标明厂名、货名、箱内台数、运往地点、总重及勿倒置、易碎、小心轻放、防雨防潮等字样及尖端向上的箭头、箱子编号和购方需要的其他标志。

9.1.6 箱子应固定在垫木上,使箱子在运输过程中处于正确方位。

9.1.7 当采用集装箱运输或由生产厂直接运到使用单位、中间不再装卸时,可适当简化包装。省去9.1.4、9.1.5、9.1.6 规定。

9.2 运输

9.2.1 过滤器在运输过程中应遵守包装箱上注明的各项标志,尽量采用集装箱运输;

9.2.2 过滤器在运输中堆放高度不应超过 2 m,且不允许其他物品压在箱体上。

9.2.3 订货合同应根据上述要求对运输方式和细节作具体说明。

9.3 贮存

9.3.1 核级高效空气过滤器的贮存期为 3 年。贮存期超过 3 年如需继续使用,应按出厂检验的程序重新检验,合格后方可使用。

9.3.2 过滤器的贮存地点应清洁干燥且通风良好,不应存放在潮湿、过冷、过热或温度变化剧烈的地方,不允许漏天堆放。存放时应用垫仓板或托盘垫木把过滤器与地面隔开,按箱体上标志堆放,堆放高度不应超过 2 m。

ICS 73.120
A 28

中华人民共和国国家标准

GB/T 20100—2006

不锈钢纤维烧结滤毡

Stainless steel fiber sintering medium

2006-02-05 发布

2006-08-01 实施

中华人民共和国国家质量监督检验检疫总局
中国国家标准化管理委员会 发 布

前　言

　　本标准中的不锈钢纤维烧结滤毡是指用不锈钢纤维铺制后烧结而形成的不锈钢纤维烧结滤毡,主要用于制作过滤元件。产品按过滤精度分为 5 μm、7 μm、10 μm、15 μm、20 μm、25 μm、30 μm 和 40 μm 8 个等级,这种分级基本上包括了不锈钢纤维烧结滤毡常用的使用等级。

　　本标准提出的技术性能只包括常规的不锈钢纤维烧结滤毡性能,不包括特殊用不锈钢纤维烧结滤毡性能。

　　本标准在附录 A 中给出了若干不同国家常用的不锈钢牌号对照表。

　　本标准在附录 B 中给出了 ACFTD 粉尘和 ISOMTD 粉尘所表示的污染颗粒直径对照表。

　　本标准的附录 A 和附录 B 为资料性附录。

　　本标准由中国机械工业联合会提出。

　　本标准由全国筛网筛分和颗粒分检方法标准化技术委员会(SAC/TC 168)秘书处归口。

　　本标准负责起草单位:西安菲尔特金属过滤材料有限公司、新乡市黄河清过滤技术设备有限公司、新乡巴山精密滤材有限公司(原 540 厂)、航空工业总公司过滤与分离机械产品质量监督检测中心、机械科学研究院中机生产力促进中心。

　　本标准主要起草人:黄朝强、左彩霞、方惠会、杨延安、张津津、张省利、蔡美香、曹建军、余方。

　　本标准由全国筛网筛分和颗粒分检方法标准化技术委员会秘书处负责解释。

不锈钢纤维烧结滤毡

1 范围

本标准规定了不锈钢纤维烧结滤毡的技术要求、检验方法、检验规则及标志、包装运输、贮存,并规定了不锈钢纤维烧结滤毡的过滤精度、透气度、孔隙度、纳污容量、气泡点压力、厚度、断裂强度等性能。

本标准适用于不锈钢纤维铺制后烧结而成的多层不锈钢纤维烧结滤毡(以下简称滤毡)。

2 规范性引用文件

下列文件中的条款通过本标准的引用而成为本标准的条款。凡是注日期的引用文件,其随后所有的修改单(不包括勘误的内容)或修订版均不适用于本标准,然而,鼓励根据本标准达成协议的各方研究是否可使用这些文件的最新版本。凡是不注日期的引用文件,其最新版本适用于本标准。

GB/T 228 金属材料 室温拉伸试验方法

GB/T 1220 不锈钢棒

GB/T 1804 一般公差 未注公差的线性和角度尺寸的公差

GB/T 5249 可渗透性烧结金属材料 气泡试验 孔径的测定

GB/T 5453 纺织品 织物透气性的测定

GB/T 18853—2002 液压传动过滤器 评定滤芯过滤性能的多次通过方法

3 术语和定义

3.1

过滤效率 filter efficiency

在给定污染物颗粒浓度和流量的流体通过滤毡时,对大于某一给定尺寸$[x_{(c)}]$的污染物颗粒的滤除百分率用$\eta x_{(c)}$表示,即:

$$\eta x_{(c)}(\%) = \frac{N_u - N_d}{N_u} \times 100$$

式中:

N_u——滤毡上游油液单位体积中所含大于x微米的颗粒数。

N_d——滤毡下游油液单位体积中所含大于x微米的颗粒数。

3.2

过滤比 filter ratio

滤毡上、下游油液单位体积中大于某一给定尺寸$[x_{(c)}]$的污染物颗粒用$\beta x_{(c)}$表示,即:

$$\beta x_{(c)} = \frac{N_u}{N_d}$$

式中:

N_u——滤毡上游油液单位体积中所含大于x微米的颗粒数。

N_d——滤毡下游油液单位体积中所含大于x微米的颗粒数。

注1:$\beta x_{(c)}$表示该滤毡对大于尺寸为x的颗粒的过滤能力。

注2:$\beta x_{(c)}$的下脚标"(c)"表示βx是用按照 GB/T 18853 校准的自动颗粒计数器测量并计算的。不带该下脚标,表示βx是用其他方法校准的颗粒计数器械测量并计算的。

3.3

过滤精度　filter-rating

当滤毡的过滤比 $\beta x_{(c)}$ 为 20($\eta=95\%$)时,所对应的颗粒尺寸$[x_{(c)}]$值为滤毡的过滤精度。

3.4

透气度　air permeability

在某压力梯度下,流体通过滤毡单位面积的体积值。

3.5

气泡点压力　bubble-point pressure

迫使气体通过液体浸渍的滤毡产生的第一个气泡所需的最小压力。

3.6

纳污容量(纳垢容量)　dirt holding capacity

滤毡达到其极限压降时,累计注入试验系统中颗粒污染物的总质量。

3.7

孔隙度　porosity

滤毡中开孔的体积与总体积之比。

3.8

断裂强度　break strength

滤毡在拉断前所需的应力与原横截面积之比。

4　技术要求

4.1　复网滤毡护网目数、丝径和开孔尺寸分类见表 1,有特殊要求时,其他规格和材料可由供需双方协商。

表 1　复网滤毡护网基本参数

护网代号	护网目数	丝径/mm	开孔尺寸/μm
X[a]	48.38	0.125	400
C[b]	40.71	0.224	

[a]　X——细网。
[b]　C——粗网。

4.2　产品标记

4.2.1　产品标记方法

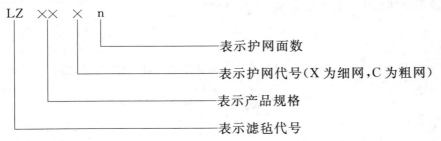

4.2.2　标记示例

示例 1:过滤精度为 15 μm 的滤毡标记为:

LZ15

示例 2:过滤精度为 20 μm 的单面细复网滤毡标记为:

LZ20X1

示例3:过滤精度为25 μm 的双面粗复网滤毡标记为:

　　LZ25C2

4.3　材料

4.3.1　滤毡材料牌号见附录A,推荐使用316L,有特殊要求时,由供需双方协商选用。

4.3.2　化学成分应符合GB/T 1220标准的规定。

4.4　尺寸及其允许偏差

产品的尺寸及其允许偏差应符合GB/T 1804规定的V级要求,特殊要求供需双方协商。

4.5　技术指标

产品的技术指标及偏差见表2。

表 2　产品的技术指标及偏差

产品规格/ μm (c)	过滤精度/ μm (c)	气泡点压力/ Pa 基本值	偏差	透气度/ [L/(min·dm²)] 基本值	偏差	孔隙度/ % 基本值	偏差	纳污容量/ (mg/cm²) 基本值	偏差	厚度/ mm 基本值	偏差	断裂强度/ MPa 基本值	偏差
5	4.0～6.0	6 800		47		75		2.5		0.30		32	
7	>6.0～8.0	5 200		63		76		3.8		0.30		36	
10	>8.0～13.0	3 700		105		75		4.0		0.37		32	
15	>13.0～18.0	2 450	±10%	205	±20%	79	±10%	6.8	±20%	0.40	±10%	23	±20%
20	>18.0～23.0	1 900		280		80		11.5		0.48		23	
25	>23.00～28.0	1 550		355		80		18.0		0.62		20	
30	>28.0～35.0	1 200		520		80		22.0		0.63		23	
40	>35.0～45.0	950		670		78		32.0		0.68		26	

4.6　表面质量

产品表面应平整、清洁,不应有裂纹、明显的皱折、凹凸不平、过烧与氧化。

5　试验方法

5.1　化学成分分析按GB/T 1220中规定进行。

5.2　外形尺寸及允许偏差用精度不低于1 mm 的量具测量,厚度用精度不低于0.01 mm 的量具测量。

5.3　过滤精度和纳污容量的检验按GB/T 18853—2002中规定进行。

5.4　气泡点压力的检验按GB/T 5249中规定进行。

5.5　透气度按GB/T 5453中规定进行,试验压差为200 Pa,介质为空气。

5.6　孔隙度的检验按下式进行计算:

$$\varepsilon = \left(1 - \frac{g}{\rho \times \delta}\right) \times 100\%$$

式中:

　　g——单位面积滤毡的质量,单位为克每平方厘米(g/cm²);

　　ρ——滤毡材质密度,单位为克每立方厘米(g/cm³);

　　δ——滤毡厚度,单位为厘米(cm)。

5.7　断裂强度的检验按GB/T 228中规定进行。

5.8　表面质量须在灯检台上目视检查。

6 检验规则

6.1 组批

产品应成批提交验收,每10张为一批。每批应由同一规格、材质的产品组成。

6.2 检验项目

产品的检验项目、取样数量见表3。供需双方亦可根据需要,商定检验项目。

6.3 试验方法

试验方法按表3有关规定进行。

6.4 检验结果的判定

6.4.1 尺寸及其允许偏差不合格,判该张不合格。

6.4.2 表面质量不合格,判该张不合格。

6.4.3 气泡点压力5个数据中有1个数据低于下偏差值,判该批不合格。

6.4.4 孔隙度5个数据的算术平均值不合格,判该批不合格。

6.4.5 透气度逐张检验,有1个数据低于下偏差值,判该张不合格。

6.4.6 过滤精度和纳污容量3个数据的算术平均值不合格,判该张不合格。

6.4.7 断裂强度3个数据的算术平均值不合格,判该张不合格。

表 3 产品的检验项目、取样、数量、要求及试验方法

检验项目	出厂检验	型式检验	取样数量	要求的章条号	试验方法的章条号
尺寸及其允许偏差	√	√	逐张检验	4.4	5.2
纳污容量过滤精度		√	测3个点	4.5	5.3
气泡点压力	√	√	每批取1张,每张测5个点	4.5	5.4
透气度	√	√	逐张检验	4.5	5.5
孔隙度	√	√	每批取1张,每张测5个点	4.5	5.6
断裂强度		√	测3个点	4.5	5.7
表面质量	√	√	逐张检验	4.6	5.8

7 标志、包装、运输、贮存

7.1 标志

7.1.1 在每张检验合格的烧结滤毡的进液面上应标注"FLOW IN"印记。

7.1.2 包装箱上应有"防潮"、"平放"等字样或标志。

7.2 包装、运输、贮存

每张烧结滤毡之间应用纸隔开,然后用塑料袋封好,放置于木质包装箱内,并用软质物填紧,防止在运输过程中损坏。产品应在干燥处贮存,不得受潮。

7.3 质量文件

每箱产品中应附有产品合格证,其上注明:

    a) 供方名称;

    b) 产品名称;

    c) 材料牌号;

    d) 产品标记;

    e) 产品批号;

　f)　数量；

　g)　质检人员签章；

　h)　本标准编号；

　i)　出厂日期。

8　订货合同内容

　　本标准所列产品的订货合同内应包括下列内容：

8.1　产品名称；

8.2　材料牌号；

8.3　产品标记；

8.4　数量；

8.5　交付日期；

8.6　其他。

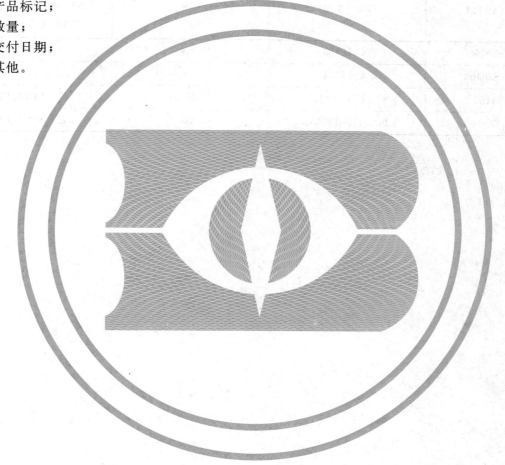

附　录　A

（资料性附录）

不锈钢合金牌号对照表

A.1　不同国家不锈钢合金牌号对照表见表 A.1。

表 A.1　不锈钢合金牌号对照表

美国 AISI,ASTM	中国 GB/T 1220	日本 JIS	法国 NF A35—572 NF A35—576～582 NF A35—584
304,S30400	0Cr18Ni9	SUS304	Z6CN18.09
304L,S30403	00Cr19Ni10	SUS304L	Z2CN18.09
316,S31600	0Cr17Ni12Mo2	SUS316	Z6CND17.12
316L,S31603	00Cr17Ni14Mo2	SUS316L	Z2CND17.12

附　录　B
（资料性附录）
污染颗粒粒径对照表

B.1 ACFTD粉尘与ISOMTD粉尘所表述的颗粒粒径对照表见表B.1。

表B.1　污染颗粒粒径对照表

单位为微米

ACFTD粉尘污染颗粒直径	5	15	25	50	100
ISOMTD粉尘污染颗粒直径	6(c)	14(c)	21(c)	38(c)	70(c)

ICS 73.120
A 28

中华人民共和国国家标准

GB/T 25863—2010

不锈钢烧结金属丝网多孔材料及其元件

Stainless steel sintered metal mesh materials and components

2011-01-10 发布
2011-10-01 实施

中华人民共和国国家质量监督检验检疫总局
中国国家标准化管理委员会 发布

前　言

本标准的附录 A 为资料性附录。

本标准由全国颗粒表征与分检及筛网标准化技术委员会(SAC/TC 168)提出并归口。

本标准起草单位:安泰科技股份有限公司。

本标准主要起草人:王凡、顾临、周勇、况春江、方玉诚、徐显庭、李忠全。

不锈钢烧结金属丝网多孔材料及其元件

1 范围

本标准规定了不锈钢烧结金属丝网多孔材料及其元件的要求、试验方法、检验规则和标志、包装、运输、贮存。

本标准适用于将编织成形的不锈钢金属丝网多层复合后，采用轧制成形和真空烧结工艺制成的不锈钢烧结金属丝网多孔材料及其元件。

用其他材料制作的多孔材料及其元件产品，亦可参照执行。

2 引用标准

下列标准中的条款通过本标准的引用而成为本标准的条款。凡是注日期的引用文件，其随后所有的修改单(不包括勘误的内容)或修订版均不适用于本标准，然而，鼓励根据本标准达成协议的各方研究是否可使用这些文件的最新版本。凡是不注日期的引用文件，其最新版本适用于本标准。

GB/T 223.5 钢铁酸溶硅和全硅含量的测定 还原型硅钼酸盐分光光度法(GB/T 223.5—2008, ISO 4829-1:1986,ISO 4829-2:1988,MOD)

GB/T 223.11 钢铁及合金 铬含量的测定 可视滴定或电位滴定法(GB/T 223.11—2008, ISO 4937:1986,MOD)

GB/T 223.17 钢铁及合金化学分析方法 二安替比啉甲烷光度法测定钛量

GB/T 223.25 钢铁及合金化学分析方法 丁二酮肟重量法测定镍量

GB/T 223.26 钢铁及合金 钼含量的测定 硫氰酸盐分光光度法

GB/T 223.62 钢铁及合金化学分析方法 乙酸丁酯萃取光度法测定磷量

GB/T 223.63 钢铁及合金化学分析方法 高碘酸钠(钾)光度法测定锰量

GB/T 228 金属材料 室温拉伸试验方法(GB/T 228—2002,ISO 6892:1998,EQV)

GB/T 1220 不锈钢棒

GB/T 1804 一般公差 未注公差的线性和角度尺寸的公差(GB/T 1804—2000,eqv ISO 2768-1:1989)

GB/T 5249 可渗透性烧结金属材料 气泡试验 孔径的测定(GB/T 5249—1985,eqv ISO 4003:1977)

GB/T 5250 可渗透性烧结金属材料 流体渗透性的测定(GB/T 5250—1993,idt ISO 4022:1987)

GB/T 14265 金属材料中氢、氧、氮、碳和硫分析方法通则

3 术语和定义

3.1

初始冒泡压力 initial bubble-point pressure

迫使气体通过液体浸渍的多孔材料产生的第一个气泡所需的最小压力，单位为 Pa。

3.2

平均孔径 average pore size

根据气泡法原理测定的平均孔径，单位为 μm。

3.3

相对渗透系数 relative permeability coefficient

单位压差下,流体透过过滤元件单位面积的体积流量,单位为 L/(min·cm²·Pa)。

3.4

渗透系数 viscous permeability coefficient

当流体阻力仅由黏性损失形成的,单位压力梯度下,单位动力黏度的流体透过过滤元件单位面积的体积流量,单位为 m²。

4 元件分类

4.1 过滤元件材料推荐选用下列不锈钢牌号:

1Cr18Ni9;1Cr18Ni9Ti;0Cr18Ni9;00Cr19Ni10;0Cr17Ni12Mo2;00Cr17Ni14Mo2。

4.2 滤材型号及制成元件的规格

4.2.1 滤材型号

根据滤材的孔径,对标准烧结金属丝网按 SSW××× 系列编号,如:SSW005、SSW020 等,其中5 和20 为滤材孔径的微米值。

4.2.2 烧结金属丝网板状元件的标记型式及含义:

> 滤材型号-网板形状-外形尺寸

其中:

网板形状:矩形滤板:B1;

圆形滤板:B2。

外形尺寸:矩形滤板:长度(L)mm×宽度(B)mm;

圆形滤板:直径(φ)mm。

4.2.3 烧结金属丝网管状元件的标注形式及含义:

> 滤材型号-连接方式-外形尺寸

其中:

连接方式:ZL——锥螺纹,XL——细牙螺纹,Fa——凸缘法兰,Fb——平法兰,T——通管。

外形尺寸:管状元件外圆直径(D)mm×长度(L)mm。

4.3 标注示例

示例1 孔径:40 μm;外形尺寸:1 000 mm×1 000 mm 的方形烧结金属丝网板状元件标记为:

SSW040-B1-1000×1000 GB/T 25863

示例2 孔径:20 μm;连接形式:凸缘法兰;外形尺寸:φ50 mm×1 000 mm 的管状元件标记为:

SSW020-Fa-50-1000 GB/T 25863

5 要求

5.1 化学成分

烧结金属丝网多孔材料及元件的化学成分应符合 GB/T 1220 表2 中相应牌号的规定,并应有制造单位的合格证明。

5.2 元件形状、尺寸及其允许偏差

各种元件的形状、标准连接形式、尺寸及其允许偏差应符合表1～表7 和图1～图7 的规定,未注公差应符合 GB/T 1804 中 js16 级的规定。当管状元件的长度大于 500 mm 时,允许对接焊接。

5.2.1 凸缘法兰连接

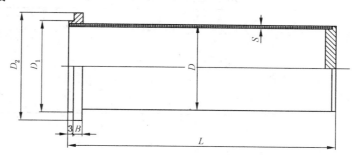

图 1　凸缘法兰连接标注示意图

表 1　凸缘法兰连接元件的规格和尺寸

规　　格	管外径 D		管长度 L		壁厚 S	法兰直径 D_2		法兰凸台 D_1		法兰厚度 B	
	尺寸	允许偏差	尺寸	允许偏差		尺寸	允许偏差	尺寸	允许偏差	尺寸	允许偏差
Fa-30-250			250	±2.0							
Fa-30-500			500	±2.0							
Fa-30-750	30	±1.0	750	±3.0	0.6～1.4	42	±1.0	32	±1.0	4	±0.5
Fa-30-1000			1 000	±3.0							
Fa-30-1500			1 500	±4.0							
Fa-50-250			250	±2.0							
Fa-50-500			500	±2.0							
Fa-50-750	50	±1.2	750	±3.0	1.4～2.2	62	±1.0	52	±1.0	5	±0.5
Fa-50-1000			1 000	±3.0							
Fa-50-1500			1 500	±4.0							
Fa-60-250			250	±2.0							
Fa-60-500			500	±2.0							
Fa-60-750	60	±1.2	750	±3.0	1.4～2.2	72	±1.0	62	±1.0	5	±0.5
Fa-60-1000			1 000	±3.0							
Fa-60-1500			1 500	±4.0							
Fa-70-250			250	±2.0							
Fa-70-500			500	±2.0							
Fa-70-750	70	±1.5	750	±3.0	1.4～2.6	82	±1.0	72	±1.0	5	±0.5
Fa-70-1000			1 000	±3.0							
Fa-70-1500			1 500	±4.0							

5.2.2 平法兰连接

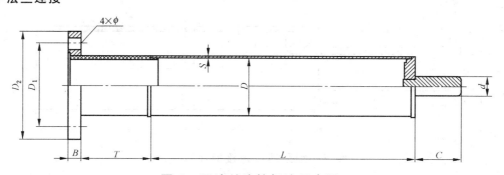

图 2　平法兰连接标注示意图

表 2 平法兰连接元件的规格和尺寸

单位为毫米

规　格	管外径 D		管长度 L		壁厚 S	法兰直径 D₂		法兰开孔中心线 D₁		法兰厚度 B		φ	C	d
	尺寸	允许偏差	尺寸	允许偏差		尺寸	允许偏差	尺寸	允许偏差	尺寸	允许偏差			
Fb-30-250			250	±2.0										
Fb-30-500			500	±2.0										
Fb-30-750	30	±1.0	750	±3.0	0.6~1.4	60	±1.0	45	±1.0	7	±0.5	4-φ9	30	8
Fb-30-1000			1 000	±3.0										
Fb-30-1500			1 500	±4.0										
Fb-50-250			250	±2.0										
Fb-50-500			500	±2.0										
Fb-50-750	50	±1.2	750	±3.0	1.4~2.2	90	±1.0	70	±1.0	9	±0.5	4-φ11	30	8
Fb-50-1000			1 000	±3.0										
Fb-50-1500			1 500	±4.0										
Fb-60-250			250	±2.0										
Fb-60-500			500	±2.0										
Fb-60-750	60	±1.2	750	±3.0	1.4~2.2	100	±1.0	80	±1.0	10	±0.5	4-φ13	30	8
Fb-60-1000			1 000	±3.0										
Fb-60-1500			1 500	±4.0										
Fb-70-250			250	±2.0										
Fb-70-500			500	±2.0										
Fb-70-750	70	±1.5	750	±3.0	1.4~2.6	110	±1.0	90	±1.0	10	±0.5	4-φ13	30	8
Fb-70-1000			1 000	±3.0										
Fb-70-1500			1 500	±4.0										

注：T 根据用户的管板厚度而定。

5.2.3 细牙螺纹连接

单位为毫米

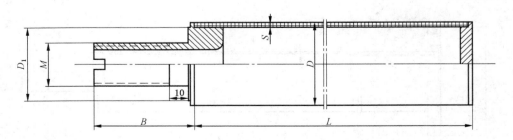

图 3 细牙螺纹连接标注示意图

表 3　细牙螺纹连接元件的规格和尺寸

单位为毫米

规　格	管外径 D		管长度 L		壁厚 S	B	D_1	M
	尺寸	允许偏差	尺寸	允许偏差				
XL-30-250			250	±2.0				
XL-30-500			500	±2.0				
XL-30-750	30	±1.0	750	±3.0	0.6～1.4	45	26	M18×1.5
XL-30-1000			1 000	±3.0				
XL-30-1500			1 500	±4.0				
XL-50-250			250	±2.0				
XL-50-500			500	±2.0				
XL-50-750	50	±1.2	750	±3.0	1.4～2.2	55	46	M27×1.5
XL-50-1000			1 000	±3.0				
XL-50-1500			1 500	±4.0				
XL-60-250			250	±2.0				
XL-60-500			500	±2.0				
XL-60-750	60	±1.2	750	±3.0	1.4～2.2	55	56	M27×1.5
XL-60-1000			1 000	±3.0				
XL-60-1500			1 500	±4.0				
XL-70-250			250	±2.0				
XL-70-500			500	±2.0				
XL-70-750	70	±1.5	750	±3.0	1.4～2.6	55	66	M33×1.5
XL-70-1000			1 000	±3.0				
XL-70-1500			1 500	±4.0				

5.2.4　锥螺纹连接

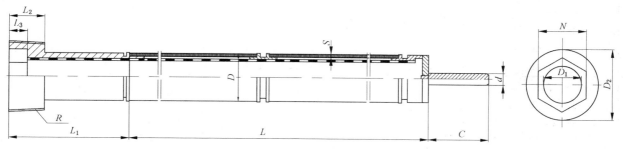

图 4　锥螺纹连接标注示意图

表 4　锥螺纹连接元件的规格和尺寸

单位为毫米

规　格	管外径 D		管长度 L		壁厚 S	螺纹	L_1	L_2	L_3	N	D_1	D_2	C	d
	尺寸	允许偏差	尺寸	允许偏差										
ZLB-25.4-500			500	±2.0										
ZLB-25.4-750			750	±3.0										
ZLB-25.4-1000	25.4	±1.0	1 000	±3.0	0.6～1.4	R1	65	17.3	12.7	25	19.2	36.6	30	8
ZLB-25.4-1500			1 500	±4.0										

表 4（续）
单位为毫米

规 格	管外径 D		管长度 L		壁厚 S	螺纹	L_1	L_2	L_3	N	D_1	D_2	C	d
	尺寸	允许偏差	尺寸	允许偏差										
ZLB-30-500	30	±1.0	500	±2.0	0.6～1.4	R1¼	65	22	15	25	23	42.2	30	8
ZLB-30-750			750	±3.0										
ZLB-30-1000			1 000	±3.0										
ZLB-30-1500			1 500	±4.0										
ZLB-50-500	50	±1.2	500	±2.0	1.4～2.2	R2	65	26	20	42	42	59.9	30	8
ZLB-50-750			750	±3.0										
ZLB-50-1000			1 000	±3.0										
ZLB-50-1500			1 500	±4.0										

5.2.5 通管

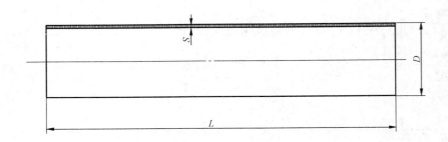

图 5 通管标注示意图

表 5 通管元件的规格和尺寸
单位为毫米

规 格	管外径 D		管长度 L		壁厚 S
	尺寸	允许偏差	尺寸	允许偏差	
T-30-250	30	±1.0	250	±2.0	0.6～1.4
T-30-500			500	±2.0	
T-30-750			750	±3.0	
T-30-1000			1 000	±3.0	
T-30-1500			1 500	±4.0	
T-50-250	50	±1.2	250	±2.0	1.4～2.2
T-50-500			500	±2.0	
T-50-750			750	±3.0	
T-50-1000			1 000	±3.0	
T-50-1500			1 500	±4.0	
T-60-250	60	±1.2	250	±2.0	1.4～2.2
T-60-500			500	±2.0	
T-60-750			750	±3.0	
T-60-1000			1 000	±3.0	
T-60-1500			1 500	±4.0	
T-70-250	70	±1.5	250	±2.0	1.4～2.6
T-70-500			500	±2.0	
T-70-750			750	±3.0	
T-70-1000			1 000	±3.0	
T-70-1500			1 500	±4.0	

5.2.6 板状:矩形

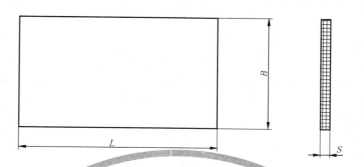

图 6　矩形板状元件标注示意图

表 6　矩形板状元件的规格和尺寸

单位为毫米

规　格	宽 B		长 L		壁厚 S	
	尺寸	允许偏差	尺寸	允许偏差	尺寸	允许偏差
B1-500×500	500	±2.0	500	±2.0	0.6～10.0	±0.1
B1-500×1000			1 000	±3.0		
B1-600×600	600	±2.0	600	±2.0		
B1-600×1200			1 200	±3.0		
B1-1000×1000	1 000	±2.0	1 000	±2.0		
B1-1000×1200			1 200	±3.0		

5.2.7 板状:圆形

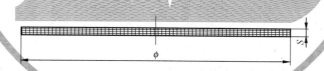

图 7　圆形板状元件标注示意图

表 7　圆形板状元件的规格和尺寸

单位为毫米

规　格	直径 φ		壁厚 S	
	尺寸	允许偏差	尺寸	允许偏差
B2-080	80	±1.0	0.6～10.0	±0.1
B2-100	100	±1.0		
B2-150	150	±1.5		
B2-200	200	±1.5		
B2-250	250	±2.0		
B2-500	500	±2.0		
B2-600	600	±2.0		
B2-750	750	±2.0		
B2-800	800	±2.0		
B2-1000	1 000	±2.0		

5.3 不锈钢烧结金属丝网多孔材料的性能应符合表8的规定。

表 8 烧结金属丝网多孔材料的性能

型号	平均孔径/μm	初始冒泡压力不小于/Pa	渗透性不小于		拉伸强度不小于/MPa
			相对渗透系数/[L/(min·cm²·Pa)]	渗透系数/m²	
SSW005	4~6	5 450	1.1×10^{-4}	8.0×10^{-13}	100
SSW010	9~12	2 700	5.2×10^{-4}	4.8×10^{-12}	100
SSW020	18~23	1 360	1.5×10^{-3}	1.5×10^{-11}	100
SSW030	28~35	910	2.6×10^{-3}	2.0×10^{-11}	100
SSW050	48~55	540	5.6×10^{-3}	5.2×10^{-11}	110
SSW080	75~85	340	7.9×10^{-3}	9.1×10^{-11}	110
SSW100	93~108	270	9.2×10^{-3}	1.1×10^{-10}	110
SSW150	140~160	180	2.9×10^{-2}	3.6×10^{-10}	110
SSW200	187~213	140	5.0×10^{-2}	5.8×10^{-10}	110

注1：本表数据针对典型五层网结构的烧结金属丝网多孔材料。
注2：本表中的相对渗透系数在 $\Delta P = 1\,000$ Pa下测定,如遇特殊样品时应标明其测量时的压差。

5.4 不锈钢烧结金属丝网多孔材料及元件表面要求平整、清洁,具有金属光泽,不应有裂纹、孔洞、凸凹不平、变形及过烧等现象。

5.5 对烧结金属丝网多孔材料及元件的型号、规格、材质、尺寸允许偏差和性能有其他要求时,由供需双方商定。

6 试验方法

6.1 不锈钢烧结金属丝网多孔材料及元件化学成分的测定按 GB/T 223.5、GB/T 223.11、GB/T 223.17、GB/T 223.25、GB/T 223.26、GB/T 223.62、GB/T 223.63、GB/T 14265 的规定进行。

6.2 孔径的测定按附录 A 的规定进行。

6.3 初始冒泡压力的测定按 GB/T 5249 的规定进行。

6.4 渗透性的测定按 GB/T 5250 的规定进行。

6.5 外形尺寸及允许偏差用相应精度的量具测量。

6.6 外观及表面质量在灯检台上目视检查。

6.7 拉伸强度的测定按 GB/T 228 的规定进行。

7 检验规则

7.1 组批

产品按批抽样检验,每批由同一零件图号、同一材质、同一规格尺寸,按相同工艺生产的产品组成。进行抽样检验的产品批量最大不超过 1 000 件,如超出,则超出部分视为另一批重新进行抽样检验。

7.2 检验项目

不锈钢烧结金属丝网多孔材料及元件的检验项目、每批取样规则及数量应符合表9的规定。

表 9 烧结金属丝网多孔材料及元件的检验项目及数量

检验项目	取样规则及数量	要求的章条号	试验方法的章条号	备　　注
化学成分	每批抽样 1 个	5.1	6.1	是否提供本项检测数据由供需双方协商确定
平均孔径	每批抽样 1 个	5.3	6.2	是否提供本项检测数据由供需双方协商确定
初始冒泡压力	每批 3%,但不少于 3 个	5.3	6.3	
相对渗透系数	每批抽样 1 个,每个测 3 点	5.3	6.4	是否提供本项检测数据由供需双方协商确定
尺寸	逐个检验	5.2	6.5	
外观表面质量	逐个检验	5.4	6.6	
拉伸强度 σ_b	每批抽样 1 个,每个测 3 点	5.3	6.7	是否提供本项检测数据由供需双方协商确定

7.3 检验结果的判定

7.3.1 产品尺寸检验不符合要求,则判所检验的该件产品不合格。

7.3.2 产品表面质量检验不符合要求,则判所检验的该件产品不合格。

7.3.3 化学成分不符合要求,则在该批产品中对该项加倍取样复检,若仍不符合标准要求时,则该批产品为不合格。

7.3.4 平均孔径检验不符合要求,则判所检验的该件产品不合格。

7.3.5 初始冒泡压力检验不符合要求,则判所检验的该件产品不合格。

7.3.6 相对渗透系数 3 点算术平均值不符合要求,则判所检验的该件产品不合格。

7.3.7 拉伸强度 3 点算术平均值不符合要求,则判所检验的该件产品不合格。

8 标志、包装、运输、贮存

8.1 标志

8.1.1 产品名称、规格和型号。

8.1.2 产品生产批号。

8.1.3 产品标记。

8.1.4 供方技术部门的检印。

8.2 包装、运输、贮存

8.2.1 产品用适宜的包装物单独包装,装箱时各产品间隔以充填物。

8.2.2 产品在运输中,注意防潮,避免撞击和滚动。

8.2.3 产品应贮存在干燥通风处。

8.3 质量文件

每批合格产品应附有产品质量文件,注明:

　　a)　供方名称;

　　b)　产品名称;

　　c)　型号;

　　d)　规格;

　　e)　批号;

　　f)　件数或净重;

　　g)　质检人员签章;

　　h)　本标准编号;

　　i)　出厂日期。

附　录　A

（资料性附录）

烧结金属过滤元件孔径的气泡法测量

A.1　适用范围

本方法适用于管状和片状烧结金属过滤元件。气泡法所测量的孔为全通孔,这在许多场合与多孔材料的使用条件较为一致。

本方法是气泡法测量的一种简化解析方法,可以简洁、快速、明了地给出最大孔径、平均孔径和最小孔径。

A.2　方法及原理

气泡法基于测量气体逸出多孔材料所必须的压力差和流量,样品需预先抽空并用已知表面张力的液体浸透。

由毛细现象可知,毛细管中所浸透的液体,由于表面张力作用,产生毛细力。如果将孔的界面考虑为圆形,沿着该圆周长度液体的表面张力系数为 σ,孔半径为 r,液体和固体的接触角为 θ,那么驱使液体流入孔内,而垂直于该界面的力可以写作 $2\pi r\sigma\cos\theta$,与此相反的力,即外界施加的气体压力,在此圆面积上的值是 $\pi r^2\Delta P$,当两个力平衡时,孔中的液体被排除,将有气泡逸出。

$$2\pi r\sigma\cos\theta=\pi r^2\Delta P$$

简化为:

$$r=\frac{2\sigma\cos\theta}{\Delta P} \quad\cdots\cdots\cdots\cdots\cdots\cdots\cdots（A.1）$$

式中:

r——毛细管的内孔半径,单位为米(m);

σ——液体的表面张力系数,单位为牛每米(N/m);

θ——液体与固体的接触角;

ΔP——毛细管两端的压力差,单位为帕(Pa)。

根据气泡逸出的相应压力值求出毛细管对应的孔径尺寸。

黏性气流在层流条件下通过圆柱形导管(毛细管)的流动服从泊稷叶(Poiseuille)定律。

$$q=\frac{\pi}{8}\times\frac{\Delta P}{L\times\eta}\times r^4 \quad\cdots\cdots\cdots\cdots\cdots\cdots（A.2）$$

式中:

q——在平均压力下,流体通过毛细管的流量,单位为立方米每秒(m³/s);

ΔP——毛细管两端的压力差,单位为帕(Pa);

L——毛细管的长度,单位为米(m);

η——通过毛细管流体介质的黏滞系数,单位为牛秒每平方米(N·S/m²);

r——毛细管的内孔半径,单位为米(m)。

对于实际的多孔材料,所有的通孔可以看作是由多根毛细管组成的,其孔径大小并不一样,形状也不相同,但我们可以设想其为等效的毛细管,其孔径由公式(A.1)求出。其长度等于试样的厚度乘上弯曲因子,设平均半径为 r 的毛细管有 n 个,易知流体通过多孔材料的流量为:

$$Q=n\times\frac{\pi}{8}\times\frac{\Delta P'}{b\times l\times\eta'}\times r'^4 \quad\cdots\cdots\cdots\cdots（A.3）$$

式中：

Q——在平均压力下，流体通过多孔材料的流量，单位为立方米每秒（m³/s）；

$\Delta P'$——多孔材料两端的压力差，单位为帕（Pa）；

l——多孔材料的厚度，单位为米（m）；

b——多孔材料孔道的弯曲因子，它等于流体所走过的实际路程与材料的厚度之比；

η'——通过多孔材料的流体介质的黏度系数，单位为牛秒每平方米（N·s/m²）；

r'——多孔材料的孔半径，单位为米（m）。

在雷诺数小于 $Re=10\sim60$ 时，气体流动由层流过渡到湍流，这个过渡是很缓慢的，并且多孔材料孔隙越不相同越是缓慢，可以避免湍流。如图 A.1 所示。样品的 Q 与 ΔP 的变化完全服从泊稷叶（Poiseuille）定律，为一线性关系，即：

$$Q = K \times \Delta P \qquad\qquad\qquad\cdots\cdots\cdots\cdots\cdots（A.4）$$

式中 K 为常数，由式（A.5）求得：

$$K = n \times \frac{\pi}{8} \times \frac{r^4}{b \cdot l \cdot \eta} \qquad\qquad\cdots\cdots\cdots\cdots（A.5）$$

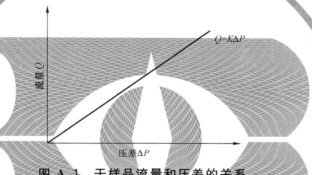

图 A.1　干样品流量和压差的关系

当样品被液体浸透后，置于样品室内进行测量时，气体通过的孔是随着压力的增加逐渐被打开的，孔径和压差的对应关系可由式（A.1）求得，此时在各种压差下所测得的流量取决于两个因素：

a)　已打开的孔，流量随着压差的增加而增加，根据式（A.4）它同压差的关系应为线性；

b)　随着压差的增加，有新的较小的孔被打开，从而也会对流量有所贡献。由式（A.3）可知这部分流量的增加同压差是非线性关系。

两个因素的综合结果表明流量随着压差的变化是个曲线关系，但当所有孔全部被打开后，此时孔径为一固定值，所以这时 Q 随着 ΔP 的变化关系为一直线段，如图 A.2 所示，以后流量的增加只取决于第一个因素了。

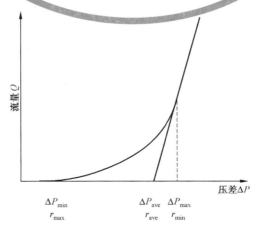

图 A.2　浸透的样品流量和压差的关系

把整个样品看作是由 n 个相同孔径 r_{ave} 组成的多孔体,则在 ΔP_{ave} 点时,所有孔都被打开,此时 Q 随着 ΔP 的变化为线性关系,沿直线方向走。但实际上,任何一个多孔体,它的孔径及其个数都是不相同的。为此流量与压差的关系为一曲线,只有在 ΔP_{max} 点后所有孔都被打开了,随后,Q 随 ΔP 的变化才为线性关系。

综上所述,可以根据曲线上的 ΔP_{min}、ΔP_{ave} 和 ΔP_{max} 压差点,分别求出多孔材料的 r_{min}、r_{ave} 和 r_{max} 孔径值。

A.3 试验装置

试验装置主要由流量计、压差计和样品室等主要部件构成,其气路系统如图 A.3 所示。

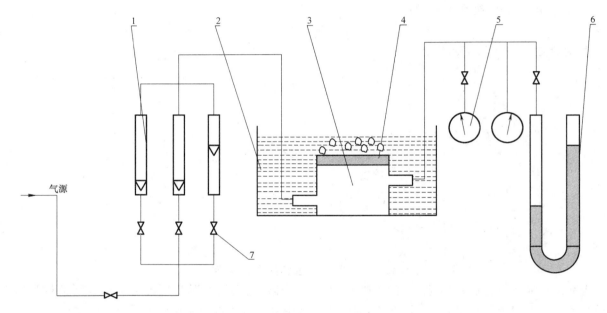

1——流量计;
2——盛液容器;
3——样品室;
4——样品;
5——压力表;
6——U 形管压差计;
7——阀门。

图 A.3 气泡仪气路装置流程图

A.3.1 流量计

通常选用转子流量计,其个数应根据样品的透气性而定。一般情况下,选用三个具有不同量程彼此衔接的流量计,见图 A.3 中的 1。

A.3.2 样品室

用来盛装样品的小室称为样品室,见图 A.3 中的 3。浸透后的样品置于样品室内,试样两端必须用橡皮垫圈压紧,以防气体通过时有过流产生。试验时,试样上面放 3 mm～6 mm 的试验液体或把整个样品室放入试验液体中。

A.3.3 压差计

测量气体流经样品前后的压力差。由于气体经样品流出直接进入空气中,即样品出口为大气压,样品前的相对压力也就是气体经样品前后的压力差。本仪器通常安装两个压力计和一个 U 形管压差计,见图 A.3 中的 5 和 6,其量程在 0 MPa～0.4 MPa 范围内。

A.4 试样

管状试样为:($\phi30\sim50\times50\sim500$)mm;

片状试样为:($\phi30\sim\phi50$)mm。

A.5 试验步骤

A.5.1 开始试验之前,试样用试验液体浸透,通常使用的液体为蒸馏水(或去离子水)和无水乙醇。根据试样的孔径大小选择适宜的试验液体,表 A.1 给出了各种液体的表面张力。为了改善液体对试样的浸润性,试样预先置真空容器内抽空,然后注入试验液体,直至液体充满多孔材料的所有通孔。

表 A.1 在 20 ℃时几种液体的表面张力系数   单位为牛每米

试 验 液 体	表面张力系数
水	0.072 5
乙醇	0.022
四氯化碳	0.027
甲醇	0.022 5
正丙醇	0.024
正戊基醋酸盐	0.024
异戊基醋酸盐	0.027
乙醚	0.017

A.5.2 浸润后的样品置于样品室内,然后放入盛有试验液体的容器中,应使样品上表面离液体表面为 3 mm~6 mm。

A.5.3 打开气源,让气体经流量计进入样品室,气体的升压速度由总阀门控制,直到经样品表面出现第一个气泡。在此压力下,气体通过一个或几个尺寸最大的孔。其后压差逐渐增加,每次记下相应的压差和流量值,直到所有孔都被打开,流量与压差呈线性关系时为止。通常在直线段上试验点应多于3个。

A.6 数据处理

根据所测得的压差值和相应的流量值,作出 Q-ΔP 曲线。

曲线的起始点为最大孔径对应的压差点;曲线上呈线性关系的直线部分的延长线与横坐标的交点为平均孔径对应的压差点;曲线与直线的切点在横坐标上的投影为最小孔径对应的压差点。由式(A.1)分别求出样品的最大孔径、平均孔径和最小孔径。

A.7 试验报告

试验报告应包括以下项目:

a) 注明本标准编号;

b) 必须的详细说明;

c) 测试结果。

ICS 73.120
J 77

中华人民共和国国家标准

GB/T 26114—2010

液体过滤用过滤器 通用技术规范

Filter for liquid filtration—General technical specification

2011-01-10 发布　　　　　　　　　　　　　　2011-10-01 实施

中华人民共和国国家质量监督检验检疫总局
中国国家标准化管理委员会　发布

前　言

本标准由中国机械工业联合会提出。

本标准由全国分离机械标准化技术委员会(SAC/TC 92)归口。

本标准负责起草单位:飞潮(无锡)过滤技术有限公司、新乡市平原工业滤器有限公司。

本标准参加起草单位:合肥通用机械研究院、航空工业总公司过滤与分离机械产品质量监督检测中心。

本标准主要起草人:樊丽琴、唐静、秦望峰、何向阳、孙瑞林、周进、杜立鹏。

液体过滤用过滤器 通用技术规范

1 范围

本标准规定了液体过滤用过滤器(以下简称过滤器)的型式、基本参数、技术要求、试验方法、检验规则、标志、包装、运输和贮存。

本标准适用于非液压系统用袋式过滤器、芯式过滤器、篮式过滤器和盘式过滤器。

2 规范性引用文件

下列文件中的条款通过本标准的引用而成为本标准的条款。凡是注日期的引用文件,其随后所有的修改单(不包括勘误的内容)或修订版均不适用于本标准,然而,鼓励根据本标准达成协议的各方研究是否可使用这些文件的最新版本。凡是不注日期的引用文件,其最新版本适用于本标准。

GB 150 钢制压力容器

GB/T 699 优质碳素结构钢

GB/T 700 碳素结构钢(GB/T 700—2006,ISO 630:1995,NEQ)

GB/T 711 优质碳素结构钢热轧厚钢板和钢带

GB 713 锅炉和压力容器用钢板(GB 713—2008,ISO 9328-2:2004,NEQ)

GB/T 2100 一般用途耐蚀钢铸件(GB/T 2100—2002,eqv ISO 11972:1998)

GB/T 2346 流体传动系统及元件 公称压力系列(GB/T 2346—2003,ISO 2944:2000,MOD)

GB/T 3280 不锈钢冷轧钢板和钢带

GB/T 4237 不锈钢热轧钢板和钢带

GB/T 4774 分离机械 名词术语

GB/T 8163 输送流体用无缝钢管

GB/T 9439 灰铸铁件(GB/T 9439—2010,ISO 185:2005,MOD)

GB/T 11352 一般工程用铸造碳钢件(GB/T 11352—2009,ISO 3755:1991,MOD,ISO 4990:2003,MOD)

GB/T 12771 流体输送用不锈钢焊接钢管

GB/T 14408 一般工程与结构用低合金铸钢件

GB/T 14976 流体输送用不锈钢无缝钢管

GB/T 17446 流体传动系统及元件 术语(GB/T 17446—1998,idt ISO 5598:1985)

GB/T 18853 液压传动过滤器 评定滤芯过滤性能的多次通过方法(GB/T 18853—2002,ISO 16889:1999,MOD)

JB/T 4709 钢制压力容器焊接规程

JB/T 4711 压力容器涂敷与运输包装

JB 4726 压力容器用碳素钢和低合金钢锻件

JB 4728 压力容器用不锈钢锻件

JB/T 4730.2~4730.6 承压设备无损检测

TSG R0004—2009 固定式压力容器安全技术监察规程

3 术语和定义

GB/T 4774 和 GB/T 17446 确立的以及下列术语和定义适用于本标准。

3.1

滤袋　filter bag

将过滤介质制成袋状的过滤元件。

3.2

滤篮　filter basket

将过滤介质制成篮状的过滤元件。

3.3

袋式过滤器　bag filter

以滤袋作为过滤元件的加压过滤器。

3.4

芯式过滤器　cartridge filter

以滤芯作为过滤元件的加压过滤器。

3.5

篮式过滤器　basket filter

以滤篮作为过滤元件的加压过滤器。

3.6

盘式过滤器　disc filter

以滤盘作为过滤元件的加压过滤器。

3.7

压降-流量特性　pressure drop-flow characteristics

过滤器压降随流量的变化而变化的特性曲线。

3.8

过滤比　filtration ratio

过滤前单位体积液体内大于某给定尺寸 x 的固体颗粒数与过滤后单位体积液体内大于同样尺寸的固体颗粒数的比值。用 β_x 表示。

即：$\beta_x = N_b/N_a$

N_b——过滤器过滤前单位体积中所含大于 x 微米的颗粒数。

N_a——过滤器过滤后单位体积中所含大于 x 微米的颗粒数。

3.9

过滤精度　filtration rating

过滤器能有效捕获（$\beta_x \geqslant 100$ 时）的最小颗粒尺寸 x，以微米为计量单位，用 μm 表示（也可以由具体技术要求确定过滤比值）。

4　型式与基本参数

4.1　结构型式

4.1.1　根据过滤器的安装形式分为立式和卧式。

4.1.2　根据过滤器的过滤元件不同分为：

　　a)　袋式过滤器（见图 1）；

　　b)　芯式过滤器（见图 2）；

　　c)　篮式过滤器（见图 3）；

　　d)　盘式过滤器（见图 4）。

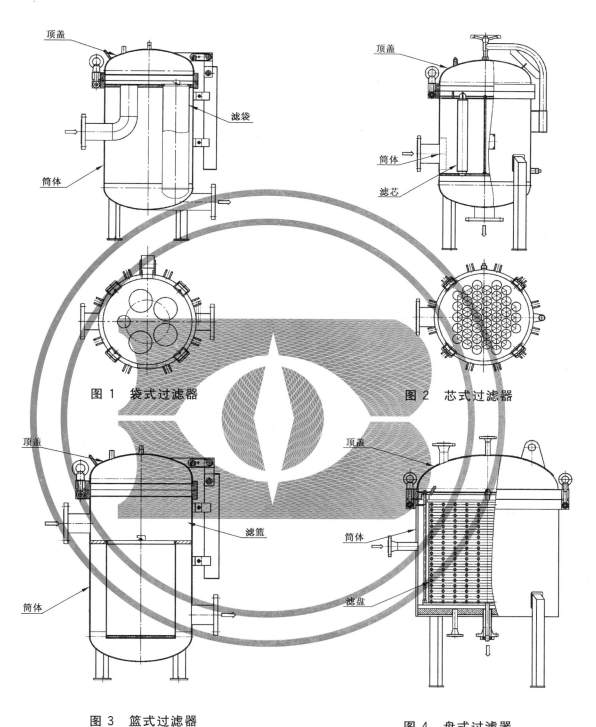

图 1　袋式过滤器

图 2　芯式过滤器

图 3　篮式过滤器

图 4　盘式过滤器

4.2　基本参数

4.2.1　袋式过滤器

4.2.1.1　袋式过滤器滤袋数量的推荐系列为:1袋、3袋、4袋、6袋、8袋、12袋、17袋、23袋。

4.2.1.2　滤袋型号的推荐系列为:1号、2号、3号、4号。结构型式见图5,具体参数见表1。

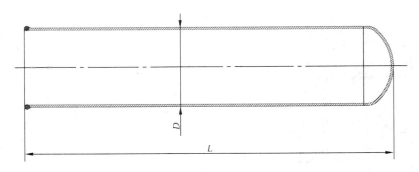

图 5 滤袋结构型式

表 1 滤袋规格尺寸

规 格	过滤面积/ m²	名义直径 D/ mm	有效长度 L/ mm
1 号	0.25	178	432
2 号	0.5	178	813
3 号	0.08	102	229
4 号	0.15	102	381

4.2.2 芯式过滤器

4.2.2.1 芯式过滤器滤芯数量的推荐系列为:1 芯、3 芯、5 芯、7 芯、11 芯、15 芯、21 芯、27 芯、40 芯、52 芯、62 芯、80 芯、125 芯、150 芯。

4.2.2.2 滤芯长度的推荐系列为:254 mm、508 mm、762 mm、1 016 mm、1 270 mm、1 524 mm。结构型式见图 6,具体参数见表 2。

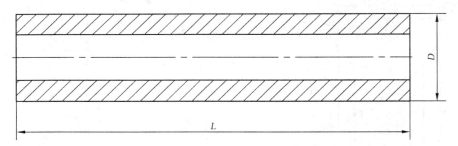

图 6 滤芯结构型式

表 2 滤芯规格尺寸

型 式	过滤面积/m²	名义直径 D/mm	有效长度 L/mm
非折叠滤芯	0.05	64	254
非金属折叠滤芯	0.5	68	254
金属折叠滤芯	0.25	60	254

4.2.3 篮式过滤器

4.2.3.1 篮式过滤器的推荐系列为:1 篮、3 篮、4 篮、6 篮、8 篮、12 篮、17 篮、23 篮。

4.2.3.2 滤篮的推荐系列为:1 号、2 号、3 号、4 号。结构型式见图 7,具体参数见表 3。

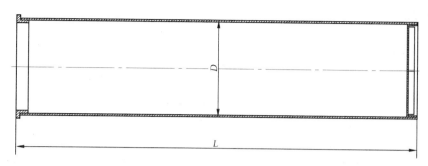

图 7 滤篮结构型式

表 3 滤篮规格尺寸

规 格	过滤面积/m²	直径 D/mm	长度 L/mm
1 号	0.25	170	380
2 号	0.5	170	710
3 号	0.08	102	200
4 号	0.15	102	350

4.2.4 盘式过滤器

4.2.4.1 盘式过滤器过滤面积的推荐系列为:2 m²、3 m²、5 m²、10 m²、15 m²、20 m²、25 m²、30 m²、40 m²、50 m²、60 m²、70 m²、80 m²、90 m²、100 m²。

4.2.4.2 滤盘直径的推荐系列为:400 mm、500 mm、600 mm、800 mm、900 mm、1 000 mm、1 100 mm、1 200 mm、1 300 mm、1 400 mm。结构型式见图8,具体参数见表4。

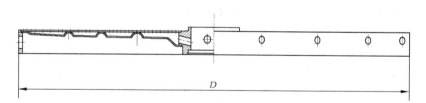

图 8 滤盘结构型式

表 4 滤盘规格尺寸

直径 D/mm	400	500	600	700	800	900	1 000	1 100	1 200	1 300	1 400
过滤面积/m²	0.125	0.2	0.25	0.4	0.5	0.6	0.785	1	1.125	1.25	1.5

4.3 过滤器型号表示方法

过滤器型式代号、过滤面积和壳体材料代号应符合表5的规定。

表 5 过滤器型号表示方法

型 式		主参数		壳体材料	
名称	代号	名称	单位	名称	代号
袋式过滤器	D	过滤面积	m²	碳钢	G
芯式过滤器	X			耐蚀钢	N
篮式过滤器	L			非金属	F
盘式过滤器	P				

4.4 型号编制方法

壳体材料,代号见表 5
过滤面积,单位 m²
型式,代号见表 5

4.5 标记示例

示例 1:袋式过滤器,过滤面积 2 m²,材料碳钢。

型号为:D2G

示例 2:芯式过滤器,过滤面积 3 m²,材料非金属。

型号为:X3F

示例 3:篮式过滤器,过滤面积 5 m²,材料耐蚀钢。

型号为:L5N

示例 4:盘式过滤器,过滤面积 5 m²,材料耐蚀钢。

型号为:P5N

5 技术要求

5.1 基本要求

过滤器应符合本标准的规定,并按经规定程序批准的图样及技术文件制造。

5.2 技术参数要求

5.2.1 过滤器的设计压力应符合产品技术文件的规定,按 GB/T 2346 中的规定选择。

5.2.2 过滤器的设计温度应符合产品技术文件的规定。

5.2.3 过滤器的过滤精度应符合产品技术文件的规定。

5.2.4 压降-流量特性应符合产品技术文件的规定。

5.3 材料和外购件要求

5.3.1 采用的材料应有供应商的质量证明书,如无质量证明书时,需按有关标准进行检验,合格后方能使用。金属材料应符合 GB/T 699、GB/T 700、GB/T 711、GB 713、GB/T 3280、GB/T 4237、GB/T 8163、GB/T 14976、GB/T 12771 等的规定;非金属材料应符合相应的国家标准和行业标准规定。

5.3.2 铸件应符合 GB/T 2100、GB/T 9439、GB/T 11352、GB/T 14408 等的规定。

5.3.3 锻件应符合 JB 4726、JB 4728 等的规定。

5.3.4 材料的选用应与需过滤的物料相容且符合应用行业要求。

5.3.5 材料代用时,应选用性能相同或较优的材料,并需经设计部门同意。

5.3.6 外购件应有供应商提供的合格证。

5.4 结构要求

5.4.1 结构上要方便固定、更换过滤元件并实现可靠密封。

5.4.2 结构上应避免需过滤的物料直接冲射过滤元件。

5.4.3 筒体、顶盖和固定件的强度和刚度应能承受在管路连接和更换过滤元件时的外力。

5.5 制造要求

5.5.1 焊接

5.5.1.1 焊接应符合 JB/T 4709 的要求。

5.5.1.2 焊接接头的无损检测应符合 GB 150 的要求。

5.5.2 过滤器的密封性

过滤器在规定压力试验条件下,各部件密封处、各结合面及焊接接头无任何渗漏。

5.5.3 外观质量

5.5.3.1 碳钢过滤器内外表面除锈,外表面应涂敷,符合 JB/T 4711 的规定。

5.5.3.2 耐蚀钢过滤器内外表面要经酸洗钝化,必要时进行蓝点检测,无蓝点为合格。

5.5.3.3 整个过滤器表面应无尖角、毛刺、锐边,法兰密封面不得有划伤和撞痕。

5.6 安全要求

5.6.1 快开门式过滤器的快开门设置安全连锁装置。

5.6.2 顶盖开启采用铰链结构的过滤器,应设置保险机构,防止顶盖开启后,发生回落或整体倾覆。

6 试验方法

6.1 技术参数检测

6.1.1 过滤精度

过滤精度试验按照 GB/T 18853 的规定进行。

6.1.2 压降-流量特性

6.1.2.1 方法概述

在规定的压力下,使试验液通过被测试过滤器,测量过滤器压降随流量的变化的数值。

6.1.2.2 器材和设备

6.1.2.2.1 试验装置

试验装置如图 9 所示。

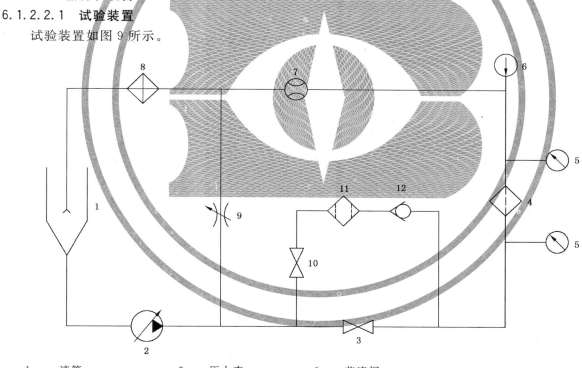

1——液箱;	5——压力表;	9——节流阀;
2——泵;	6——温度计;	10——净化回路阀门;
3——试验回路阀门;	7——流量计;	11——净化过滤器;
4——被测试过滤器;	8——热交换器;	12——单向阀。

图 9 试验原理图

6.1.2.2.2 试验液

试验液应为 25 ℃±2 ℃的洁净水(奥氏体不锈钢过滤器试验用水,氯离子含量应不大于 25 mg/L)或符合试验要求的其他试验液。

6.1.2.3 试验程序

6.1.2.3.1 打开系统净化回路阀门 10,启动泵,将系统试验液净化达到要求后,关闭净化回路阀门 10。

6.1.2.3.2 打开试验回路阀门 3,使试验液通过被测试过滤器。

6.1.2.3.3 在试验液规定温度±2 ℃范围内,使试验流量从零逐渐增大到被测试过滤器额定值,其间按合适的相等的增量测量不小于 6 个点的流量,同时记录各流量点对应的过滤器压降;过滤器额定值从最大减小到零,以相等的减量不小于 6 个点的流量重复前述操作。

6.1.2.3.4 关闭试验系统,试验结束。

6.1.2.4 数据处理

根据各流量点对应的过滤器压降,绘制压降-流量曲线图。

6.2 无损检测

焊接接头按 JB/T 4730.2～4730.6 进行无损检测。

6.3 压力试验

6.3.1 凡属于压力容器类别的过滤器,按 GB 150 的规定进行。

6.3.2 不属于压力容器类别的过滤器,按下列规定进行水压试验。

6.3.2.1 水压试验压力为设计压力的 1.5 倍。

6.3.2.2 奥氏体不锈钢过滤器水压试验用水,氯离子含量应不大于 25 mg/L。

6.3.2.3 试验时容器顶部应设排气口,充液时应将容器内的空气排尽。试验过程中,应保持容器观察表面的干燥。

6.3.2.4 试验时压力应缓慢上升,达到规定试验压力后,保压时间不少于 5 min。不得有渗漏、可见的变形及异常的声响。

7 检验规则

7.1 检验分类

产品检验分为出厂检验和型式试验。

7.2 出厂检验

过滤器应逐台经制造厂检验部门进行出厂检验,检验合格后方可出厂,出厂时应附有证明产品质量合格的文件。

7.3 型式试验

7.3.1 凡属下列情况之一时,应进行型式试验:

a) 产品定型时;

b) 产品结构、材料有重大改变时并可能影响到产品性能时;

c) 正常生产时,应每隔 2 年进行一次;

d) 产品停产 1 年后,恢复生产时;

e) 国家质量监督检验机构提出型式试验要求时。

7.3.2 抽样:型式试验样机应在当批产品中采取随机抽样,数量不少于 1 台。

7.3.3 判定:检验结果有一项不合格,可加倍抽样进行复验,若仍不合格,则判该批产品为不合格品。

7.4 检验项目

过滤器的各类检验应符合表 6 的规定。

表 6 检验项目

序号	试验项目	技术要求条款	试验方法条款	出厂检验	型式试验
1	几何尺寸	5.1	尺	√	√
2	外观质量	5.5.3	目视	√	√
3	过滤精度	5.2.3	6.1.1	×	√

表 6（续）

序号	试验项目	技术要求条款	试验方法条款	出厂检验	型式试验
4	压降-流量特性	5.2.4	6.1.2	×	√
5	无损检测（焊接质量）	5.5.1	JB/T 4730.2～4730.6	√	√
6	压力试验	5.2.1、5.5.2	6.3	√	√

注：√表示必须检测；×表示不需要检测。

8 标志、包装、运输和贮存

8.1 标志

8.1.1 每台标准过滤器应在明显部位固定铭牌，铭牌内容包括：

    a) 产品型号、名称。

    b) 物料名称。

    c) 主要技术参数：

        设计压力，单位为 MPa；

        设计温度，单位为 ℃；

        过滤面积，单位为 m^2；

        过滤精度，单位为 μm。

    d) 设备质量，单位为 kg。

    e) 出厂编号。

    f) 出厂日期。

    g) 制造单位。

8.1.2 属于压力容器类别的过滤器，应符合 TSG R0004—2009 的规定。

8.1.3 过滤器进出口作指示标记。

8.2 随机附带下列技术文件

    a) 产品合格证；

    b) 竣工图；

    c) 产品说明书；

    d) 随机附件清单；

    e) 装箱单。

8.3 包装、运输

    过滤器的包装与运输应符合 JB/T 4711 的规定，过滤元件独立包装。

8.4 贮存

    过滤器应存放在没有介质腐蚀的有遮蔽场所。

ICS 73.120
J 77

中华人民共和国国家标准

GB/T 30176—2013

液体过滤用过滤器　性能测试方法

Filter for liquid filtration—Performance measurement methods

2013-12-17 发布

2014-10-01 实施

中华人民共和国国家质量监督检验检疫总局
中国国家标准化管理委员会　发布

前　言

本标准按照 GB/T 1.1—2009 给出的规则起草。

本文件的某些内容可能涉及专利。本文件发布机构不承担识别这些专利的责任。

本标准由中国机械工业联合会提出。

本标准由全国分离机械标准化技术委员会(SAC/TC 92)归口。

本标准主要起草单位:上海化工研究院、天津大学、合肥通用机械研究院、飞潮(无锡)过滤技术有限公司、厦门厦迪亚斯环保技术有限公司、四川高精净化设备有限公司、新乡市平原工业滤器有限公司、航空工业过滤与分离机械质检中心。

本标准起草人:都丽红、王士勇、许莉、张德友、杜立鹏、周进、朱企新、秦望峰、关太平、王建宇、孙瑞林。

液体过滤用过滤器　性能测试方法

1　范围

本标准规定了液体过滤用过滤器(以下简称过滤器)的主要过滤性能(压降-通量性能、截留精度、透水率与透水阻力、再生性能、视在纳污量等)及与过滤器过滤性能相关的机械物理性能(耐压试验、密封检测、焊缝无损检测、噪声测试等)的试验方法。

本标准适用于液体(不包括油类)过滤用过滤器性能试验方法。

2　规范性引用文件

下列文件对于本文件的应用是必不可少的。凡是注日期的引用文件,仅注日期的版本适用于本文件。凡是不注日期的引用文件,其最新版本(包括所有的修改单)适用于本文件。

GB 150.4　压力容器　第 4 部分:制造、检验和验收

GB/T 4774　过滤与分离　名词术语

GB/T 10894　分离机械　噪声测试方法

GB/T 18853　液压传动过滤器　评定滤芯过滤性能的多次通过方法

GJB 420B　航空工作液固体污染度分级

NB/T 47003.1　钢制焊接常压容器

TSG R0004　固定式压力容器安全技术监察规程

3　术语和定义

GB/T 4774 界定的以及下列术语和定义适用于本文件。

3.1

液体通量　liquid flux

在规定压差和温度为 25 ℃条件下,试验液通过被测试过滤器,单位时间、单位过滤面积上透过试验液的体积称为液体通量。常温条件下,可将渗透液的体积换算至 25 ℃条件下的体积,作为液体通量。

3.2

额定流量　filter rated flow rate

液体过滤器内的流体在规定压差和 25 ℃条件下的流量值,通常等于过滤器的液体通量与过滤器的有效过滤面积的乘积。

3.3

过滤元件　filter element

以过滤介质及相关零件组成的部件称为过滤元件。

3.4

压降　pressure drop

在规定的流体流通条件下被测试过滤器上游、下游的压差值。等于通过过滤器筒体与过滤元件的压力损失之和。

3.5

截留粒径　detained particle size

过滤元件对某一规定粒径粒子的截留率达到90%,称该粒径为过滤元件的截留粒径。

3.6

过滤比(β 比值)　filtering ratio

过滤器上游料液单位体积内所含某一粒径段(或大于某一给定尺寸)的颗粒数与经过滤器后所得滤液单位体积内所含该粒径段(或大于同一尺寸)的颗粒数之比。

3.7

视在纳污量　contaminant mass injected

向试验系统添加试验粉末,当被测试过滤元件压降达到极限压差值时,所添加试验粉末的总质量为视在纳污量。

4　过滤器过滤性能测试内容及方法

4.1　一般要求

4.1.1　测试用通用仪器、仪表精度要求

所有测试用仪器、仪表应计量合格,在有效期内。精度应符合表1的规定。

表 1　测试用通用仪器、仪表精度要求

名称	精度
真空表	1.6级
压力表	1.6级
流量计	±2.5%
差压计	1.6级

4.1.2　试验装置

液体过滤器过滤性能测试系统如图1所示。

4.2　压降-通量性能

4.2.1　方法概述

在不同的压差和常温条件下,使试验液通过被测试过滤器,测量过滤器的液体通量。

4.2.2　试验步骤

4.2.2.1　在试验液储槽内加入洁净水,打开阀门2,关闭阀门4,8,9,11,启动泵3。打开阀门4,8,清洗系统。

4.2.2.2　待系统清洗干净,关闭阀门8,打开阀门9,使系统内洁净水通过不装过滤元件的过滤器7。

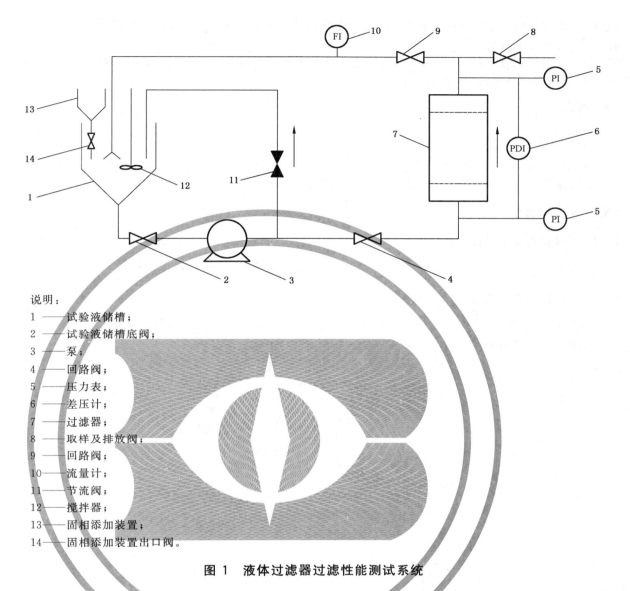

说明：
1——试验液储槽；
2——试验液储槽底阀；
3——泵；
4——回路阀；
5——压力表；
6——差压计；
7——过滤器；
8——取样及排放阀；
9——回路阀；
10——流量计；
11——节流阀；
12——搅拌器；
13——固相添加装置；
14——固相添加装置出口阀。

图 1 液体过滤器过滤性能测试系统

4.2.2.3 调节节流阀 11，使得通过过滤器的流量达到过滤元件的额定值，记录过滤器前后的压差和流量。按合适的相等增量加大流量，流量测点应不少于 4 点，同时记录各流量测点相对应的过滤器筒体的压降。

4.2.2.4 从 4.2.2.3 被测过滤元件的额定值按 4.2.2.3 测定的流量测点逐渐减少流量，记录各流量测点相对应的过滤器筒体的压降，计算各流量点的平均压降 Δp_1。

4.2.2.5 将被测过滤元件装入过滤器筒体，按 4.2.2.3，4.2.2.4 测得相应的流量点测量的压降，并分别求得对应流量点平均压降 Δp_2。

4.2.3 数据处理

4.2.3.1 计算过滤元件压降 Δp：

$$\Delta p = \Delta p_2 - \Delta p_1 \quad\quad\quad\quad\quad\quad\quad\quad\quad\quad\quad\cdots\cdots\cdots\cdots\cdots\cdots\cdots（1）$$

式中：
Δp_2——试验用过滤器总压降，单位为兆帕斯卡（MPa）；
Δp_1——试验用过滤器筒体的压降，单位为兆帕斯卡（MPa）；
Δp ——试验用过滤元件的压降，单位为兆帕斯卡（MPa）。

4.2.3.2 根据试验测定的压降和流量,过滤元件的通量等于流量除以过滤面积,得到压降和通量的关系,绘制压降-通量曲线。

4.2.3.3 针对任意过滤器,可以用不安装过滤元件的实际过滤器按 4.2.2.3 和 4.2.2.4 测定压降-流量曲线;再根据过滤元件的压降-通量曲线算出该过滤器的额定流量。

4.3 截留精度

4.3.1 方法概述

过滤器的截留精度由过滤元件最大透过粒径、β 比值或截留粒径表示,使用单次通过法测定;如实际工艺要求符合多次通过过程的,则可采用多次通过法测定。

4.3.2 单次通过法

4.3.2.1 试验装置与仪器设备

过滤元件单次通过法截留性能测试系统见图 2。配套的专用仪器设备有光阻式自动颗粒计数器。

4.3.2.2 试验粒子和试验液准备

采用标准粒子,粒径分布变异系数控制在 5% 以内。用洁净水将适量的具有一定粒径分布范围的标准粒子配制为试验液。

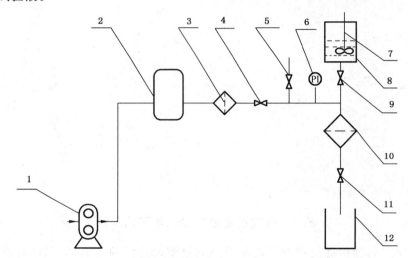

说明:
1 ——空压机;
2 ——缓冲罐;
3 ——空气过滤器;
4 ——稳压调节阀;
5 ——放空阀;
6 ——压力表;
7 ——搅拌器;
8 ——给料槽;
9 ——进料阀;
10——过滤器;
11——排液阀;
12——滤液罐。

图 2 截留性能测试系统

4.3.2.3 实验环境

环境温度为常温,相对湿度不大于70%,空气保持洁净。

4.3.2.4 试验步骤

a) 系统经洁净水清洗到固体污染度应符合 GJB 420B 中规定的 4 级要求;

b) 将被测过滤元件装入过滤器 10 内;

c) 将试验液放入给料槽 8 中,打开阀门 9,使适量的试验液进入过滤器 10,关闭阀门 9;

d) 启动空压机 1,调节阀门 4,使过滤器内的压力达到指定值,打开阀门 11,使试验液在规定压差下通过过滤元件;

e) 过滤一定时间后,关闭空压机 1、关闭阀门 4 和阀门 11;

f) 取滤前、滤后的液样,用光阻式自动颗粒计数器分别测定其不同粒径颗粒的颗粒数;

g) 卸下过滤元件试样,用洁净水彻底清洗整个管路系统。

4.3.2.5 数据处理

滤液中最大粒子的直径即为过滤元件的最大透过粒径。

过滤元件对某种粒径颗粒的截留率按式(2)计算:

$$R_i = \left(1 - \frac{N_{pi}}{N_{bi}}\right) \times 100 \quad\quad\quad\quad\quad (2)$$

式中:

R_i ——某种粒径的截留率,%;

N_{pi} ——单位体积滤液中该粒径颗粒的个数,单位为个每升(个·L^{-1});

N_{bi} ——单位体积试验液中该粒径颗粒的个数,单位为个每升(个·L^{-1})。

截留率达到 90% 的颗粒粒径就是截留粒径。

过滤元件的过滤比(β 比值)按式(3)计算:

$$\beta_i = \frac{N'_{bi}}{N'_{pi}} \quad\quad\quad\quad\quad (3)$$

式中:

β_i ——某个粒径段的 β 比值,量纲为 1;

N'_{pi} ——单位体积滤液中某个粒径段(或大于某个粒径)的颗粒个数,单位为个每升(个·L^{-1});

N'_{bi} ——单位体积试验液中某个粒径段(或大于某个粒径)的颗粒个数,单位为个每升(个·L^{-1})。

4.3.3 多次通过法

多次通过法按 GB/T 18853 执行。

4.4 透水率与透水阻力

4.4.1 方法概述

保持过滤元件试样进水侧为恒压,在一定压差作用下测量透水通量,即可获得透水率。过滤元件试样的透水阻力可以由测得的透水率、过滤元件试样两侧压差、试验温度下水的黏度计算得出。

4.4.2 试验系统

4.4.2.1 试验装置

采用液体过滤器过滤性能测试系统(见图 1)测定过滤元件透水率与透水阻力。

4.4.2.2 试验用液体

试验应采用洁净水。

4.4.3 试验步骤

a) 系统经洁净水清洗到固体污染度符合 GJB 420 B 中规定的 4 级要求；

b) 在试验液储槽中加入洁净水,将被测过滤元件装入过滤器 7,调节阀门 4、9、11,使过滤元件两侧保持指定的压差进行透水试验,记录透水通量；

c) 计算透水率。

4.4.4 数据处理

可用式(4)计算对应的透水率:

$$Q_{si} = \frac{V_i}{A} \qquad\qquad (4)$$

式中:

Q_{si}——试样在某定压差下的透水率,单位为立方米每平方米每秒($m^3 \cdot m^{-2} \cdot s^{-1}$);

V_i——试样在某定压差下的透水通量,单位为立方米每秒($m^3 \cdot s^{-1}$);

A——过滤元件试样的透水面积,单位为平方米(m^2)。

平均透水率计算见式(5):

$$Q_s = \frac{\sum Q_{si}}{n} \qquad\qquad (5)$$

式中:

Q_s——平均透水率,单位为立方米每平方米每秒($m^3 \cdot m^{-2} \cdot s^{-1}$);

n——重复测定次数。

透水阻力计算见式(6):

$$R_{ms} = \frac{\Delta p_s}{\mu Q_s} \qquad\qquad (6)$$

式中:

R_{ms}——过滤元件试样阻力,单位为每米(m^{-1});

Δp_s——过滤元件试样两侧压差,单位为帕斯卡(Pa);

μ——试验温度下水的黏度,单位为帕斯卡秒($Pa \cdot s$)。

4.5 再生性能

4.5.1 方法概述

对一定浓度的悬浮物料进行滤饼过滤,形成滤饼后再卸饼,卸饼后对过滤元件进行洗涤、再生,然后用洁净水在液体过滤器性能测试系统(见图 1)上进行透水率测定(参照 4.4),再计算绝对再生效率、相对再生效率和实际再生效率。对于管状过滤元件也可采用过滤元件试样进行试验。

4.5.2 过滤元件试样制备

若是平板型过滤元件,可采取一定尺寸的滤布或平板试样进行测试；若是折叠过滤元件,可裁取一定尺寸折叠前的平面滤材作为试样；若是烧结类刚性过滤元件,则需按烧结该过滤元件的配方和烧结工艺制作所需尺寸的平板试样。

4.5.3 试验用液体

试验应取实际工况用的物料；透水试验应采用洁净水。

GBT

4.5.4 试验步骤

4.5.4.1 对 3 个清洁过滤元件试样进行透水性能测定,计算出每个试样的透水率和平均透水率,以此作为比较再生后的效果的基准(详见4.4),以清洁过滤元件试样透水率测试的压差为再生后过滤元件透水率测试的压差。

4.5.4.2 选择的过滤元件试样,用实际工况用的物料进行过滤试验。对于滤饼过滤,形成一定厚度滤饼,过滤结束后尽量模拟实际生产中的卸饼方式卸除滤饼;对于深层过滤,过滤压差达到额定值,过滤结束。

4.5.4.3 对滤饼过滤,一定压力下,用小喷头均匀喷洒清洗过滤元件试样进行再生;对深层过滤,可采用一定浓度酸、碱、高温或超声波等合适的方法进行洗涤再生。

4.5.4.4 在该清洁过滤元件试样透水率测试压差下,测定再生后过滤元件试样的透水性能(详见4.4),再计算出绝对再生效率和相对再生效率。

4.5.4.5 重复以上加压过滤、卸饼、再生及再生后透水性能测试等各步骤,当相对再生效率连续 3 次满足(100±10)%时,停止试验。

4.5.5 数据处理

第 i 次再生后的绝对再生效率按式(7)或式(8)计算。

$$\eta_{ji} = \frac{R_{mso}}{R_{msi}} \times 100 \quad\quad\quad\quad\quad (7)$$

式中:

η_{ji} ——第 i 次再生后的绝对再生效率,%;

R_{mso} ——清洁过滤元件试样的透水阻力,单位为每米(m^{-1});

R_{msi} ——第 i 次再生后过滤元件试样的透水阻力,单位为每米(m^{-1})。

$$\eta_{ji} = \frac{Q_{si}}{Q_{so}} \times 100 \quad\quad\quad\quad\quad (8)$$

式中:

Q_{so} ——清洁过滤元件试样的透水率,单位为立方米每平方米每秒($m^3 \cdot m^{-2} \cdot s^{-1}$);

Q_{si} ——第 i 次再生后过滤元件试样的透水率,单位为立方米每平方米每秒($m^3 \cdot m^{-2} \cdot s^{-1}$)。

第 i 次再生后的相对再生效率按式(9)或式(10)计算。

$$\eta_{xi} = \frac{R_{msi-1}}{R_{msi}} \times 100 \quad\quad\quad\quad\quad (9)$$

式中:

η_{xi} ——第 i 次再生后的相对再生效率,%;

R_{msi-1} ——第 $i-1$ 次再生后过滤元件试样的透水阻力,单位为每米(m^{-1})。

$$\eta_{xi} = \frac{Q_{si}}{Q_{si-1}} \times 100 \quad\quad\quad\quad\quad (10)$$

式中:

Q_{si-1} ——第 $i-1$ 次再生后过滤元件试样的透水率,单位为立方米每秒每平方米($m^3 \cdot m^{-2} \cdot s^{-1}$)。

当连续 3 次的相对再生效率均在(100±10)%范围内时,则过滤元件试样的实际绝对再生效率 η 按式(11)计算。

$$\eta = \frac{\eta_{ji} + \eta_{ji+1} + \eta_{ji+2}}{3} \quad\quad\quad\quad\quad (11)$$

式中:

η ——实际绝对再生效率,%;

η_{ji} ——第 i 次再生后过滤元件试样的绝对再生效率,%;

η_{ji+1} ——第 $i+1$ 次再生后过滤元件试样的绝对再生效率,%;

η_{ji+2} ——第 $i+2$ 次再生后过滤元件试样的绝对再生效率,%。

取 3 个试样的绝对再生效率和相对再生效率的算术平均值,分别作为该过滤元件试样针对特定物料的绝对再生效率和相对再生效率。

4.6 视在纳污量

4.6.1 方法概述

当试验液以额定流量通过被测试过滤元件时,按一定速率向过滤器上游添加试验粉末,直至过滤元件达到规定的极限压差值时停止试验,计算试验粉尘的累计添加量。

4.6.2 试验液

试验液应为常温下的洁净水。

4.6.3 试验粉末

空气滤清器精细试验粉末(ACFTD)。

4.6.4 试验步骤

a) 视在纳污量试验可在液体过滤器过滤性能测试系统(见图 1)上进行。在试验液储槽 1 内加入洁净水,打开阀门 2,关闭阀 4,8,9,11,启动泵 3。打开阀门 4,8,清洗系统。

b) 关闭阀门 8,打开阀门 9,11,用节流阀 11 调整试验系统流量至额定值,测量被试过滤器壳体压差。关闭试验系统。

c) 将被试测试过滤元件装入过滤器壳体内。启动试验系统,调整试验系统流量至额定值。

d) 按一定速率向被测试过滤器上游添加试验粉尘,直至过滤元件压差达到规定的极限压差。

e) 关闭试验系统,试验结束。

4.6.5 数据处理

被测过滤元件压降达到极限压差值时,向试验系统添加试验粉末的总质量按式(12)计算:

$$M_i = \frac{G_i \times q_i \times t_f}{1\,000} \qquad\qquad\qquad (12)$$

式中:

M_i ——视在纳污量,单位为克(g);

G_i ——粉尘添加装置中的平均质量污染度,单位为毫克每升(mg/L);

q_i ——平均注入流量,单位为升每分钟(L/min);

t_f ——达到最终压差时的实际试验时间,单位为分钟(min)。

5 相关的机械物理性能试验内容及方法

5.1 耐压试验

5.1.1 凡属于压力容器类别的过滤器,耐压试验按 TSG R0004、GB 150.4 中相应条款执行。

5.1.2 不属于压力容器类别的过滤器,水压试验按 NB/T 47003.1 中相应条款执行。

5.2 密封

过滤器的密封性,在规定压力试验条件下,各部件密封处、各结合面无泄漏。各结合面密封性的检验可与5.1耐压试验同时进行。

5.3 焊缝无损检测

5.3.1 凡属于压力容器类别的过滤器,按 TSG R0004、GB 150.4 中相应条款执行。

5.3.2 凡不属于压力容器类别的过滤器,按 NB/T 47003.1 中相应条款执行。

5.4 噪声测试

噪声的测试应按照 GB/T 10894 的规定进行。

中华人民共和国船舶行业标准

CB 3531—94
分类号:U55

吸 入 滤 网 箱

本标准等效采用 ISO 6454—1984《造船——吸入滤网箱》。

1 主题内容与适用范围

本标准规定了船用吸入滤网箱(以下简称滤网箱)的产品分类和技术要求等。

本标准适用于除机舱和轴隧以外的舱室的舱底水吸入口滤网箱。

2 引用标准

CB*/Z 343 热浸锌通用工艺

3 产品分类

3.1 滤网箱的型式规定如下:

R 型——圆筒形;

S 型——方形。

3.2 滤网箱的基本参数

吸入管公称通径 DN 为 32~350 mm。

3.3 滤网箱的结构尺寸按图和表规定。

中国船舶工业总公司1994-02-01批准

1994-08-01实施

CB 3531—94

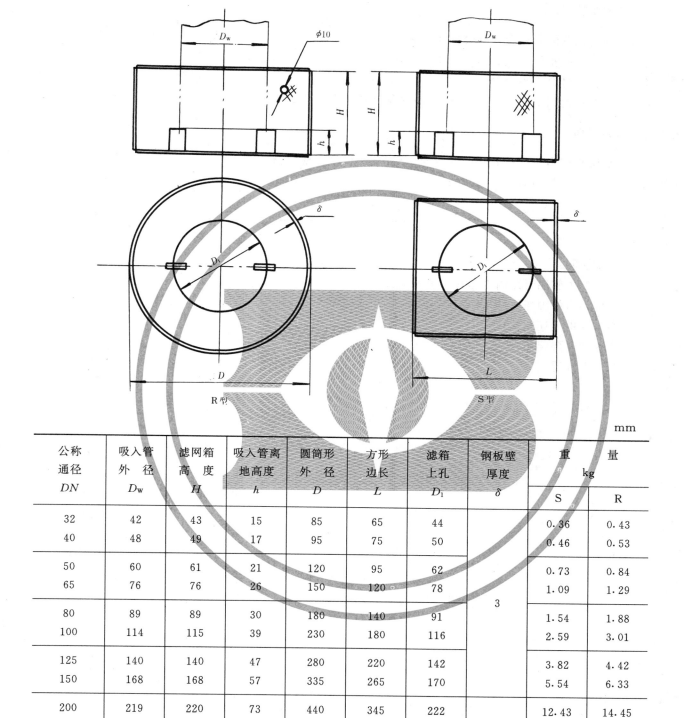

公称通径 DN	吸入管外径 D_w	滤网箱高度 H	吸入管离地高度 h	圆筒形外径 D	方形边长 L	滤箱上孔 D_1	钢板壁厚度 δ	重量 kg	
								S	R
32	42	43	15	85	65	44		0.36	0.43
40	48	49	17	95	75	50		0.46	0.53
50	60	61	21	120	95	62		0.73	0.84
65	76	76	26	150	120	78		1.09	1.29
80	89	89	30	180	140	91	3	1.54	1.88
100	114	115	39	230	180	116		2.59	3.01
125	140	140	47	280	220	142		3.82	4.42
150	168	168	57	335	265	170		5.54	6.33
200	219	220	73	440	345	222		12.43	14.45
250	273	273	91	545	430	276	4	20.27	23.14
300	323.9	324	108	650	510	327		26.91	31.29
350	355.6	356	119	710	560	359		31.46	36.37

mm

3.4 标记示例

公称通径为 200 mm,顶板有孔的圆筒形吸入滤网箱:

滤网箱 R200 CB 3531—94

4 技术要求

4.1 滤网孔总面积和吸入管公称通径面积之比大于 3。

4.2 滤网孔面积和孔板的面积之比大于 0.3。

4.3 滤网箱材料为碳素钢。

4.4 滤网箱的加工成形后热浸锌,表面附着量不小于 600 g/m²。

5 检验规则

5.1 滤网箱应由工厂检验部门进行出厂检验,并出具合格证书。

5.2 热浸锌质量检验按 CB*/Z 343。

附加说明:

本标准由船舶管系附件分技术委员会提出。

本标准由中国船舶工业总公司 603 所归口。

本标准由大连船舶设计研究所负责起草。

本标准主要起草人奚基华。

本标准有统一施工图样提供。

中华人民共和国船舶行业标准

CB/T 3572—94
分类号:U 55

气 水 分 离 器

代替 CB*423—77
CB*3148—83

1 主题内容与适用范围

本标准规定了法兰连接尺寸按 GB 569、GB 2501 的气水分离器(以下简称分离器)的产品分类、技术要求、试验方法、检验规则、标志和包装。

本标准适用于介质为空气的船舶压缩空气管路系统。

2 引用标准

CB 569 船用法兰连接尺寸和密封面

GB 600 船舶管路阀件通用技术条件

GB 2501 船用法兰连接尺寸和密封面(四进位)

CB* 56 管子平肩螺纹接头

3 产品分类

3.1 分离器的型式规定如下:

A 型——法兰连接尺寸按 GB 569 的气水分离器;

AS 型——法兰连接尺寸按 GB 2501 的气水分离器;

B 型——法兰连接尺寸按 GB 569 的自动排水气水分离器;

BS 型——法兰连接尺寸按 GB 2501 的自动排水气水分离器。

3.2 分离器的基本参数按表 1。

表 1

型 式	工 作 压 力 p MPa	公称通径 DN mm
A 型、AS 型	3.0	20～50
B 型、BS 型		20～80

3.3 分离器的结构和基本尺寸

3.3.1 A 型的分离器结构和基本尺寸按图 1 和表 2 的规定。

中国船舶工业总公司 1994-02-01 批准　　　　　　　　　　　　　1994-08-01 实施

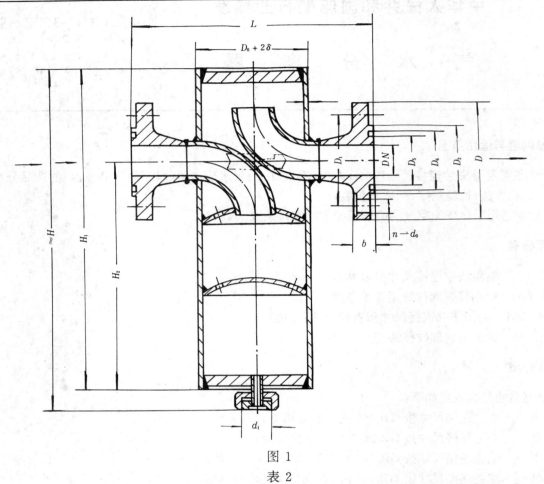

图 1

表 2

mm

公称通径 DN	结构尺寸						法兰尺寸							螺栓		连接螺纹 d_1	重量 kg
	H	H_1	H_2	L	D_0	δ	D	D_1	D_2	D_5	D_6	b	d_0	Th.	n		
20							105	73	58	35	51	16	13	M12			7.28
25	370	333	253	218	89	5.5	115	83	66	42	58	18	15	M14		M27×1.5	7.60
32							125	93	74	50	66	20			6		8.01
40	520	478	338	324	168	7	145	107	84	60	76	22	17	M16		M36×2	25.94
50							155	117	96	72	88	23					27.40

3.3.2 AS 型的分离器结构和基本尺寸按图 1 和表 3 的规定。

表 3

mm

公称通径 DN	结构尺寸						法兰尺寸							螺栓		连接螺纹 d_1	重量 kg
	H	H_1	H_2	L	D_0	δ	D	D_1	D_2	D_5	D_6	b	d_0	Th.	n		
20							105	75	58	35	51	16	14	M12			7.52
25	370	333	253	218	89	5.5	115	85	68	42	58					M27×1.5	7.68
32							140	100	78	50	66	18			4		8.51
40	520	478	338	324	168	7	150	110	88	60	76		18	M16		M36×2	27.61
50							165	125	102	72	88	20					28.40

3.3.3 B 型的分离器结构和基本尺寸按图 2 和表 4 的规定。

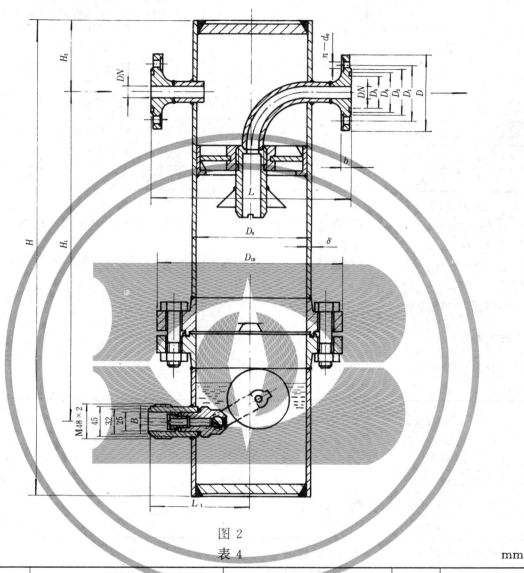

图 2

表 4

mm

公称通径	结构尺寸								法兰尺寸						螺栓		重量
DN	H	H_1	H_2	L	L_1	D_{10}	D_0	δ	D	D_1	D_2	D_5	D_6	b	d_0	Th.	n	kg
20									105	73	58	35	51	16	13	M2		40.78
25	660	455	95		130	280	159	7	115	83	68	42	58	18	15	M14	6	41.51
32									125	93	74	50	66	20				42.49
40				340					145	107	84	60	76	22				65.87
50	830	560	140		152	345	203	7	155	117	96	72	88	23	17	M16		67.23
65									175	137	118	94	110	21			8	68.64
80									190	152	130	105	121					70.91

3.3.4 BS 型的分离器结构和基本尺寸按图 2 和表 5 的规定。

表 5 mm

公称通径 DN	结构尺寸								法兰尺寸							螺栓		重量 kg
	H	H₁	H₂	L	L₁	D₁₀	D₀	δ	D	D₁	D₂	D₅	D₆	b	d₀	Th.	n	
20	660	455	95	130	300	280	159	7	105	75	58	35	51	16	14	M12	4	40.97
25									115	85	68	42	58	16	14	M12	4	41.56
32									140	100	78	50	66	18			4	43.05
40	830	560	140	152		345	203	7	150	110	88	60	76	18	18	M16	4	66.07
50									165	125	102	72	88	20	18	M16		68.39
65									185	145	122	94	110	22			8	70.23
80									200	160	133	105	121	24			8	72.84

3.3.5 标记示例

工作压力为 3.0 MPa,公称通径为 40 mm,按 GB 569 法兰连接尺寸和密封面的气水分离器:

分离器 A 30040 CB/T 3572—94

工作压力为 3.0 MPa,公称通径为 40 mm,按 GB 2501 法兰连接尺寸和密封面(四进位)的气水分离器:

分离器 AS 30040 CB/T 3572—94

4 技术要求

4.1 分离器的主要零件材料按表 6 的规定。

表 6

零件名称	材料		
	名称	牌号	标准号
筒体、弯管	无缝钢管	C 10	GB 5312—85
盖板、接头、法兰、挡板	普通碳素钢	Q 235-A	GB 700—88
固定套、导气管、阀芯、阀体、浮球	不锈钢	2Cr 13	GB 1220—84
滤网、架	黄铜	H 62	GB 2060—80

4.2 螺纹接头尺寸应符合 CB*56 的规定。

4.3 法兰连接尺寸和密封面应符合 GB 569、GB 2501 的规定。

4.4 分离器应镀锌,锌层平均厚度不少于 30 μm。

4.5 分离器应标有介质流向的标记。

4.6 本体焊接后,应进行退火处理。

5 试验方法

5.1 分离器应以 4.5 MPa 进行液压强度试验,试验时环境温度不得低于 5℃。在试验压力下稳压 5 min,然后降至工作压力进行检查,在试验过程中,不允许有任何渗漏或冒汗现象。

5.2 分离器在强度试验合格、装配完毕后,应进行气密试验,试验压力等于工作压力,试验方法是将分离器浸入水中或在焊缝和连接处涂以肥皂水,在 5 min 内不允许有任何渗漏现象。

5.3 自动排水气水分离器应能在倾斜 16°状态下正常工作。

5.4 效用试验:在 5.3 条规定的状态下从气水分离器进气口注水,当泄水阀排水时,停止注水,连续进行五次。

6 检验规则

6.1 分离器的检验分出厂检验和型式检验。

有下列情况之一时,应进行型式检验。

a. 新产品或老产品转厂生产的试制定型鉴定。

b. 正式生产后,如结构、材料、工艺有较大改变,可能影响产品性能时。

c. 正常生产时,定期或积累一定产量后,应周期性进行一次检验。

d. 国家质量监督机构提出进行型式检验的要求时。

6.2 型式检验和出厂检验的项目及要求应符合表7的规定。

表 7

序号	项 目	分 类		要 求
		出厂检验	型式检验	
1	材料的理化性能试验	√	√	符合4.1条规定
2	外观检查	√	√	符合GB 600规定
3	强度水压试验	√	√	符合5.1条规定
4	密封性气密试验	√	√	符合5.2条规定
5	效用试验		√	符合5.3及5.4条规定

6.3 气水分离器应按表7的1～4逐项检验合格后方可出厂。

7 标志与包装

7.1 分离器应具有下列标志:

a. 产品的名称;

b. 产品的规格和标准号;

c. 制造厂名称;

d. 制造日期;

e. 检查合格印章。

7.2 经检查合格的分离器,在螺纹和法兰进出口端应封闭,并存放在干燥处。

附加说明:

本标准由船用机械标准化技术委员会管系分技术委员会提出。

本标准由中国船舶工业总公司 603 所归口。

本标准由江南造船厂负责起草,大连船研所参加起草。

本标准主要起草人罗梅珍、周德兴。

本标准有统一施工图样提供。

ICS 91.140.30
P 48

中华人民共和国建筑工业行业标准

JG/T 404—2013

空气过滤器用滤料

Air filter media

2013-03-12 发布
2013-06-01 实施

中华人民共和国住房和城乡建设部　发　布

前　言

本标准按照 GB/T 1.1—2009 给出的规则起草。

本标准由住房和城乡建设部标准定额研究所提出。

本标准由住房和城乡建设部建筑环境与节能标准化技术委员会归口。

本标准负责起草单位：中国建筑科学研究院。

本标准参加起草单位：清华大学核能与新能源技术研究院、东华大学、华南理工大学、上海市室内环境净化协会、中国科学院过程工程研究所、重庆造纸工业研究设计院有限公司、重庆再升科技发展有限公司、邯郸恒永防护洁净用品有限公司、贺氏(苏州)特殊材料有限公司、苏州华泰空气过滤器有限公司、3M 中国有限公司、丹东实发工业滤布有限公司、丹东天皓净化材料有限公司、上海哈克过滤器有限公司、江苏菲特滤料有限公司、深圳市中纺滤材无纺布有限公司、东丽纤维研究所(中国)有限公司。

本标准主要起草人：王智超、江锋、沈恒根、梁云、王芳、岳仁亮、徐昭炜、张振中、孙俊、刘军、苏满社、何志军、徐小浩、雷永刚、高山、邢春双、周鹤平、王爱民、瞿耀华、纪舜卿。

空气过滤器用滤料

1 范围

本标准规定了空气过滤器(包括装置、模块和单元等)用滤料(简称滤料)的术语和定义、分类与标记、要求、试验方法、检验规则以及标志、包装、运输和贮存等。

本标准适用于对空气中颗粒物具有过滤作用的,由玻璃纤维、合成纤维、天然纤维、复合材料或者其他材质做成的滤料。

2 规范性引用文件

下列文件对于本文件的应用是必不可少的。凡是注日期的引用文件,仅注日期的版本适用本文件。凡是不注日期的引用文件,其最新版本(包括所有的修改单)适用于本文件。

GB/T 191 包装储运图示标志

GB/T 451.2—2002 纸和纸板定量的测定

GB/T 451.3—2002 纸和纸板厚度的测定

GB/T 452.1 纸和纸板纵横向的测定

GB/T 6165—2008 高效空气过滤器性能试验方法 效率和阻力

GB/T 12914 纸和纸板 抗张强度的测定

3 术语和定义

GB/T 16803 界定的以及下列术语和定义适用于本文件。

3.1

滤料 filter media

对空气中颗粒物具有过滤作用的材料。

3.2

效率 efficiency

指滤料捕集颗粒物的能力。被滤料过滤掉的颗粒物浓度与过滤前颗粒物浓度之比。

3.3

透过率 penetration

滤料过滤后的颗粒物浓度与过滤前颗粒物浓度之比。

3.4

颗粒物 particulate matter

空气中的固态或液态颗粒状物质。

3.5

额定滤速 nominal filter media face velocity

额定空气流量垂直流过滤料的速度。

3.6

阻力 resistance

一定滤速下,滤料前、后的静压差。

3.7

定量　grammage

单位面积滤料的质量。

3.8

最易穿透粒径　most penetrating particle size

粒径计数效率曲线最低点对应的粒径,简称 MPPS。

3.9

最低过滤效率　minimum filter efficiency

一定滤速下,滤料粒径计数效率曲线的最低点的效率,简称 MPPS 效率。

3.10

静态除尘效率　static dust collection efficiency

滤料从清洁状态开始,连续滤尘但不清灰,当发尘量达到规定值时的过滤效率。

3.11

动态除尘效率　operational dust collection efficiency

滤料在滤尘的同时,按规定的方法进行清灰后的过滤效率。

3.12

残余阻力　residual pressure drop

一定滤速下,滤料阻力达到规定值时,按规定的方法进行清灰后滤料的阻力。

3.13

容尘量　dust holding capacity

额定滤速下,滤料阻力达到规定值时所捕集的尘源总质量。

4　分类与标记

4.1　分类

4.1.1　按过滤性能

滤料按过滤性能分类和表示代号应满足表 1 的规定。

表 1　滤料按过滤性能分类和表示代号

分类	代号
超高效	CG
高效	GX
亚高效	YG
高中效	GZ
中效	Z
粗效	C

4.1.2　按所用材质

滤料按所用材质分类和表示代号应满足表 2 的规定。

表 2　滤料按所用材质分类和表示代号

分类	代号
玻璃纤维	BX
合成纤维	HX
天然纤维	TX
复合材料	FH
其他	QT

4.1.3　按用途

滤料按用途分类和表示代号应满足表3的规定。

表 3　滤料按用途分类和表示代号

分类	代号
通风空调净化用	TK
通风除尘用	CC

4.2　标记

4.2.1　标记方式

标记方式见图1。

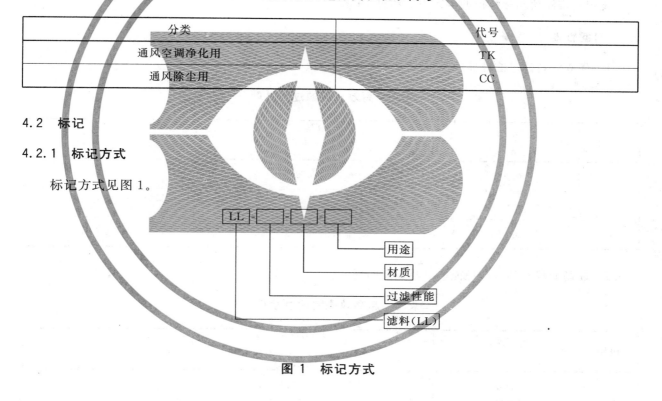

图 1　标记方式

4.2.2　标记示例

a)　玻璃纤维,具有通风空调净化用的超高效滤料,标记为:LLCG-BX-TK。

b)　天然纤维,具有通风除尘用的粗效滤料,标记为:LLC-TX-CC。

5　要求

5.1　外观

5.1.1　滤料材质整体应分布均匀,整体不应有明显污渍、裂纹、擦伤和杂质等。

5.1.2 滤料结构应牢固,应无剥离现象。

5.2 物理性能

5.2.1 定量

规定其实测值与标称值的偏差不应超过5%。

5.2.2 厚度

规定其实测值与标称值的偏差不应超过10%。

5.2.3 挺度

规定其实测值与标称值的偏差不应超过10%。

5.2.4 抗张强度

规定其实测值与标称值的偏差不应超过10%。

5.3 过滤性能

5.3.1 高效滤料的过滤性能应满足表4的规定。

表 4 高效滤料的过滤性能

级别	额定滤速 m/s	效率 %	阻力 Pa
A	0.053	$99.9 \leqslant E < 99.99$	$\leqslant 320$
B	0.053	$99.99 \leqslant E < 99.999$	$\leqslant 350$
C	0.053	$99.999 \leqslant E$	$\leqslant 380$

5.3.2 超高效滤料的过滤性能应满足表5的规定。

表 5 超高效滤料的过滤性能

级别	额定滤速 m/s	效率 %	阻力 Pa
D	0.025	$99.999 \leqslant E < 99.9999$	$\leqslant 220$
E	0.025	$99.9999 \leqslant E < 99.99999$	$\leqslant 270$
F	0.025	$99.99999 \leqslant E$	$\leqslant 320$

5.3.3 亚高效、高中效、中效和粗效滤料的过滤性能应满足表6的规定。

表 6　亚高效、高中效、中效和粗效滤料的过滤性能

级别	性能指标			
	额定滤速 m/s	效率 %		阻力 Pa
亚高效（YG）	0.053	粒径 ≥0.5 μm	95≤E＜99.9	≤120
高中效（GZ）	0.100		70≤E＜95	≤100
中效 1（Z1）	0.200		60≤E＜70	≤80
中效 2（Z2）			40≤E＜60	
中效 3（Z3）			20≤E＜40	
粗效 1（C1）	1.000	粒径≥2.0 μm	50≤E	≤50
粗效 2（C2）			20≤E＜50	
粗效 3（C3）		标准人工尘 计重效率	50≤E	
粗效 4（C4）			10≤E＜50	

5.3.4　除尘滤料的过滤性能应满足表 7 的规定。

表 7　除尘滤料的过滤性能

项目	额定滤速 m/s	效率 %	残余阻力 Pa
静态除尘	0.017	99.5≤E	—
动态除尘	0.033	99.9≤E	≤300

5.3.5　对于合成纤维滤料,应进行静电消除处理。

5.3.6　对于高效和超高效滤料,可给出最易穿透粒径和最低过滤效率。

5.3.7　在标称滤料的效率和阻力时,应标明其检测工况的温度和相对湿度。

5.4　容尘性能

粗效、中效、高中效、亚高效和高效滤料应有容尘量指标,并给出容尘量与阻力的关系曲线。滤料容尘量的实测值不应小于产品标称值的 90%。

6　试验方法

6.1　外观

用目测法检查。

6.2　物理性能

6.2.1　定量

定量应按 GB/T 451.2 规定的方法进行试验。

6.2.2 厚度

厚度应按 GB/T 451.3 规定的方法进行试验。

6.2.3 挺度

挺度应按 GB/T 452.1 规定的方法进行试验。

6.2.4 抗张强度

抗张强度应按 GB/T 12914 规定的方法进行试验。

6.3 过滤性能

6.3.1 高效滤料

高效滤料的效率和阻力应按 GB/T 6165—2008 中 6.2 规定的方法进行试验。

6.3.2 超高效滤料

超高效滤料的效率和阻力应按附录 A 规定的方法进行试验。

6.3.3 亚高效、高中效、中效和粗效滤料

亚高效、高中效、中效和粗效滤料的计数效率和阻力应按附录 A 规定的方法进行试验,粗效滤料的计重效率和阻力应按附录 B 规定的方法进行试验。

6.3.4 除尘滤料

除尘滤料的效率和阻力应按附录 C 规定的方法进行试验。

6.3.5 滤料静电消除

滤料的静电消除处理应按附录 D 规定的方法进行试验。

6.3.6 滤料最易穿透粒径和最低过滤效率

滤料的最易穿透粒径和最低过滤效率应按附录 E 规定的方法进行试验。

6.4 容尘性能

亚高效、高中效、中效和粗效滤料的容尘性能应按附录 B 规定的方法进行试验,高效滤料的容尘性能应按附录 F 规定的方法进行试验。

7 检验规则

7.1 检验分类和检验项目

7.1.1 滤料的检验分为出厂检验和型式检验。

7.1.2 滤料的检验项目应满足表 8 的规定。

表 8 检验项目表

序号	检验项目	出厂检验	型式检验	检验依据
1	外观	√	√	6.1
2	定量	√	√	6.2.1
3	厚度	√	√	6.2.2
4	挺度	—	√	6.2.3
5	抗张强度	√	√	6.2.4
6	效率	√[a]	√	6.3
7	阻力	√[a]	√	6.3
8	容尘量		√	6.4

[a] 仅对高效和超高效滤料有规定。

7.2 出厂检验

每批滤料应进行出厂检验,经出厂检验合格后,将检验结果填写在出厂铭牌上方可出厂。

7.3 型式检验

7.3.1 滤料有下列状况之一,应进行型式检验:
 a) 试制的新产品定型或老产品转厂时;
 b) 产品结构、制造工艺或材料等更改对性能有影响时;
 c) 产品停产超过一年后,恢复生产时;
 d) 出厂检验结果与上次型式检验有较大差异时;
 e) 正常生产,超过两年未进行型式检验时。

7.3.2 抽样方法

在出厂检验合格的样品中随机抽取,每批次至少抽1件。

7.4 判定原则

对所检验的样品,检验项目中有一项不合格,则判该样品为不合格品。

8 标志、包装、运输和贮存

8.1 标志

每批滤料应在明显部位设有铭牌,铭牌牢固固定于外包装。铭牌内容应包括:
 a) 产品名称;
 b) 标记;
 c) 标准试验工况下的性能参数;
 d) 制造厂名称、产品生产日期。

8.2 包装

8.2.1 包装应确免受保滤料在装卸、运输、搬运、存放过程引起损伤和毁坏。

8.2.2 包装箱上应注明滤料标记、数量、制造厂名称,并按 GB/T 191 规定的应用文字或图例标明"小心轻放""怕湿"和"向上"。

8.3 运输

在滤料运输过程中应按包装箱上标志放置,并采取固定措施,堆放高度以不损坏或压坏滤料为原则。

8.4 贮存

8.4.1 存放时应按包装箱体上的标志堆放,堆放高度以不损坏、压坏或造成倒塌危险为原则。

8.4.2 滤料不应存放在潮湿或温湿度变化剧烈的地方,不应露天堆放。

附　录　A

（规范性附录）

滤料多分散气溶胶计数法

A.1　试验原理

首先发生多分散固态或液态气溶胶,气溶胶通过中和器中和自身所带电荷,采集试验装置中滤料上游、下游的气溶胶,通过光学粒子计数器(OPC)测量其计数浓度值,最后求出滤料的计数效率。

A.2　试验仪器与设备

A.2.1　多分散气溶胶计数法检测装置主要包括三部分:气溶胶发生装置、采样部分和测量装置,其试验流程图如图 A.1 所示。

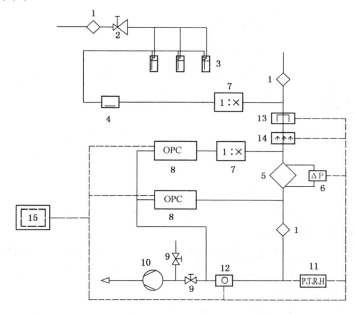

说明:

1——过滤器;

2——调压阀;

3——喷雾器;

4——中和器;

5——滤料夹具;

6——压差计;

7——稀释系统;

8——光学粒子计数器(OPC);

9——调节阀;

10——真空泵;

11——测量绝对压力、温度和相对湿度的仪器;

12——体积流量计;

13——空气加热器;

14——空气湿度调节装置;

15——用于控制和存储数据的计算机。

图 A.1　滤料多分散气溶胶计数法试验流程图

A.2.1.1　气溶胶发生装置:

气溶胶发生装置结构不限,但发生气溶胶粒径范围应包括超高效、亚高效、高中效、中效和粗效滤料测试所需粒径,超高效、亚高效、高中效、中效和粗效滤料所选用的气溶胶和测试粒径范围见表 A.1。

JG/T 404—2013

表 A.1　不同滤料所选用气溶胶和测试粒径范围

滤料类型	气溶胶	粒径范围/μm
超高效	NaCl、KCl、DEHS 和 PAO	0.1~0.2
亚高效、高中效、中效	KCl	≥0.5
粗效	KCl	≥2.0

A.2.1.2　采样部分：

采样部分应保证采样气流的气溶胶计数浓度具有代表性。从采样点到计数器之间的接管应易于保持清洁、耐腐蚀、导电且应接地，为避免气溶胶的损失，接管管路应尽可能短，并避免管道中阀门、收缩管的干扰。

A.2.1.3　测量装置：

a)　气溶胶浓度测量装置使用光学粒子计数器（OPC），若上游浓度超过计数器的测量范围，应在采样点与计数器之间设置稀释系统；

b)　压差计；

c)　测量绝对压力、温度和相对湿度的仪器。

A.3　试验条件

试验用空气温度宜为(23±3)℃，相对湿度宜为(50±15)%。

A.4　试验步骤

A.4.1　预备性检验

在进行滤料试验以前，应先打开试验装置，并检查或调整以下参数：

a)　为测量设备的使用做好准备：

1)　应遵守测量设备制造商所规定的预热时间，应调节通过测量设备的体积流量；

2)　若设备制造商规定测量前的进一步的常规检查，则还应进行相应的检查工作。

b)　粒子计数器的零计数率：

应该在关闭气溶胶发生器和滤料就位的情况下，通过测量下游的气溶胶计数浓度检查零计数率。

c)　试验空气的洁净度：

应该在关闭气溶胶发生器的情况下，通过测量上游的气溶胶计数浓度检查试验空气的洁净度。

d)　试验空气的绝对压力、温度及相对湿度等参数应在滤料夹具下游气流达到试验体积流量时进行测定，可以通过空气加热器、空气湿度调节装置和温湿度变送器来联动控制。

e)　标准滤料的测定：

制备不同过滤级别的标准样品用于滤料压差和效率的测量。在上述各项检查之后，应马上对与待测滤料级别相同的标准滤料进行测定。这种重复性试验的状况用于提供有关试验系统可重复性的信息（试验系统的漂移、损坏及误差）。

A.4.2　阻力测量

应该在系统处于稳定运行状态下进行测量。在气溶胶通过滤料之前，采用纯净试验空气，在试验滤

速下测定滤料两侧的压降。应调节试验体积流量,使得每张滤料样品的流量值的变化不超过规定值的
±2%。

A.4.3 计数效率测量

试验气溶胶应与试验空气均匀混合。使用 OPC 测量滤料上下游气溶胶浓度。

A.4.4 滤料的计数效率计算

a) 根据粒子计数器对滤料上下游的气溶胶浓度测量结果,计数效率 E 可按式(A.1)进行计算:

$$E = \left(1 - \frac{A_2}{RA_1}\right) \times 100\% \quad\cdots\cdots(A.1)$$

式中:

E ——滤料的计数效率,单位为%;

A_1——上游气溶胶气溶胶浓度,单位为粒每立方米(粒/m³);

A_2——下游气溶胶气溶胶浓度,单位为粒每立方米(粒/m³);

R ——相关系数。

b) 置信度为95%的置信区间下限计数效率 $E_{95\%,min}$,可按式(A.2)、式(A.3)和 式(A.4)进行
计算:

$$E_{95\%,min} = \left(1 - \frac{A_{2,95\%max}}{RA_{1,95\%min}}\right) \times 100\% \quad\cdots\cdots(A.2)$$

$$A_{1,95\%min} = \frac{N_{1,95\%min}}{V_1} \quad\cdots\cdots(A.3)$$

$$A_{2,95\%max} = \frac{N_{2,95\%max}}{V_2} \quad\cdots\cdots(A.4)$$

式中:

$E_{95\%,min}$ ——置信度为95%置信区间下限计数效率,单位为%;

$A_{1,95\%min}$ ——置信度为95%置信区间的上游气溶胶浓度下限,单位为粒每立方米(粒/m³);

$A_{2,95\%max}$ ——置信度为95%置信区间的下游气溶胶浓度上限,单位为粒每立方米(粒/m³);

R ——相关系数;

$N_{1,95\%min}$ ——采样周期内,置信度为95%置信区间的上游气溶胶浓度下限,单位为粒;

$N_{2,95\%max}$ ——采样周期内,置信度为95%置信区间的下游气溶胶浓度上限,单位为粒;

V_1 ——采样周期内,上游取样量,单位为立方米(m³);

V_2 ——采样周期内,下游取样量,单位为立方米(m³)。

附 录 B

（规范性附录）

亚高效、高中效、中效和粗效滤料计重效率和容尘量试验方法

B.1 试验原理

在额定滤速条件下,持续向滤料发生一定质量的标准人工尘,当滤料阻力达到终阻力时结束发尘,并通过称量整个发生过程中滤料质量的变化,得到滤料的计重效率和容尘量。

B.2 试验仪器与设备

试验装置如图 B.1 所示,主要试验仪器设备包括发尘器、压差计、滤料夹具、流量计和抽气泵等。

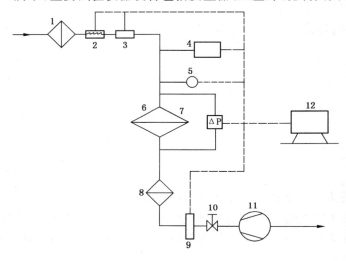

说明:
1——过滤器;
2——空气加热器;
3——空气湿度调节装置;
4——发尘器;
5——温湿度变送器;
6——滤料夹具;
7——压差计;
8——末端绝对过滤器夹具;
9——流量计;
10——调节阀;
11——抽气泵;
12——控制和储存数据的计算机。

图 B.1 滤料容尘量试验流程图

B.3 试验条件

B.3.1 试验尘源

B.3.1.1 试验尘源为标准人工尘(由 72%的道路尘、23%的炭黑和 5%的短棉绒组成)。

B.3.1.2 试验尘源应在(120±10)℃温度下干燥 2 h 以上,在干燥器皿中放置冷却后使用。

B.3.2 末端绝对过滤器

指用来捕集透过滤料的人工尘的过滤器,规定末端绝对过滤器的过滤效率和阻力最低达到亚高效空气过滤器级别。

B.3.3 试验用空气

试验用空气应保证洁净,不应影响计重效率的测量结果。试验用空气温度宜为(23±3)℃,相对湿度宜为(50±15)%。

B.3.4 终阻力

滤料容尘量实验中,终阻力规定为滤料初阻力的两倍或为明确标称某特定的终阻力。

B.4 试验步骤

a) 准备同种规格的滤料样品 3 片,选取其中一片,将其安装在滤料夹具(6)上;

b) 称量末端绝对过滤器的质量,然后将其安装在末端绝对过滤器夹具(8)上;

c) 开启抽气泵(11),调节流量至滤料的额定滤速,在滤料夹具两侧采用压差计(7)测量滤料的阻力;

d) 根据预先计算的发尘周期,称量一定质量的人工尘,加入到发尘器(4)中,调节好发尘器各个参数,开始发尘;

e) 每次发尘结束后,取下末端绝对过滤器,称量其质量;

f) 用毛刷将可能沉积在滤料样品与末端绝对过滤器之间的人工尘收集起来进行称重;

g) 将末端绝对过滤器增加的质量与上述收集的人工尘质量相加,得到未被滤料捕集到的人工尘质量;

h) 用发尘量减去未滤料捕集到的人工尘质量即得到该次发尘过程滤料的质量增量;

i) 任意单个发尘过程结束时滤料的计重效率 A_i 可按式(B.1)进行计算:

$$A_i = 100 \times \frac{W_{1i}}{W_i} = 100 \times \left(1 - \frac{W_{2i}}{W_i}\right) \quad\cdots\cdots\cdots\cdots\cdots\cdots\cdots (B.1)$$

式中:

A_i ——在该发尘过程中滤料的计重效率,单位为质量百分比(%);

W_{1i} ——在该发尘过程中滤料的质量增量,单位为克(g);

W_{2i} ——在该发尘过程中通过滤料而未被滤料捕集的人工尘质量,单位为克(g);

W_i ——在该发尘过程中的发尘量,单位为克(g)。

j) 整个发尘过程平均计重效率 A 可按式(B.2)进行计算:

$$A = \frac{1}{W}(W_1 A_1 + \cdots + W_k A_k + \cdots + W_f A_f) \quad\cdots\cdots\cdots\cdots\cdots\cdots (B.2)$$

式中:

A ——整个发尘过程中滤料的平均计重效率,单位为质量百分比(%);

W ——总发尘质量,单位为克(g);

W_k ——第 k 次发尘质量,单位为克(g);

W_f ——最后一次发尘至滤料达到终阻力时发尘质量,单位为克(g);

A_k ——第 k 次发尘阶段的计重效率,单位为质量百分比(%);

A_f ——滤料达到终阻力后的平均计重效率,单位为质量百分比(%)。

k) 整个发尘过程中,容尘量 C 可按式(B.3)进行计算:

$$C = W_{11} + \cdots + W_{1k} + \cdots + W_{1f} \quad\quad\quad\cdots\cdots\cdots\cdots\cdots\cdots\cdots\cdots(B.3)$$

式中:

C ——整个发尘过程中滤料的容尘量,单位为克(g);

W_{11}——在第一次发尘过程中,滤料的质量增量,单位为克(g);

W_{1k}——在第 k 次发尘过程中,滤料的质量增量,单位为克(g);

W_{1f}——在最后一次发尘过程中,滤料的质量增量,单位为克(g)。

附　录　C
（规范性附录）
除尘滤料过滤性能试验方法

C.1　试验原理

C.1.1　静态过滤性能试验:通过测试不同滤速下清洁滤料的阻力得到清洁滤料阻力系数;然后从滤料清洁状态开始,持续发尘,滤料滤尘但不清灰,当发尘量达到规定值时,称量并计算滤料的静态除尘效率;

C.1.2　动态过滤性能试验:从滤料清洁状态开始,持续发尘,依次经过初始滤尘阶段、老化处理阶段、稳定化处理阶段和稳定化后滤尘阶段,每个阶段滤料滤尘且清灰,四个阶段结束后,测试并计算滤料的残余阻力、动态除尘效率和剥离率。

C.2　试验仪器与设备

C.2.1　除尘滤料过滤性能测试装置,如图 C.1 所示。
C.2.2　静态过滤性能试验的主要仪器设备:发尘器、滤料夹具、压差计、滤膜夹具、流量计、抽气泵、电子天平。
C.2.3　动态过滤性能试验的主要仪器设备:发尘器、压差计、滤料夹具、电磁脉冲阀、流量计、抽气泵、电子天平。

JG/T 404—2013

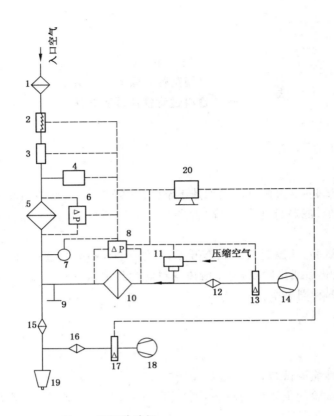

说明：
1——过滤器1；
2——空气电加热器；
3——空气湿度调节装置；
4——发尘器；
5——滤料夹具1；
6——压差计1；
7——温湿度变送器；
8——压差计2；
9——密闭阀；
10——滤料夹具2；
11——电磁脉冲阀；
12——滤膜夹具1；
13——流量计1；
14——抽气泵1；
15——滤膜夹具2；
16——过滤器2；
17——流量计2；
18——抽气泵2；
19——集灰斗；
20——控制和储存数据的计算机。

图 C.1 除尘滤料过滤性能试验流程图

C.3 试验条件

C.3.1 静态过滤性能试验条件

a) 滤料样品3片,直径至少为100 mm；

b) 额定滤速为0.017 m/s；

c) 入口粉尘浓度(5±0.5)mg/m³；

d) 试验尘源为氧化铝粉尘,粉尘粒径分布见表C.1。

626

表 C.1　试验尘源氧化铝粉尘粒径分布

粒径 μm	质量百分比 %
<4	50
<25	90
<100	99

C.3.2　动态过滤性能试验条件

a)　滤料样品 3 片,直径至少为 150 mm;

b)　滤料动态过滤性能试验其他条件见表 C.2;

c)　试验尘源同 C.3.1d)。

表 C.2　滤料动态过滤性能试验条件

项目	试验用粉尘	入口粉尘浓度 mg/m³	额定滤速 m/s	清灰阻力 Pa	反吹压力 kPa	脉冲反吹时间 ms
数值/种类	氧化铝	5	0.033	1 000	500	50

C.4　滤料静态过滤性能试验步骤

C.4.1　清洁滤料阻力系数测试

a)　准备直径为 100 mm 的滤料样品 3 片;

b)　将清洁滤料样品夹紧在滤料夹具 1(5)上;

c)　关闭密闭阀(9);

d)　启动抽气泵 2(18),用压差计 1(6)测试不同滤速 U_i 时滤料的阻力 ΔP_{oi},($i=1,2,\cdots,n$)。

滤料的阻力系数 C 可按式(C.1)进行计算:

$$C=\frac{1}{n}\sum_{i=1}^{n}\frac{\Delta P_{oi}}{U_i}$$ ....(C.1)

式中:

C　——清洁滤料阻力系数,单位为帕秒每米(Pa·s/m);

U_i　——第 i 次测试时的滤速,单位为米每秒(m/s);

ΔP_{oi}　——滤速为 U_i 时清洁滤料的阻力,单位为帕(Pa);

n　——测试次数。

按上述程序测试另外两片滤料样品的阻力系数,取三者的平均值作为该滤料的清洁滤料阻力系数。

C.4.2　滤料静态除尘效率测试

a)　将滤料样品夹在滤料夹具 1(5)上;

b)　经恒重后的高效滤膜称重后置于滤膜夹具 2(15)上;

c)　启动抽气泵 2(18),调节流量计 2(17),控制滤料额定滤速为 0.017 m/s;

d)　启动发尘器 4,控制入口粉尘浓度为(5±0.5)mg/m³,连续发尘 10 g;

e) 停止测试后,对高效滤膜和滤料进行称重;

f) 滤料的静态除尘效率 η_1 可按式(C.2)进行计算:

$$\eta_1 = \frac{\Delta G_f}{\Delta G_f + \Delta G_m} \times 100\% \quad\quad\quad \cdots\cdots\cdots\cdots\cdots\cdots\cdots\cdots\cdots\cdots\cdots\cdots (C.2)$$

式中:

η_1 ——滤料的静态除尘效率,单位为质量百分比(%);

ΔG_f ——滤料样品捕集的粉尘量,单位为克(g);

ΔG_m ——高效滤膜捕集的粉尘量,单位为克(g)。

按上述程序测试第二片滤料样品的静态除尘效率,如果与第一片滤料静态除尘效率的误差小于5%,取二者平均值作为滤料的静态除尘效率;误差大于5%时,补做第三片滤料样品,取三者平均值作为滤料的静态除尘效率。

C.5 滤料动态过滤性能试验步骤

C.5.1 滤料动态过滤性能试验四个阶段

a) 初始滤尘性能测定:安装好滤料样品,持续发尘,当滤料阻力达到1 000 Pa时电磁脉冲阀11开启进行清灰,反复30次滤尘-清灰操作;

b) 老化处理:滤尘过程中进行间隔为5 s的反吹脉冲清灰,并反复进行10 000次;

c) 稳定化处理:为使老化后的滤料样品滤尘性能稳定,按a)进行10次滤尘-清灰操作;

d) 稳定化后滤料滤尘性能测定:对于经上述稳定化处理的滤料,按a)进行30次滤尘-清灰操作。

C.5.2 试验步骤

a) 试验用空气相对湿度应低于70%;

b) 根据试验条件调整测试装置参数包括额定滤速、入口粉尘浓度、清灰阻力、清灰次数、反吹压力、脉冲反吹时间等;

c) 试验用氧化铝粉尘在(120±10)℃温度下干燥2 h以上,在干燥器皿中放置冷却后使用;

d) 根据质量法求入口粉尘浓度;

e) 将滤料样品裁剪后安装到滤料夹具2(10)上,对夹具进行称量;

f) 称量高效滤膜并装入滤膜夹具1(12)中;

g) 打开密闭阀(9),开动抽气泵1(14)和抽气泵2(18),按照C.5.1a)进行试验,记录全过程滤料样品的瞬时阻力值;

h) 取出滤料夹具2(10)并称量,求出残留粉尘量;

i) 取出高效滤膜并称重,计算出口粉尘浓度;

j) 测定残余阻力(ΔP),记录采样时间(t),并计算出初始除尘效率;

k) 把滤料夹具2(10)重新安装到实验装置上,更换高效滤膜,按照C.5.1b)进行老化处理;

l) 老化处理后,按照C.5.1c)进行稳定化处理;

m) 为了进行C.5.1d)的过滤性能测定,取出滤料样品,称量后计算粉尘残留量;

n) 将滤料样品重新安装到滤料夹具2(10)上,称量后装到检测装置上;

o) 称量高效滤膜,安装到滤膜夹具1(12)上;

p) 再按照C.5.1a)进行试验,试验完成后计算滤料样品的动态除尘效率;

q) 全部过程均应考虑高效滤膜的恒重。

C.5.3 精度控制

a) 入口粉尘浓度的偏差应保持在±7%之内,发尘器的精度设定值在±2%内;

b) 额定滤速变动范围保持在±2%,对应的流量计 1 精度保持在设定值的±2%,温度变动范围保持在设定值的±1%之内;

c) 反吹压力变化范围保持在±3%(±15 kPa),为此压气罐的压力计精度设定值保持在±3%。

C.5.4 动态除尘效率计算

动态除尘效率 η_2 可按式(C.3)进行计算:

$$\eta_2 = (C_1 - C_2)/C_1 \times 100\% \qquad\qquad (C.3)$$

式中:

η_2——动态除尘效率,单位为质量百分比(%);

C_1——入口粉尘浓度,单位为毫克每立方米(mg/m³);

C_2——出口粉尘浓度,单位为毫克每立方米(mg/m³)。

附　录　D

（规范性附录）

滤料静电消除试验方法

D.1　试验原理

采用异丙醇溶液浸泡法消除滤料上所带静电,即将滤料浸泡在一定浓度的异丙醇溶液中,依靠溶液的特殊性质来中和滤料上的电荷量。并测试消静电前和消静电后滤料的效率和阻力。

D.2　试验仪器与设备

D.2.1　粒子计数器。

D.2.2　微压计。

D.2.3　通风橱。

D.3　试验条件

D.3.1　至少准备 3 片滤料样品,滤料样品的最小尺寸为 200 mm×200 mm。

D.3.2　浸泡法消除滤料静电时,异丙醇溶液浓度应大于 99.5%。

D.4　试验步骤

D.4.1　按照本标准规定的方法测试滤料样品消除静电前的效率和阻力。

D.4.2　将滤料样品浸泡在异丙醇溶液中 2 min,待滤料样品浸透后,将其置于实验室通风橱内防静电平板上晾干。

D.4.3　经 24 h 晾干干燥后,再次测试滤料样品消除静电后的效率和阻力。

附 录 E
（规范性附录）
滤料最低过滤效率（MPPS效率）试验方法

E.1 试验原理

首先发生多分散固态或液态气溶胶,气溶胶通过中和器中和自身所带电荷,然后采集试验装置中滤料上游、下游的气溶胶,通过微分电迁移率分析仪（DMA）选择合适粒径的粒子,利用凝结核粒子计数器（CNC）测量其计数浓度值,求出滤料对某个粒径粒子的计数效率,最后求出滤料的最低过滤效率。

E.2 试验仪器与设备

E.2.1 滤料最低过滤效率试验方法的检测装置主要包括三部分:气溶胶发生装置、采样部分和测量装置,其试验流程图如图 E.1 所示。

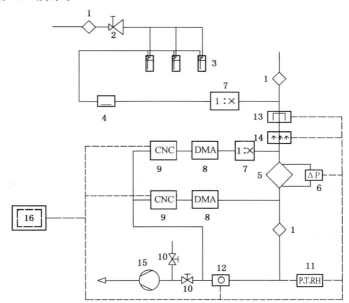

说明:
1——过滤器;　　　　　　　9——凝结核粒子计数器（CNC）;
2——调压阀;　　　　　　　10——调节阀;
3——喷雾器;　　　　　　　11——测量绝对压力、温度和相对湿度的仪器;
4——中和器;　　　　　　　12——体积流量计;
5——滤料夹具;　　　　　　13——空气加热器;
6——压差计;　　　　　　　14——空气湿度调节装置;
7——稀释系统;　　　　　　15——真空泵;
8——微分电迁移率分析仪（DMA）;　16——用于控制和存储数据的计算机。

图 E.1 滤料最低过滤效率试验方法试验流程图

E.2.1.1 气溶胶发生装置:
气溶胶发生装置结构不限,但发生气溶胶粒径范围应包括最易穿透粒径。

E.2.1.2 采样部分：

采样部分应保证采样气流对粒子计数浓度具有代表性。从采样点到计数器之间的接管应易于保持清洁、耐腐蚀、导电且应接地，为避免粒子的损失，接管管路应尽可能短，并避免管道中阀门、收缩管的干扰。

E.2.1.3 测量装置：

a) 粒子数量测量装置使用凝结核粒子计数器（CNC），若上游数量浓度超过计数器的测量范围，应在采样点与计数器之间设置稀释系统；

b) 压差计；

c) 测量绝对压力、温度和相对湿度的仪器。

E.3 试验条件

试验用空气温度宜为(23±3)℃，相对湿度宜为(50±15)%。

E.4 试验步骤

E.4.1 预备性检验

按 A.4.1 执行。

E.4.2 阻力测量

按 A.4.2 执行。

E.4.3 计数效率测量

试验气溶胶应与试验空气均匀混合。为了获得最低过滤效率，应在试验的粒径范围内至少测试 5 个粒径点的过滤效率，并给出粒径-过滤效率曲线，规定曲线的中间应存在着最低效率值，则该值为最低过滤效率。

E.4.4 滤料的计数效率计算

按 A.4.4 执行。

附 录 F

（规范性附录）

高效滤料容尘量试验方法

F.1 试验原理

发生多分散固态气溶胶，将其以一定滤速通过已知初始质量和初阻力的清洁滤料，待高效滤料的阻力达到终阻力时，再次称量高效滤料质量，高效滤料的质量增量即为容尘量。

F.2 试验仪器与设备

试验仪器与设备由气溶胶发生器、滤料夹具、压差计、流量计和计算机等组成，其试验流程图如图F.1所示。

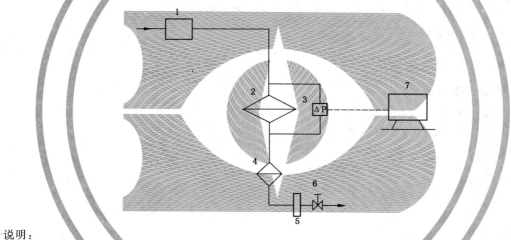

说明：

1——NaCl气溶胶发生器；

2——滤料夹具；

3——压差计；

4——末端绝对过滤器夹具；

5——流量计；

6——调节阀；

7——控制和储存数据的计算机。

图 F.1 高效滤料容尘量试验流程图

F.3 试验条件

F.3.1 试验尘源

高效滤料容尘量试验使用的尘源由NaCl气溶胶发生器发生，发生器的结构满足附录G的规定，其运行参数及粒径分布应满足GB/T 6165—2008中6.2的规定。

F.3.2 测试用空气

试验用空气应保证洁净,空气中的含尘量不应影响容尘量试验的测量结果。试验用环境空气温度宜为(23±3)℃,相对湿度宜为(50±15)%。

F.3.3 终阻力

容尘量试验中,终阻力规定为滤料初阻力的两倍或为明确标称某特定的终阻力。

F.4 试验步骤

a) 准备同种规格的滤料样品 3 片,选取其中一片称重 W_1,然后将其安装在滤料夹具上;

b) 开启干燥空气泵,调节流量至滤料的测试滤速,在滤料夹具两侧采用压差计测量滤料的初阻力;

c) 将配制好的 NaCl 溶液放入气溶胶发生器中,调节好发生器各个参数,开始发尘。在整个试验期间,可以用粒子计数器监测滤料上下游的粒子浓度;

d) 当滤料的阻力达到终阻力时,发尘结束,取下滤料样品称量 W_2;

e) 容尘量 C 可按式(F.1)进行计算:

$$C = W_2 - W_1 \qquad\qquad\qquad\qquad\cdots\cdots\cdots\cdots\cdots\cdots(F.1)$$

式中:

C ——滤料的容尘量,单位为克(g);

W_1——容尘量试验前,滤料的质量,单位为克(g);

W_2——容尘量试验结束后,滤料的质量,单位为克(g)。

附　录　G
（资料性附录）
NaCl 气溶胶发生器

G.1 NaCl 气溶胶发生器的结构形式

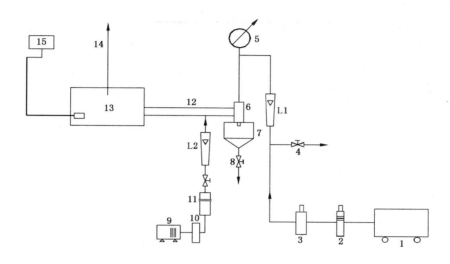

说明：

1——空气压缩机；　　　　　　　10——空气干燥器；

2——一级调压阀（含气水分离）；　11——高效过滤盒；

3——二级调压阀（含过滤器）；　　12——蒸发管；

4——旁通放气阀；　　　　　　　13——缓冲箱；

5——压力表；　　　　　　　　　14——出气管；

6——喷雾器；　　　　　　　　　15——湿度计；

7——喷雾箱；　　　　　　　　　L1——喷雾流量计；

8——排液阀；　　　　　　　　　L2——干燥流量计。

9——干燥空气泵；

图 G.1　NaCl 气溶胶发生器流程图

参 考 文 献

[1] GB/T 6719—2009 袋式除尘器技术要求

[2] GB/T 13554—2008 高效空气过滤器

[3] GB/T 14295—2008 空气过滤器

[4] GB/T 16803—1997 采暖、通风、空调、净化设备 术语

ICS 77.160
H 72

中华人民共和国有色金属行业标准

YS/T 1007—2014

过滤用烧结不锈钢复合丝网

Sintered stainless steel mesh filter materials

2014-10-14 发布

2015-04-01 实施

中华人民共和国工业和信息化部　　发布

前　言

本标准是按照 GB/T 1.1—2009 给出的规则起草的。

本标准由全国有色金属标准化技术委员会(SAC/TC 243)归口。

本标准负责起草单位:西安宝德粉末冶金有限责任公司、西安健科新技术开发有限公司。

本标准参加起草单位:新乡市利尔过滤技术有限公司。

本标准主要起草人:董领峰、王志、梁际欣、张旭。

过滤用烧结不锈钢复合丝网

1 范围

本标准规定了过滤用烧结不锈钢复合丝网的要求、试验方法、检验规则、标志、包装、运输、贮存、质量证明书和合同(或订货单)内容。

本标准适用于通过轧制和烧结生产的用于过滤与分离的烧结不锈钢复合丝网。

2 规范性引用文件

下列文件对于本文件的应用是必不可少的。凡是注日期的引用文件，仅注日期的版本适用于本文件。凡是不注日期的引用文件，其最新版本(包括所有的修改单)适用于本文件。

GB/T 5249 可渗透性烧结金属材料 气泡试验孔径的测定

GB/T 5250 可渗透性烧结金属材料 流体渗透性的测定

GB/T 1220—2007 不锈钢棒

3 要求

3.1 产品型号

过滤用烧结不锈钢复合丝网的型号见表1。

表 1 过滤用烧结不锈钢复合丝网的型号

型号	SW003	SW005	SW010	SW020	SW030	SW050	SW100	SW150	SW200
注：S 代表烧结不锈钢；W 代表复合丝网；数字代表相应的名义过滤精度。									

3.2 标记示例

示例：过滤精度为 10 μm，长度为 800 mm，宽度为 600 mm，厚度为 1.8 mm 的过滤用烧结不锈钢复合丝网，标记为：SW010-800-600-1.8。

3.3 化学成分

过滤用烧结不锈钢复合丝网的原料牌号及化学成分要求见表2。

表 2　过滤用烧结不锈钢复合丝网的原料牌号及化学成分要求

原料牌号	化学成分
06Cr19Ni10	应符合 GB/T 1220—2007 的规定
022Cr19Ni10	
06Cr17Ni12Mo2	
022Cr17Ni12Mo2	
06Cr25Ni20	
12Cr17Mn6Ni5N	
12Cr18Mn9Ni5N	

3.4　尺寸及允许偏差

过滤用烧结不锈钢复合丝网的尺寸及允许偏差见表 3。

表 3　过滤用烧结不锈钢复合丝网的尺寸及允许偏差　　　　　　单位为毫米

长度	<1 200			
宽度	<1 000			
厚度	1.0±0.10	1.8±0.10	2.5±0.15	4.0±0.15

注：过滤用烧结不锈钢复合丝网的长度、宽度及公差由供需双方协商确定。

3.5　最大孔径及渗透性

各种型号过滤用烧结不锈钢复合丝网的最大孔径及渗透性应符合表 4 的规定。

表 4　过滤用烧结不锈钢复合丝网的最大孔径及渗透性

型号	最大孔径不大于 μm	渗透性(相对透气系数)/[m^3/(h·kPa·m^2)],不小于			
		厚度			
		1.0 mm	1.8 mm	2.5 mm	4.0 mm
SW003	10	1 000	550	410	260
SW005	18	1 800	1 200	1 100	550
SW010	30	3 800	2 200	1 600	1 000
SW020	55	5 600	3 500	2 500	1 600
SW030	85	7 800	4 500	3 200	2 000
SW050	130	11 000	6 000	4 300	2 700
SW100	220	13 000	8 000	5 800	3 600
SW150	300	31 000	18 000	12 000	8 100
SW200	350	45 000	32 000	23 000	14 000

3.6 复合性能

过滤用烧结不锈钢复合丝网的复合性能良好,不应存在分层现象。

3.7 外观质量

过滤用烧结不锈钢复合丝网表面不应有凹坑、裂纹、鼓包、斑点、氧化及过烧等缺陷。

4 试验方法

4.1 过滤用烧结不锈钢复合丝网原料牌号的化学成分的测定按 GB/T 1220—2007 的规定进行。

4.2 尺寸及允许偏差用相应精度的量具测量。

4.3 最大孔径的测定按 GB/T 5249 的规定进行。

4.4 渗透性的测定按 GB/T 5250 的规定进行。

4.5 复合性能按下述方法进行:在剪板机或切割机上剪切复合丝网样品,用卷管机卷管成型,观察剪切后及卷管成型后样品有无分层现象,卷管机辊轴直径由供需双方协商而定。

4.6 外观质量用目视检查。

5 检验规则

5.1 检查和验收

5.1.1 产品应由供方进行检验,保证产品质量符合本标准或合同(订货单)的规定,并附质量证明书。

5.1.2 需方可对收到的产品按本标准或合同(订货单)的规定进行检验,如果检验结果与本标准或订货合同的规定不符时,应在产品收到之日起 1 个月内向供方提出,由供需双方协商解决。

5.2 组批

产品应成批提交检验,每批由同一批次原料丝网,按相同工艺生产的同一型号的产品组成。

5.3 检验项目及取样数量

检验项目及取样数量见表 5。

表 5 烧结复合丝网的检验项目及取样数量

检验项目	取样数量	要求的章条号	试验方法章条号
化学成分	每批任取 1 个试样	3.3	4.1
尺寸及允许偏差	逐件检验	3.4	4.2
最大孔径	每批按数量(张)的 3% 取样,每张取 3 个样品。供货数量少于 3 张时,全检	3.5	4.3
渗透性(相对透气系数)	每批按数量(张)的 3% 取样,每张取 3 个样品。供货数量少于 3 张时,全检	3.5	4.4
复合性能	每批 1%,不少于 1 张	3.6	4.5
外观质量	逐件检验	3.7	4.6

5.4 检验结果判定

5.4.1 化学成分不合格时,判该批产品不合格。

5.4.2 最大孔径、渗透性(相对透气系数)和复合性能检验结果如有1项不符合本标准规定时,对该项加倍取样进行重复试验,若仍有1项不符合本标准要求时,判该批产品为不合格。

5.4.3 尺寸及允许偏差和外观质量不合格时,判该件产品不合格。

6 标志、包装、运输、贮存及质量证明书

6.1 标志

6.1.1 检验合格的产品内包装应有如下标志或标签:

 a) 产品型号;
 b) 生产日期;
 c) 产品尺寸;
 d) 产品批号;
 e) 供方技术监督部门的检印。

6.1.2 包装箱上应注明:

 a) 供方名称;
 b) 产品名称;
 c) 订货单位及地址;
 d) 防潮、防震等字样或标志。

6.2 包装

产品以塑料袋或纸张包装,包装好的产品置于运输包装箱内,以软质物品隔开并填紧。

6.3 运输、贮存

产品运输过程中,不得受潮、撞击,产品贮存应注意防潮、通风。

6.4 质量证明书

每批产品应附有产品质量证明书,注明:

 a) 供方名称;
 b) 产品名称;
 c) 产品型号;
 d) 产品尺寸;
 e) 产品批号;
 f) 件数或净重;
 g) 各项分析检验结果和技术监督部门检印;
 h) 本标准编号;
 i) 出厂日期。

7 订货单(或合同)内容

订购本标准所列材料的订货单(或合同)应包括以下内容:

a) 产品名称；

b) 产品型号；

c) 产品尺寸；

d) 重量或件数；

e) 本标准编号；

f) 增加本标准以外的协商结果。
